"十二五"职业教育国家规划教材
经全国职业教育教材审定委员会审定

矿热炉控制与操作

（第2版）

主编　石　富　孙振斌　王晓丽

U0326262

北　京
冶金工业出版社
2025

内 容 简 介

本书以电石和铁合金生产过程为切入点，侧重于介绍矿热炉的机械设备、电气设备、电热原理与电气参数、碳质还原剂、电极和炉衬，分别论述了电石、硅系铁合金、锰系铁合金的矿热炉冶炼工艺、生产操作，并给出了矿热炉工艺计算示例。

本书为高等职业技术院校冶金技术、材料工程专业的教学用书，也可作为相关企业技术人员职业资格和岗位技能培训教材。

图书在版编目(CIP)数据

矿热炉控制与操作/石富，孙振斌，王晓丽主编. —2 版. —北京：冶金工业出版社，2018.5（2025.1 重印）

"十二五"职业教育国家规划教材

经全国职业教育教材审定委员会审定

ISBN 978-7-5024-6547-6

Ⅰ. ①矿… Ⅱ. ①石… ②孙… ③王… Ⅲ. ①埋弧电炉—高等职业教育—教材 Ⅳ. ①TF748.41

中国版本图书馆 CIP 数据核字（2014）第 030806 号

矿热炉控制与操作 （第 2 版）

出版发行	冶金工业出版社		电　话	（010）64027926
地　　址	北京市东城区嵩祝院北巷 39 号		邮　编	100009
网　　址	www.mip1953.com		电子信箱	service@mip1953.com

责任编辑　任咏玉　宋　良　美术编辑　彭子赫　版式设计　葛新霞
责任校对　王永欣　责任印制　窦　唯
北京虎彩文化传播有限公司印刷
2010 年 10 月第 1 版，2018 年 5 月第 2 版，2025 年 1 月第 3 次印刷
787mm×1092mm　1/16；19.25 印张；447 千字；292 页
定价 49.00 元

投稿电话　（010）64027932　投稿信箱　tougao@cnmip.com.cn
营销中心电话　（010）64044283
冶金工业出版社天猫旗舰店　yjgycbs.tmall.com
（本书如有印装质量问题，本社营销中心负责退换）

第 2 版前言

本书为"十二五"职业教育国家规划教材，是按照教育部高等职业技术教育技术、技能型专门人才的培养目标和规格，依据内蒙古机电职业技术学院校企合作发展理事会冶金分会和冶金专业建设委员会审定的"矿热炉控制与操作"课程教学大纲，在总结近几年教学经验并征求相关企业技术人员对本书第 1 版修改意见的基础上编写而成的。

本书第 1 版于 2010 年由冶金工业出版社出版，此次修订力求体现职业技术教育特色，注重以职业（岗位）需求为依据，仍然以矿热炉设备控制及维护、冶炼生产操作方法为主要内容；建议采用项目化教学，贯彻"基于工作过程"的教学原则，使学生具备电石和铁合金生产过程各个工作岗位的知识和技能。

本书由内蒙古机电职业技术学院石富、内蒙古大唐国际再生资源开发公司孙振斌、包头钢铁职业技术学院王晓丽担任主编。其他参编人员包括内蒙古机电职业技术学院张发、高岗强、贾锐军，内蒙古大唐国际再生资源开发公司刘尚考、李旭，大唐内蒙古鄂尔多斯铝硅科技有限公司吴彦宁，鄂尔多斯电力冶金股份有限公司马海疆，包头钢铁职业技术学院周丽、杨开平。具体编写分工为：石富、孙振斌共同编写第 1 章，张发、李旭、王晓丽共同编写第 2 章，石富、孙振斌、周丽共同编写第 3 章，张发、刘尚考、马海疆、杨开平共同编写第 4 章，高岗强、刘尚考、马海疆、杨开平共同编写第 5 章，石富、吴彦宁共同编写第 6 章，高岗强、李旭、吴彦宁、王晓丽共同编写第 7 章，贾锐军、周丽共同编写第 8 章。全书由石富统稿，孙振斌和王晓丽修改并定稿。在编写过程中，得到了电石和铁合金产业界以及兄弟院校许多同仁的大力支持和热情帮助，在此表示衷心的感谢。对所有为本书提供资料、建议和帮助的各方人士，也借此表示诚挚的谢意。

限于编者的水平，书中不妥之处，恳请读者批评指正。

编 者
2017 年 10 月

第1版前言

本书是根据我国电石和铁合金的生产现状和发展需要，由内蒙古机电职业技术学院、鄂尔多斯电力冶金集团和大唐国际再生资源开发公司的专家、工程技术人员和生产一线工作人员，在总结多年的生产实践经验基础上共同编写的。

矿热炉是生产电石和铁合金的主体设备。经过"十一五"期间的治理整顿，我国电石和铁合金行业的产能、产量都跃居世界首位，并呈高速上升态势。我国目前新建的矿热炉均向高效率、大型化方向发展，并且能利用计算机的最优数学模型来计算确定大型矿热炉的最优参数和最佳工作状态。矿热炉电极的自动调节技术也已投入实际应用，在规定任务条件下，可保证冶炼过程的最优电力条件。鉴于矿热炉装备的技术进步，生产过程中对于实现矿热炉优化控制和操作的要求日趋迫切。

本书力求系统而完整地展示现代矿热炉领域的科技内涵，共分9章。第1章以电石和铁合金生产过程为切入点，介绍矿热炉的发展及应用、冶金原理、车间组成与布置等内容。第2章叙述矿热炉组成、电极把持器、电极液压系统等机械设备。第3章讨论矿热炉供电系统组成、无功补偿技术、三相功率不平衡的预防以及电气控制等内容。第4章阐述矿热炉的电热原理与电气参数，以矿热炉中的电弧现象产生的高温反应区为基础，进行矿热炉电路分析和电气特性分析，导出矿热炉参数计算及选择方法，并给出矿热炉全电路分析例解。第5章集中介绍矿热炉的碳质还原剂、电极与炉衬以及矿热炉的开炉方法。第6~8章分别阐述矿热炉生产电石、硅系铁合金、锰系铁合金的冶炼原理和工艺操作。第9章给出典型的矿热炉工艺计算示例，分别为20 MV·A电石炉物料平衡与热平衡计算、冶炼硅铁75的物料平衡及热平衡计算、冶炼锰硅合金的物料平衡及热平衡计算。在编写过程中，介绍了各自企业的生产技术和经验，吸收了国内外相关先进技术成果，充实了必要的基础知识和基本操作技能；在叙述上由浅入深，理论联系实践，内容充实，标准规范，实用性强。

本书由内蒙古机电职业技术学院石富、鄂尔多斯电力冶金集团公司王鹏、大唐国际再生资源开发公司孙振斌任主编，其他参编人员还有内蒙古机电职业技术学院高岗强、贾锐军、李青录，鄂尔多斯电力冶金集团公司马海疆、苗全旺、孟长海，大唐国际再生资源开发公司车俊江。具体编写分工如下：第 1 章由高岗强、王鹏、孙振斌共同编写，第 2 章由高岗强、苗全旺共同编写，第 3 章由石富、孟长海、孙振斌共同编写，第 4 章由石富、马海疆、车俊江共同编写，第 5 章由高岗强、苗全旺、车俊江共同编写，第 6 章由贾锐军、王鹏共同编写，第 7 章由贾锐军、苗全旺共同编写，第 8 章由李青录、孟长海、孙振斌共同编写，第 9 章由李青录、马海疆、车俊江共同编写。全书由石富负责统稿，由王鹏和孙振斌负责审阅、修改并定稿。在编写和审稿过程中，得到了电石和铁合金产业界及兄弟院校许多同仁的大力支持和热情帮助，在此表示衷心的感谢。对所有为本书提供资料、建议和帮助的各方人士，也借此表示诚挚的谢意。

限于编者水平，书中不妥和疏漏之处，恳请读者批评指正。

编　者

2010 年 6 月

目　　录

1　矿热炉生产过程 ……………………………………………………………… 1

　1.1　矿热炉的发展及应用 ……………………………………………………… 1

　　1.1.1　矿热炉的用途 …………………………………………………………… 1

　　1.1.2　电石炉的发展 …………………………………………………………… 1

　　1.1.3　铁合金电炉的发展 ……………………………………………………… 2

　　1.1.4　我国矿热炉的类型 ……………………………………………………… 3

　　1.1.5　矿热炉的新进展 ………………………………………………………… 3

　1.2　矿热炉的冶金原理 ………………………………………………………… 5

　　1.2.1　还原反应的通式 ………………………………………………………… 5

　　1.2.2　反应的热效应 …………………………………………………………… 6

　　1.2.3　反应的标准自由能变化 $\Delta G^{\ominus}$ ……………………………………………… 7

　　1.2.4　氧化物的稳定性 ………………………………………………………… 8

　　1.2.5　平衡常数与选择还原 …………………………………………………… 10

　　1.2.6　化学反应速率 …………………………………………………………… 12

　1.3　矿热炉生产电石过程 ……………………………………………………… 12

　1.4　矿热炉生产铁合金过程 …………………………………………………… 14

　1.5　矿热炉车间 ………………………………………………………………… 15

　　1.5.1　矿热炉车间组成 ………………………………………………………… 15

　　1.5.2　矿热炉车间布置 ………………………………………………………… 16

　　1.5.3　矿热炉车间主要技术经济指标 ………………………………………… 20

　1.6　小结 ………………………………………………………………………… 22

　复习思考题 ……………………………………………………………………… 23

2　矿热炉的机械设备 …………………………………………………………… 24

　2.1　矿热炉组成 ………………………………………………………………… 24

　　2.1.1　炉体 ……………………………………………………………………… 24

　　2.1.2　烟罩与炉盖 ……………………………………………………………… 25

　　2.1.3　加料系统 ………………………………………………………………… 30

　　2.1.4　排烟通风设施及除尘装置 ……………………………………………… 31

　2.2　矿热炉电极把持器 ………………………………………………………… 32

　　2.2.1　抱紧装置 ………………………………………………………………… 32

　　2.2.2　把持筒 …………………………………………………………………… 36

　　2.2.3　导电装置 ………………………………………………………………… 37

2.2.4　电极水冷系统 ·· 37

2.2.5　电极升降装置 ·· 38

2.2.6　电极压放装置 ·· 40

2.3　电极液压系统 ·· 40

2.4　小结 ··· 43

复习思考题 ·· 43

3　矿热炉的电气设备 ··· 45

3.1　矿热炉供电系统 ·· 45

3.1.1　矿热炉供电系统组成 ·· 45

3.1.2　矿热炉变压器 ·· 47

3.1.3　矿热炉短网 ·· 51

3.2　矿热炉的无功补偿及谐波治理 ······································· 56

3.2.1　矿热炉电气系统的单相等效电路 ······························ 56

3.2.2　无功补偿方法 ·· 58

3.2.3　低压就地补偿 ·· 59

3.3　矿热炉三相电极功率不平衡的预防 ··································· 61

3.3.1　产生电极功率不平衡的原因 ···································· 61

3.3.2　电极功率不平衡对冶炼操作的影响 ···························· 62

3.3.3　影响矿热炉电极功率平衡的因素 ······························ 62

3.3.4　电极功率不平衡的监测和预防 ································· 64

3.3.5　矿热炉的经济运行 ··· 64

3.4　矿热炉的电气控制 ·· 65

3.4.1　供电自动控制 ·· 65

3.4.2　工厂电能需要量控制 ··· 66

3.4.3　电极压放自动控制 ··· 67

3.4.4　电极深度控制 ·· 67

3.4.5　上料及称量控制 ··· 68

3.4.6　过程计算机控制 ··· 69

3.5　小结 ··· 70

复习思考题 ·· 70

4　矿热炉的电热原理与电气参数 ·· 71

4.1　矿热炉的电热原理 ·· 71

4.1.1　矿热炉中的电弧现象 ··· 71

4.1.2　电弧特性 ·· 73

4.1.3　矿热炉中的高温反应区 ·· 74

4.2　矿热炉电路分析 ·· 77

4.2.1　炉内电流回路解析 ··· 77

　　　4.2.2　矿热炉操作电阻 ·············· 78
　　　4.2.3　矿热炉电流的交互作用 ·············· 80
　　　4.2.4　矿热炉的电抗和高次谐波分量 ·············· 81
　　4.3　矿热炉的电气特性 ·············· 82
　　　4.3.1　电流圆图 ·············· 82
　　　4.3.2　特定电压级下矿热炉的特性曲线 ·············· 82
　　　4.3.3　特性曲线组和恒电阻曲线 ·············· 83
　　4.4　矿热炉参数计算及选择 ·············· 84
　　　4.4.1　变压器功率的确定 ·············· 84
　　　4.4.2　二次电流及二次电压的确定 ·············· 85
　　　4.4.3　矿热炉几何参数的确定 ·············· 87
　　　4.4.4　计算例解 ·············· 90
　　4.5　矿热炉全电路分析例解 ·············· 92
　　　4.5.1　简化电路 ·············· 92
　　　4.5.2　电气参数计算 ·············· 93
　　　4.5.3　变压器规范的拟订 ·············· 94
　　　4.5.4　矿热炉特性曲线图的绘制 ·············· 95
　　4.6　小结 ·············· 98
　　复习思考题 ·············· 99

5　碳质还原剂、电极与炉衬 ·············· 100
　　5.1　碳质还原剂 ·············· 100
　　　5.1.1　对碳质还原剂的要求 ·············· 100
　　　5.1.2　碳质还原剂的冶金性能 ·············· 101
　　　5.1.3　铁合金专用焦的种类与性能 ·············· 103
　　5.2　电极 ·············· 106
　　　5.2.1　电极的种类和性质 ·············· 106
　　　5.2.2　自焙电极的制作 ·············· 109
　　　5.2.3　自焙电极的烧结 ·············· 115
　　　5.2.4　电极的使用和维护 ·············· 118
　　5.3　炉衬 ·············· 122
　　　5.3.1　筑炉材料的种类、要求及其选择 ·············· 122
　　　5.3.2　炉体砌筑 ·············· 124
　　5.4　矿热炉的开炉 ·············· 128
　　　5.4.1　新开炉电极焙烧 ·············· 128
　　　5.4.2　电烘炉、投料冶炼 ·············· 131
　　　5.4.3　出铁时间的确定 ·············· 132
　　　5.4.4　合金成分的控制 ·············· 132
　　5.5　小结 ·············· 133

复习思考题 ……………………………………………………………………… 133

6 矿热炉生产电石 ……………………………………………………………… 134

6.1 概述 ………………………………………………………………………… 134

6.1.1 电石的质量指标及生产方法 …………………………………………… 134
6.1.2 电石的主要性质 ………………………………………………………… 134
6.1.3 电石的主要用途 ………………………………………………………… 136

6.2 电石炉炉内反应 ……………………………………………………………… 136

6.2.1 电石生成反应 …………………………………………………………… 136
6.2.2 炉内反应状况 …………………………………………………………… 137
6.2.3 碳化钙的反应速度与稀释速度 ………………………………………… 138

6.3 电石炉操作的影响因素 ……………………………………………………… 140

6.3.1 石灰的影响 ……………………………………………………………… 140
6.3.2 炭素原料的影响 ………………………………………………………… 143
6.3.3 炉料的影响 ……………………………………………………………… 148
6.3.4 炉料配比的计算 ………………………………………………………… 149

6.4 电石炉操作 …………………………………………………………………… 151

6.4.1 电石炉投料方法 ………………………………………………………… 151
6.4.2 电石炉埋弧操作及运行工艺指标 ……………………………………… 153
6.4.3 明弧与干烧操作的应用 ………………………………………………… 154
6.4.4 调炉操作 ………………………………………………………………… 155
6.4.5 进出料平衡操作 ………………………………………………………… 159
6.4.6 出炉操作 ………………………………………………………………… 160
6.4.7 处理故障操作 …………………………………………………………… 161

6.5 电石炉开炉、停炉与清炉 …………………………………………………… 162

6.5.1 新炉开炉 ………………………………………………………………… 162
6.5.2 正常停炉与开炉 ………………………………………………………… 164
6.5.3 事故停炉与开炉 ………………………………………………………… 166
6.5.4 清炉 ……………………………………………………………………… 167

6.6 密闭电石炉尾气干法净化系统及操作 ……………………………………… 168

6.6.1 密闭电石炉尾气干法净化系统的工艺流程 …………………………… 168
6.6.2 净化系统置换方案 ……………………………………………………… 169
6.6.3 净化系统开停车操作 …………………………………………………… 170
6.6.4 净化系统报警及联锁说明 ……………………………………………… 171
6.6.5 净化系统易出现的问题及故障处理 …………………………………… 172

6.7 20MV·A密闭电石炉的物料平衡及热平衡计算 …………………………… 173

6.7.1 工况测定及体系模型 …………………………………………………… 173
6.7.2 物料平衡计算 …………………………………………………………… 175
6.7.3 热平衡数据处理及计算 ………………………………………………… 178

6.7.4　热平衡数据分析 ⋯⋯⋯⋯⋯⋯⋯⋯⋯⋯⋯⋯⋯⋯⋯⋯⋯⋯ 186

6.8　小结 ⋯⋯⋯⋯⋯⋯⋯⋯⋯⋯⋯⋯⋯⋯⋯⋯⋯⋯⋯⋯⋯⋯⋯⋯ 190

复习思考题 ⋯⋯⋯⋯⋯⋯⋯⋯⋯⋯⋯⋯⋯⋯⋯⋯⋯⋯⋯⋯⋯⋯⋯⋯ 191

7　矿热炉生产硅系铁合金 ⋯⋯⋯⋯⋯⋯⋯⋯⋯⋯⋯⋯⋯⋯⋯⋯⋯ 192

7.1　概述 ⋯⋯⋯⋯⋯⋯⋯⋯⋯⋯⋯⋯⋯⋯⋯⋯⋯⋯⋯⋯⋯⋯⋯⋯ 192

7.1.1　硅铁的牌号和用途 ⋯⋯⋯⋯⋯⋯⋯⋯⋯⋯⋯⋯⋯⋯⋯⋯ 192

7.1.2　硅及其化合物的物理化学性质 ⋯⋯⋯⋯⋯⋯⋯⋯⋯⋯ 194

7.1.3　冶炼硅铁的原料 ⋯⋯⋯⋯⋯⋯⋯⋯⋯⋯⋯⋯⋯⋯⋯⋯⋯ 196

7.2　硅铁冶炼原理 ⋯⋯⋯⋯⋯⋯⋯⋯⋯⋯⋯⋯⋯⋯⋯⋯⋯⋯⋯⋯ 198

7.2.1　硅铁冶炼的炉内反应 ⋯⋯⋯⋯⋯⋯⋯⋯⋯⋯⋯⋯⋯⋯ 198

7.2.2　硅铁炉内的温度分布和反应区 ⋯⋯⋯⋯⋯⋯⋯⋯⋯⋯ 200

7.3　硅铁冶炼操作 ⋯⋯⋯⋯⋯⋯⋯⋯⋯⋯⋯⋯⋯⋯⋯⋯⋯⋯⋯⋯ 202

7.3.1　硅铁冶炼的加料方法 ⋯⋯⋯⋯⋯⋯⋯⋯⋯⋯⋯⋯⋯⋯ 202

7.3.2　料面形状及高度控制 ⋯⋯⋯⋯⋯⋯⋯⋯⋯⋯⋯⋯⋯⋯ 204

7.3.3　扎透气眼及捣炉 ⋯⋯⋯⋯⋯⋯⋯⋯⋯⋯⋯⋯⋯⋯⋯⋯ 205

7.3.4　异常炉况的处理 ⋯⋯⋯⋯⋯⋯⋯⋯⋯⋯⋯⋯⋯⋯⋯⋯ 206

7.3.5　电极控制 ⋯⋯⋯⋯⋯⋯⋯⋯⋯⋯⋯⋯⋯⋯⋯⋯⋯⋯⋯ 207

7.3.6　密闭炉操作 ⋯⋯⋯⋯⋯⋯⋯⋯⋯⋯⋯⋯⋯⋯⋯⋯⋯⋯ 208

7.3.7　出铁及浇注 ⋯⋯⋯⋯⋯⋯⋯⋯⋯⋯⋯⋯⋯⋯⋯⋯⋯⋯ 210

7.3.8　出铁口维护 ⋯⋯⋯⋯⋯⋯⋯⋯⋯⋯⋯⋯⋯⋯⋯⋯⋯⋯ 213

7.3.9　改变冶炼品种操作 ⋯⋯⋯⋯⋯⋯⋯⋯⋯⋯⋯⋯⋯⋯⋯ 214

7.3.10　降低电耗措施 ⋯⋯⋯⋯⋯⋯⋯⋯⋯⋯⋯⋯⋯⋯⋯⋯ 215

7.3.11　物料平衡和简易配料计算 ⋯⋯⋯⋯⋯⋯⋯⋯⋯⋯⋯ 216

7.4　工业硅 ⋯⋯⋯⋯⋯⋯⋯⋯⋯⋯⋯⋯⋯⋯⋯⋯⋯⋯⋯⋯⋯⋯⋯ 217

7.4.1　工业硅的牌号和用途 ⋯⋯⋯⋯⋯⋯⋯⋯⋯⋯⋯⋯⋯⋯ 217

7.4.2　工业硅的原料及要求 ⋯⋯⋯⋯⋯⋯⋯⋯⋯⋯⋯⋯⋯⋯ 218

7.4.3　工业硅的冶炼原理 ⋯⋯⋯⋯⋯⋯⋯⋯⋯⋯⋯⋯⋯⋯⋯ 219

7.4.4　工业硅的生产设备 ⋯⋯⋯⋯⋯⋯⋯⋯⋯⋯⋯⋯⋯⋯⋯ 220

7.4.5　工业硅的冶炼操作 ⋯⋯⋯⋯⋯⋯⋯⋯⋯⋯⋯⋯⋯⋯⋯ 221

7.4.6　工业硅的配料计算 ⋯⋯⋯⋯⋯⋯⋯⋯⋯⋯⋯⋯⋯⋯⋯ 223

7.5　硅钙合金 ⋯⋯⋯⋯⋯⋯⋯⋯⋯⋯⋯⋯⋯⋯⋯⋯⋯⋯⋯⋯⋯⋯ 224

7.5.1　硅钙合金的牌号和用途 ⋯⋯⋯⋯⋯⋯⋯⋯⋯⋯⋯⋯⋯ 224

7.5.2　钙及其化合物的物理化学性质 ⋯⋯⋯⋯⋯⋯⋯⋯⋯⋯ 225

7.5.3　硅钙合金的生产方法及原料 ⋯⋯⋯⋯⋯⋯⋯⋯⋯⋯⋯ 226

7.5.4　硅钙合金冶炼的基本反应 ⋯⋯⋯⋯⋯⋯⋯⋯⋯⋯⋯⋯ 227

7.5.5　混合加料法操作 ⋯⋯⋯⋯⋯⋯⋯⋯⋯⋯⋯⋯⋯⋯⋯⋯ 227

7.5.6　分层加料法操作 ⋯⋯⋯⋯⋯⋯⋯⋯⋯⋯⋯⋯⋯⋯⋯⋯ 228

7.5.7　出铁及浇注 ⋯⋯⋯⋯⋯⋯⋯⋯⋯⋯⋯⋯⋯⋯⋯⋯⋯⋯ 229

7.5.8 硅钙合金的简易配料计算 ·············· 229

7.6 硅铝合金 ··· 230
7.6.1 硅铝合金的牌号和用途 ·············· 230
7.6.2 铝及其化合物的物理化学性质 ·············· 231
7.6.3 硅铝合金的原料及要求 ·············· 231
7.6.4 硅铝合金冶炼的基本反应 ·············· 232
7.6.5 硅铝合金冶炼的操作特点 ·············· 232

7.7 硅钡合金 ··· 233
7.7.1 硅钡合金的牌号和用途 ·············· 233
7.7.2 硅钡合金的生产方法及原料要求 ·············· 234
7.7.3 硅钡合金冶炼的基本反应 ·············· 234
7.7.4 硅钡合金的冶炼操作要求 ·············· 235
7.7.5 硅钡合金的配料计算 ·············· 236

7.8 硅铝钡合金 ··· 237
7.8.1 硅铝钡合金的牌号和用途 ·············· 237
7.8.2 硅铝钡合金的生产方法及原料要求 ·············· 238
7.8.3 硅铝钡合金冶炼的基本反应 ·············· 239
7.8.4 硅铝钡合金冶炼的操作要点 ·············· 240
7.8.5 硅铝钡合金的配料计算 ·············· 241

7.9 硅钙钡合金 ··· 242
7.9.1 硅钙钡合金的牌号和用途 ·············· 242
7.9.2 硅钙钡合金冶炼的基本反应 ·············· 242
7.9.3 硅钙钡合金冶炼的操作要点 ·············· 243
7.9.4 硅钙钡合金的配料计算 ·············· 244

7.10 冶炼硅铁 75 的物料平衡及热平衡计算 ·············· 245
7.10.1 炉料计算 ·············· 245
7.10.2 物料平衡计算 ·············· 250
7.10.3 热平衡计算 ·············· 250

7.11 小结 ··· 253
复习思考题 ··· 254

8 矿热炉生产锰系铁合金 ·············· 255

8.1 概述 ··· 255
8.1.1 锰铁的牌号和用途 ·············· 255
8.1.2 锰及其化合物的主要物理化学性质 ·············· 257
8.1.3 锰矿 ·············· 258
8.1.4 冶炼锰铁合金对锰矿的要求 ·············· 261

8.2 高碳锰铁 ··· 262
8.2.1 高碳锰铁的生产方法 ·············· 262

8.2.2　高碳锰铁冶炼的基本反应 ··· 263

8.2.3　高碳锰铁的冶炼操作 ··· 264

8.2.4　高碳锰铁的配料计算 ··· 269

8.3　锰硅合金 ··· 270

8.3.1　锰硅合金的原料 ··· 271

8.3.2　锰硅合金的冶炼原理 ··· 273

8.3.3　锰硅合金冶炼的影响因素 ··· 274

8.3.4　锰硅合金的冶炼操作 ··· 276

8.3.5　锰硅合金的配料计算 ··· 279

8.4　富锰渣 ··· 280

8.4.1　富锰渣的牌号和用途 ··· 280

8.4.2　富锰渣冶炼的基本原理 ··· 281

8.4.3　矿热炉生产富锰渣 ··· 283

8.5　冶炼锰硅合金的物料平衡及热平衡计算 ······························· 283

8.5.1　炉料计算 ··· 283

8.5.2　物料平衡计算 ··· 286

8.5.3　热平衡计算 ··· 286

8.6　小结 ··· 290

复习思考题 ··· 291

参考文献 ··· 292

1 矿热炉生产过程

【教学目标】 了解矿热炉的发展及应用；理解矿热炉的冶金原理；通过现场教学，认知矿热炉生产电石和铁合金的过程，矿热炉车间的组成、布置及主要技术经济指标。

1.1 矿热炉的发展及应用

1.1.1 矿热炉的用途

矿热炉是一种用途广泛、具有不同类型的电炉，由于主要用于金属氧化矿石的还原冶炼，其称为矿热炉或还原电炉。此外，由于这类电炉的电弧通常深埋于炉料之中，其又称为潜弧炉或埋弧炉。

图 1-1 为矿热炉示意图。供电系统提供的低压大电流通过三相碳质电极输入炉内，在电极末端产生的电弧将电能转换成热能，从而在炉体内的炉料中形成高温反应区，进行氧化矿石的还原反应。通常使用焦炭等碳质还原剂。将焦炭和被还原的矿石原料持续不断地加入炉内，反应区的还原反应连续进行，得到的液态产品积存在熔池内，定期打开出炉口将其放出，浇注后得到产品。

矿热炉用于生产电石（主要成分为碳化钙）时称为电石炉，用于生产铁合金时称为铁合金电炉，用于生产黄磷时称为黄磷炉，用于生产冰铜时则称为冰铜炉。生

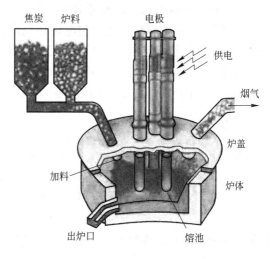

图 1-1 矿热炉示意图

产电石时，以焦炭作还原剂、石灰（氧化钙）作原料，经过炉内冶炼得到电石产品。生产铁合金时，仍以焦炭作还原剂，根据生产品种的不同而采用不同的原料。例如，以硅石、氧化锰矿、氧化铬矿作原料，则分别得到硅铁、锰铁、铬铁等系列的铁合金产品。

1.1.2 电石炉的发展

电石是生产乙炔的原料，同时也用于生产石灰氮（氰氨化钙）或作为冶炼钢铁的脱硫剂。乙炔有"有机合成之母"之称，主要用于生产聚氯乙烯、氯丁橡胶、醋酸及醋酸乙烯等；同时，乙炔还大量用于金属切割、生产乙炔炭黑。

矿热炉生产电石的工业诞生于 19 世纪末，当时电炉容量很小，只有 0.1~0.3MV·A，

而且是单相，采用间歇操作，生产技术处于萌芽阶段，所生产的电石只用于照明、金属的切割与焊接。进入 20 世纪，随着生产石灰氮工艺的问世，电石生产向前迈进了一步。1909 年，挪威索得别尔格（C. T. Soederberg）发明了自焙电极，此后相继采用了敞口式矿热炉、低烟罩式半密闭矿热炉，电炉容量得以扩大。第二次世界大战以后，挪威和联邦德国先后发明了埃肯（Elekm）型和德马格（Demag）型密闭炉，此后世界上许多国家均采用这两种形式设计并建设密闭矿热炉。20 世纪 60 年代，世界上建成了 28 座密闭矿热炉，电石总产量达到 1000 万吨，70% 用于有机合成工业。工业发达国家的电石企业均采用大容量的密闭矿热炉（20 世纪 70 年代容量已达 75MV·A，个别甚至达到 96MV·A），配套气烧石灰窑，用回收炉气作燃料生产石灰，供电石生产使用。

我国电石行业的发展已有 50 多年的历史，取得了举世瞩目的成绩，目前产能、产量均居世界首位，并呈高速上升态势。2012 年，电石产能达到 3230 万吨。近年来，我国加快淘汰落后产能速度，电石产量增速放缓。目前电石的产能已远远大于需求，但是整体水平不高，布局也不是很合理。经过治理整顿和经济发展政策的引导，电石行业的整合倾向已日益明显，开始从煤矿-电力-电石的简单一体化，发展成煤、盐、电、碱、电石、聚氯乙烯、水泥、CO 利用的大型一体化项目。电石生产企业规模都在数十万吨以上，甚至建设了超百万吨级电石生产厂，这无疑将会给行业的整合、规范和健康发展带来巨大影响。

为推动国内电石行业的技术进步，我国于 80 年代末从德国、挪威、日本等国引进 8 套 25.5MV·A 密闭矿热炉及中空电极、气烧窑、组合式把持器、干法除尘、计算机控制五项新技术，经过多年的消化吸收，已基本掌握了这些先进的生产技术。目前，我国电石生产装置向技术先进、综合利用率高、容量大的密闭矿热炉方向发展，自主设计研发的 48MV·A 密闭矿热炉已投入生产使用。

1.1.3　铁合金电炉的发展

铁合金主要用于钢铁工业，作脱氧剂、添加剂等。

矿热炉生产铁合金的方法是与低烟罩式矿热炉生产电石的工艺同时发展起来的。1890 年，法国的西蒙（Simon）用电热法，使用氧化锰和萤石的混合料，获得 $w(Mn) = 84\%$、$w(Fe) = 8\%$、$w(C) = 7.1\%$、$w(Si) = 0.20\%$ 的高碳锰铁。1899 年，美国在西弗吉尼亚州的霍尔库姆罗克厂首次炼制了含硅 25% ～50% 的硅铁。高碳铬铁的电热法始于法国，1900 年转入工业规模生产。20 世纪 50 年代前，矿热炉炉容一般为 10MV·A。60 年代，矿热炉向大型化发展。到 70 年代初，炉容扩大为 20～40MV·A，当时一些主要生产铁合金的国家，如苏联、美国、日本、法国、瑞典、冰岛和南非等国相继建造了一批大型矿热炉车间。20 世纪 80 年代后，新建密闭和半密闭矿热炉的容量通常为 30～70MV·A。迄今世界上最大的硅铁、工业硅、硅钙合金、锰铁及铬铁矿热炉的容量分别为 96MV·A、48MV·A、48MV·A、102MV·A 及 105MV·A。最大的铁合金企业年产能力为 120 万吨。

我国于 1940 年前后建造了较小容量的矿热炉车间生产铁合金。1956 年，建设了容量为 12.5MV·A 的敞口式矿热炉车间。20 世纪 60～70 年代，建成了一批较大型的铁合金车间。随着世界铁合金矿热炉大型化、密闭化、机械化和自动化的发展，在 80 年代中期至 90 年代初期，除建成一批新的 6.3～16.5MV·A 半密闭和密闭矿热炉车间之外，还建成了具有当今世界先进技术和装备水平的 25～50MV·A 大型现代矿热炉车间。与此同时，我国还向菲律宾、伊朗等国出口 12.5MV·A 矿热炉车间的全套工程技术和设备。现在，我国铁合金工业总体设计水平已跨入国际先进技术的行列。

铁合金生产与钢铁工业发展有着密切联系。2012 年，我国粗钢产量达到了 7.16 亿吨，占全球总产量的 47%。钢铁工业持续走强，促进了铁合金工业的迅猛发展。2001~2008 年，我国铁合金产量由 451 万吨增长到 1825 万吨，无论是在产品品质还是品种、数量方面，都取得了飞跃性的进步。我国铁合金工业正向电力充足、矿产资源丰富的西北、西南地区发展。根据原料和电力的情况，我国宁夏、内蒙古、山西的硅铁合金将有很大发展，西南地区将发展锰铁合金，沿海地区则将发展铬铁合金和特殊合金。

1.1.4 我国矿热炉的类型

矿热炉按照封闭形式，分为敞口式矿热炉、半密闭矿热炉和密闭矿热炉；按照炉容大小，分为 9MV·A 以下的小型矿热炉、9~25MV·A 的中型矿热炉和 25MV·A 以上的大型矿热炉。

小型敞口式矿热炉的上口是敞开的，炉面上的燃烧火焰较大，不便于操作。在炉口上方放置一个烟罩（即高烟罩炉），可使炉面上燃烧的烟气从烟罩上面的烟囱排出去。该类型矿热炉各项消耗高，能源利用率低；生产过程所释放的烟气没有经过除尘而直接排放，粉尘对周围的大气环境影响大；装备技术水平低，劳动强度大，工业卫生状况差，安全生产没有保障，因此是国家要求强制淘汰的生产装置。

中型半密闭矿热炉用烟罩将炉口密闭起来（即低烟罩炉），仅在烟罩侧面开设操作门，机械加料系统和排烟除尘系统与密闭炉相同，故称为半密闭炉。这种矿热炉炉面上的燃烧火焰仍较大，但减少了炉面上的辐射散热。由于生产企业的管理水平及炉子设计参数的选择差异性，该类型矿热炉各项消耗指标差别较大，能源的利用率存在较大差距，生产过程所释放烟气的治理水平也不同。一部分企业的烟气净化装置可利用高温烟气生产蒸汽以实现余热利用，能源利用率有了较大的提高。

密闭矿热炉由于炉盖与炉体完全密闭而隔绝了空气，所以炉面上不发生燃烧，炉内产生的气体用抽气设备抽出后加以净化。密闭矿热炉炉容普遍较大，自动化程度高，烟气量由于炉子的密闭而大大减少，所以烟气除尘的功耗低，生产电耗低；一般都进行烟气的综合利用，或用于生产蒸汽，或用于烘干原料及气烧石灰，因此综合能耗低。

我国电石工业和铁合金工业在发展的同时，一些问题也日益显露出来。我国电石工业运行的矿热炉中，中型半密闭炉的产能占总产能的 80% 以上，大型密闭炉的产能还不到总产能的 10%。铁合金电炉容量的选择由产品品种、规模以及炉型等确定，仍在大量使用 6.3MV·A、9MV·A 等小型矿热炉。这些中小型矿热炉的工艺装备水平低下、资源消耗偏高、环保治理落后，严重制约了行业的进一步发展和品质的提高。

我国目前新建的矿热炉均向高效率、大型化方向发展。大型化矿热炉具有热效率高、单位产品投资低、产品质量高、节省劳动力、合金元素挥发损失少、操作稳定、电耗低、运行成本低以及有利于烟尘净化和余热利用的优点。

1.1.5 矿热炉的新进展

1.1.5.1 德马格矿热炉

德国曼内斯曼-德马格公司生产的矿热炉，包括铁合金炉、生铁炉、有色金属炉、电石炉、炼钢炉以及为特殊工艺服务的矿热炉。近年来，开发了三电极和六电极埋弧炉、圆形和矩形炉体矿热炉、旋转炉体和倾动炉体矿热炉、敞口式和密闭矿热炉、冷装料和热装料矿热炉、空心电极加料及高洁操作工艺，而且矿热炉带有能源回收系统。曼内斯曼-德马格公司在最近20年内生产出300多台矿热炉，其中包括世界上最大的矿热炉，已经供给30多个国家，现简介如下：

（1）镍铁炉：变压器容量84MV·A，密闭式，矩形炉壳，六电极式且电极布置在一条直线上。

（2）硅铬合金炉：变压器容量60MV·A，密闭式，圆形炉壳，三电极式。

（3）硅铁炉：变压器容量67MV·A，密闭式，圆形炉壳，三电极式。

（4）金属硅（工业硅）炉：一种为变压器容量45MV·A，圆形炉壳，三电极式；另一种为变压器容量46MV·A，密闭式，矩形炉壳，六电极式且电极布置在两条直线上。

（5）电石炉：变压器容量70MV·A，密闭式，圆形炉壳，三电极式。

1.1.5.2 矿热炉控制技术的发展

俄罗斯的矿热炉向大型化发展，已运行的黄磷炉由48MV·A发展到80MV·A。该国成功研制了世界上最大的密闭矩形高锰合金炉（63MV·A），成功试制了变压器容量超过100MV·A的巨型矿热炉，并开发出冶炼硅锰合金的2MV·A等离子竖式炉。在大型矿热炉的设计中，全部利用计算机的最优数学模型来计算确定其最优参数和最佳工作状态。矿热炉电极的自动调节按照恒电导率的原理控制。在规定任务条件下，最优系统是保证冶炼的最优电力条件，即在规定的金属消耗和低电能消耗条件下，要保证炉子的电导率恒定（设定值），稳定电功率，控制熔池面高度，自动升降电极。

南非矿热炉采用新型调节系统，调节器的控制对象（工作设定点）是炉料（熔池）的电阻，即该调节器的工作原理是采用恒电阻控制来移动电极；而且该电阻与炉料电阻率成正比，也就是说，应控制炉料电阻率为恒定值。功率控制是依靠改变变压器抽头来实现的，操作手可以随时改变的设定量有炉子工作点（炉子电阻值）的设定、炉子功率的设定（依靠改变变压器抽头来实现）、调节器不灵敏区（死区）的设定、最大允许电流的设定等。

1.1.5.3 矿热炉采用先进技术的新进展

矿热炉采用先进技术的新进展主要有：

（1）矿热炉向高功率、大型化方向发展，以提高热效率、生产率和满足高功率集中冶炼的工艺要求。

（2）采用低频（0.3~3Hz）电流冶炼，可节省能源和提高产品质量。

（3）设置排烟除尘及能源回收装置，如硅铁企业开发的新式布袋除尘系统，既能起到排烟除尘作用，又能有效地从烟尘中回收价值昂贵的微硅粉，使环境得到了保护，资源得到了回收利用。

（4）开发空心电极系统，颗粒较小的精细料可从空心电极中加入，能够节能、降低电极消耗，使炉子熔池工作稳定。

（5）采用炉体旋转结构，生产高纯度硅铁的大型矿热炉必须采用此结构。

（6）研制开发适合各种矿热炉工艺要求的计算机工艺软件系统，以指导冶炼，使冶炼达到最优状态，从而提高产品质量、降低能耗及提高产量。

1.2 矿热炉的冶金原理

矿热炉生产的基本任务就是把金属元素从矿石或氧化物中提取出来。矿热炉生产过程中的化学反应主要是氧化物的还原反应，同时也有元素的氧化反应。矿热炉生产的基本原理基于选择性氧化还原反应热力学。

1.2.1 还原反应的通式

矿热炉冶炼产品的品种十分繁杂，其冶炼方法也比较多样。但从根本上来讲，矿热炉冶炼就是利用适当的还原剂，从含有所需元素氧化物的矿石中还原出所需元素的氧化还原过程。

例如，冶炼电石、硅铁、高碳锰铁和高碳铬铁时，基本反应式分别为：

$$CaO + 3C \Longrightarrow CaC_2 + CO$$

$$SiO_2 + 2C \Longrightarrow Si + 2CO$$

$$MnO + C \Longrightarrow Mn + CO$$

$$Cr_2O_3 + 3C \Longrightarrow 2Cr + 3CO$$

以上产品在矿热炉中用电热法生产，都是以碳作还原剂，分别夺取了氧化物 CaO、SiO_2、MnO、Cr_2O_3 中的氧生成 CO，元素 Ca、Si、Mn、Cr 从各自的氧化物中被还原出来，组成化合物或适当的合金。

再如，冶炼中低碳锰铁和金属铬时，基本反应式分别为：

$$2MnO + Si \Longrightarrow 2Mn + SiO_2$$

$$Cr_2O_3 + 2Al \Longrightarrow 2Cr + Al_2O_3$$

此时则分别用 Si 和 Al 作还原剂，冶炼方法也不同。生产中低碳锰铁用硅质还原剂，在精炼电炉中冶炼，采用电热法和金属热法；生产金属铬用铝质还原剂，在筒式炉中冶炼，采用金属热法。

尽管各种冶炼产品的生产方法不同，选用的还原剂性质不同，但其冶炼实质相同，可用如下通式表达：

$$y\mathrm{Me}_m\mathrm{O}_x + nx\mathrm{M} \Longrightarrow my\mathrm{Me} + x\mathrm{M}_n\mathrm{O}_y \tag{1-1}$$

式中　$\mathrm{Me}_m\mathrm{O}_x$——矿石中含有所需元素的氧化物；

M——所用的还原剂；

Me——所需提取的元素；

$\mathrm{M}_n\mathrm{O}_y$——还原剂被氧化后生成的氧化物。

还原反应的通式意味着还原剂 M 与氧的亲和力大于被还原金属与氧的亲和力，这就是金属氧化物还原的热力学条件。

由于各种元素在矿石中的富集程度不同，存在状态不一样，冶炼过程就产生了区别。如果石灰和硅、锰、铬矿中的有价元素含量较高、杂质含量少，可将其直接入炉冶炼。如果所用金属氧化物矿较贫且杂质多，则需经富集后才能冶炼。例如，锰铁比低而磷含量高的贫锰矿，必须先在高炉或电炉中冶炼，将矿石中的磷、铁还原成高磷生铁，使锰在炉渣中富集，再用其生成的富锰渣代替部分或全部锰矿来进行锰合金的冶炼。还有一些矿石，其中有价元素的含量很低，则必须先经过选矿富集成精矿；对于多元素化合物矿，还必须采用化学方法富集所需元素，然后才能用于冶炼生产。

在矿热炉冶炼生产中，由于矿石带入杂质，大多数产品品种的冶炼需要采用有渣法。有渣法冶炼需在炉料中配入适量的熔剂，使矿石带入的杂质在冶炼过程中生成熔点低、碱度适宜且流动性能良好的炉渣，出炉后便于炉渣与产品的分离操作。此时，冶炼者的主要任务是掌握好炉渣的成分、熔点和流动性等，通过对炉渣的控制来保证产品的成分及质量，但其冶炼本质仍然是氧化物矿石被还原的过程。

1.2.2 反应的热效应

反应的热效应是一个重要的热力学函数。当物质发生化学反应和物理变化时，放出或吸收的热称为这个过程的热效应，用 ΔH 表示。热效应在冶金中得到了广泛的应用，在铁合金生产中，铁合金电炉内的主要物质和各相主要成分如表 1-1 所示。炉内各相是互相联系的，彼此进行着物质、热量和能量的交换，因此，用热效应研究和分析反应进行的可能性及金属氧化物可还原性的顺序，对冶金生产具有重要意义。在冶金生产过程的热平衡计算中，热效应计算及其结果也是重要内容和主要依据。

表 1-1 铁合金电炉内使用的主要物质和各相主要成分

物质名称	主要成分	炉内的相
空气、氧气	O_2、CO、N_2、H_2O	炉 气
熔剂、氧化物	CaO、SiO_2、Al_2O_3、MnO	炉 渣
铁合金液	Fe、C、Si、Mn、Cr、P	金 属
耐火材料	C、MgO	固 体

实验和统计分析表明，反应的热效应可以通过标准生成热进行计算。对于反应通式（1-1），在温度为 298K（25℃）时，反应的热效应可以用式（1-2）计算：

$$\Delta H_{298}^{\ominus} = \sum (n_j \Delta H_{298,\text{生成物}}^{\ominus}) - \sum (n_i H_{298,\text{反应物}}^{\ominus}) \tag{1-2}$$

式中 $\sum (n_j \Delta H_{298,\text{生成物}}^{\ominus})$ ——生成物标准生成热的代数和；

$\sum (n_i \Delta H_{298,\text{反应物}}^{\ominus})$ ——反应物标准生成热的代数和。

即在标准状态下，反应的热效应等于生成物标准生成热的代数和与反应物标准生成热的代数和之差。

若 Me 和 M 都是稳定单质，它们的标准生成热等于零，则式（1-2）可简化为：

$$\Delta H_{298}^{\ominus} = x \Delta H_{298,\text{Mn}_n\text{O}_y}^{\ominus} - y \Delta H_{298,\text{Me}_m\text{O}_x}^{\ominus} \tag{1-3}$$

任意温度 T 下反应的热效应，可以利用基尔霍夫公式的积分式计算：

$$\Delta H_T^{\ominus} = \Delta H_{298}^{\ominus} + \int_{298}^{T_{\text{相}}} \Delta c_p \mathrm{d}T + \Delta H_{T_{\text{相}}}^{\ominus} + \int_{T_{\text{相}}}^{T} \Delta c_p' \mathrm{d}T \tag{1-4}$$

式中 Δc_p ——生成物和反应物相变前的比定压热容之差；

$\Delta H_{T_{\text{相}}}^{\ominus}$ ——反应过程的相变热；

$\Delta c'_p$——生成物和反应物相变后的比定压热容之差；

T——反应温度；

$T_相$——相变温度。

各种物质的标准生成热、比定压热容和相变热可以从有关的物理化学数据表中查得。将查得的数据代入式（1-4）即可算出反应的热效应。

【**例 1-1**】 计算冶炼发气量为 300L/kg 的电石（碳化钙含量为 80.6%）的理论单位电耗量。

解：反应式为：

$$CaO + 3C \Longrightarrow CaC_2 + CO$$

已知碳化钙的标准生成热 $\Delta H_{298}^\ominus = 465900J/mol$，相变前后平均比定压热容 $\Delta c_p = 93.07J/(mol \cdot K)$，熔化相变热 $\Delta H_{T_相}^\ominus = 44540J/mol$，取冶炼温度为 1950℃。将已知数据代入式（1-4），可得到 CaC_2 生成反应的热效应为：

$$\Delta H_T^\ominus = \Delta H_{298}^\ominus + \Delta c_p dT + \Delta H_{T_相}^\ominus = 465900 + 93.07 \times 1925 + 44540 = 689600J/mol$$

据此，每生产 1t 发气量为 300L/kg 的电石的理论电耗量为：

$$\frac{1000 \times 0.806}{64} \times \frac{689600}{3600} = 2412kW \cdot h/t$$

工业电石炉的实际生产电耗量远远超过计算所得的数值，可见大量的电能损失了，因此应采用切实的措施减少电能的损耗。

1.2.3 反应的标准自由能变化 $\Delta G^\ominus$

反应的标准自由能变化 $\Delta G^\ominus$ 是一个重要的热力学函数，用它可以判断过程自动进行的方向，其在冶金生产中得到了广泛的应用。生产中可以创造条件使反应沿着预期的方向进行，达到预期的目的。

欲使反应（1-1）向冶炼需要的方向进行，即向生成 Me 的方向进行，则反应的标准自由能变化必须是负值，即 $\Delta G^\ominus < 0$。$\Delta G^\ominus$ 可以根据标准生成自由能数据计算，即：

$$\Delta G^\ominus = \sum (n_j \Delta G_{生成物}^\ominus) - \sum (n_i \Delta G_{反应物}^\ominus) \tag{1-5}$$

式中 $\sum (n_j \Delta G_{生成物}^\ominus)$——生成物标准生成自由能的代数和；

$\sum (n_i \Delta G_{反应物}^\ominus)$——反应物标准生成自由能的代数和。

同时，还规定了稳定单质的标准生成自由能等于零，因此可将式（1-5）简化为：

$$\Delta G^\ominus = x \Delta G_{M_nO_y}^\ominus - y \Delta G_{Me_mO_x}^\ominus \tag{1-6}$$

各种氧化物的标准生成自由能 $\Delta G^\ominus$ 可以从有关的物理化学数据表中查得。将查得的数据代入式（1-6）即可算出反应的标准自由能变化数值，据此可判断任意氧化物还原反应在一定温度下进行的方向。

当 $\Delta G^\ominus$ 为负值时，还原反应能自发进行；当 $\Delta G^\ominus$ 为正值时，还原反应不能自发进行；当 $\Delta G^\ominus = 0$ 时，反应处于正、逆反应相对平衡的状态。

【**例 1-2**】 计算冶炼硅铁温度分别为 1000K 和 1940K 时反应的自由能变化 $\Delta G^\ominus$。

解：还原反应式为：

$$SiO_2 + 2C \rightleftharpoons Si + 2CO$$

由表查得：

$$\Delta G_{SiO_2}^{\ominus} = -947676 + 198.74T \quad (J/mol)$$

$$\Delta G_{CO}^{\ominus} = -111720 - 87.78T \quad (J/mol)$$

在1000K时反应的自由能变化为：

$$\Delta G_{1000}^{\ominus} = 2\Delta G_{CO}^{\ominus} - \Delta G_{SiO_2}^{\ominus}$$

$$= 2 \times (-111720 - 87.78 \times 1000) - (-947676 + 198.74 \times 1000)$$

$$= 349936 J/mol$$

在1940K时反应的自由能变化为：

$$\Delta G_{1940}^{\ominus} = 2\Delta G_{CO}^{\ominus} - \Delta G_{SiO_2}^{\ominus}$$

$$= 2 \times (-111720 - 87.78 \times 1940) - (-947676 + 198.74 \times 1940)$$

$$= -1906 J/mol$$

令 $\Delta G_T^{\ominus} = 2\Delta G_{CO}^{\ominus} - \Delta G_{SiO_2}^{\ominus} = 0$ 时求得的温度 T 称为开始还原温度，用 T_0 表示，即：

$$T_0 = 1935K$$

由以上计算可以看出，在1000K时反应的自由能变化为正值，反应不能自发进行；在1940K时反应的自由能变化为负值，反应能够自发进行；C直接还原 SiO_2 的开始还原温度为1935K（即1662℃），在此温度以上，温度越高，反应的自由能变化越负，反应越容易进行。

1.2.4　氧化物的稳定性

1.2.4.1　氧化物的分解压

矿热炉冶炼过程主要是还原各种氧化物，得到所需要的元素。氧化物的稳定性可用氧化物分解压表示。氧化物受热时分解，反应式为：

$$Me_mO_{2x} \rightleftharpoons mMe + xO_2$$

在一定温度下，平衡常数为：

$$K = \frac{a[Me]^m p_{O_2}^x}{a(Me_mO_{2x})} \tag{1-7}$$

当 Me、Me_mO_{2x} 为纯物质时，$a[Me] = 1$，$a(Me_mO_{2x}) = 1$，则：

$$K = p_{O_2}^x$$

p_{O_2} 即为该氧化物在该温度下的平衡分解压。在一定温度下，分解压越小，该氧化物越稳定，越不易分解和被还原；分解压越大，该氧化物越不稳定，越易分解和被还原。例如，氧化物 CaO、Al_2O_3、SiO_2、Cr_2O_3 在1600℃时，它们的分解压分别为 5.83×10^{-19} Pa、2.73×10^{-15} Pa、1.56×10^{-11} Pa、1.57×10^{-7} Pa，因此它们的稳定性次序（依次递减）为：CaO、Al_2O_3、SiO_2、Cr_2O_3。

1.2.4.2　氧化物的 $\Delta G^{\ominus}$-T 图

各种氧化物的稳定性及其还原的难易程度也可用氧化物标准生成自由能表示。1mol 氧与某单质化合的氧化物，其生成自由能负值越大，该氧化物就越稳定。为了使用方便，把冶金过程中常见的以消耗 1mol 氧为基准的氧化物标准自由能变化 $\Delta G^{\ominus}$ 与温度 T 的关系绘成 $\Delta G^{\ominus}$-T 图，如图 1-2 所示。

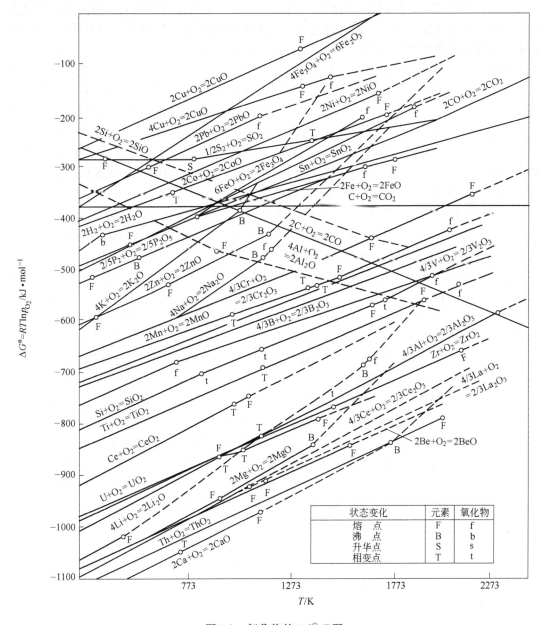

图 1-2 氧化物的 $\Delta G^{\ominus}$-T 图

根据图 1-2 中各曲线的位置，可以判断在任意温度下各氧化物的稳定性。氧化物在 $\Delta G^{\ominus}$-T 图中的位置越低，$\Delta G^{\ominus}$ 负值越大，其稳定性越好。矿热炉冶炼中主要氧化物的稳定性顺序（依次递减）为：CaO、MgO、Al_2O_3、TiO_2、SiO_2、V_2O_5、MnO、Cr_2O_3、FeO、P_2O_5。矿热炉冶炼就是将矿石中有价的氧化物还原成金属。例如用锰矿石冶炼锰铁，还原过程中，位于 MnO 上部的 FeO 和 P_2O_5 不稳定，生产中几乎全部被还原；SiO_2 的位置比

MnO 还低，生产中只有小部分被还原；其他位置更低的氧化物几乎不被还原。因此，可用图 1-2 中下面的元素作为还原剂来还原上面的金属氧化物，以此作为选择还原剂的依据。

图 1-2 表明，绝大多数金属氧化物的稳定性是随温度升高而减小的，即温度越高，越易被还原；但是 CO 的稳定性却随着温度升高而增大。可见，只要有足够的温度，碳就能还原任意金属氧化物。用碳还原各种金属氧化物的理论开始还原温度，就是图 1-2 中 CO 标准自由能变化曲线与被还原金属氧化物标准自由能变化曲线交点处的温度。当温度低于交点处的温度时，碳不能还原该金属氧化物；当温度高于交点处温度时，碳能还原该金属氧化物。例如用碳还原 MnO，由 $\Delta G^{\ominus}$-T 图看出，MnO 与 CO 的标准自由能变化曲线的交点处温度约为 1410℃。当温度低于 1410℃时，MnO 标准自由能变化曲线在 CO 标准自由能变化曲线的下方，CO 的稳定性比 MnO 的稳定性差，所以碳不能还原 MnO；当温度高于 1410℃时，MnO 标准自由能变化曲线在 CO 标准自由能变化曲线的上方，CO 的稳定性比 MnO 的稳定性好，所以此时碳可以还原 MnO。同理，从图 1-2 中也可查得 SiO_2 与 CO 的标准自由能变化曲线的交点处温度约为 1662℃。

在实际生产中，不但要考虑还原剂的还原性能，还必须考虑资源和价格。碳由于价廉易得，被广泛用作生产铁合金的还原剂。由图 1-2 还可以看出，硅可以还原 MnO、Cr_2O_3、V_2O_5 等氧化物，故硅或硅锰合金也广泛用作生产中低碳锰铁、中低碳铬铁和钒铁的还原剂。铝不但可以作为生产金属锰、金属铬的还原剂，还可以作为还原更稳定的 TiO_2 的还原剂，以生产钛铁。

由于碳与许多金属元素的亲和力很大，而且碳化物在金属中的溶解度很大，因此用碳作还原剂时一般得到碳含量比较高的高碳合金。对于含硅合金，因为硅元素的碳化物在金属中的溶解度很小，所以获得硅合金的碳含量也很低，而且合金中的硅含量越高，碳含量越低。生产中常用提高硅元素含量的方法来降低合金的碳含量。

高碳铬铁、锰铁中含有大量的碳化物和少量的硅化物，而硅铁、硅铬合金、硅锰合金、硅钙合金等含有大量的硅化物和少量的碳化物。各种金属在不同气氛条件下可以生成不同的化合物。与分析氧化物的稳定性一样，可以根据碳化物、氮化物、硫化物等的 $\Delta G^{\ominus}$-T 图分析它们的稳定性。当然，若同一元素同时与氧、硫、氮、碳等发生反应，欲知哪一种化合物最为稳定并首先生成，需要对同一元素不同化合物的稳定性进行比较。对同一元素来说，各种化合物的稳定性顺序（依次递减）为：氧化物、硫化物、氮化物、碳化物。

1.2.5 平衡常数与选择还原

还原剂的选择只是冶炼生产的第一步，进而还需确定氧化物的还原程度，以求在生产中获得最大产量、提高矿石的利用率或提高金属的回收率。

平衡常数是指化学反应达到相对平衡时各物质的数量关系，在一定温度下可以用一个常数 K 来表示。可以用它来衡量化学反应进行的程度，平衡常数的值越大，则在给定条件下生成物的数量越多。因此，可以通过改变温度、压力、浓度等条件来提高还原程度。

对于单一氧化物的还原，当用碳作还原剂时，反应式为：

$$Me_mO_x + xC \Longrightarrow mMe + xCO \tag{1-8}$$

平衡常数为：

$$K = \frac{a[Me]^m p_{CO}^x}{a(C)^x a(Me_mO_x)}$$

当 Me、C、Me_mO_x 为纯物质时，$a[Me]=1$，$a(C)=1$，$a(Me_mO_x)=1$，则：

$$K = p_{CO}^x$$

即用碳作还原剂时，气相产物为 CO，在一定温度下其平衡压力 p_{CO} 也为常数。因此，减少 CO 的数量，使其气相实际压力 $p'_{CO} < p_{CO}$，则有利于还原反应的进行，使反应向生成 Me 的方向移动，可增大氧化物的还原程度，获得最大产量。由于 CO 是气体，为保证 CO 能顺利离开反应区，生产中要求炉料有良好的透气性。所以，用碳作还原剂提高产量的方法是提高炉料的透气性。

实际生产过程都是在多种氧化物组成的体系中加入某种还原剂的还原过程。若有由两种不同氧化物组成的理想溶液，当用碳还原时，为简化计，可写作如下两个反应式：

$$AO + C = A + CO$$
$$BO + C = B + CO$$

它们的平衡常数分别为：

$$K_A = \frac{a[A]p_{CO,A}}{a(AO)}$$

$$K_B = \frac{a[B]p_{CO,B}}{a(BO)}$$

以上反应在同一体系内平衡时，气相压力 $p'_{CO} = p_{CO,A} = p_{CO,B}$，故有：

$$p_{CO} = \frac{K_A a(AO)}{a[A]} = \frac{K_B a(BO)}{a[B]}$$

上式表明，体系内各物质的数量组成是不能任意改变的，即还原剂同时还原多种氧化物时，各氧化物被还原的数量有一定比例关系。假定 BO 的稳定性比 AO 好，BO 不易被还原，则 $K_A > K_B$。设反应开始前熔体内 $a(AO) = a(BO)$，当反应达到平衡时，因为 $K_A > K_B$，为保持等式成立，应有：

$$\frac{a(AO)}{a[A]} < \frac{a(BO)}{a[B]}$$

即平衡时渣相中的 $a(AO)$ 小，合金液中的 $a[A]$ 大；渣相中的 $a(BO)$ 大，合金液中的 $a[B]$ 小。为了保持体系内的平衡，A 被还原出来的数量一定比 B 多，也就是说，分配用于还原 AO 的碳比分配用于还原 BO 的碳要多。由以上推导可得出如下结论：

（1）在多种氧化物中加入还原剂后，无论各种氧化物的稳定性如何，它们都同时被还原。

（2）还原剂并不是平均分配来还原各氧化物，而是具有选择性。根据各氧化物的稳定性不同，还原剂有不同的分配。氧化物的稳定性越差，被还原出来的金属数量就越多；反之，氧化物稳定性越好，被还原出来的金属数量就越少。

（3）随着体系内的还原剂数量逐步增加，不同氧化物逐步被还原，渣中氧化物数量不断减少。但是，由于稳定性差的氧化物比稳定性好的氧化物减少的速度快，当达到一定程度时，渣中稳定性好的氧化物浓度远远高于稳定性差的氧化物浓度。因此，稳定性好的氧化物被还原的数量将大大增加，从而氧化物稳定性好的元素也被还原出来。即还原剂的数量越多，难还原氧化物被还原的数量也越多。

（4）温度越高，金属氧化物的稳定性越差，越容易被还原；而且它们的稳定性差别也越小，因此各氧化物被还原的程度相差越小。

实际生产时，炉料中均含有多种氧化物，因此冶炼过程就是还原剂对各种氧化物的选择性还原过程。只要控制矿石中各氧化物含量、还原剂用量和温度适宜，确保操作正确，就能将需要的合金元素从矿石中还原出来，而将不需要的元素留在渣中。但不可避免的是其他氧化物也或多或少地被还原，因此合金中都有一定数量的杂质。

例如实践已证明，用碳还原一种 SiO_2 含量较高、磷和铁含量也不低的锰矿石，若用碳量和温度不同，则可以得到不同的产品（见表1-2）。

表1-2　碳还原锰矿石的产品

冶炼温度/℃	用 碳 量	氧化物	氧化物还原开始温度/℃	得到的产品
1300	仅够还原 FeO 和 P_2O_5	FeO 和 P_2O_5	约600	富锰渣和高磷生铁
1500	还够还原 MnO	MnO	约1400	高碳锰铁
1700	还够还原 SiO_2	SiO_2	约1650	硅锰合金
2000	还够还原 Al_2O_3	Al_2O_3 和 CaO	约2000	硅锰铝合金

1.2.6　化学反应速率

反应的标准自由能变化 $\Delta G^{\ominus}$ 和平衡常数 K 分别表示反应进行的方向和限度，这是两个重要的热力学函数。然而热力学只能指明反应的可能性，而反应的现实性需用反应速率等动力学函数来解决。化学反应速率通常用某一参与反应物质的浓度随时间变化的速率来表示，通式为：

$$-\frac{dc}{dt} = kc^n$$

式中　c——反应物的浓度；

　　　k——反应速率常数，与温度、压力、扩散速度、相界面大小等因素有关；

　　　n——反应的级数。

负号表示反应物浓度逐渐减少的方向，即采用反应物浓度时，前面加负号；采用生成物浓度时，前面不加负号。

化学反应速率除与物质的本性有关外，还与催化剂、浓度、压力、温度、扩散速度和相界面大小等因素有关。例如，扩散速度大，相界面大，反应速度就快。为了扩大相界面，选用的还原剂粒度要适当小一些；同时采用各种手段进行搅拌，以增大相界面面积和扩散速度；而且温度越高，熔体的流动性就越好。矿热炉冶炼主要是熔体与还原剂发生反应，要获得流动性良好的熔体，必须将熔渣过热到一定的温度。实际生产时，冶炼温度通常比熔渣的熔点高 100～200℃。

1.3　矿热炉生产电石过程

电石的主要成分为碳化钙，碳化钙的分子式为 CaC_2，相对分子质量为 64.10。用矿热炉生产电石是将生石灰和含碳原料（焦炭、无烟煤或石油焦）加入炉内，依靠电弧高温熔化反应来生成碳化钙。

图 1-3 为 35MV·A 三相圆形密闭矿热炉生产电石的工艺流程示意图。由原料加工处理工序送来的合格的焦炭和生石灰分别储存于原料储斗内。每个储斗下面都有一台自动秤，每两台自动秤连成一组，一个称量石灰，另一个称量焦炭。每组秤的倒空由电气控制，使其同时倒料，而每台秤的倒空次数由冲击计数继电器计数。石灰和焦炭用自动秤按规定比例称量后，经链斗输送机送至带式输送机，再运到环斗加料机中向环形料仓加料，从环形料仓下部的投料管将炉料投到炉膛内。高压电经过矿热炉变压器变成低压后，电流经短网、集电环和导电颚板导入电极。炉料在炉膛内依靠电弧热、电阻热和一氧化碳带出的显热加热到 1900～2200℃，生成电石和一氧化碳。正常生产时，炉料充满投料管，并于料仓内维持在低工作料面以上。投料管直接插入炉盖内，投料管的底端与熔池上层的疏松料面接触。当炉料下沉时，投料管中的炉料依靠重力流出，向炉内补充炉料。电石炉的输入功率通过升降电极或切换变压器电压级数来调整。电极的升降由液压升降机驱动，电压的切换在有载情况下进行。

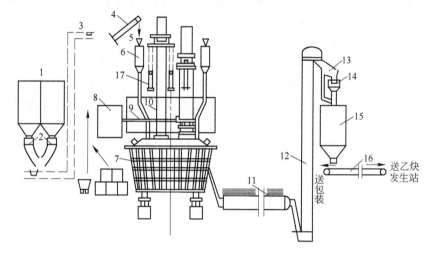

图 1-3　35MV·A 三相圆形密闭矿热炉生产电石的工艺流程示意图

1—原料储斗；2，14—自动秤；3—链斗输送机；4，16—带式输送机；5—环斗加料机；6—环形料仓；
7—电石炉；8—矿热炉变压器；9—短网；10—电极；11—冷却筒；12—斗式提升机；
13—中间储斗；15—电石储斗；17—液压升降机

电石生成后，定时从炉内放出。出炉时，用烧穿装置烧穿出炉口，熔融电石从炉眼流出，沿着设有冷却水管的流料槽流入冷却筒内，筒外喷洒冷却水使其冷却。筒内壁装有导叶，可以抄起电石块将其摔碎。筒尾通入氮气，以减少电石发气量的损失，并可保证安全生产。经冷却、破碎后的电石粒度在 80mm 以下，自筒尾卸出，然后经斗式提升机进入中间储斗，再由此经漏斗落入自动秤，称量后的电石沿变向加料筒进入电石储斗内储存。电石也可不经过自动秤而进入储斗中。根据乙炔发生站的需要，将电石卸至带式输送机上，由此送往乙炔发生站。当乙炔发生站不用料时，电石也可由带式输送机反方向送往包装工序进行包装。

中小型电石炉大多采用电石锅冷却电石。电石锅用铸铁制成，由电动牵引车载运。出炉时，熔融电石由流料槽依次流入若干个电石锅中，并由电动牵引车运到冷却间，经过冷却后，用吊车将电石块吊至冷却平台上，继续冷却 8～16h。然后用吊车将电石块吊至颚式破碎机进行破碎，破碎后的电石块经过斗式提升机送至电石储斗中储存，再根据需要进行装桶或用其他运输工具运出。

电石生产过程主要的污染源是，电石生产过程中含尘烟气的排放及各生产工序固体物料在烘干、破碎、输送过程中含尘气体的无组织排放。密闭电石炉的烟气温度高达600~1000℃，烟气的含尘浓度（标态）为130~200g/m³，但烟气量很小。一般来说，每生产1t电石可回收副产炉气（CO和H_2的总含量大于90%，标态）400m³，折合标煤0.15t，可满足生产1t石灰所需的燃料。工业发达国家的电石企业均回收一氧化碳炉气，作为气烧石灰窑的燃料。由于受到净化技术的制约，国内多数企业是将炉气直接作为燃料烧锅炉，而后回收热能，同时可降低排气温度，经除尘达标后排放。

1.4 矿热炉生产铁合金过程

铁合金是由一种或一种以上的金属或非金属元素与铁组成的合金。按照铁合金中的主合金元素进行分类，主要有硅、锰、铬、钒、钛、钨、钼、硼等系列铁合金。我国生产的铁合金涵盖了硅系、锰系、铬系和特殊铁合金四大系列的26个品种、172个品牌，以及一些非国标和部标的企标产品。在铁合金品种中，硅、锰、铬三大系列铁合金的生产量最大，占铁合金总产量的90%以上。

矿热炉法是生产铁合金的主要方法，用矿热炉冶炼的铁合金品种主要有硅铁、硅钙合金、碳素锰铁、锰硅合金、碳素铬铁、硅铬合金等，其产量占全部铁合金产量的70%以上。其缺点是用碳作还原剂时，很多金属都易与碳形成碳化物，不能生产低碳铁合金。

图1-4所示为生产硅铁的21MV·A敞口式旋转炉体矿热炉的剖面图。炉子的基础建在

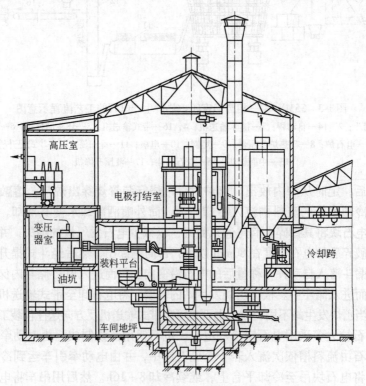

图1-4 生产硅铁的21MV·A敞口式旋转炉体矿热炉的剖面图

地面上，为了便于操作，设置炉口装料平台，炉子的电气控制设备也设置在此层的小屋里。装料平台的上一层为加接电极壳和添加电极糊工作平台，为了把电极材料从地面送到该处，在工段的一侧设有单臂吊车，顺工段纵长方向运行。在剖面图右侧的原料分配站设有顺车间纵轴方向布置的水平运输带，依靠卸料车将炉料送到各个炉子的储料槽内，储料槽的容积应能容纳一昼夜所需的炉料量。装料平台在朝向浇注工段的一边设有露台，用浇注工段的吊车把本厂所产废物运到露台上，用于返回冶炼。

生产硅铁的原料主要有硅石、钢屑及焦炭等碳质还原剂。由原料加工处理工序送来的合格的硅石、钢屑和焦炭分别储存于原料储料槽内。每个储料槽下面都有一台自动秤，各种原料用自动秤按规定比例称量后配成一批炉料。将批料放入加料机，移动加料机将炉料投到炉膛内。高压电经过矿热炉变压器变成低压后，电流经短网系统导入电极。电极埋在炉料中，依靠电弧热量和电流通过炉料时产生的电阻热加热。熔化的金属和炉渣聚集在炉底，通过出铁口定时出铁放渣，生产过程是连续进行的。通过炉体的缓慢旋转，可使熔池温度均匀、反应区扩大、炉料烧结减少，还可使产量增加、原料消耗降低。目前新建的大型硅铁炉都设计成炉体旋转结构。

出铁时，用烧穿装置烧穿出铁口，熔融硅铁和炉渣从炉眼流出，沿着流槽流入铁水包内。将盛接了渣和铁的铁水包用绞车移至车间的浇注跨内，然后用天车起吊，进行扒渣操作后将铁水浇入锭模。硅铁稍冷固化后出模，冷却后运至精整工序加工、包装、入库。

铁合金矿热炉的烟气净化回收有多种方法。冶炼高碳锰铁、锰硅合金和高碳铬铁的大中型矿热炉大都选用密闭炉，设置干法煤气回收装置，将回收的煤气（CO 含量 60% ～ 80%，热值（标态）8 ～ 10kJ/m³，产气量（标态）900 ～ 1200m³/t）用于干燥或预热预还原矿石。有条件的厂家还可以利用回收煤气进行发电，实现二次能源的综合利用。对于难以采用密闭炉生产的品种，例如硅铁、工业硅等，则建造半密闭炉，设置干法烟气净化系统。国内外的生产实践表明，该法除可回收有价值的硅尘外，还可以回收利用炉气余热。其余热回收主要有两种方式：一种是回收利用热水或蒸汽；另一种是用蒸汽再发电。两者可回收的能量分别相当于矿热炉输入电能的 80% 和 20%。例如，硅铁炉采用炉气余热发电装置时，可回收电能 1800 ～ 2500kW·h/t。半密闭炉炉气经过余热锅炉降温后，便于采用干法袋式除尘器进行除尘。

1.5　矿热炉车间

1.5.1　矿热炉车间组成

矿热炉车间主要由配料站、主厂房及辅助设施组成。一个完整的电石厂或铁合金厂除了矿热炉冶炼车间外，根据车间的规模还设有变电站、水泵房、循环水池、原料场、原料准备车间、机修车间、成品库及运输设施等。矿热炉车间冶炼生产的特点决定了厂内各车间之间有着紧密的联系和协作配合。

矿热炉冶炼生产过程是一个高能耗和高运量的过程。以具有两座 12.5MV·A 矿热炉的车间为例，年生产硅铁 75 共 2.2 万吨，耗电约 2×10^8 kW·h，需运入 3.98 万吨硅石、1.98 万吨焦炭、0.506 万吨钢屑，要运出硅铁 2.2 万吨以及其他废料。而且在厂内的车间之间物料的周转量也很大，如炉料的运送达到 6.5 万吨，日运送约 180t。因此，在考虑厂内车间的平面布置时，必须具备下列基本条件：

（1）保证生产的供电、供水、交通运输方便。工厂所在地应有足够大的、长期的供电保障。

（2）各车间布置要紧凑，尽量减少占地面积。各种管线、运输线、构筑物的长度和体积尽可能缩小，并尽可能减少土方工程。

（3）运输能力应和车间的产量及其工艺特点相适应，尽量将进料、冶炼生产和产品外运顺行布置，不要过多交叉进行。

（4）具有扩建可能性，而且能一边生产、一边基建，互不干扰。

（5）应与厂区的地形、地质、土壤、水质和风向等条件相适应。

矿热炉车间的设计规模通常依市场需求而定，就设计经济规模而言，硅系产品规模一般以3～5万吨/年为宜，锰系和铬系产品规模均以6～10万吨/年为宜。炉子的数量根据生产规模确定，一般一个车间设置两台同样容量的矿热炉较合适，以利于生产的组织调度和辅助设备的互用及维护。

由于需求市场的结构性变化，矿热炉车间的产品方案应考虑：

（1）产品以国内外两个市场为导向，加快调整产品结构，扩大品种，提高质量；

（2）以矿产资源和能源为依据，开发具有地域和企业特色的新产品；

（3）产品选项应立足于高起点、高科技含量，实现循环经济产业链；

（4）产品上档次、上国际品牌，以利于产品创新和企业升级。

矿热炉车间的生产规模往往以矿热炉的生产能力作为标志，配电、给排水、原料准备等其他车间必须按生产规模要求，保证矿热炉正常生产。根据矿热炉车间生产品种、数量和选用的生产工艺流程来确定车间组成。主厂房包括原料间、变压器跨、炉子跨、浇注跨（含炉外精炼站）、成品加工间及炉渣处理间等。主厂房的总体设计有两种布置形式：一种为变压器跨、炉子跨、浇注跨三跨毗连，成品加工间及炉渣处理间单独设置，这种布置方式的炉前操作场地宽敞、采光和通风条件较好，因此被广泛采用；另一种为上述四个或五个跨间（除炉渣处理间）毗连在一起，这种布置方式的炉前操作场地既宽敞又便于实现浇注机械化，有利于产品运输，但缺点是车间内采光和通风条件较差。考虑生产工艺特点，在平面布置时各跨间应相互平行排列，见图1-5。

1.5.2　矿热炉车间布置

1.5.2.1　原料间及上料系统

原料间通常布置在单独一跨中，并与炉子跨平行。为了保证连续生产，一般大厂在厂内和车间分别设立原料场和原料间；中小厂在厂内设立原料场及必要的加工设施，车间的原料间供少量储存及配料使用，因此，原料间应能满足生产所需的各种原

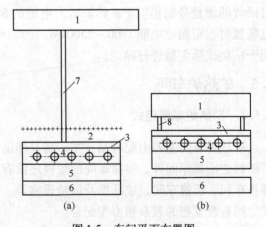

图1-5　车间平面布置图

(a) 胶带运输机上料；(b) 斜桥卷扬机上料

1—原料间；2—炉渣处理间；3—变压器跨；4—炉子跨；
5—浇注跨；6—成品加工间；7—胶带运输机通廊；
8—斜桥上料机

材料的储存、加工、配料及运输的作业场地。为了保证车间连续生产，设计车间各原料场时要有一定的储存量，满足一定日期的需要，即所谓的储备日期。

配料站常为多层结构的独立厂房，其上部设合格料储仓，又称日料仓；其下部设配料称量系统。配料站通常与主厂房平行布置，向主厂房供料的方式有斜桥上料机上料、斗链输送机上料和胶带运输机上料等。前两种方式布置紧凑，可节省用地，多用于无渣法冶炼车间；后一种方式配料站与电炉间距离拉开，其间空场地可布置炉渣处理和除尘设施，多适用于有渣法冶炼车间。图 1-6 所示为某矿热炉车间正在建造的胶带运输机上料系统，图1-7 所示为某矿热炉车间的斜桥上料系统。

图 1-6　某矿热炉车间正在建造的胶带运输机上料系统

图 1-7　某矿热炉车间的斜桥上料系统

1.5.2.2　炉子跨和变压器跨

炉子跨是冶炼车间的核心部位。矿热炉生产必备的布料系统、加料系统、矿热炉炉体系统、短网系统（又称大电流母线）及电控、炉口操作系统、炉前出铁出渣系统、电极材料提升系统等，均布置在炉子跨内。此跨为多层框架式厂房建筑，根据车间工艺布置要求，一般设计为三层大平台，其中包括炉顶布料平台、电极升降装置平台和炉口操作平台；另外，还设有一些局部小平台，如炉顶电极壳接长及加电极糊的小平台、炉前出炉平台等。图1-8所示为密闭矿热炉及各种设备布置的剖面图。

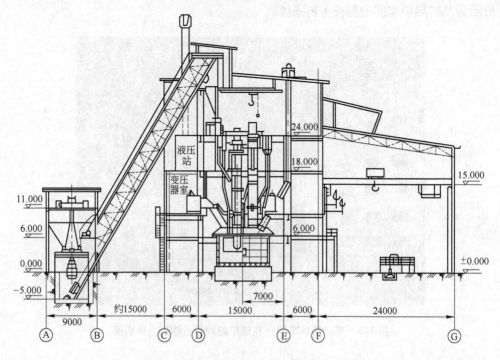

图 1-8　密闭矿热炉及各种设备布置的剖面图

炉子跨的跨度（宽）主要视矿热炉容量的大小、采用有渣法还是无渣法冶炼工艺、炉顶布料和炉口处加料方式以及厂房结构选型设计的可能性和合理性等因素综合加以确定。

炉子跨的长度主要由矿热炉座数、矿热炉中心距决定。此外，炉子跨的两端头还要考虑设置楼梯、电梯和电极糊提升吊装孔的位置。

炉子跨的厂房高度由各层平台高度以及炉顶布料形式和悬挂起重机的轨道标高决定，同时还要考虑采光和通风排烟等要求。

变压器跨通常指用于布置矿热炉变压器的跨间。当矿热炉采用三台单相变压器时，形成品字布置，此时除一台变压器布置在变压器跨内之外，另两台则布置于炉子跨内。变压器跨的设计不仅要考虑变压器的抽芯检修，还要便于矿热炉控制中心的布置等。

1.5.2.3　浇注跨

浇注跨用于进行产品浇注、铁水包修理及烘烤，一般应布置出炉装置、锭模或浇注机、铁水包、渣包、再制铬铁的粒化装置等设备，还应有设备存放、维修的场地和作业场地。当设有炉外精炼站时，其精炼装置、供氧及氮气系统等也布置于此跨内。有时将浇注跨延长兼用于炉渣处理。

　　浇注跨与炉子跨平行，其布置形式与生产工艺和浇注方式有着密切的关系。一般采用大中型矿热炉生产硅铁75，当使用环式浇注机浇注时，设备应布置在浇注跨与成品加工跨两跨间的公用柱子处。这样，浇注操作在浇注跨内进行，铁锭脱模在成品加工跨内进行，其效果是生产流程短、操作条件好。

　　浇注所选用的桥式起重机是一种频繁操作的重要设备，属于重级工作制。其起重能力应根据吊运铁水、炉渣及相关器具的最大总重加以确定。起重机的台数由各种作业时间综合计算确定。

　　出炉系统包括炉子的出炉流槽、烧穿装置、铁水包、小车、卷扬机或电动车等。出铁时，必须用电弧烧开炉眼。大型炉常用专用的烧穿变压器供电（见图1-9），在出炉口上方的固定钢梁上挂一个轻便小车，小车上装有电极夹板，用以夹紧电极棒。石墨电极棒的直径为$\phi100 \sim 150mm$，将电流自烧穿变压器中引入。

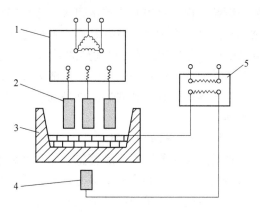

图1-9　烧穿变压器的接线图
1—矿热炉变压器；2—电极；3—炉体；
4—导电体；5—烧穿变压器

　　合金浇注方式有砂窝浇注、锭模浇注、浇注机浇注及粒化，大型炉趋向于用浇注机代替锭模浇注。图1-10所示为某硅铁车间锭模浇注间现场。

图1-10　某硅铁车间锭模浇注间现场

　　铁水包分为铸钢铁水包和带内衬的铁水包，铸钢铁水包使用前需挂渣。每座电炉一般有2~3个铁水包，其中一个使用、一个备用、一个大修或小修。如果同一车间内的电炉容量相同、产品一致，则可以几台电炉共用一个铁水包作为备用。

常用的锭模有浅锭模和深锭模两种。浇注硅铁75及碳素铬铁时用浅锭模，浇注其他产品时用深锭模。

1.5.2.4 炉渣处理间

炉渣分为水渣和干渣，其处理场地又分为水渣间和干渣间。水渣间有单独设置的，也有和浇注跨合在一起的。某些铁合金炉渣水淬是把出炉的液态渣用高压水喷成1~10mm的小颗粒，由于水淬时蒸汽量很大，水渣间设在露天。炉渣经水淬加工后作为生产水泥的掺和料。铁合金炉渣，特别是用石灰作熔剂、采用有渣法冶炼的炉渣，有较高含量的CaO和Al_2O_3，是生产水泥比较理想的原料。锰硅合金、碳素锰铁、精炼铬铁和磷铁炉渣水淬后已成功地应用于水泥生产中。干渣间通常用渣罐车运出炉渣，炉渣冷却和装车在浇注跨进行，不需要设置单独的炉渣处理间。若炉渣量大且冷却后再运出，则需设置单独的炉渣处理间。

1.5.2.5 成品加工间

成品工段主要进行成品精整、储存和包装作业。成品加工间的设置主要由车间产铁量的多少而定。当车间产铁量多时，单设成品加工间，其由精整和临时储存作业组成；当车间产铁量少时，不单设成品加工间，而与浇注跨合在一起，成品在车间内精整后运到厂成品总库储存。

1.5.3 矿热炉车间主要技术经济指标

1.5.3.1 产品产量

产品产量是指一定时间内生产的经检验合格的铁合金数量，单位为t。产品产量有实物量和基准吨之分。

实物量是指产品的实际重量。

基准吨是把实物量按所含主要元素折合成规定基准成分的产品产量，其计算公式如下：

$$基准吨 = \frac{产品主要元素的实际成分(\%) \times 实物量(t)}{产品主要元素的基准成分(\%)}$$

【例1-3】 硅铁75的硅含量为72%~80%，一律按硅含量75%折合成基准吨。硅铁45的硅含量为40%~47%，一律按硅含量45%折合成基准吨。

如硅含量为74%的硅铁75，实物量为100t，折合成基准吨为：

$$\frac{74 \times 100}{75} = 98.667t$$

如硅含量为46%的硅铁45，实物量为100t，折合成基准吨为：

$$\frac{46 \times 100}{45} = 102.222t$$

为了便于统一计算和比较冶炼效果，规定铁合金产量均按基准吨计算，其他指标（如单位炉料消耗、单位电耗）也均以基准吨作为计算依据进行计算。

平均日产量是指电炉在实际作业天数内平均每天的生产能力，其计算公式如下：

$$平均日产量 = \frac{合格产品产量(基准吨)}{实际作业天数(d)}$$

1.5.3.2　电炉日历作业率与利用系数

电炉日历作业率是指电炉实际作业时间占日历作业时间的百分比，其计算公式如下：

$$电炉日历作业率 = \frac{实际作业时间(h)}{日历作业时间(h)} \times 100\%$$

电炉日历利用系数是指在日历作业时间内，电炉每兆伏安变压器额定容量平均昼夜生产的合格铁合金产量。电炉日历利用系数是反映电炉能力利用程度的一项综合性指标，其计算公式如下：

$$电炉日历利用系数 = \frac{产品合格量(基准吨)}{变压器额定容量(MV \cdot A) \times 日历作业天数(d)}$$

1.5.3.3　产品合格率

电炉铁合金产品合格率是指在一定时间内，该产品检验合格量占检验总量的百分数，其计算公式如下：

$$产品合格率 = \frac{检验合格量(基准吨)}{检验总量(基准吨)} \times 100\%$$

此外还有产品品级率，例如，一级品率是指一级品产量占合格产品总量的百分比，其计算公式如下：

$$一级品率 = \frac{一级品产量(基准吨)}{合格产品总量(基准吨)} \times 100\%$$

铁合金产品合格率和产品品级率都是铁合金质量指标。

1.5.3.4　主要元素冶炼回收率

主要元素冶炼回收率是指在生产产品过程中某一个主要元素的回收利用程度，其计算公式如下：

$$主要元素冶炼回收率 = \frac{产品含主要元素重量(t)}{入炉原料含该元素重量(t)} \times 100\%$$

对于工艺过程分几步生产的产品，要计算总回收率。

1.5.3.5　单位产品冶炼电耗

单位产品冶炼电耗是指在一定时间内生产1t（基准吨）合格铁合金所消耗的电量，其计算公式如下：

$$单位产品冶炼电耗 = \frac{冶炼总耗电量(kW \cdot h)}{合格产量(t)}$$

冶炼总耗电量是指冶炼生产中直接用电量，不含动力、照明等其他非直接消耗的电量。

1.5.3.6　单位产品原材料消耗

单位产品原材料消耗是指以实物量（干重）表示的单位产品平均耗用的某种原材料数量，其计算公式如下：

$$单位产品原材料消耗 = \frac{原材料实际消耗量(干重,kg)}{合格产量(基准吨)}$$

原材料实际消耗量是指入炉数量，不包括途耗、库耗及加工损耗。

依据矿热炉技术装备、原料供应、生产操作及管理等状况，矿热炉车间冶炼产品的主要技术经济指标如表1-3所示。

表 1-3　矿热炉车间冶炼产品的主要技术经济指标

项　目	1×6.3MV·A 半密闭电炉		1×12.5MV·A 半密闭或密闭电炉		1×12.5MV·A 半密闭电炉	1×25MV·A 半密闭电炉	1×25MV·A 密闭电炉	1×30MV·A 密闭电炉	1×50MV·A 半密闭电炉	1×20MV·A 密闭电炉
产　品	高碳锰铁	工业硅	硅铁	锰硅合金	工业硅	工业硅	高碳铬铁	锰硅合金	硅铁	电石
电炉设备能力/t·a⁻¹	15000	3000	10000	20000	6000	12000	50000	40000	30000	32000
电炉年工作天数/d	340	340	340	340	340	340	335	335	335	340
电炉 $\cos\varphi$	0.86	0.88	0.85	0.84	0.86	0.80	0.80	0.75	0.65	0.85
冶炼电耗/kW·h·t⁻¹	2800~3000	12300~12800	8200~8600	4200~4400	12000~12500	12000~13000	2800~3000	4200~4400	8200~8600	3600~3800
主要原材料消耗 硅石/kg·t⁻¹		2800	1850	150	2700	2700	100	150	1900	
碳质还原剂/kg·t⁻¹	430	1200	1000	600	1500	1500	450	580	1050	580
含铁料/kg·t⁻¹			230						230	
锰矿(w(Mn)>30%)/kg·t⁻¹	2600			2000				1300		
富锰渣(w(Mn)>35%)/kg·t⁻¹				420				1300		
白云石/kg·t⁻¹				100				100		
石灰/kg·t⁻¹	100									920
铬铁(w(Cr₂O₃)=45%)/kg·t⁻¹							1900			
电极糊/kg·t⁻¹	35	110	45	40	100	100	25	40	50	22

1.6　小结

（1）矿热炉主要用于金属氧化矿石的还原冶炼，目前，我国已建成具有世界先进技术和装备水平的大型现代矿热炉，电石和铁合金工业总体设计水平已跨入国际先进技术的行列。

（2）矿热炉生产的基本原理基于选择性氧化还原反应热力学，反应通式为：

$$y\mathrm{Me}_m\mathrm{O}_x + nx\mathrm{M} \Longrightarrow my\mathrm{Me} + x\mathrm{M}_n\mathrm{O}_y$$

反应进行的可能性和金属氧化物还原性的顺序，可用反应的热效应、反应的标准自由能变化等计算数据来判断，也可用反应的平衡常数来判断还原剂对各种氧化物的选择性还原顺序和还原量。

（3）矿热炉冶炼电石和铁合金生产过程都是高耗能、高运输量的过程，矿热炉车间的生产规模以矿热炉的生产能力作为标志，根据生产品种、数量和选用的生产工艺流程来确定车间组成和布置。其设计规模和冶炼产品依据市场需求、矿产资源和能源状况而定，立足于高起点、高科技含量，应实现循环经济产业链，努力追求好的技术经济指标。

复习思考题

1-1　简述矿热炉的冶炼过程。

1-2　矿热炉采用的先进技术有哪些？

1-3　写出矿热炉冶炼各种产品的反应通式。反应的热效应如何计算，反应的标准自由能变化如何计算？

1-4　根据氧化物的 $\Delta G^{\ominus}\text{-}T$ 图，判断矿热炉冶炼中主要氧化物稳定性的顺序。用碳还原 MnO，开始还原温度是多少？用碳还原 SiO_2，开始还原温度是多少？

1-5　用碳作还原剂时，气相产物 CO 对还原过程有何影响？

1-6　化学反应速率与压力、温度、浓度、扩散速度和相界面等因素有何关系？

1-7　简述矿热炉生产电石过程。

1-8　简述矿热炉生产铁合金过程。

1-9　简述矿热炉车间的组成。车间布置必须具备哪些基本条件，产品方案应考虑哪些因素？

1-10　矿热炉车间布置的各部分有哪些特点和要求？

1-11　矿热炉车间的主要技术经济指标有哪些，主要矿热炉冶炼产品的电耗各是多少？

2 矿热炉的机械设备

┌┄┄┄┐

【教学目标】 认知矿热炉各组成部分和机械设备的工作原理、结构特点，能够根据矿热炉操作规程和作业标准维护、使用矿热炉设备。

2.1 矿热炉组成

现代矿热炉向着大型、密闭、炉体旋转方向发展，从原料的称量、输送、装料到矿热炉的操作和烟气的处理等都实现了集中控制。矿热炉主要由炉体、供电系统、电极系统、加料系统、冷却水系统、检测和控制系统、排烟除尘系统等组成。

2.1.1 炉体

在矿热炉内，电弧放出的高温使炉料熔化和进行还原反应，生成合金。按电极在炉内的分布和炉体形状，矿热炉可分为圆形炉、矩形炉和椭圆形炉。现在使用的矿热炉大多数是三相炉。由于圆形炉炉壳强度高、相对冷却表面积小、短网易于合理布置，三相炉的炉型一般都是圆形的，炉体内由炉衬构成圆桶形炉膛，三相电极呈正三角形垂直布置在炉膛上部。电极下部是主要反应区，电能通过电弧和电阻转化为热能。炉膛直径和深度、电极与炉膛的相对位置等几何尺寸，对炉内电流分布和热分布影响很大。由于反应温度高达2000℃以上，炉体的容积一般大于反应的空间，使反应区与炉衬之间留存一层炉料，用以保护炉衬。

电极把大电流输送到炉内，在电极末端所产生的电弧使电能转换成热能。由于电弧发出的热很集中，形成一个高温反应，这一电弧作用区通常称为坩埚区，试验电炉的坩埚区如图2-1所示。坩埚区内的温度高达2000～2500℃，浸满焦炭的坩埚壁内层温度约为1900℃，外层温度约为1700℃。坩埚的外围各层以及离电极较远的区域获得的热量较少，温度逐渐降低，离电极较远的区域容易形成死料区。所以，只有在离电极较近的反应区域内才明显进行着炉料的熔化、还原和形成合金。就熔池整体而言，上部表面在坩埚区域范围内被电弧加热。熔池的热量由合金液传向炉底耐火材料、壳底钢板和车间大气之中。为了控制合适的熔池温度，希望纵深方向的温度差尽量减小，这就要求合金液深度不应过大。同时，炉底应该具有足够的热阻，即炉底要

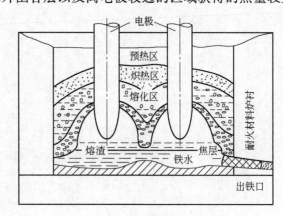

图2-1 试验电炉的坩埚区剖面图

有足够的厚度，并在外层采用良好的绝热材料。

炉体由炉壳、炉衬和出炉口等组成。对炉壳的要求是：强度应能满足炉衬受热而产生的剧烈膨胀，适应炉衬热胀冷缩的要求，而且要力争节省材料和便于制造。目前国内大部分工厂都采用圆桶形炉壳，在部分大容量电石炉上采用倒圆锥形炉壳，锥角为7°。从结构上比较，倒圆锥形炉壳比较简单，横、竖拉筋较少。炉壳由16～25mm厚的锅炉钢板焊接制成，并装设水平加固圈和横、竖加强筋加固。出炉口流槽由钢板焊接或由铸钢制成。矿热炉按炉体结构分为固定炉和旋转炉等，图2-2为固定炉体下部炉壳和出炉口的外形图。

图2-2　固定炉体下部炉壳和出炉口的外形图

炉体采用炭砖砌筑的炉衬，要求在炉壳的焊接接口处必须焊上薄钢板以密封接缝，防止炉壳受热后接缝松开，漏入空气而使炭砖氧化。炉壳的底面是水平的，固定炉的炉体浮放在间隔布置的工字钢梁上，这样在受热时炉壳和工字钢梁都能自由膨胀而不互相影响。工字钢梁之间形成炉底的空气通道，有利于炉底冷却。

2.1.2　烟罩与炉盖

2.1.2.1　烟罩的发展及类型

早期使用的敞口式电炉，炉口直接暴露在空气中，机械化程度低，对环境污染很大，工人的劳动条件恶劣。最直接的改进方法就是在炉口正上方悬吊一个高烟罩。高烟罩为吊挂式钢制结构，其直径与电炉炉壳直径相当。高烟罩底端与炉口操作平面之间留有一定空间，供工人操作使用。高烟罩的使用在一定程度上抑制了生产过程对环境的污染，在捕集烟气和改善操作条件等方面有一定的效果。

随着矿热炉技术的不断发展，生产厂家普遍通过技术改造或更新换代等方式将炉型改为半密闭低烟罩形式。低烟罩是矿热炉的重要组成部分。与高烟罩相比，低烟罩具有非常明显的优点，如引入水冷系统，极大降低了低烟罩的外部温度，减少了对周围的热辐射，提高了设备的使用寿命；设置炉门，既可以供加料、拨料和捣炉操作，又可以抑制冷空气进入量，调控炉内温度；短网母线直接装在水冷炉盖上，缩短了母线长度，有利于降低电耗；烟气量减少，温度提高，有利于净化处理和余热利用。

低烟罩可以设计成圆形、六边形、八边形、十边形或多边形。按照结构形式，低烟罩大致分为耐火混凝土结构、全金属水冷结构以及金属水冷骨架与耐火混凝土混合结构三类。

耐火混凝土结构的低烟罩支撑在操作平台上，由于不使用金属构件，不用考虑绝缘和隔磁的问题；但这种低烟罩自重大、结构强度低、使用寿命短，目前已基本被淘汰。

全金属水冷结构的低烟罩采用金属水冷骨架作为炉盖的承载支架，骨架之间放置水冷盖板，盖板内部固定隔水挡板；连接处等关键部位采用不锈钢制作，用以防磁。该结构的优点是强度高、检修方便，但制作成本增加，过多的焊缝易烧损，导致骨架漏水情况严重。

混合结构的低烟罩也采用金属水冷骨架作为炉盖的承载支架，骨架之间放置水冷盖板，盖板的内部固定隔水挡板。不同的是，盖板内侧喷涂或捣打了耐火混凝土材料。这样，金属骨架就支撑起耐火混凝土材料和水冷盖板的重量，同时承受电极把持器带来的附加作用力，构成一个刚性整体炉盖。为了减少涡流损失，炉盖靠近电极的区域采用防磁金属材料制作，也可采用水冷骨架整体混凝土形式。其优点是：金属材料用量减少，降低了成本；焊缝等经耐火混凝土层保护，漏水现象减少；烟罩的寿命得到进一步提高。其缺点在于骨架漏水现象仍存在。

国外的冶金工业发展较早，矿热炉的设计水平已经相当成熟。其中，德马克、克虏伯、埃肯等公司的技术体现了当今世界矿热炉技术的最高水平。德马克公司的低烟罩炉盖结构采用管式骨架，管间打结耐火混凝土，炉盖内表面吊挂许多紫铜盘管以提高炉盖寿命，其在绝缘、隔磁等方面的设计也有独到之处。日本的铁合金生产企业则采用多边形全金属低烟罩炉盖，为组合活动水冷盖板式，便于检修和更换。

2.1.2.2 低烟罩结构

目前国内采用的低烟罩多为混合结构，以水冷金属梁为骨架、耐火混凝土为保护层，包括支架、侧墙、操作门、排烟孔等部分的整体结构混合式低烟罩见图2-3。金属骨架支撑由一个内嵌3个防磁电极孔圈、多个加料孔圈的大圆环及若干水冷支管连接组成，并且采用防磁不锈钢管与锅炉钢管。每个电极孔圈与周边加料孔圈、部分水冷支管组成循环冷却水路，各水冷支管间用T形钢板加固连接，各孔圈、水冷支管均在同一平面上。立柱、底板直接压在绝缘板面并且坐在楼层土建环梁上。耐火混凝土层采用高耐火度的铝铬渣为骨料，经整体浇灌制作而成，将整个顶盖骨架包裹保护起来。支架由空心钢柱和回水管组成，不仅支撑低烟罩的重量，同时构成操作门及侧墙的框架。侧墙一般采用耐火砖砌

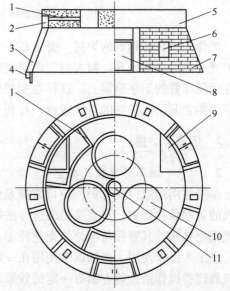

图2-3 整体结构混合式低烟罩示意图
1—顶盖骨架；2—进水分配管；3—支架；4—回水管；
5—耐火混凝土层；6—小炉门；7—侧墙；8—大炉门；
9—排烟孔；10—电极孔；11—中心料管孔

成，操作门开在电极的大面。排烟孔依炉盖和侧墙的位置情况开设，分别与烟囱或炉气除尘回收设备相连接。炉盖上方则根据实际情况开设烟道孔和加料管口。这种结构形式具有耐火度良好、抗形变、承载强度大、电耗小、投资省、使用寿命长等优点。

某 12.5MV·A 半密闭矿热炉冶炼硅铁车间的低烟罩和炉口操作平台，如图 2-4 所示。

图 2-4　某 12.5MV·A 半密闭矿热炉冶炼硅铁车间的低烟罩和炉口操作平台

这种结构形式的不足之处在于，耐热混凝土一旦整体浇筑完成后就很难改变工艺参数；在使用中发现，这种结构因骨架漏水造成热停炉时间较长（占全部热停炉时间的 50% ~ 86%）；耐火混凝土层长期使用后会脱落；烟罩对地绝缘性能差，易漏电。因此，在实践中出现了多种改进方法。

由于骨架是整个炉盖的关键部位，要求有足够的刚度、强度、防磁性能和绝缘性能，有的生产企业把骨架设计成"中心凸式骨架"。即在保持骨架大水圈、加料孔圈、各水冷支管在同一平面上相互连接布置外，将 3 个电极孔圈及中心料管孔圈提升一定高度 h，超出原来平面 30 ~ 100mm，形成中心凸式连接方式。电极孔圈采用防磁性好的不锈钢材质（1Cr18Ni9Ti），受辐射的骨架水冷支管、大水圈采用 T 形钢板以及三角筋板等与 20g 钢管相结合，加强受力部位的机械强度，其余加料孔圈选用普通低碳钢（Q235）制作，同时在关键部位实施隔磁措施，见图 2-5。支撑于楼面的方

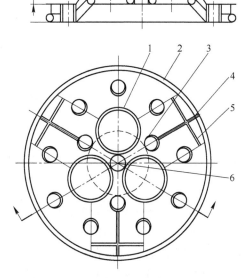

图 2-5　中心凸式骨架示意图
1—电极孔圈；2—大水圈；3—加料孔圈；
4—水冷支管；5—T 形钢板；
6—中心料管孔圈

式则改为"密封固定混凝打结式绝缘"，并使其置于炉壳法兰内（见图2-6），内铺硅酸铝纤维毡、高铝耐火砖，通过底板将各立柱按角度固定焊接，并用高铝水泥按配比混凝打结，实现了对地永久性绝缘。骨架内部采取整体打结耐火混凝土，其厚度为280～340mm。耐火打结料距构件底部及孔圈的厚度为40～60mm，形成"水冷金属-耐火混凝土保护"的混合结构。它可将骨架与炉气这一强腐蚀介质环境隔离开来，既降低炉气对骨架的腐蚀破坏，又起到缓解温差、隔热的作用，且具有良好的相对相、相对地的绝缘性能。由于改进了烟罩骨架的受力结构、绝缘和冷却方式等，大大延长了炉盖的使用寿命，提高了经济效益。

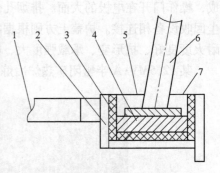

图2-6 密封固定混凝打结式绝缘
1—楼层；2—炉壳法兰；3—硅酸铝纤维毡；
4—高铝耐火砖；5—底部钢板；
6—立柱；7—高铝混凝土

由于骨架的存在，漏水始终无法避免，只有取消骨架才能彻底消除漏水之患。由于三相电极在极心圆周上是呈120°星形对称布置的，任意两相电极之间即呈圆心角为120°的扇形，因此有的生产企业取消了骨架，设计了3个圆心角为120°的扇形拼装炉盖。取消骨架后，水冷盖板和骨架合二为一，炉盖无疑将起到骨架和密封的双重作用，除自身重量外，特别是要承受把持器（大套）升降过程中产生的径向推力和竖向摩擦力作用，炉盖的刚性及水路设计尤为重要。为了使冷却水在水冷板中强制流动、减小结垢对烟罩的影响，水路设计时应减少死角和回路，但又要保证冷却水流过烟罩的每一个地方。可将水路隔板沿径向设置成散射状，这样，隔板既是水冷板的加劲筋板，又是形成循环水路的隔板。如图2-7所示，炉盖的设计分成了两个部分，包含电极孔的部分用不锈钢制造，外面部分用普碳钢制造。

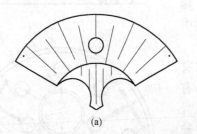 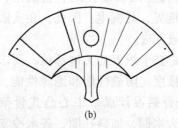

(a)   (b)

图2-7 扇形炉盖隔板分布图
(a) 无烟道开孔；(b) 有烟道开孔

用不锈钢是为了达到隔磁的目的，而用普碳钢可以解决炉盖漏水的问题。两部分的冷却水分别流动，而每一部分的冷却水采取单进单出，改变了过去所有骨架与盖板水路串联的不合理结构。该低烟罩在实际生产中的应用效果良好，炉盖漏水的问题基本得到解决，投产3年没有遇到因炉盖漏水而造成的热停炉事故。

2.1.2.3 密闭炉炉盖

图2-8(a)为一种密闭炉炉盖的结构示意图，图2-8(b)为其外形图。密闭炉的炉盖以水冷钢梁作为骨架，砌以耐火砖及耐火材料。水冷钢梁包括内外环梁、斜梁、直梁、电极环梁等，这

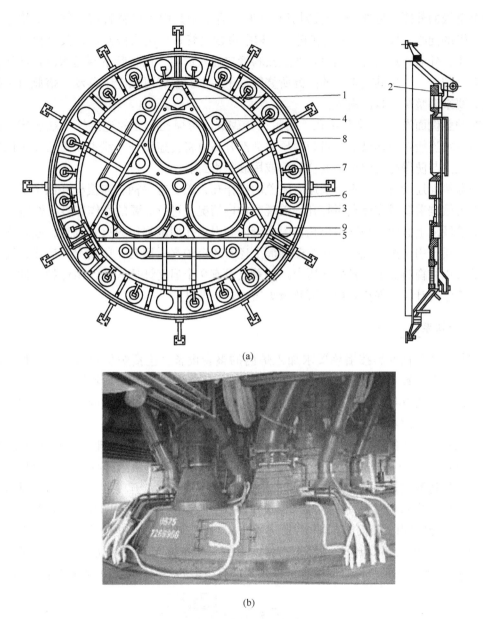

(a)

(b)

图 2-8　密闭炉炉盖

（a）结构示意图；（b）外形图

1—水冷架；2—耐火砖；3—电极孔；4—投料孔；5—温度计插入孔；
6—操作孔；7—防爆孔；8—炉气返回孔；9—炉气引出孔

几个梁分别通水冷却。钢骨架在现场组装，组装好后进行水压试验和气密性试验，然后采用湿法砌筑耐火砖。炉盖下面有密封止口，插入炉体炉壳外面的砂封中，形成一个气密的顶盖。

炉盖顶部的三个电极孔主要是使三相电极把持器贯通炉内，并用绝缘材料使电极把持器与炉盖绝缘。为了减少由于电磁感应引起的电能损耗，凡是靠近电极附近的构件均为非磁性钢材，以减少涡流损耗。

炉盖的顶部还有 16 个能与上部料仓相连接的投料管口，其中 3 个是调和料管口，设在每个电极的外侧；另外 13 个投料管口，其中有 1 个是中央投料管口，其余平均分布在每个电极的同心圆周上。3 个调和料管口和中央投料管口用耐火砖砌成，其余投料管口都有冷却梁，外面砌耐火砖。加料管通过投料管口插入炉内，加料管下端是水冷却结构，内部通有冷却水，以免其被炉内的高温所烧毁。下端水冷套管可以上下移动，借此可根据生产的需要来调整炉内料面高度。

在炉盖侧面设有 13 个防爆孔，用耐火砖砌成。防爆孔孔盖的连接杆一端连接在孔盖上，另一端连接在内环梁上。当炉内压力突然升高时将孔盖顶开，泄去压力后又可以自动关上。孔盖与防爆孔之间垫工业玻璃棉或用砂封密封。

炉盖侧面还设有 6 个带有快速启闭盖的操作孔，盖上有手柄、连接杆和固定板。炉子运行中可根据需要或在停电后打开炉盖观察炉内情况，进行必要的操作和事故处理。

炉盖圆周上有两个炉气引出孔，引出管内和引出孔周围都用耐火砖砌筑，固定在内外环梁上，用于引出炉内气体。在炉盖圆周上还有 3 个炉气返回孔，用耐火砖砌成，返回一部分炉气以均衡料面上方各处的压力。炉盖上设有 9 个温度计插入孔，用保护管插入耐火砖内。将温度计插入保护管内，可测量炉盖内炉气温度。

2.1.3 加料系统

加料系统是把原料按冶炼要求加入炉内的整套设备，包括炉顶料仓、加料管、流槽等。料管直径、数目、分布、距炉口距离等参数，与冶炼品种和炉料特性有关。

炉顶料仓要有足够的容积，以保证炉子生产的连续性，不能造成断料。炉子加料机构要灵活好用，炉内不能缺料，否则会造成炉口热损失增大、电耗上升。

根据布料工艺的要求，一种炉顶布料系统结构如图 2-9 所示。料车在零位装满料后，通过一直径为 $\phi6m$ 的轨道，按照操作员命令给出的方式给沿轨道排列的 11 个料仓加料。料车布料的过程包括料车在零位处加料、运行到选定的仓位、开门放料后关门、反转回到零位。完成一次布料过程平均需要 90s 的时间，每一次布料量为 700kg，每小时能布料28t，每班布料 224t，每天能布料 672t。例如，1 台 12.5MV·A 的电炉生产锰硅合金，每天生产 100t，需用料近 400t。炉顶料车布料，每班只需布料 5h 即可满足电炉生产所用的原料，还余有 3h 留给系统检修或歇息，该系统还有很多的检修空间和很大的布料能力。

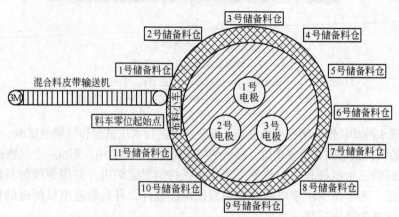

图 2-9 炉顶布料系统结构与动作流程图

2.1.4 排烟通风设施及除尘装置

冶炼还原过程产生大量 CO 浓度很高的炉气,同时带走大量的粉尘。为了排除炉气和粉尘、改善劳动条件,烟尘通过烟罩、烟囱排空或采用接入除尘器的方法进行除尘。高烟罩炉或低烟罩炉的烟罩都与烟囱相通,利用烟囱的自然抽力吸收烟尘。烟囱要有足够的抽力,不能造成炉口平台烟尘排不出的现象,否则既恶化了劳动条件,也对炉内反应不利。近年来,大部分低烟罩炉的排烟通风系统如同密闭炉一样,利用炉盖将烟气收集起来,经烟道送入净化系统。为保证电炉运行安全,密闭炉炉盖内部的压力应维持在微正压。炉前出铁口上方也设置烟罩,出铁前打开抽风机,将随铁水排出的烟气经烟罩送入除尘系统。图 2-10(a) 所示为某硅铁车间除尘系统,从车间引出的烟气经过旋风除尘器和袋式除尘器除尘后,回收微硅粉。图 2-10(b) 为某密闭炉炉气净化控制系统界面图。

(a)

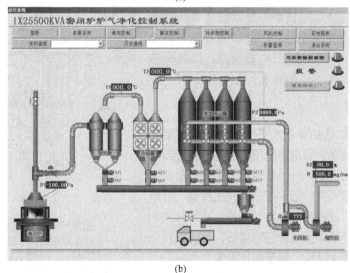

(b)

图 2-10 除尘系统

(a) 某硅铁车间除尘系统;(b) 某密闭炉炉气净化控制系统界面图

矿热炉炉气治理和综合利用技术可归纳为三种，即湿法回收后再利用、直接利用后除尘和干法除尘后再利用。

湿法回收后再利用工艺较为成熟，但工艺系统复杂、气密性要求高、安全隐患较多，而且系统的动力消耗大、维护费用高、占地面积大，还会造成二次污染。

直接利用后除尘是将密闭炉炉气作为燃料在余热锅炉内燃烧，其除尘方式是直接应用成熟的锅炉除尘工艺。采用锅炉燃烧炉气经济合理，不易发生堵塞；流程短，占地面积小，系统安全可靠性大大增强；减少了气体中灰尘的含量，其物理显热与灰尘中的炭尘燃烧热值均能得到充分利用。

干法除尘后再利用主要是指大容量密闭电石炉配套气烧石灰窑的生产工艺。气烧石灰窑所制得的生石灰比较柔软、反应性较好，对电石生产有利，可以综合利用小块石灰石，而且临时性的开、停窑操作非常方便。

2.2　矿热炉电极把持器

电极把持器是矿热炉的主要核心设备，它是由导电装置、抱紧装置、电极压放装置、电极升降装置和把持筒、电极壳等组成。电极把持器的主要作用是通过抱紧装置使铜瓦在适宜的压力下贴紧电极壳，保证从短网传来的大电流通过集电环或无集电环的集电支承器（座）、导电铜管，经铜瓦传到电极上。当电极压放时，通过电极压放装置使电极与铜瓦之间产生滑动，既保证电极壳不变形，也确保铜瓦与电极壳不会因打弧而烧毁铜瓦、击穿电极壳，从而避免造成漏糊等事故。在更换铜瓦时，要求拆卸、更换方便，以降低电炉的故障热停炉时间。电极把持器不仅承担着电极的负载，而且处于下端的设备还被炉口的辐射热、炉气及电流通过导体的电阻热、强大电流产生的涡流等所加热。电极把持器在这种环境下工作，应具备良好的绝缘性、防磁性、耐高温性，且能牢固地夹住电极而不使电极在生产过程中下滑；同时还应在作业过程中能够随着电极的烧损而压放电极以及下移或上升电极插深，以调整三相电极负荷，满足生产工艺要求。

2.2.1　抱紧装置

我国目前的矿热炉装备水平差异较大，使用的电极把持器类型较多。目前国内使用的电极把持器如果按照抱紧装置的类型区分，有径向大螺钉顶紧式把持器、大螺栓夹紧式把持器、液压缸式把持器、锥形环式把持器、组合式或标准组件把持器、波纹管式把持器等。这些把持器中前三种相对落后，目前仅在一些小厂和旧炉子上使用，属于淘汰范围。

2.2.1.1　锥形环式把持器

锥形环式把持器如图2-11所示。这种结构的

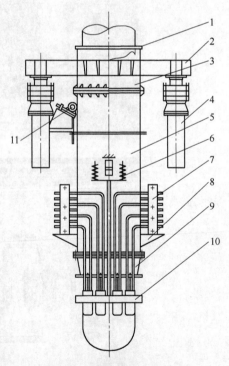

图2-11　锥形环式把持器

1—密封导向装置；2—把持筒上部横梁；
3—上把持筒；4—升降油缸；5—下把持筒；
6—弹簧保压松紧装置；7—夹紧绝缘装置；
8—无集电环支承座；9—锥管吊架；
10—锥形环；11—导向辊及支架

把持器是目前国内应用最多的一种，它由锥形环、水套、弹簧、升降油缸、电极把持筒、集电环、导电铜管、铜瓦吊架及铜瓦等部分组成。锥形环的内锥面紧靠导电铜瓦的外锥面，通过锥形环的上升或下降，使锥形环与电极之间产生径向压力来实现压紧或放松电极。

根据电极密封结构的不同，锥形环与导向水套可为整体式，即固定水套式；也可分离，即活动水套式，如图 2-12 所示。锥形环一般为空心通水冷却，材质采用防磁钢，也可以用普碳钢夹以部分防磁钢，使环状水套断磁。锥形角一般为 10°~18°，最小为 6°。当使用弹簧时，锥形环的升降油缸在工作状态时不送油，靠压缩弹簧的作用使把持器夹紧，这样可以防止出现事故时压力油外泄而造成火灾，并可以延长油缸密封的使用寿命；向油缸送油，使弹簧松开，锥形环下降，把持器即松开。当不用弹簧时，则用双作用油缸完成锥形环的升降，只是对油缸的密封要求更高一些，并要增加接近限位开关来控制行程。

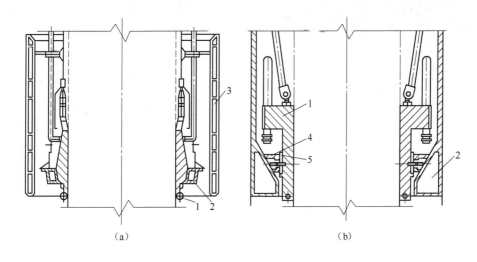

(a)   (b)

图 2-12 锥形环式把持器的水套结构
(a) 锥形环和导向水套分离式；(b) 锥形环和导向水套整体式
1—铜瓦；2—锥形环；3—固定水套；4—锥形块；5—云母垫

2.2.1.2 组合式或标准组件把持器

组合式或标准组件把持器对传统把持器的结构进行了很大的改造，是由挪威埃肯公司最先设计研制出来的，其在国内引进的大型矿热炉上也有应用。

组合式把持器主要由压放装置、电极壳、接触装置等组成，通过伸出电极壳外的筋片夹紧电极和导电，取代了传统电极把持器的铜瓦，其结构如图 2-13 所示。电极压放装置不同于传统的抱闸压放装置，它克服了电极下滑的弊病，避免了电极软断事故的发生。电极压放装置由 6 组夹紧缸和压放缸组成，6 组电极压放装置间隔经过夹紧缸松开、压放缸上升、夹紧缸夹紧、压放缸下降来完成电极的压放，每次压放电极 20mm。电极导电装置不同于传统的锥形环导电装置，它的特点是设两块接触元件，通过蝶形弹簧的夹紧力夹住电极壳筋片，将电能通过电极壳筋片传输至电极，导电面积大，有利于电极的焙烧。另外，组合式把持器与传统的锥形环导电装置相比，节约铜材 2/3，且铜材基本不会产生烧损。

该把持器的电极壳筋片穿过圆形钢壳并伸入接触元件内，见图 2-14 和图 2-15。铜质

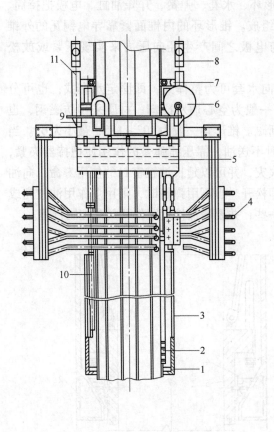

图 2-13　组合式把持器

1—铜罩；2—接触装置；3—非磁性钢罩；

4—母线铜管；5—冷却水集合管；6—风机；

7—滑放装置；8—悬置；9—悬置架；

10—铜罩悬置管；11—立缸

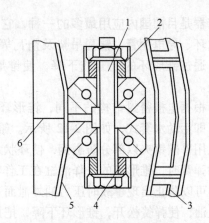

图 2-14　接触元件剖面图

1—螺栓；2—蝶形弹簧；3—水冷罩；4—接触
装置；5—电极壳；6—电极壳筋片

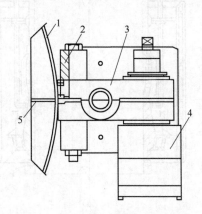

图 2-15　组合式把持器滑放装置

1—电极壳；2—蝶形弹簧；3—夹钳；

4—油缸；5—电极壳筋片

导电接触元件是一种蝶形弹簧压紧装置，两块接触元件分置于同一电极壳筋片的两侧，用螺栓拧紧蝶形弹簧，使其夹在筋片上。夹紧力要适当，既可保证接触元件将电流输送给筋片以使电极工作，又能顺利压放电极。筋片的数量取决于所需接触元件的组数，而接触元件的多少又取决于电极直径和最大电流。

在该把持器中，接触元件与伸出电极壳外的筋片接触，接触元件之间的面积是裸露的，能充分利用炉内热量焙烧电极并能调节电极焙烧温度，这对电极糊的烧结状况有良好的影响。此外，组合式把持器有以下优点：这种接触方式能使电极壳达到最佳的电流分布，进一步改善电极的烧结；适用性强，可用于不同功率、不同电极直径的矿热炉；由于结构设计合理，导电元件的使用寿命成倍提高；日常维护费用大大降低，设备开动率明显提高。

2.2.1.3　波纹管式把持器

近年来，一些大型炉和密闭炉采用水平顶紧式液压缸压力环和波纹管压力环把持器，因为是水平压力顶紧，铜瓦受力均匀、平衡，不像锥形夹紧环那样多块铜瓦不易同时压紧，强行拉紧又易损坏设备，所以，水平顶紧式液压缸压力环和波纹管压力环在现代大中型矿热炉上得到广泛应用。图 2-16 和图 2-17 所示为某 25.5MV·A 矿热炉正在安装中的液压抱闸式电极把持器和水平顶紧式液压缸压力环，每块铜瓦都用一个液压缸来顶紧或松开。

图 2-16　某 25.5MV·A 矿热炉正在安装中的液压抱闸式电极把持器

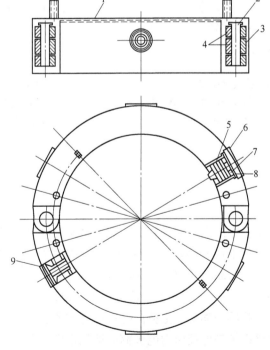

图 2-17　水平顶紧式液压缸压力环

1—半环；2—销轴；3—耳环；4—压力环铜套；5—油缸；6—缸筒法兰；
7—活塞；8—密封圈；9—压力环套筒装配

目前比较先进的把持器是德国液压波纹管式把持器，其波纹管压力环如图 2-18 所示。它是由整体冲压成的封头与环板焊接构成的密闭环体，环体内安装有波纹管和由一组隔板分隔成的冷却水道。顶紧装置是由螺栓连接的压板，压装有波纹管，由波纹管的弹簧施力来顶紧铜瓦。一种改进型波纹管式把持器的结构如图 2-19 所示，是用环状不锈钢管与环板呈 T 形焊接成封头，不需冲压制作整体封头部件，降低了制作难度和生产成本，可延长把持器工作寿命。每一个铜瓦依靠波纹管内指向电极中心的弹簧力，将接触铜瓦紧紧压在电极壳表面上。该把持器的优点是接触压力比较均匀，是一种技术含量高、夹紧压放电极工作质量好、运行稳定且可靠性高的把持器。

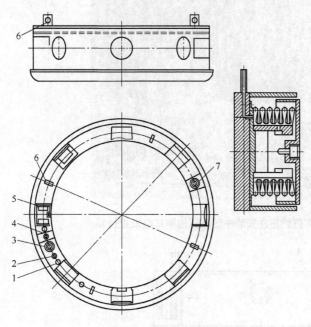

图 2-18　波纹管压力环

1—出水管；2—进水管；3—轴销；4—隔水板；
5—波纹管组件；6—吊耳；7—油管

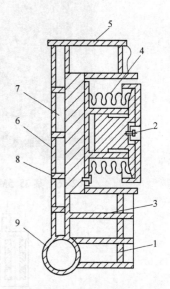

图 2-19　改进型波纹管式把持器

1—右环板；2—螺栓；3—长隔板；
4—波纹管；5—内环板；6—左环板；
7—循环水道；8—短隔板；
9—环状不锈钢管

2.2.2　把持筒

把持筒是电极把持系统中的重要部件之一。把持筒又称电极外筒，用来悬吊电极把持器和电极，并在操作时能使电极升降。传统的把持筒一般由把持筒上部横梁、上把持筒、下把持筒等组成，采用 8~15mm 厚的 Q235 钢板焊制，其长度取决于炉子的冶炼工艺，内径应大于电极直径 100mm 左右。把持筒上端通过电极升降装置支撑在车间的高位平台上，下端通过吊架悬挂电极把持器和铜瓦。把持筒上口设有鼓风机，把空气送入把持筒与电极之间，其作用是冷却电极以控制电极筒内电极糊的熔化程度。在把持筒内适当位置处设有12 块长 1000mm、宽 200mm 左右的云母绝缘物，与电极壳绝缘。在把持筒上端与电极壳之间、把持筒与导辊之间和把持筒与炉盖密封环之间，都用两圈直径约为 $\phi100mm$ 的石棉绳绝缘和密封，使炉内大量烟气受阻，不致传到焊接电极壳的工作场所。绝缘方式为：升降油缸与把持筒上横梁绝缘、上把持筒与下把持筒绝缘、铜瓦拉杆吊耳与下把持筒绝缘、导向辊（支座）与把持筒绝缘等。

接近导电部位的把持筒还要有良好的防涡流性能。例如，在下把持筒处安装无集电环支承座（见图2-11），增加一个锥管吊架（材质1Cr18Ni9Ti），其下端直径比下把持筒直径小一合理尺寸，并增加锥管吊架与下把持筒之间的一层绝缘，安装和固定导流管的无集电环支承T形板（紫铜）。这解决了如下问题：下把持筒防磁性差而产生涡流，致使发生其近导电铜管处发红的故障；生产塌料或电极升降油缸不同步而造成电极偏位，致使电极与下把持筒相碰，甚至一旦导向辊绝缘损坏就会造成电极接地。

2.2.3 导电装置

传统的导电装置一般包括集电环、导电铜管和铜瓦。

集电环主要起均压作用，将电流集合起来，然后再分配给导电铜管，以使每根电极上每块铜瓦的电流基本相等。集电环中部有等分连接压紧件装置，主要与导电铜管连接。铜圆环结构的集电环一般安装在把持筒上，并用绝缘材料隔离。导电铜管是集电环和铜瓦之间的连接管，其端口部位与冷却胶管连接，主要作用是传导电流、管内通水、自身冷却和铜瓦冷却。铜瓦的作用是传导电流和控制电极的烧结，按其材料不同可分为铸造铜瓦和锻造铜瓦。铜瓦内部通水冷却，外部配有与导电铜管和夹紧环相配合的有关零部件。

近期的设计已经针对导电铜管的缺陷，将移动集电环到铜瓦之间的导电铜管改成软铜带，这样就克服了原有铜管对压紧的不利影响。采用无集电环结构可彻底解决压盖打弧问题。

铜瓦是将电能送到电极的主要部件，其用紫铜铸造，内部有冷却水管。铜瓦与电极接触面允许的电流密度在 $0.9 \sim 2.5 A/cm^2$ 范围内。铜瓦的高度约等于电极直径。铜瓦数量可根据每相电极的电流来计算，实际设备中，小型炉的铜瓦为4块，中型炉为 $6 \sim 8$ 块，大型炉为8块。两铜瓦之间的距离为 $25 \sim 30mm$。应保证铜瓦与电极良好接触，使电流均匀分布在电极上，以减少接触电阻热损失并保证电极烧结良好。

锻造铜瓦是最近几年新发展起来的高效节能铜瓦。其采用锻轧厚铜板，经深钻孔后再挤压成型，最后封孔，如图2-20所示。水直接冷却铜瓦本体的直冷式铜瓦致密度高、导电效果良好，所以是目前较新式的铜瓦，正在逐渐推广使用。当然，对于如何选择电损耗少、制造容易、经久耐用、价格低廉的材质，尚需进一步的研究和试验。此外，与铜瓦相接触的电极壳表面质量的好坏，也是影响铜瓦寿命很重要的因素。

电极烧结带是整个电极强度的薄弱环节，铜瓦对电极的抱紧力为 $0.05 \sim 0.15MPa$，接触压力来源于电极把持器。采用组合把持器的电极有助于改善电极烧结。

2.2.4 电极水冷系统

电极把持器是处于高温条件下的部件，承受着炉口的辐射热、热炉气以及强大电流通过导体产生的热量。电极把持器附近的平均温度在500℃左右，在强烈高温情况下，有时高达 $900 \sim 1500$℃，因此电极把持器部分必须采用水冷却。电极夹紧环、铜瓦、集电环、导电铜管、锥形环、保护环等都采用水冷却。一般两块铜瓦连成一个回路，中间用过桥铜

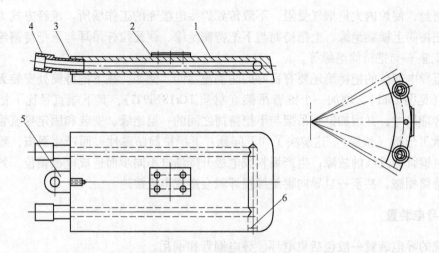

图 2-20　锻造铜瓦
1—铜瓦本体；2—绝缘垫板；3—铜管；4—铜接管；5—铜瓦吊耳；6—堵块

管连接。水冷不但可以提高零件的寿命，还可以改善电路的导电性能。

半密闭炉和密闭炉的炉盖、烟罩、操作门等的钢结构梁，也都采用水冷却。

所有进出水管排列在炉盖上方，沿把持筒自上而下，用无缝钢管穿过烟罩进入把持器。固定水管在适当部位都应有一段橡胶管连接，以便于维护和保证安全。水管要集中排列、整齐易记，遇到事故时可以马上关闭。除了总水管有阀门外，每根水管都要有阀门，以便于操作、维护。

电极水冷系统运转正常十分重要。冷却水进口温度要尽量低一些，出口水温一般控制在 45℃ 左右，以防水温过高生成水垢而堵塞管道，造成断水烧坏设备而热停工。冷却水要注意选择硬度较低的水，若硬度大于 10mg/L，则必须进行软化处理。有的采用磁水器，处理效果也较好。总配水管上应装有水压表，一般应保持 196.13kPa 的压力，以保证水流畅通。

2.2.5　电极升降装置

电极升降装置是通过提升和下放电极来改变电极位置，通过调整电极电弧长度来调整电阻，从而达到调节电流大小的目的。一般用卷扬机或液压油缸来实现电极的提升或下降。由于炉料运动，电极电流可在瞬间发生急剧变化，工艺要求电极提升速度大于下降速度。自焙电极自重较大，电极移动过快会使电极内部产生应力。电极的升降速度视炉子功率的不同而异，一般电极直径大于 $\phi1m$ 时电极升降速度为 $0.2 \sim 0.5m/min$，电极直径小于 $\phi1m$ 时电极升降速度为 $0.4 \sim 0.8m/min$。电极升降行程为 $2.1 \sim 2.6m$。

小型矿热炉采用卷扬机作为升降电极的装置。卷扬机由电动机、蜗轮蜗杆、减速箱、齿轮、鼓形轮等组成。卷扬机开动时，通过钢丝绳（或链条）、滑轮、横梁、电极把持筒和把持器等带动电极上升或下降。

近年出现的一种吊缸式液压电极升降装置如图 2-21 所示。图 2-22 所示为 25MV·A 矿热炉正在安装中的吊缸式电极升降装置，周围为炉顶加料装置，由料仓、料管、给料机等设备组成。新式大型炉多采用液压驱动系统，电极依靠两个同步液压缸升降，压放电极依

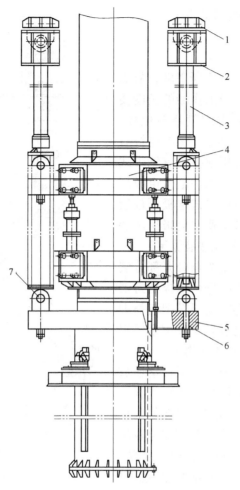

图 2-21　吊缸式液压电极升降装置
1—吊架；2—底座；3—电极升降油缸；4—电极压放装置；5—上把持筒；6—绝缘套管；7—销轴

图 2-22　25MV·A 矿热炉正在安装中的吊缸式电极升降装置（周围为炉顶加料装置）

靠程序控制的液压抱闸来完成。

2.2.6　电极压放装置

在冶炼过程中自焙电极不断消耗,故需
定时下放电极,以满足电极工作端的长度要
求。电极压放装置的作用是定期压放电极,
使电极消耗掉的部分得以补充,保持电极有
一定的工作端长度。电极压放装置有钢带式
电极压放装置、双闸活动压放油缸式电极压
放装置、下闸活动无压放油缸式电极压放装
置、四闸活动油缸加蝶形弹簧式电极压放装
置及双气囊压放油缸式电极压放装置等。

小型炉多在把持筒上端的电极壳部分装
设电极轧头或钢带,压放时操作电极把持器
使铜瓦稍微松开,电极卷扬机提升把持筒即
可完成电极压放操作。电极轧头或钢带可以
防止操作时电极在自重作用下下滑。

大型矿热炉及密闭炉采用液压自动压放
装置,其有摩擦带式、蝶形弹簧式和气囊式
等几种抱闸式机构。具有压放程序功能的现
代大型矿热炉使用双抱闸蝶形弹簧式电极压
放装置,如图 2-23 所示。抱闸机构由上抱闸、
下抱闸和两个同步运动的升降油缸组成。每
个抱闸在水平方向对称安装 4 个油缸,油缸
的活塞被弹簧顶出,活塞杆顶紧摩擦片,从
而夹紧电极。油缸的活塞杆端进油,可压缩
弹簧而松开电极。下抱闸固定在电极把持筒

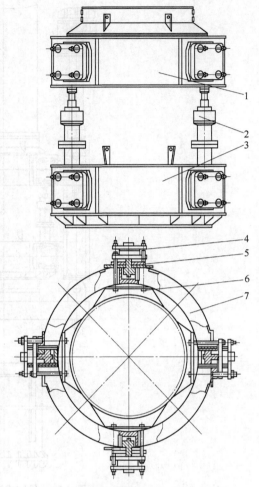

图 2-23　双抱闸蝶形弹簧式电极压放装置
1—上抱闸;2—升降油缸;3—下抱闸;4—蝶形
弹簧;5—油缸组件;6—抱闸体;7—闸瓦

上,升降油缸固定在下抱闸上,上抱闸支撑在升降油缸的活塞杆上,平时上、下抱闸均处
于夹紧状态。下放电极时,稍松开铜瓦,上抱闸松开,下抱闸夹紧电极,升降油缸提升上
抱闸至所需位置;然后上抱闸夹紧,下抱闸松开,升降油缸复位,下抱闸再夹紧。有时因
操作需要必须倒放电极,即将电极缩回把持筒,此时自动压放装置的动作顺序与压放过程
相反。

2.3　电极液压系统

国内最近建造和改建的大型矿热炉普遍采用液压传动。液压传动可以实现电极升降、
电极压放和松紧导电铜瓦等远程操纵,也可以实现程序控制。

矿热炉液压系统一般由液压站、阀站和电极升降、压放、把持器各工作油缸等组成。
图 2-24 为 25MV·A 矿热炉液压系统原理图。图左侧为阀系统,集中安装在阀站;右侧为
泵系统,集中安装在泵站。

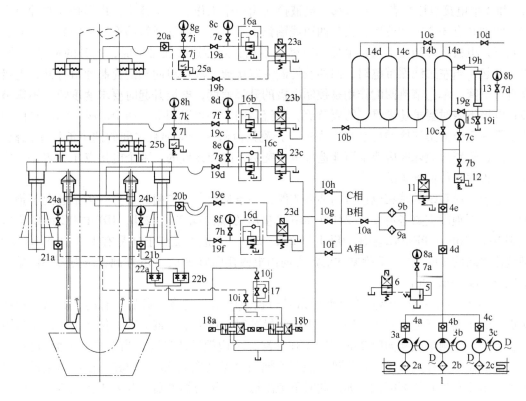

图 2-24　25MV·A 矿热炉液压系统原理图

1—油箱；2a～2c—滤油器；3a～3c—油泵；4a～4e，20a，20b，21a，21b—单向阀；5—溢流阀；
6，23a～23d—电磁换向阀；7a～7l—压力表开关；8a～8h—压力表；9a，9b—精过滤器；
10a～10j，19a～19i—截止阀；11，18a，18b—电液换向阀；12，25a，25b—压力继电器；
13—液位计；14a～14d—储压罐；15—远程发送压力表；16a～16d—单向减压阀；
17—单向节流阀；22a，22b—分流集流阀；24a，24b—电接点压力表

　　液压站由 3 台 CB-100 型齿轮油泵、4 个储油罐、油箱、各种阀件和管路组成。3 台油泵中，2 台为工作泵，1 台为备用泵。3 台油泵并联使用，在集管处用油管和溢流阀相连。当系统需油量少时，油泵可做卸荷运转。泵的卸荷是由安置在溢流阀旁边的电磁换向阀接通其卸荷口而实现的，卸荷后系统降至低压。

　　液压站工作时，若系统内的油压超过工作压力，则高压油由于集管前单向阀 4d 的作用，在其前后产生压力差，油泵打出的油经阻力较小的溢流阀返回油箱，使某一油泵卸荷，以稳定油压。当系统油量不足时，电磁换向阀 6 切断溢流阀 5 的卸荷口，停止卸荷，系统压力即可升至正常工作压力 10MPa，这时油泵打出的油通过单向阀 4d 向系统供油，一路经过单向阀 4e 进入储油罐，另一路则经精过滤器 9a、9b 分三条支路进入各相电极的工作油缸。

　　阀站由控制电极升降、压放和把持器铜瓦夹紧三部分的所有液压元件组成，这些元件全部布置在一块金属板面上，称为阀屏。

　　电极升降系统的每相电极有 2 个 34DYOB20H-T 型电液换向阀 18a、18b，1 个 LDF-B20C 型单向节流阀 17，2 个分流集流阀 22a、22b，2 个 DFY-B20H2 型液控单向阀 21a、

21b 和 2 个电接点压力表 24a、24b。电液换向阀一个工作、一个备用，作用是控制油流方向。此种阀有 3 个工作位置，当其两边线圈都不带电时，内部弹簧的作用使阀处于中间工作状态，电极升降油路不通，电极相对静止不动；当右边线圈带电时，上升的油路接通，电极升起；当左边线圈带电时，回油及控制油路接通，液控单向阀的控制油口打开，电极靠自重下降。单向节流阀的作用是控制电极的升降速度，电极升起时要求速度快，不需节流；电极下降时要求速度慢，需要节流，节流口的大小可以调节。两个电极升降油缸的同步是靠两个分流集流阀的控制来实现的。分流集流阀和升降油缸之间的两个液控单向阀，是为防止管路出故障时因泄油可能造成电极突然下降而设置的。两个电接点压力表是为实现电极程序压放而配置的。

电极压放系统的每相电极分为两条支路：一条是通向上抱闸的，另一条是通向下抱闸的。上、下抱闸支路各有 1 个 24DO-B8H-T 型电磁换向阀 23a、23b，JDF-B10C 型单向减压阀 16a、16b 和 PF-B8C 型压力继电器 25a、25b。上抱闸支路上还另有 1 个 DFY-B10H2 型液控单向阀 20a。上、下抱闸的油流方向由电磁换向阀 23a、23b 控制，压力大小由单向减压阀 16a、16b 调节。

PF-B8C 型压力继电器是能将油压讯号转换成电讯号的发送装置，有高、低两个控制接点，能使上、下抱闸实现联锁。当上抱闸松开时，压力继电器 25a 上接点接通，发出讯号，控制下抱闸电磁换向阀 23b 关闭工作油路，下抱闸不能松开。当上抱闸夹紧电极时，压力继电器低压接点接通，发出讯号控制下抱闸电磁换向阀 23b，使其工作油路接通，这样下抱闸才有松开的可能性；如果此时下抱闸松开，压力继电器 25b 高压接点接通，将电讯号发给上抱闸的电磁换向阀 23a，则工作油路关闭，上抱闸不能松开。综上所述，压力继电器的作用是使上、下抱闸在工作过程中没有同时松开的可能性，从而避免由于误操作可能使电极突然下降的危险。上抱闸油控单向阀 20a 是为防止其前面的管路及阀件发生故障时，因泄油使上抱闸突然抱紧、电极不能动而设置的。

电极把持系统的每相电极也有两条支路：一条是提升油缸上腔支路，另一条是下腔支路。两条支路上分别设有电磁换向阀 23c、23d 和单向减压阀 16c、16d。下腔支路还另设有油控单向阀 20b。它们的作用和工作情况与前述相同。

液压站内 4 个储压罐的作用是：一方面能克服油路系统工作时的尖峰负荷；另一方面可以使油泵工作状态合理。储压罐 14a ～ 14d 内分别充有氮气和液压油，每个储压罐的容积是 321L。其中 3 个全部充氮气；另外 1 个上部充氮气、下部充液压油，两种介质互相接触，靠压缩氮气产生压力。4 个储压罐通过上部连通管连通。充油前，先将截止阀 10e 打开，将截止阀 10c、10d 和 19i 关闭。通过打开的截止阀 10b 将 4 个储压罐充氮至压力为 8.9MPa 时，关闭截止阀 10b，然后启动油泵，打开截止阀 10c，将油充入储压罐内。正常工作时，要求储压罐中保持的最高液面为 1225mm，最低液面为 375mm，对应的压力分别为 10MPa 和 9.17MPa。在储压罐侧壁上下各开一个小孔，安装一个液位计。液位计的外壳为不锈钢管，在管中装入有机玻璃制成的浮子，浮子里装入一块永久磁铁，在液位计的外壁沿 4 个液面高度分别固定几组干簧电接点。储压罐内的液面高度与液位计的液面高度是一致的，因此当储压罐的液位达到某一预定液位高度时，液位计的永久磁铁与相应高度的干簧电接点接通，发出电讯号。此外，储压罐还有 PF-B8C 型压力继电器 12 和远程发送压力表 15，以控制储压罐内压力的上下限，这样可以从液位和压力两个方面控制油泵的运行状态。当储压罐液位等于下极限液位（275mm）或压力等于下极限液压（9.07MPa）时，浮子液位计和压力继电器第一对电接点接通，电液换向阀 11 与储压罐系统的油路被切断，以防氮气进入系统，同时启动两台油泵工作。当液位到达低工作液位（375mm）时，低液位干簧电接点接通，则电液换向阀与储压罐系统的油路接通，一台油泵停止运转，一台油泵继续工作。当液位到达高液位（1225mm）时，高液位电接点接通，油泵卸荷运转。当液位到达上极限位置（1325mm）时，最高液位电接点接通，油泵电机停电，油泵停止运转。

液压件的动作由电气程序控制进行，可通过如下几点实现压放电极的程序动作：

（1）电磁换向阀 23a 切断油源与上抱闸油路，上抱闸夹紧电极。

（2）电磁换向阀 23b 接通油源与下抱闸油路，下抱闸松开电极。

（3）电磁换向阀 23d 切断油源与把持器油缸下腔的油路，把持器铜瓦对电极的压力由 0.2MPa 降至 0.1MPa。

（4）电液换向阀 18a 接通油源与升降油缸的油路，升降油缸升起。如果升起压力超过 5MPa，则升降油缸附近的两个电接点压力表 24a、24b 触点接通，控制电磁换向阀 23c 换向，把持器油缸上腔通油，铜瓦对电极的单位压力降低。

（5）升降油缸提升到位后，电磁换向阀 23c 切断油源与把持油缸上腔的通路，铜瓦抱紧电极。

（6）电磁换向阀 23b 切断油源与下抱闸油路，下抱闸抱紧。

（7）电磁换向阀 23a 接通油源与上抱闸油路，上抱闸松开。

上述动作可以通过控制设备自动实现，也可由操纵工人通过操纵各液压阀件的电动按钮手动实现。

2.4 小结

（1）矿热炉主要由炉体、供电系统、电极系统、加料系统、冷却水系统、检测和控制系统、排烟除尘系统等组成。矿热炉按炉体结构分为固定炉和旋转炉，各种类型矿热炉的结构差异在于烟罩与炉盖不同。现代矿热炉向着大型、密闭、炉体旋转方向发展。

（2）矿热炉的核心机械设备是电极把持器，其包括导电装置、抱紧装置、电极压放装置、电极升降装置、把持筒和电极壳装置等部件。按照抱紧装置的类型区分，目前应用较多的有锥形环把持器、组合式或标准组件把持器、波纹管式把持器等。

（3）电极液压系统可以实现电极升降、电极压放和松紧导电铜瓦等远程操纵，也可以实现程序控制。

复习思考题

2-1 矿热炉主要由哪几部分组成？

2-2 简述矿热炉炉体坩埚区的结构和温度分布。对炉壳有哪些要求？

2-3 矿热炉的烟罩及炉盖有哪几种类型，各有何特点？

2-4 矿热炉的加料系统和排烟除尘系统的作用是什么，对它们有何要求？

2-5 矿热炉的电极把持器由哪些装置组成，主要作用是什么，对其有何要求？

2-6 简述几种常用电极把持器的结构、工作原理及优缺点。

2-7 把持筒、集电环、导电铜管和铜瓦各起什么作用？

2-8 对电极水冷系统有何要求？

2-9 电极升降装置和压放装置有哪几种类型，其结构和工作原理各有何特点？

2-10 简述 25MV·A 矿热炉液压系统的原理。如何通过电气程序控制实现压放电极的程序动作？

3 矿热炉的电气设备

> 【教学目标】 认知矿热炉供电系统组成以及电气设备的工作原理、特点和要求；能够分析矿热炉无功补偿效果，监测和预防三相电极功率不平衡现象；能够应用矿热炉自动化控制方法，实现矿热炉经济运行和最优化操作。

3.1 矿热炉供电系统

3.1.1 矿热炉供电系统组成

矿热炉供电系统包括开关站、炉用变压器、母线等供电设备和测量仪表以及继电保护等配电设施。图 3-1 是三相矿热炉的变配电原理图，其由供电主线路、测量仪表回路、变

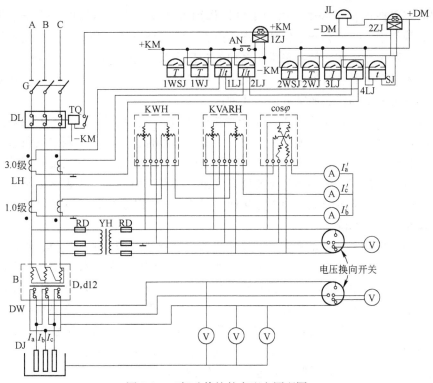

图 3-1 三相矿热炉的变配电原理图

±KM—跳闸回路操作电源母线；G—隔离开关；DL—断路器；B—变压器；DW—短网；DJ—电极；LH—电流互感器；$I_a \sim I_c$—低压侧三相电极电流；TQ—跳闸手动按钮；YH—电压互感器；RD—熔断器；AN—启动按钮；±DM—电铃回路操作电源母线；KWH—有功功率表；KVARH—无功功率表；cosφ—功率因数表；T, I, t—各继电器驱动信号，分别为温度、电流和时间；WSJ—瓦斯继电器；WJ—温度继电器；LJ—过流继电器；SJ—时间继电器；ZJ—中间继电器；JL—警铃；$I_a' \sim I_c'$—高压侧三相电极电流测定值

压器继电保护回路三部分组成。

矿热炉在运行中是允许短时间停电的，所以采用一个独立电源供电即可满足要求。输电过程是：电能由高压电网经过高压母线、高压隔离开关和高压断路器送到炉用变压器，再经过短网（母线）到达电极。

3.1.1.1　高压配电设备

大容量矿热炉采用35～110kV电压等级，其高压配电设备一般是将高压电源引进厂，先经过户外柱上高压隔离开关及避雷器等保护，然后用地下电缆引进厂内总控制室的进线高压开关柜。总控制室一般设有三个开关柜：一号进线高压开关柜又称进线柜，设有开关、少油断路器、电流互感器等，其容量要足以带动全部电力负荷；二号高压开关柜又称PT柜，设有开关、电流互感器、电压互感器，用以引接各种测量仪表，同时将有功功率表、一次三相电流表和电压表以及引入的二次三相电压表由此柜引至炉前操纵台，以便操纵电极升降，掌握负荷用量；三号高压真空开关柜又称出线柜，设有开关、真空断路器或多油断路器以及与变压器容量相适应的电流互感器。每台炉子都有一个出线柜，其出线与炉子变压器的一次出线端头相接。此外，还有几台炉子共用的整流柜，为各种继电保护回路提供直流电源。

3.1.1.2　二次配电设备

变配电装置在运行过程中，由于受机械作用以及电磁力、热效应、绝缘老化、过电压、过负荷等作用，往往会产生各种各样的故障。为了便于监视和管理一次设备的安全经济运行，保证其正常工作，就要采用一系列的辅助电器设备（即二次配电设备），包括监视及测量仪表、继电器、保护电器、开关控制和信号设备、操作电源等装置。在矿热炉配电屏和操作台上装设的仪表通常有以下几种：

（1）交流电压表。测量变压器高压侧线路电压时，交流电压表经电压互感器按三角形接法接入电路，测量线电压。测量矿热炉二次工作电压时，交流电压表按三角形接法直接接入电路，测量线电压。为了节省仪表，也可以用一台电压表，由电压换向开关换接来测量各相线电压。有的矿热炉操作台还装设有效相电压表，用三台电压表接成星形连接，三个线头分别接在三个电极壳上，中性点接地（炉壳），用以观察和优选矿热炉运行的操作电阻值以及控制电极升降。

（2）交流电流表。一般的矿热炉设备将电流表装接于变压器的一次侧，测量一次电流以控制电极升降。为了使各电流表读数能正确反映出对应电极的工作情况，各电流表和对应电极的相位必须一致，这与变压器的接线组别有关。当变压器采用D，d12和Y，y12接线方式时，电流互感器应接成星形。如果电流互感器采用二相式不完全星形接线，则应注意第三个电流表与电极电流的相位一致。当变压器采用Y，d11接线组别时，电流互感器应接成三角形。新式的矿热炉变压器已把电流互感器安置在变压器内二次侧，可方便地接线和测量二次电流，能直接反映各相电极的工作情况。

（3）交流功率表。交流功率表分为有功功率表和无功功率表，用来测量有功和无功电能消耗。矿热炉设备一般使用通过高压互感器接入的三相三线电度表。它的内部有两个按V形接法接入的电压线圈，引出三个电压端头，分别连接电压互感器次级的三相；另外两个电流线圈引出四个电流端头，分别连接电流互感器次级，应注意接线时三相相序及电流极性不能接错。图3-1中，无功功率表是由有功功率表的一个电流线圈反接后来度量的，将其测量值乘以√3即为无功功率。各仪表的电流线圈与电流互感器次级互相串联成回路，各仪表的电压线圈与电压互感器次级并联成回路。

（4）功率表和功率因数表。在测量三相三线电路功率时，通常用二元三相功率表，两个独立单元的可动机械部分连接在同一轴上。每个独立单元相当于一个单相功率表，按照交流电路功率计算式 $P = IV\cos\varphi$ 的原理来测量电功率。功率因数表在结构原理上与功率表相似，用于测量瞬时功率因数。

3.1.1.3　继电保护回路

继电保护的作用是当设备出现故障时，或作用于断路器使其跳闸，或对出现的不正常状态发出警告信号。矿热炉设备的不正常状态可能是电极短路、变压器温升过高或变压器内部产生过量瓦斯，这时必须迅速切除负载，用电流继电器、温度继电器或瓦斯继电器等使供电主回路断路，并使信号回路发出报警信号。当设备恢复正常后，继电器自动使电路接通。而当电极出现过负荷或变压器内部温升和瓦斯刚达到极限允许值时，并不需要马上切除负载，但应发出不正常状态的预警信号。图 3-1 所示的继电保护回路中，左边是作用于断路器跳闸的继电保护回路，右边是作用于发出音响预报的信号回路，这两个回路中都应用了中间继电器来放大接点容量。在信号回路中，采用电流继电器和时间继电器的定时限接线。两个回路的功用实质都是用作另一个回路的开关，继电保护回路是跳闸回路操作电源母线 ±KM 的开关，信号回路是电铃回路操作电源母线 ±DM 的开关。

3.1.2　矿热炉变压器

3.1.2.1　变压器的类型和电气参数

变压器的类型有三相和单相两种。可以采用一台三相变压器来变换三相交流电源的电压，也可以用三台单相变压器连接成三相变压器组来进行变换，但三台单相变压器的规格必须完全一致。

如图 3-2 所示，在三相变压器组的各个铁芯上或三相变压器的各个铁芯柱上都装有原绕组和副绕组。各相高压绕组的始端和末端可分别用大写字母 A、B、C 和 X、Y、Z 表示，低压绕组的始端和末端可分别用小写字母 a、b、c 和 x、y、z 表示。根据电力网的线

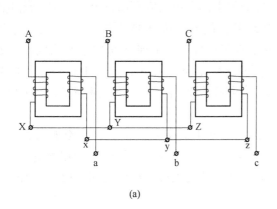
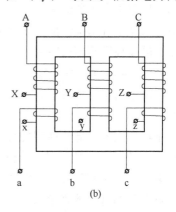

图 3-2　变压器绕组示意图

（a）三台单相变压器接线图；（b）单台三相变压器接线图

电压、变压器原绕组的额定电压以及供电要求和变压器副绕组的额定电压，确定原、副绕组的接线形式。矿热炉变压器的主要接线形式有三角-三角形、星-三角形、三角-星形、星-星形四种，实际生产中三角-三角形接线法应用比较广泛，小型炉采用星-三角形接线法，少数工厂采用三角-星形接线法。变压器铭牌上常有其绕组接线示意图，说明三相变压器原、副绕组的连接是三角形还是星形。

接线组别则是用时钟的指针来表示原绕组和副绕组电压之间的相位关系。三相变压器有 12 个组别，例如，三角-三角形或星-星形连接可得到 12 组，原、副绕组的电压同相位；如果误接线，也可能接成 6 组，原、副绕组反向，电压相位相差 180°。如果是星-三角形连接，因绕组的首尾端不同，可接成 11 组或 1 组，电压相位相差 30°。

变压器的额定容量也称为额定视在功率，以二次侧绕组额定电压和额定电流的乘积所决定的视在功率来表示：

$$S = \sqrt{3} V_2 I_2 \times 10^{-3}$$

式中　S——变压器的额定容量，kV·A；

　　　V_2——二次侧绕组的额定电压，V；

　　　I_2——二次侧绕组的额定电流，A。

由于变压器效率很高，有时也用变压器一次侧的额定值计算其额定容量，可近似认为两侧绕组的额定容量是相等的。变压器负载运行时，由于其内部的阻抗引起了电压降，负载电流的大小不同，测得的二次电压也各不相同。因此，二次侧的额定电压必须以变压器空载下的数值为准，而且一般均指线电压。额定电流也是指线电流。

变压器铭牌型号的含义为：H 表示矿热炉用，KS 表示三相矿热炉，SP 表示强迫油循环冷却，Z 表示有载调压。例如，HKSSPZ-12500/110 表示容量为 12500kV·A、一次额定电压为 110kV 的有载调压强迫油循环冷却式三相矿热炉变压器。变压器铭牌标出的容量为额定容量，是所能达到的最大视在功率。受矿热炉设计和冶炼条件的限制，人们常用实际生产中矿热炉的有功功率说明其规模。

变压器内绕组或上层油面的温度与变压器周围空气的温度之差，称为变压器的温升。国家标准规定了变压器的额定温升，当其安装地点的海拔高度不超过 1000m 时，绕组温升的限值为 65℃，上层油面温升的限值为 55℃；同时，变压器周围空气的最低温度为 -30℃，最高温度不超过 +40℃。因此变压器在运行时，上层油面的最高温度不应超过 95℃（55℃ +40℃）。另又规定，为了不使变压器油迅速劣化，上层油面温度不应超过 85℃。在规定的正常条件下，变压器绝缘的寿命可达 25 年，温升每提高 8℃，寿命便要减少一半。

如果将变压器的低压绕组短路，使高压绕组处于额定分接位置，并施加以额定频率（50Hz）的较低电压，则当高、低压绕组中流过的电流恰为额定值而绕组温度为 75℃ 时，所加的电压值即为变压器的阻抗电压降，称为变压器的阻抗电压或短路电压。一般短路电压用额定电压的百分数来表示。

3.1.2.2　矿热炉变压器的特点

由于冶炼工艺的需要，矿热炉用变压器在性能及结构方面与电力变压器相比有许多不同的特点，其制造工艺比较复杂，价格也比同容量、同电压级的电力变压器高。

A　具有较合适的电气参数

矿热炉变压器的主要参数是二次侧电压、二次侧电流和各级电压相对应的功率。矿热炉变压器高压绕组的电压按照供电电网的标准电压等级设计，而低压绕组的电压是根据冶炼实践经验选定的。由于矿热炉负载的大小、产品的品种规格、炉料电阻率的大小、矿热炉设备的结构布置、操作人员的熟练程度等都是决定电压值高低的因素，因此，选用合适的二次电压尤为重要。通常采用下面的经验公式计算变压器二次电压：

$$V_2 = K\sqrt[3]{S}$$

式中　V_2——变压器二次电压，V；

　　　K——变压器的电压系数，与变压器容量和产品品种有关，一般为 4～10，特殊的精炼矿热炉可达 12～22；

　　　S——变压器的额定功率，kV·A。

【例 3-1】　对于 12.5MV·A 的矿热炉，如果取 $K = 6.15$，则变压器二次工作线电压为：

$$V_2 = 6.15 \times \sqrt[3]{12500} = 143\,\text{V}$$

相应地可求得二次线电流为：

$$I_2 = \frac{S \times 10^3}{\sqrt{3} \times V_2} = \frac{12500 \times 10^3}{\sqrt{3} \times 143} = 50467\,\text{A}$$

由此例可知，炉用变压器的变压比很大，二次电压较低，二次电流很大。故低压绕组一般都只有几匝，匝间绝缘可用绝缘垫片来保证，并作为冷却油通道。因为电流大，则低压绕组截面积也必须大，要用多根导线并列绕制，而且每相均由多个线圈并联。

B　绕组端头的引出

矿热炉变压器低压绕组每相的首、尾端都要引出箱外。每相并联绕组的引线端头首、尾端相间，分别用低压引线铜排引出箱外，并用层压板胶垫密封在箱体上。例如，当每相为 4 路并联时，则每相有 8 块铜排引出，都是首端、尾端、又首端、又尾端相间排列，图 3-3 所示为矿热炉用 HKSSPZ-12500/110 三相变压器的引线铜排排列外形。这样引出可以充分利用绕组的容量，降低二次母线上的电阻损耗和电压损失，也便于散热；可以方便地改变绕组的串、并联方式，从而使调压级数增加一倍，且不降低变压器容量；另外，相间引出还便于布置短网，可使二次母线交叉排列，以降低其电抗，提高功率因数。将二次绕组通过电极接成三角形时，还可以减少引出端附近和母线附近铁磁体中的电磁损耗。

高压绕组每相的首、尾端也应引出箱外接线，以充分利用绕组的容量，便于布置绕组和使电磁场均匀，也可避免在负荷

图 3-3　矿热炉用 HKSSPZ-12500/110 三相变压器

不对称时产生单相磁通。为了方便绕组接线和均匀散热，矿热炉变压器一次侧一般都接成三角形，只有在开炉初期或炉子不正常时才改为星形连接，这样可降低电压和负荷运行，有利于更好地操作，使炉子恢复正常生产。尤其是密闭炉和大中型敞口炉的变压器，均应采用这种接线方法。

C 具有多级电压分接开关

矿热炉对二次工作电压值的大小非常敏感，即使电压升降的数值仅为几伏，炉子也会做出显著的反应。在冶炼过程中，往往由于各种条件发生变化，使工艺过程不稳定，例如生产品种变化、炉料电阻波动、电源电压大幅度波动、炉底积渣层发生变化和电极发生折断事故等，都需选用合适的电气参数以适应新的情况。因此，要求矿热炉变压器必须具有可调节的多级二次电压，这种调节工作通过电压分接开关来实现。

电压分接开关可分为有载调节和无载调节。从工艺角度考虑，分接电压越多越好，但级数越多，变压器的造价越高。所以，小型矿热炉变压器一般只具备 3 ~ 5 级电压的无载分接开关，少数达到 8 级。无载分接开关借助改变一次绕组的工作圈数来调节二次电压，必须在停电后才能进行换接。新型大容量矿热炉用变压器采用低压绕组串联变压器的有载分接开关，有 20 多级电压调整，级差为 2 ~ 3V，可在冶炼过程中对二次电压进行分相有载切换，根据炉况特点随时调整电气参数，调压非常方便。

D 具有较高的绝缘强度和机械强度

为了保证操作人员的安全，必须加强高压、低压间的绝缘和高压、低压对地的绝缘。另外，矿热炉变压器拉、合闸也比较频繁，为防止由于操作过电压等原因造成变压器损坏，矿热炉变压器应具有较高的电气绝缘强度。

在变压器运行时，特别是二次侧短路时，高压、低压绕组间受到很大的电磁力，以致会损伤绝缘或使绕组导体变形而损坏变压器。矿热炉在运行中由于下放电极或加料、塌料，会出现冲击性过负荷和短路应力，偶尔会造成电极短路等。为了能够经受住这些冲击，要求矿热炉变压器在结构上具有较高的机械强度。

矿热炉是埋弧操作，负载较为稳定，短路冲击电流较小，一般与电力变压器的阻抗电压相似，为 5% ~ 10%。为预防变压器低压出线处短路电流太大，可在该处加强保护措施，要求具有较高的绝缘强度和机械强度。

E 具有一定的过载能力和良好的冷却措施

矿热炉由于负载比较稳定，一经投入使用，基本上就是长期满载运行。有时为了调整炉况需进行适当的过载运行，故炉用变压器一般具有 10% ~ 20% 的短期过载能力。这样，在变压器正常满载运行时，绕组温度较低，既安全可靠，又降低了铜损，从而提高了电效率。为此，炉用变压器除了绕组导线具有足够大的截面积外，还需要有良好的冷却措施，如采用风冷或强迫油循环水冷却等。

3.1.2.3 矿热炉变压器的损耗与经济运行

当矿热炉变压器运行时，在其内部有一定的能量损耗，这种损耗由空载损耗和短路损耗组成。

空载损耗包括磁滞损失和涡流损失。铁芯中的磁畴在交变磁场作用下周期性旋转，使铁芯发热，从而引起磁滞损失。涡流损失是变压器中感应电流引起的热损失，与铁芯电阻有关。这两种损失与负载大小无关，称为铁损。

变压器的线圈有一定的电阻，电流在绕组内部产生的功率损失与电流大小和温度有关。额定电流下绕组产生的电功率损失称为短路损失，又称为铜损。

变压器的功率损失为：

$$\Delta P = \Delta P_0 + \beta^2 \Delta P_K$$

式中　ΔP——变压器的功率损失，kW；

　　ΔP_0——变压器的铁损，即空载功率损失，kW；

　　β——负载系数，$\beta = \dfrac{I}{I_2}$（I 为二次负载电流，I_2 为二次额定电流）；

　　ΔP_K——变压器的铜损，即短路功率损失，kW。

变压器的功率损失率为：

$$\varepsilon = \frac{\Delta P}{P}$$

式中　P——变压器的输入功率。

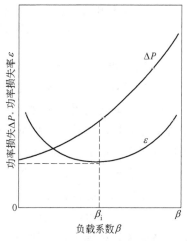

显然，$\eta = 1 - \varepsilon$ 为变压器的效率。变压器功率损失和功率损失率与负载系数的关系如图 3-4 所示，该图的镜像可视为变压器的效率曲线。当变压器输出为零时，$\Delta P = \Delta P_0$，$\varepsilon = 1$，效率为零；当变压器输出增大时，ε 逐渐下降至一个最低点，然后又开始上升。这是因为变压器的铁损基本上不随负载变化，所以负载小时功率损失率大；而铜损与负载电流的平方成正比，负载增大后，铜损增加很快，功率损失率降到最低点后又增大。在该点，铜损等于铁损，变压器的效率最高。最大效率大致在负载系数 $\beta_i = 0.5 \sim 0.6$

图 3-4　变压器功率损失和功率损失率与负载系数的关系

时出现。在矿热炉实际冶炼生产中，变压器的内部损失是一个很小的数值，且矿热炉变压器的造价又很高，因此采用过低的负载系数在经济上并不合理。比较合适的负载系数约为 0.8，这时变压器可以在连续过载 20% 的状态下运行。

3.1.3　矿热炉短网

3.1.3.1　短网的组成

短网是指从矿热炉变压器的二次侧引出线至矿热炉电极的大电流全部传导装置。图 3-5 所示为矿热炉短网结构示意图，矿热炉短网可分为下列四部分：

（1）穿墙硬母线段。穿墙硬母线段包括由紫铜皮组成的温度补偿器、紫铜排或由铜管组成的硬母线。其作用是穿过墙壁，连接变压器与矿热炉。

（2）U 形软母线段。U 形软母线段由紫铜软线或铜皮组成，也称可挠母线。其作用是便于电极升降。U 形软母线段的两端分别通过上、下导电连接板（或称集电环）与两段固定的硬母线连接。

（3）炉上硬母线段。炉上硬母线段由铜管组成。其作用是在炉面上方把电流送至铜瓦。由于炉面温度很高，这段铜管必须通水冷却。

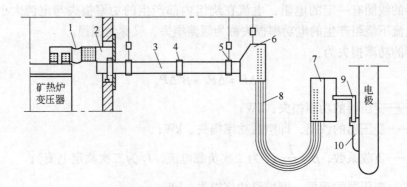

图 3-5   矿热炉短网结构示意图
1—补偿器；2—铜排；3—短网铜管；4—夹紧装置；5—夹紧悬吊装置；6—上导电连接板；
7—下导电连接板；8—裸软铜缆；9—导电铜管；10—铜瓦

（4）铜瓦和电极。铜瓦和电极是把电流输入炉内的特殊传导装置。

狭义的短网一般不包括铜瓦和电极。在研究矿热炉电气特性时，一般将矿热炉电路分成三段分析，即变压器、短网、矿热炉。有时进而简化为两段分析，即分为变压器、短网的炉外部分和炉内部分。电极插入炉料内的部分可使炉料预热，归入炉内短网考虑；而铜瓦下缘到料面一段电极的阻抗既产生阻抗压降，使入炉有效电压降低，又增大功率损耗，故称为电极有损工作段，并入炉外短网考虑。

3.1.3.2 对短网的基本要求

短网是输送低电压、大电流电能的装置，为使它能将取自电网的能量最有效地输入矿热炉，考虑配置合理的短网结构形式、选择适宜的短网电流密度，对获得良好的电力运行指标、节约有色金属用量具有很大的经济意义。

短网的主要作用是传输大电流，故短网中的电抗和电阻在整个线路中占有很大比重，足以决定整个设备的电气特性，因此其必须满足下面几个基本要求。

A 有足够大的载流能力

要求短网有足够大的载流能力，实质上就是要保证导体有足够大的有效截面积。首先要按照适当的截面平均电流密度确定导体的截面积，常用的电流密度值如下：

紫铜排、板	$2.2 \sim 2.5 \ A/mm^2$
铝排、板	$0.6 \sim 0.9 \ A/mm^2$
水冷铜管	$3 \sim 5 \ A/mm^2$
软铜线及薄铜带	$0.9 \sim 2.3 \ A/mm^2$
自焙电极	$5 \sim 10 \ A/cm^2$
铜与铜的接触面	$12 \sim 15 \ A/cm^2$
铜瓦与电极的接触面	$2.0 \sim 2.5 \ A/cm^2$

导体的有效截面主要应考虑交变电流集肤效应的影响，根据理论研究计算，要求实心矩形截面的铜排、板的厚度不超过 10mm，铝排、板的厚度不超过 14mm，宽度和厚度的比值尽可能大；对于空心铜管，壁厚不超过 10mm，管外径与壁厚的比值尽可能大。

B 尽可能降低短网电阻

降低短网电阻是为了降低功率损耗和提高矿热炉的电效率。应做到：

（1）尽量缩短短网长度。使变压器尽量靠近矿热炉，甚至将变压器适当抬高，使其出线铜排和电极上的连接处一样高。

（2）降低交流效应系数。交流电流通过导体时，由于集肤效应和邻近效应的影响，导体的交流电阻值比其直流电阻值增大的现象称为交流效应。为了降低电阻增大的倍数，即降低交流效应系数，应采用薄而宽的导体截面，并使宽面相对且平行。

（3）减小导体的接触电阻。短网的导电接触面积越大越好，一般取接触面积为导体截面积的 10 倍左右，用螺栓连接时增加到 15～18 倍以安置螺栓。接触表面要刨平、磨光并镀锡，其平整度和光洁度应符合要求。导体的连接方法优先采用焊接，其次采用螺栓连接，最后才考虑采用压接。连接要有足够的压力，一般铜与铜之间的压力为 10MPa，铝与铝之间的压力为 5MPa。

（4）避免导体附近铁磁物质的涡流损失。导体附近的大块铁磁体被交变磁场磁化会产生感应涡流，引起额外的能量损失。因此，应减少垂直于磁力线方向的导磁面积、在闭合磁路中设置空气间隙或隔磁物质、在载流导体与磁结构间用厚铜板隔磁以及采用短路的大铜圈屏蔽导磁体等。电极把持器半环或锥形坏的涡流和磁滞损失较大，最好采用非磁性材料制造。

（5）降低导体运行温度。导体的电阻值随着温度的升高而增加，因此，应设法降低导体的运行温度，一般不应超过 70℃。如采用较小的电流密度，则伸入烟罩内的短网应采用挡热板或用水冷却等。

C 感抗值应足够小

短网导体中电流引起的交变磁场与导体相匝连，使导体具有很大的电感。短网的电抗大于有效电阻，短网中发生的用以维持磁通不中断的无功功率比电损耗功率要大。原则上，导体的感抗是一种不利因素，应对其加以抑制。工程上一般采用近似公式计算电感与互感，计算结果表明，要降低感抗，短网导体的几何参数应满足以下条件：

（1）尽可能缩短短网长度，因为电感与导体长度成正比。

（2）导体间净间距应尽可能小，一般取 10～20mm。

（3）导体厚度应尽可能小，一般取 10mm；导体高度应尽可能大。

（4）母线应采用多个并联路数，并将电流相位相反的母线交错排列并相互靠近，将电流相位相同的母线间距拉大。

D 有良好的绝缘及较高的机械强度

短网母线由变压器室穿过隔墙至矿热炉间的部位，除了应加强正、负之间的绝缘外，也要注意短网对地的绝缘，并做好夹持和固定。母线束的正、负极之间及其外侧均用石棉垫板绝缘。

在短网导电体周围应尽量做好隔磁措施，以免引起附加电抗的增加及涡流和磁滞损失。为使短网稳固，每隔 0.5～0.75m 用非磁性材料做夹板紧固。短网铜管的夹紧及悬吊装置结构见图 3-6，为切断短网铜管四周的闭合磁路，在螺栓与槽钢的接触处均套一个铜垫。

变压器二次引线端与母线连接处采用伸缩性较好的软铜皮作温度补偿器，以减轻热胀

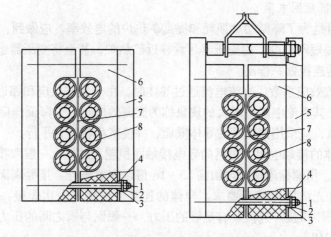

图 3-6　短网铜管的夹紧及悬吊装置结构

1—夹紧双头螺栓；2—螺母；3—垫圈；4—铜垫；5—夹紧槽钢；6—短网木夹板；

7—短网绝缘隔板；8—$\phi 75/40$ 铜管

冷缩和机械振动对变压器引出端的影响，避免变形和漏油。

3.1.3.3　三相短网的配置方式

矿热炉短网配置的合理性决定单位电耗的高低，因为短网电抗占整个矿热炉电抗的 70% ~ 80%，电抗决定矿热炉的电力输入特性。因此，在配置短网时应尽可能减小短网阻抗及不平衡度，以降低电抗，保证炉子有较高的电效率。

正三角短网布线结构如图 3-7(a)所示，矿热炉变压器设计三个开口三角形，在短网各支路封三角形（即自矿热炉变压器端子至集电板）时，从短网自身几何尺寸分析，1 号电

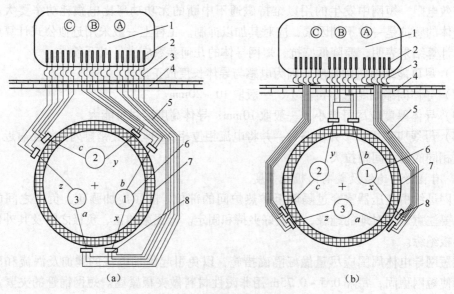

(a)　　　　　　　　　　　(b)

图 3-7　三角短网布线结构

(a) 正三角短网布线；(b) 逆三角短网布线

1—矿热炉变压器；2—二次端子；3—补偿器；4—防火墙；5—短网；6—电极；7—炉壳；8—集电板

极 $x \neq b$，3 号电极 $a \neq z$。也就是说，1 号、3 号电极短网封三角形时支路不等，造成电阻差异，使 1 号电极 b 与 x 和 3 号电极 a 与 z 的电流分布不均，造成 1 号、3 号电极做功弱而2 号电极做功最强的现象。

逆三角短网布线结构是指将原靠近防火墙的电极调整到前面，另外两个电极调整到靠近防火墙的内侧，如图 3-7(b) 所示。这样从短网自身几何尺寸分析，3 号电极短网各支路平衡，即 $a = z$，排除了 3 号电极做功弱的现象；1 号、2 号电极在几何尺寸上支路不平衡，但是在设计制作时 b 与 y 之间的间距增大，使 b、y 两支路的电抗增大，从而使 1 号电极 b、x 两支路的电压基本相等，2 号电极 c、y 两支路的电压基本相等。由于各支路平衡程度得到控制，解决了因二次导体阻抗差异而引起的功率不平衡问题。

短网接线系统的选择有如下几种：

（1）在电极上接成星形接线。如图 3-8(a) 所示，小型变压器的高、低压绕组可采用星形接法，其短网在变压器出线端头接成星形，此时短网中流过线电流，汇流铜管不能头尾交叉排列，因此感抗大，功率转移和负荷分配不平衡的程度明显增加。但此接线系统因接线简单且省铜，一般可用电流互感器直接测量二次电流来控制电极的升降，故在小型矿热炉上采用。

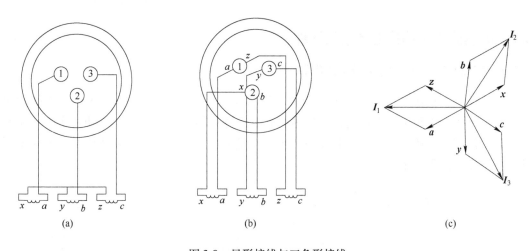

图 3-8　星形接线与三角形接线

（a）星形接线图；（b）三角形接线图；（c）三角形接线电流向量图

（2）在电极上接成三角形接线。如图 3-8(b) 所示，三角形接线短网各区段流过相电流，汇流铜管头尾交叉排列，因而感抗小，功率转移和负荷分配不平衡的程度相对较小，且平均功率因数提高。大中型变压器的高、低压绕组一般采用三角形接法，组别12 组，这样可使高压与低压间没有相位差，仅依靠高压电流表就可准确调整电极的升降。

短网的典型配置方式如图 3-9 所示。图 3-9(a) 中，硬母线段穿过墙后接成三角形，硬母线流过相电流，每相正负互相补偿，软母线流过线电流；图 3-9(b) 中，在三相电极上接成三角形，除电极流过线电流外，短网其余部分流过相电流，补偿较好。

（3）三台单相变压器对称接成三角形。大容量矿热炉常采用三台单相变压器对称接成三角形的短网配置方式，如图 3-10 所示。三相均衡补偿，变压器在平面上呈三角形布置，这样可缩短到电极的距离，降低短网阻抗，有利于提高炉子的热效率和功率因数。

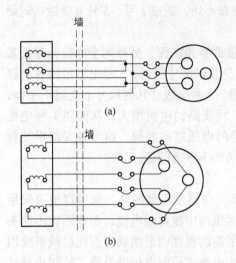

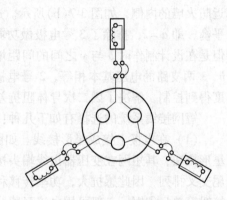

图 3-9 短网的典型配置方式

图 3-10 三台单相变压器对称接成
三角形的短网配置方式

3.2 矿热炉的无功补偿及谐波治理

3.2.1 矿热炉电气系统的单相等效电路

矿热炉及其电源系统的简化单相等效电路，如图 3-11 所示。在图 3-11 中，矿热炉可表示为一个可变电阻 R，也就是说，矿热炉运行本身只消耗有功功率，有功功率变成矿热炉冶炼的热能。而矿热炉运行过程中所产生的大量无功功率，就产生在从矿热炉电弧至系统电压不变点的阻抗上。

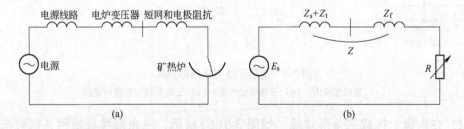

图 3-11 矿热炉及其电源系统的简化单相等效电路
（a）矿热炉电气系统；（b）单相等效电路
Z_s—从矿热炉变压器一次侧向系统看的电源系统等效阻抗；Z_t—矿热炉变压器漏抗；
Z_f—从矿热炉变压器低压侧接线端至电极间的短网和电极等效阻抗；Z—总阻抗；
R—矿热炉的等效可变电阻；E_s—矿热炉变压器低压侧接线端子的开路电压

所有的阻抗均归算到矿热炉变压器低压侧绕组电压级。其中，电源系统等效阻抗 Z_s 约占总阻抗 Z 的 15%，矿热炉变压器漏抗 Z_t 约占总阻抗 Z 的 10%，而从矿热炉变压器低压侧接线端至电极间的短网和电极等效阻抗 Z_f 约占总阻抗 Z 的 75%。矿热炉变压器低压侧接线端子的开路电压 E_s 和总阻抗 Z 一起定义了电弧至电源间的戴维南等效电路。

若测量点设在矿热炉变压器高压侧，则从测量点算起，矿热炉系统运行所消耗的无功功率就产生在 Z_t 和 Z_f 上，Z_f 计算如下：

$$Z_f = R_f + jX_f$$

式中　R_f——短网和电极电阻；

　　　j——虚数单位，$j = \sqrt{-1}$；

　　　X_f——短网和电极的等效感抗。

R_f 极小，可以忽略，故有 $X_f = Z_f$。

矿热炉运行的无功功率与电流的关系可表示为：

$$Q = 3I^2X$$

式中　X——矿热炉系统总感抗。

其中，短网和电极等效感抗 X_f 所产生的无功功率占矿热炉系统总无功功率的 75% 左右。

因为矿热炉二次侧电压在 100~250V 之间，矿热炉满载运行的相电流达上万或十几万安培，所以尽管 Z_f 看似很小，但短网阻抗的无功功率相当大。

矿热炉变压器低压侧短网和电极的集中参数单相等效电路，如图 3-12(a)所示。

取电弧电压 U_{dh} 为参考相量，变压器的额定功率 $S = P + jQ$。由于 $P + jQ = U_{dh}I$，则：

$$I = (P + jQ)/U_{dh}$$

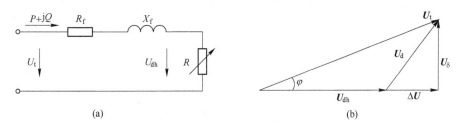

图 3-12　矿热炉变压器低压侧短网和电极的集中参数单相等效电路及电压降向量图
(a) 单相等效电路；(b) 电压降向量图
U_{dh}—电弧电压；U_t—变压器二次侧端电压；R_f—短网和电极电阻；P—矿热炉有功功率；φ—相位角；
ΔU—短网和电极等效阻抗电压降；U_δ—短网和电极等效感抗电压降；U_d—短网和电极等效总电抗电压降

短网和电极等效总阻抗电压降为：

$$U_d = U_t - U_{dh} = I(R_f + jX_f) = (1/U_{dh})(P + jQ)(R_f + jX_f)$$

$$= (1/U_{dh})(R_fP - X_fQ) + j(X_fP + R_fQ)$$

因为 $R_f << X_f$，上式可简化为：

$$U_d = U_t - U_{dh} = \Delta U + jU_\delta$$

其向量如图 3-12(b)所示，可见，矿热炉变压器二次侧短网上沿途存在较大的电压降。

矿热炉由于其短网阻抗相对偏大，以及由低电压、大电流的工艺特性所决定的无功功率相对较大，运行功率因数较低，导致供电部门对企业做出罚款或限令停产的处罚，同时还会造成矿热炉本身有功功率偏低、产量低、电耗及矿耗高等。

对于正在设计或运行中的矿热炉，改善、提高功率因数一般通过三个途径：一是合理设计矿热炉，使电极直径、炉膛直径、极心圆直径等矿热炉尺寸与所选配的矿热炉变压器相匹配，当矿热炉变压器必须在超载条件下工作才能满足矿热炉对变压器输送有功功率的需要时，矿热炉及变压器均消耗大量的无功，此时功率因数非常低；二是选择原料并控制原料的粒度、水分含量等，同时还必须选择最佳矿热炉工艺参数和设备参数，寻求并实施最佳运行方式，以提高矿热炉本身的自然功率因数；三是采用人工补偿方法。

3.2.2 无功补偿方法

人工补偿最为常见的方法就是在矿热炉变压器一次侧高压母线上接入并联补偿电容器组，即高压补偿。此种补偿作用只能使接入点之前的线路、供电系统电网一侧受益，满足供电系统对该负荷线路功率因数方面的要求，而矿热炉变压器绕组、短网、电极的全部二次侧低电压、大电流回路的无功功率得不到补偿，即设备并不能得到矿热炉产品产量提高和电耗、矿耗降低的利益回报。高压补偿无功电流的流径如图3-13(a)所示。

在矿热炉低压侧，针对因短网无功损耗和布置长度不一致导致的三相不平衡问题而实施的无功就地补偿，无论是在提高功率因数、吸收谐波方面还是在增产、降耗方面，都有着高压补偿无法比拟的优势。短网补偿如图3-13(b)所示。

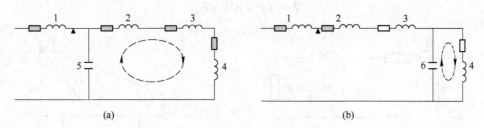

图3-13　矿热炉电气系统等效电路图
(▲表示计量点，图中环路表示补偿无功电流的流径)
(a) 高压补偿；(b) 短网补偿
1—高压侧等效阻抗；2—变压器等效阻抗；3—短网等效阻抗；4—矿热炉等效阻抗；5—高压补偿；6—短网补偿

矿热炉补偿电容器的容量所需补偿的无功功率由如下公式计算得出：

$$Q = P(\tan\varphi_1 - \tan\varphi_2)$$

式中　　　Q——矿热炉所需补偿的无功功率，$kV \cdot A$；

　　　　　P——补偿前电炉消耗的有功功率，kW；

$\tan\varphi_1$，$\tan\varphi_2$——分别为补偿前、后功率因数角的正切值。

短网补偿前后功率的变化如图3-14所示。短网补偿是在保证补偿前后矿热炉变压器视在功率不变的情况下做出的，即一次侧电流在补偿前后没有变化。由于补偿电容器的容量随着实际工作电压 U_2 的下降而呈平方关系降低，因此实际补偿容量 $Q_补$ 比计算值大。实际补偿容量采用如下公式计算：

$$Q_补 = Q/(U_2/U)^2$$

式中　U——矿热炉实际工作电压；

U_2——矿热炉变压器二次开路电压。

3.2.3 低压就地补偿

3.2.3.1 低压就地补偿的特点

低压就地补偿相对高压补偿而言，其优势主要体现在以下几方面：

（1）提高变压器、大电流线路的利用率，增加冶炼有效输入功率。从图 3-14 可以看出，在矿热炉变压器视在功率不变的条件下，向炉膛内输送的有功功率加大了，为增产创造了必要条件，从客观上提高了变压器、短网大电流线路的利用率。

对于矿热炉冶炼而言，无功的产生主要是由电弧电流引起的，而短网的大电流特征决定了无功主要以无功电流的形式体现在短网上，从而造成短网上的有效电压下降。在低压侧进行无功功率补偿后，大量的

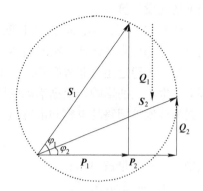

图 3-14 短网补偿前后有功功率、无功功率的变化示意图

S_1，Q_1，P_1—分别为补偿前的变压器输出功率、无功功率和有功功率；

S_2，Q_2，P_2—分别为补偿后的变压器输出功率、无功功率和有功功率

无功电流将直接经由低压电容器和电弧形成的回路流过，而不再经过补偿点前的短网、变压器及供电网络，在提高功率因数的同时可提高变压器的有效输出率，降低变压器、短网的无功消耗，提高变压器的效率。低压就地补偿增加的冶炼有效输入功率如下式所示：

$$\frac{P_2 - P_1}{P_1} = \left(\frac{\cos\varphi_2}{\cos\varphi_1} - 1 \right) \times 100\%$$

式中 $\cos\varphi_1$——补偿前的功率因数；

$\cos\varphi_2$——补偿后的功率因数。

由于提高了变压器原载荷能力，变压器向炉膛输入的功率增大，为提高日产创造了必要条件；对一些不能运行在变压器额定挡位的矿热炉来说，更加具有促进和改善作用。同时，由于单位面积上热效应的提高，还原反应充分，矿耗也明显下降。另外，低压就地补偿可以使矿热炉在变压器低压侧的无功平衡后达到额定运行状态，其补偿后的产量和单耗指标更为可观，一般可增产 10%，单耗降低 2% ~3%。

（2）进行不平衡补偿，改善三相的强、弱相现象。由于三相短网布置不平衡，三相不同的电压降导致了强、弱相现象的形成。从理论上来讲，炉料的熔化功率与电极电压和炉料电阻率呈函数关系。由于强、弱相现象的存在，三个电极周围的温度有所差别，极心圆内单位面积上的温度相差很大，不利于还原反应的顺利进行。在三相短网与电极之间的相同长度处，采取单相并联的方式进行无功补偿，可综合调节各相补偿容量，使三相电极的有效工作电压一致，平衡电极电压，均衡三相吃料，改善三相的强、弱相现象。在补偿后根据炉况调节冶炼挡位和相关工艺参数，使电极作业面积扩大，达到增产、降耗的目的。

根据生产实践，最强相的短网最短，其补偿点的相电压降最大，则其补偿量最大，其余两相次之。由于三相的补偿容量不均，在设计时应充分考虑冶炼电压挡位、三相短网的各自压降以及电抗器压降对电容器运行电压的影响，以确保运行时在不均衡容量补偿的前

提下达到设计值。

（3）降低高次谐波值，减小变压器及网络附加损耗。对于矿热炉供电系统来说，电弧电流含有部分高次谐波，有时会达到17%。就低压补偿而言，选择合适比例的电抗器对电容器的长久稳定运行非常必要。如不对此加以限制和吸收，无论对冶炼设备还是补偿装置都会产生不利的影响。根据冶炼的谐波状况，可将并联电容器设计成滤波回路。根据下列公式设计滤波回路的电容和电感值，可使电网中谐波电压趋于零。

$$U_n = I_n(nX_L - X_C/n) \to 0$$

式中 U_n——谐波电压；

     I_n——谐波电流；

     X_L——电抗器感抗值；

     X_C——电容器容抗值。

为抑制和吸收 n 次以上谐波，应使 L-C 调谐频率小于 $n \times 50$Hz。例如，针对11次以上的谐波，可将调谐频率设计为520Hz，以吸收或抑制11次以上谐波，从而降低了谐波影响，改善了系统电参数，提高了电能质量。

3.2.3.2 低压就地补偿技术

矿热炉低压就地补偿技术是随着低压电容器的发展而逐渐发展起来的一项就地补偿技术。应用低压无功就地补偿时需注意以下几方面：

（1）电容器的选择。自愈式锌银喷镀的电容器是低压就地补偿技术的首选，但对于薄膜材料、厚度、填充材料以及外壳的选择也很关键。电容器单体容量参数的选择应考虑国内整体的制造水平，不能为了降低设备成本而片面追求大容量单体电容器，这对电容器的安全运行是没有益处的（因为大容量必然产生大电流）。同时，电容器的电压等级除考虑电抗器的压降外，更应该注意补偿点补偿后的压升，否则在补偿投入后，因不准确的计算会导致长期超容运行或达不到设计的补偿容量。

（2）谐波因素。通常情况下，在谐波总量超过7%THD（电网电压总谐波畸变率）的电网中要加装电抗器，以保护电容器免受因高次谐波而产生异常发热的致命影响。根据经验，当电抗器比例选择得不合适时，电容器的表面温度会达到80℃以上；反之，电容器温升仅为3~5℃。因此，电容器的运行温度对设备的安全长效运行是极其关键的。所以在实施就地补偿时，电抗器的选择是关系整体设备能否成功运行的关键，而合适的电抗器比例不仅可以保证电容器的安全长效运行，而且可以部分吸收高次谐波，从而降低变压器及网络附加损耗。另外，从物理学的角度来看，体积小的电抗器通常是最便宜的电抗器，但却很少是最佳解决方案。由于电抗器使用的实地条件不同，而这些条件可能随时发生变化，因此在设计时通常会留出余量，以满足谐波吸收的要求。

（3）放电的选择。放电装置的作用在于：使电容器在脱离电网后、投入之前将剩余电压降至安全水平。当电容器再次投入时，其剩余电压不得高于电容测量电压的10%，对低压补偿电容器来说尤为如此。同时，控制器再投入的时间应至少长于放电时间的10%，这一点在控制上很重要。例如，利用晶闸管开关、使用微电脑元件控制电压过零投入、电流过零切除。电容器放电是按指数规律衰减的，当电容器残压大于10% U_E（U_E 为电容器设定工作电压，即矿热炉相电压）时，晶闸管开关判断为电压未过零，因而即便控制器此时有投入指令，晶闸管仍处于分断状态，从而保护了电容器。

（4）集成工艺。由于矿热炉的冶炼环境导致低压就地补偿设备在导电粉尘大、周围温度高的环境下运行，因此选用的元器件在保证功能及质量的前提下，以密封、不发热为准则。在保持环境清洁、通风的同时，需要在设计上适当放大线路的线径，在连接的处理上尽量采用螺栓连接方式，避免局部发热。

3.3 矿热炉三相电极功率不平衡的预防

矿热炉三相电极的工作状况有时会有较大差别。例如，某相电极的反应区十分活跃，炉料熔化速度快，电极四周火焰面积大且十分旺盛；而另外某相电极的周围则显得死气沉沉，反应区明显小于其他两相电极，炉料下沉缓慢。这时，二次电压和二次电流指示仪表的读数差别很大，且难以调整至三相平衡；甚至有时看起来各相电压、电流接近平衡，但实际各相电极工作状况并不均衡，或者各相电极消耗差别很大。这种现象是由各相电极功率不平衡引起的，这时某相电极的功率远远大于另外一相，将这两种电极工作状况分别称为"增强相"和"减弱相"。

3.3.1 产生电极功率不平衡的原因

当某相电极处于上限或下限位置时，功率不平衡的现象最为突出。造成这种现象的主要原因是电极过长或过短。当一相电极过短并处于下限位置时，电极电流无法给满，此时该相电极功率最小。当某相电极过长或电流过大且处于上限位置时，为了防止电流跳闸，只能减少其他两相电极电流，这时一相电极功率过大，而另外两相电极功率过小。这两种情况都会减少输入炉内的总功率。

电极的非对称排列会使某相电极感抗最小，造成该相电极的功率高于其他两相。

十分严重的弱相被称为"死相"，死相有电流死相和电压死相之分。由于各种原因，矿热炉运行中某相电极的相电压长期接近于零的状态称为电压死相，某相电极的电流长期接近于零的状态称为电流死相。

减弱相电极输入功率减少会造成该相反应区缩小，各相反应区之间互不沟通，出炉时排渣不畅。这种情况持续下去极易产生电流死相。电流死相时，该相电极电阻增大，相电压增大，电极电流减小。由于该相反应区导电能力很差，电流对电极移动的反应迟钝，即使电极插得很深，电极电流仍然很小。无渣法冶炼中，坩埚区缩小和上移会使电极难以深插。

电极下部导电能力过强会使该相电极电阻减少，相电压随之降低。当电压过低而出现电压死相时，就会导致该相电极无法工作。

死相焙烧电极是有意识地利用各相电极电阻不平衡现象达到冶炼目的的操作。当某相电极出现软断、无法正常工作或由于某种原因造成电极过短时，可以采取这种措施加快自焙电极烧结速度，增加电极长度。在死相焙烧操作中，将待焙烧的电极置于导电的炉膛中，人为地造成电压死相。死相电极端部没有电弧。由于电极和短网存在阻抗，该相电路仍然有一定的电压降。焙烧过程中，用其他两相电极电流来带动该相电流，使其稳步增长，由通过电极的电流所产生的焦耳热来烧结电极。死相焙烧电极过程中，该相电极的功率只用于电极烧结，耗电较少，另外两相电极的功率也低于正常生产。在死相焙烧电极的后期，其他两相电极的功率逐渐接近正常，以保证所焙烧的电极有足够大的电流。

3.3.2 电极功率不平衡对冶炼操作的影响

电极功率不平衡现象是一种矿热炉故障，对冶炼技术经济指标有很大的消极影响，也危及矿热炉设备的安全运行。其对冶炼操作的影响主要体现在以下几方面：

（1）对产品电耗的影响。三相电极功率不平衡会使产品电耗增加。一座 10MV·A 冶炼硅铁 75 的矿热炉，当其电极之间功率不平衡达到 0.8MV·A 时，产品电耗升高到 12000kW·h/t。电极功率不平衡对有渣法生产的影响也是显著的，一座 16.5MV·A 冶炼锰硅合金的埋弧矿热炉发生电极功率不平衡故障，曾经使产量降低约 23%，产品电耗增加 500kW·h/t。

（2）对电极操作的影响。增强相电极消耗过快，而减弱相电极消耗过慢。增强相电极的烧结速度往往低于消耗速度，经常出现电极工作端过短的现象。为了保证电极工作端长度，需要进行死相焙烧，这必然增加热停时间，减少输入炉内的功率。减弱相电极消耗少往往造成电极过烧，容易发生损坏铜瓦、电极硬断等事故。

（3）对坩埚区位置和形状的影响。电极功率不平衡现象对无渣法的影响比对有渣法更大。某相功率减少会使该相的坩埚区温度降低，坩埚区缩小，电极难以下插，致使炉况恶化；严重时还会出现炉底上涨、各相坩埚区沟通差的现象。在工业硅和硅铁生产中，硅的还原是经过气相中间产物实现的，反应物产率与坩埚区表面积成正比，坩埚区缩小必然使生产指标变差。

（4）对矿热炉炉衬寿命的影响。电极电流和电弧会产生强大的磁场。由于磁场的作用，三相交流矿热炉的电弧有向炉墙一侧倾斜的趋势。功率过高的增强相电极所产生的电弧高温，会加剧炉衬耐火材料的热损毁。

3.3.3 影响矿热炉电极功率平衡的因素

引起电极功率不平衡的原因有功率转移、三相电极的电阻和电抗不平衡。

由于埋弧矿热炉结构上的不对称性和各相电极冶炼操作的差别，埋弧矿热炉可以看成是三相电极在炉底接成星形的不对称负载，其中性点电位与电源中性点电位有一定的电位差，如图 3-15 所示。在矿热炉各相电极电压相位图上，电源中性点 O 点位于正三角形的中心，而不对称的星形负载中性点在 O' 点。O 点和 O' 点的距离就是中性点的位移。O 点与 O' 点之间的电位差可以用电压矢量 $U_{OO'}$ 来计量。OO' 位移越大，$U_{AO'}$、$U_{BO'}$、$U_{CO'}$ 之间的

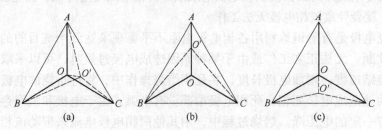

图 3-15　三相埋弧矿热炉各相电压相位图
（a）正常相位；（b）电压死相相位；（c）电流死相相位

差别越大。决定 OO' 位移大小的是各相阻抗不平衡的程度。电压死相时，O' 点接近 A 点，即 A 相电极的相电压接近于零，B 相和 C 相的相电压 $U_{BO'}$ 和 $U_{CO'}$ 则高于三相平衡时的相电压，接近于 AC 和 AB 之间的线电压数值。A 相电极电流死相时，A 相的电流接近于零，A 相的相电压 $U_{AO'}$ 增大，B、C 两相的相电压相应减小。

在电源相电压平衡时，即使各相熔池电阻和固有电抗相同，电极位置或电流的差异仍然可以引起各相阻抗的变化，使各相的电压出现差异，从而影响各相输入功率的不平衡。这在炉口现象中就表现为增强相和减弱相。

功率转移是造成电极功率不平衡的原因之一。功率转移是由短网和电极的电磁场相互作用而引起的。如果各相之间的互感不相等，各相之间就会发生能量转移，某一相失去功率，而另一相得到功率。

电极电流越大，工作电压越低，功率不平衡的影响就越突出。影响矿热炉电极功率平衡的因素如下：

（1）短网结构不对称性的影响。矿热炉短网各相多呈不对称结构，由于母线长短不一，各相的自感和互感互不相等。例如，某些矿热炉 B 相母线最短，当变压器二次出线电压相同时，B 相线路电压降最小，因此，这些矿热炉的 B 相有效相电压往往高于 A、C 相，有效功率较高。母线越长，各相之间的感抗差别越大，越容易出现功率转移的现象。

（2）炉料均匀性的影响。冶金工艺要求还原剂和矿石均匀混合后加入炉内，均匀分布的炉料有助于改善矿热炉内部的热分布，使化学反应顺利进行。从电流分布的角度来说，还原剂是导电体，矿物是不良导体，如果炉内各部位导电性能差别很大，势必影响各相电极的电阻平衡和电极位置平衡。实测数据表明，电极位置不平衡所引起的功率差别达 2% ~4%。此外，电极位置也影响矿热炉电抗。综合诸多因素，炉料的不均匀性可能使各相电极输入功率的不平衡程度达到 10% ~20%。

还有一种炉料不均匀性是由加料方式造成的。原料中焦炭和矿石的密度和粒度差别很大，当混合炉料从料管呈抛物运动方式进入炉内时，由于惯性作用，矿石和焦炭运动轨迹的差别使料层中的炉料组成发生偏析，电极根部集中了导电性差的矿石，导电性好的焦炭则分散在外围。这样，加料方式可能会造成某相电极局部电阻过大、电极消耗过快，严重时还会使电流无法给满、局部温度降低，阻碍冶炼反应顺利进行。

（3）电极分布的影响。冶炼工艺对电极、炉膛的几何尺寸有严格要求，规定炉膛中心与电极极心圆中心必须一致。操作上应维持三相电极的位置高低平衡，在空间上保持电极与炉墙位置中心对称，为三相电极输入功率平衡创造条件。当电极与炉墙、电极之间的几何位置发生改变时，各相之间的阻抗不再平衡，某一相的功率远远高于或低于另外两相电极，输入炉膛内部的总功率也会明显减少。

（4）出铁口位置的影响。一般埋弧矿热炉的出铁口设置在 A、C 相电极侧，铁水流向出铁口使出铁口区域排渣较好，炉料熔化速度较快。对于无渣法冶炼来说，出铁口一相电极的坩埚较大，电极四周火焰比较活跃。铁水的流动会改善熔池的导电状况，因此，出铁口部位的电极功率较高。为了改善炉内电阻分布状况，在适当时间更换出铁口是必要的。

3.3.4 电极功率不平衡的监测和预防

监测各相电极的熔池电阻和有效功率，可以及时发现功率不平衡现象。

通常变压器二次电压表示出的是各相相电压。由于电源中性点与负载中性点之间有一定电压，二次电压表的读数并不能代表电极-炉膛电压。当以导电良好的金属熔池或炉底作为负载中性点时，负载中性点与电源中性点的电压反映了三相电极负载的不平衡程度。电极壳对炉底的电压可以近似代表电极对炉底的电压，测定电极对炉底的电压和电极电流，就可以计算出每相电极的电阻和输入功率。

为了减少电极功率不平衡对生产的影响，应该采取以下措施：

（1）矿热炉结构设计尽可能做到各相电极的电抗平衡，减少附加电阻。

（2）在安装和大、中修矿热炉时，必须保证矿热炉极心圆圆心、炉盖中心点和炉膛中心点在一条直线上。

（3）保证炉料的均匀性。还原剂必须有合适的粒度，并均匀分布于炉料之中。

（4）采用分相有载调压变压器。根据各相电极电阻值的变化，采用不同的电压等级使各相电极的功率均衡。

（5）控制三相电极把持器的位置平衡和电极下放量，尽量使三相电极的工作端长度相等。

（6）监测各相电极功率不平衡和电极消耗状况，及时发现各相功率变化的原因，使输入矿热炉的功率始终维持在较高的水平。

3.3.5 矿热炉的经济运行

矿热炉的经济运行包括矿热炉的设备经济运行和经济负荷运行两方面。设备经济运行的核心是提高矿热炉的电效率，从设备参数和结构方面采取措施以降低电能消耗。经济负荷运行是为了降低电力费用，根据分时电价的规定，按照季节和时间调整用电制度的操作。

3.3.5.1 矿热炉运行条件的改进

通过短网和电极的电流所产生的电阻热引起热损失，电流在矿热炉四周产生强大的交变磁场，在导磁材料内部产生感应电流而引起涡流损失，这些损失随着负载电流的增减发生非线性变化。改进矿热炉的设计、采用合理的结构和材料，能够最大限度地降低这些电损失。

大型矿热炉的功率因数普遍较低，当矿热炉的功率因数为 0.7 时，继续增加电流只会增加功率损失、降低电效率。

电网电压波动势必影响矿热炉输出功率，也危及变压器的安全运行。当电源电压波动时，要按照变压器运行的制约条件调整电压、电流，使矿热炉仍能以较高的电效率运行，输出较大的有功功率。

3.3.5.2 矿热炉的经济负荷运行

产品的成本除受电价影响外，还受矿热炉产量、热效率、电耗等综合指标的影响，因此，合理的经济负荷运行制度需因地制宜。

A 合理调整矿热炉功率，减少矿热炉的热损失

电极的插入深度与操作电阻成反比。当矿热炉采用恒电阻运行时，无论功率大小，电极插入深度都不会相差很大，矿热炉的热损失也不会增加很多。

通常矿热炉和变压器都有一定的过载能力，在用电低谷时可以使矿热炉超负荷运行，最大限度地增加矿热炉的生产能力。

B 自焙电极操作

热冲击是造成自焙电极硬断事故的主要原因。为了避免在调整负荷的过程中发生电极事故，必须最大限度地减少电流变化对电极产生的热冲击。为减小停电以后电极的降温速度，需要对电极采取适当的保温措施，如关闭炉门、将电极埋在炉料之中、逐渐减少电极铜瓦冷却水流量等。

自焙电极的烧结热量来自电极电流。当矿热炉负荷改变时，电极的烧结和消耗也随之改变，如果仍然按照习惯做法下放电极，则势必出现电极的软断事故。因此，需要按照矿热炉负荷和耗电量调整电极下放制度。

C 出铁时间的调整

采用经济负荷运行以后，各时段矿热炉功率差别很大，不再可能做到均衡出铁时间间隔。为了保证出炉铁水温度正常，需要按照耗电量调整出铁时间。

3.4 矿热炉的电气控制

3.4.1 供电自动控制

使用计算机控制矿热炉供电有较好的经济效果，如表3-1所示。因此，现代矿热炉都使用计算机控制供电。

表 3-1 使用计算机控制矿热炉供电的经济效果 （％）

冶炼品种	锰铁（39000kV·A）	硅铁（30000kV·A）	硅铁（52000kV·A）	生铁（52000kV·A）
产 量	+20	+7		+11.9
电能消耗	−10 ~ −12	−1.5	−16	
矿热炉负荷	+6	+3		
电极糊消耗	−30	−13.5	−3 ~ −7	
还原剂消耗	−10	−5		
含铁料消耗		−16		
矿热炉寿命	+2.5	+2	+8.8	

供电控制是通过改变变压器抽头和升降电极来保持三相平衡（不平衡度小于5%）的。在变压器容量允许的情况下，尽量向矿热炉输入最大的有功功率，同时使各相有效相电压在给定的范围内，并提供电极位置过高、过低、电极折断等报警信号。其控制手段是基于电阻平衡的方法。由于炉内有功功率为 $P = I^2R$（I 为矿热炉相电流，即电极电流），根据矿热炉等效电路，可以认为各相感抗近似相等，故根据相电压和电流值即可计算出等效阻抗，通过升降电极控制各相阻抗平衡，使其达到预先的设定值。

矿热炉负荷控制的方法为：当运行参数偏离设定的炉子最优负荷值时，首先通过升降

电极控制电阻平衡，然后控制变压器的等级，后者是一个带死区的控制器。矿热炉供电自动控制系统如图3-16所示。

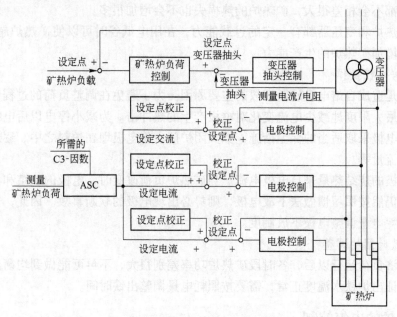

图3-16 矿热炉供电自动控制系统

为使输入矿热炉的额定功率恒定并力求维持三相功率平衡，通常采用手动和自动两种控制方式，通过升降电极来调节矿热炉功率。

手动控制为人工操作开关（或按钮），使三相负荷电流达到恒定，此种方式多被小型炉所采用。自动控制采用电子计算机系统，通过采集多种电气参数，例如矿热炉操作电阻、电极电流和电压、有功功率、变压器分接开关位置、电网电压等，将其作为调节对象，连续或断续地进行自动调节。

3.4.2 工厂电能需要量控制

矿热炉冶炼厂是耗能大户，通常都和供电部门（或电厂）订有合同，如用电超量则要罚款。为此，矿热炉冶炼厂大都使用计算机控制总负荷，使之不超过限值。国外某铁合金厂电能需要量控制系统如图3-17所示。

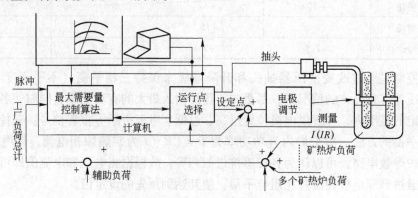

图3-17 国外某铁合金厂电能需要量控制系统

3.4.3 电极压放自动控制

矿热炉的电极是自焙电极,它在冶炼中不断消耗,故需不断压放。电极是通过上、下抱闸及立缸的动作顺序下放的(见图3-18),动作顺序为:松上抱闸→升立缸(提上抱闸)→紧上抱闸→松下抱闸→降立缸(压下电极)→紧下抱闸。

人工压放电极很难做到及时,往往间隔时间过长,一般还需减负荷进行,造成炉况不稳且易发生电极事故,因此需采用自动控制压放。根据上述动作顺序,并考虑某些联锁条件(以电流平方与时间间隔的乘积代表累积热量,并考虑电极温度、油压等条件),下放时间间隔可人工给定(20~25min),并由电子计算机根据两次出铁间电极的平均位置进行自动修正,油路漏油或堵塞、下放不够或过多均给出报警信号。

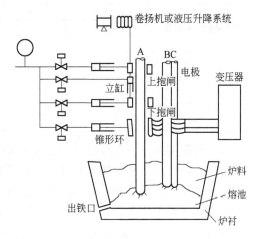

图3-18 矿热炉电极压放控制示意图

矿热炉自焙电极的压放控制系统包括压放时机的选择和压放动作过程的程序控制。压放时机的选择至关重要,根据生产实践选择"勤压、少压"的操作原则,以保证电极的正常焙烧速度和保持必要的电极工作端长度。判定压放时机的方式有定时压放、按电极电流平方定时累加判定压放等,但往往凭借人工观察和生产实践来判定。电极压放动作过程的程序控制方式有手动顺序开关(按钮)、机电式继电器、可编程序控制器(PLC)等。当采用计算机控制系统时,其电极压放控制也应纳入总体控制系统。

3.4.4 电极深度控制

矿热炉冶炼中所需的热量主要是由电极端部供给的。只有当电极端部位置最佳时,产品单位电耗和生产率才能达到最佳值,故估计和控制电极深度(电极端部与炉底间的距离)是非常重要的。电极深度可用矿热炉产生的气体温度和气体中CO含量来表示:

$$电极深度指数 = a \times 矿热炉产生的气体温度 + b \times 气体中 CO 含量 + c$$

式中,a、b、c分别为不同矿热炉和产品所决定的参数。

$$电极深度 = d \times 电极深度指数 + e$$

式中,d、e分别为不同矿热炉、产品、电极、炉内电阻所决定的参数。

矿热炉电极深度实例列于表3-2。

表 3-2 矿热炉电极深度实例

冶炼品种		硅锰合金		高碳锰铁	
		2 号炉	1 号炉	2 号炉	1 号炉
产生的气体温度/℃		316	294	426	373
气体中 CO 含量/%		60.5	59.8	77.9	75.5
电极深度计算参数	a	0.79	0.70	1	1
	b	0.71	0.71	0	0
	c	0	0	0	0
电极深度指数		264	248	426	373
炉内电阻 R/mΩ		0.32	0.39	0.57	0.50
计算的电极深度 y/mm		2154	2280	2344	2150
实测的电极深度 y'/mm		2137	2346	2295	2185
差值$(y-y')$/mm		+17	-66	+49	-35

为使电极端部保持在最佳位置，要以电极深度为纵坐标、时间为横坐标作出关系曲线。此外，炉料状态和操作条件等引起负荷的变动，也反映在电极深度上。为此，将出铁结束到下一次出铁开始的目标消耗电能 10 等分，并用每 5 min 消耗的电能和电极的相对位置来自动控制电极深度。电极深度控制曲线实例如图 3-19 所示，其控制流程如图 3-20 所示。

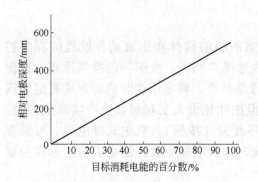

图 3-19 电极深度控制曲线实例

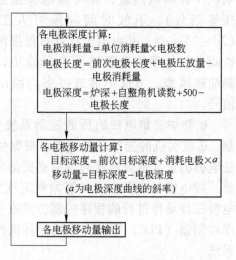

图 3-20 电极深度控制流程

3.4.5 上料及称量控制

上料控制包括各料仓的顺序控制，它根据各料仓的料位信号，过低时发出要料信号，使相应的胶带输送机动作，向料仓装入所需炉料。

称量控制包括配料、称量、补正控制以及配料后的运输控制。在计算机配料秤里存储配料公式，当操作者选定配方后，就发出信号给配料控制系统，控制系统即按计算机配料秤的控制信号对各料仓、振动给料机、斗式提升机和胶带输送机进行程序控制。配料秤对各称量斗进行设定，先以粗给料速度给料，当料重达到配方要求的95%时，自动变为以细给料速度给料，直至料重达到设定值。

在称量过程中，由于料斗等粘料，使设定值与实际值之间产生偏差，系统将这一误差重量存储起来，在下一称量周期中补回。此外，由于焦炭含有水分并因天气而异，必须折算为干焦量。可用中子水分计测定焦炭水分，并由计算机补正这一数值，以保证配料准确。给料过程结束以后打印一份料批报告，包括时间、料的成分、实际重量、料仓号及炉号等。

3.4.6　过程计算机控制

现代矿热炉工厂大都是分层次控制的。作为设备级控制的仪表及电控系统称为基础自动化级，作为监控用的电子计算机称为过程自动化级。后者的主要功能是：

（1）配料计算及建立其数学模型。

（2）炉内碳平衡控制。除了在配料中精确计算焦炭量外，还动态控制炉内碳状态，即在线测量碳量，以作为控制碳平衡的依据。在线测量碳量有多种方法，可测量电参数（因碳量在炉中影响电阻值、三次谐波值等）、电极端部位置以及分析炉气成分和测定烟气流量（仅适用于密闭炉）。入炉碳量减去炉气带走的碳量即为在炉碳量。

（3）数据显示。主要显示工艺参数的设定值、实际值，全厂、车间、工序等流程图，设备状态及事故报警，生产趋势和历史数据等。

（4）技术计算。计算各项生产指标、在炉产品量和渣量等。

（5）数据记录。打印班报、日报、月报、事故记录等。

（6）技术通讯。其与生产管理机相连，进行通讯，与总厂的管理机进行数据传输等。

仪表控制大都采用以微处理机为核心的单回路或多回路数字仪表（PPC），而仪表实际上只剩下现场检测仪表。对于电控，由于数字仪表也有逻辑功能，且铁合金厂的顺序控制功能简单，故使用 PLC 或 PPC 均可。对于过程计算机有两种方案：小容量炉不设过程机，记录、显示或简单运算由数字仪表执行；较大容量的矿热炉工厂设过程计算机，着重于复杂的模型运算。国外某铁合金厂的控制系统如图 3-21 所示。

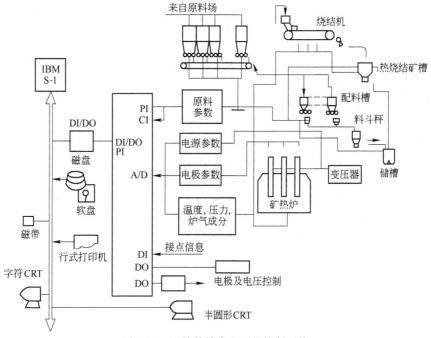

图 3-21　国外某铁合金厂的控制系统

IBM S-1—国际商业机器公司计算机控制系统型号；DO—开关量输出，也称数字量输出，可用来控制开关、交流接触器、变频器以及可控硅等执行元件、动作；PI—基于客户机/服务器（C/S）体系和浏览器/服务器（B/S）体系结构的工厂实时数据集成、应用系统；DI—数据信号输入，选择通道控制；A/D—模拟/数字转换；CRT—终端显示器；CI—客户机

　　我国矿热炉工厂分布式系统的设计，一是选用数字仪表，它可对热工量、电量等连续控制，对于简单的顺控过程（如上料等），它可满足要求，并带终端显示器（CRT）和打印机，功能齐全；二是连续量控制用PPC，而顺控用PLC，此时有两种设备的连接问题，最简单的方法是利用彼此的输入、输出互相连接。如果有过程计算机作为监控，则分布式系统的网络还必须考虑和PLC及过程计算机相连。硬件选择要注意两点：一是要进行优选，以确保可靠性，便于硬件备品、备件易得，有利于生产及维修；二是要具有先进性。

3.5　小结

　　（1）矿热炉供电系统包括开关站、炉用变压器、母线等供电设备和测量仪表以及继电保护等配电设施。矿热炉变压器在性能及结构方面与电力变压器相比有许多不同的特点。矿热炉短网的结构形式、电流密度，对获得良好的电力运行指标具有很大的经济意义。

　　（2）矿热炉由于其短网电抗相对偏大以及低电压、大电流的工艺特性所决定的无功功率相对较大，运行功率因数较低。提高功率因数除了选择最佳的设备参数和工艺参数外，还可采用人工补偿方式，其中低压就地补偿技术具有较大优势。

　　（3）矿热炉三相电极在运行中容易产生功率不平衡的现象，这是一种矿热炉故障。针对影响矿热炉电极功率平衡的因素进行有效地监测和预防，可提高矿热炉的电效率，实现经济运行。

　　（4）现代矿热炉从原料的称量、输送、装料到矿热炉的供电、电极操作、烟气净化、冷却水循环等，都实现了计算机自动控制或监控。

复习思考题

3-1　矿热炉供电系统包括哪些配电设施？三相矿热炉的变配电系统由哪些回路组成，各回路的变配电设备名称、作用、特点如何？

3-2　矿热炉变压器有哪几种类型，有何特点和要求？

3-3　矿热炉变压器的功率损失和功率损失率与负载系数有何关系？

3-4　矿热炉短网由哪几部分组成，对短网有何要求？

3-5　三相矿热炉短网的配置有哪几种方式，各有何优缺点？

3-6　三相矿热炉短网为何要进行无功补偿，低压就地补偿技术有何特点？

3-7　何为三相电极功率不平衡，其对冶炼操作有何影响？影响电极功率平衡的因素有哪些，如何监测和预防？

3-8　如何实现矿热炉的经济运行？

3-9　简述矿热炉各部分的电气控制原理。

4 矿热炉的电热原理与电气参数

【教学目标】 认知矿热炉的电热原理与电气特性；能够进行矿热炉参数的计算及选择，并能够通过矿热炉全电路分析绘制特性曲线，确定最佳工作点。

4.1 矿热炉的电热原理

在矿热炉内部同时存在电弧导电和电阻导电。电极把大电流输送到炉内，在电极末端产生电弧而将电能转换成热能，同时电流通过炉料而产生电阻热，两者所产生的高温使炉料熔化并进行还原反应。由于电热的高功率集中的特点，矿热炉内高温反应区的大小和温度分布对还原反应的进程以及各项技术经济指标起着决定性作用，并且与矿热炉的电气工作参数、设备结构参数和操作技术水平也有直接关系。

4.1.1 矿热炉中的电弧现象

电弧是由气体导电形成的。通常，气体由中性原子和分子组成，不导电。但当气体中某些组分在外界条件作用下发生电离时，气体便具备导电能力。在两电极之间施加一定的电压就可使气体电离，随电离程度的增加，导电粒子数量迅速增加，电极间气体被击穿而形成导电通道，即生成电弧。击穿电压与气体压力和放电间隙大小有关。

电弧柱中气体电离起因于阴极斑点的热电子发射，这些斑点是电极尖端达到白热状态的区域，由于电子的动能大于阴极材料的逸出功，能向四周空间发射电子。在电场作用下，电子向阳极加速运动，在靠近阳极的区域内获得很大的动能，所以当它们和气体分子及原子碰撞时，足以使后者电离。同时，电弧的高温使气体分子平均动能增大，气体分子不断碰撞也产生热电离。电流的迁移是由电子趋向阳极和正离子趋向阴极的运动造成的，两者相比，电子的迁移率远远超过正离子。抵达阳极的电子释放出它们的动能，使阳极产生大量的热，故阳极的温度远高于阴极。

在电弧柱中同时存在着与电离相反的过程——消电离，包括带正、负电荷的质点相遇后的复合和离子在温度、压力梯度作用下向周围空间的扩散。显然，单位时间内进入电弧的电子数目和形成的离子数目等于由于中合和扩散所散失的电荷数目。中合过程往往在限定气体容积的表面上进行，因此，中合速率反比于电弧的截面积，扩散速率则正比于电极直径。电弧周围介质的温度及传热条件、气体种类、电极材料等，对电弧电离和消电离过程有决定性的影响。环境温度越高，散热条件越差，电极材料熔点越高，则电离条件越好，电弧燃烧越稳定。另外，在环境条件和电极材料都相同时，电弧的截面积正比于电弧的电流，因此电流越大，消电离速率越小，电弧燃烧越稳定。

工业生产中常把电弧看作纯电阻，有时也用电阻和电抗并联组合电路来代表电弧。沿电弧长度的电位分布如图4-1所示，这也就是电弧中的功率分布。阴极区和阳极区的长度很小，在大气中的电弧约为1μm，因而其电位梯度都很大，能使电子获得很大的电能。电弧电压U_h和电弧长度L呈线性关系：

$$U_h = a + \beta L$$

式中　a——阴极区电压降和阳极区电压降之和，它随着电极和炉料的不同而改变，实验值为10～20V；

　　　β——电弧柱中的电位梯度，在小电流（1～10kA）时为1V/mm，在40～80kA大电流范围内为0.9～1.2V/mm。

若设电弧电压U_h=134V，约20V的压降发生在长度为1μm左右的阳极区和阴极区，其余的压降落在电弧柱上，则15%的电弧功率在电极端面和熔池面上放出，而85%的电弧功率由电弧柱放出。交流电弧的能量平衡可用图4-2所示的例子来说明。

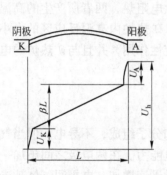

图4-1　沿电弧长度的电位分布

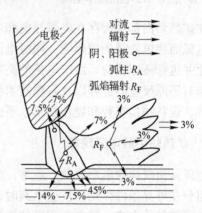

图4-2　107A、134V交流电弧的能量平衡

电弧是一个气体导体，在其受到由本身电流造成的磁场作用时，电弧在径向受到一个压缩力，将沿轴向传递出去，于是作用在电极和熔池面上的力（N）为：

$$F = 5 \times 10^{-8} \times I^2$$

式中，电弧电流I的单位是A。电弧气体可推开熔池液面并使其形成弯月面，对熔体进行搅动和对流传热。电流流过熔体也产生磁场，使熔体发生搅动。因此，气体对流是电弧最主要的传热方式，电弧四周的气体被吸入电弧区，经电弧加热后由电弧推动气体和熔体运动。对流传热占电弧总能量的50%以上。

在三相电炉中，每相电弧受到其他两相电弧所建立的磁场的作用，在电磁力作用下移至电极端部靠近炉壁的外侧而产生电弧外吹，使电弧柱和熔池面间夹角减小至45°～75°。由于电子的撞击，大量的阳极材料会从电极表面剥落下来，电极末端的形状也随之改变。电弧外吹的高温气流（即电弧焰）冲向外侧，高速抛出金属、渣、炭粒等质点，使电弧附近上方的坩埚壁形成热点。

在电弧的阴极区和阳极区，带电粒子对阴极和阳极冲击而产生大量热量的现象称为电极效应。电极效应所放出的热量与电弧电流成正比，其热量约占电极放出总能量的15%。电极效应所放出的热量有一半在熔池面上，另一半则直接向熔池辐射。

电弧弧光的辐射热也有一半直接作用于熔池，另一半对炉料和炉气加热。弧光的辐射能力与温度、压强、电弧长度和形状有关。同时，坩埚内表面也对熔池进行辐射热交换。辐射传热可以达到电弧总能量的30%以上。

电弧弧光波长在360～560nm之间，电弧电子浓度为$4 \times 10^{16}/cm^3$，电弧温度可达10000K。矿热炉中传热条件不同时，电极表面和电弧柱的温度也不同。对于石墨，阴极为3500K，阳极为4200K；对于钢，阴极为2400K，阳极为2600K；电弧柱温度可在3000～20000K之间波动。硅铁炉中，电弧电流密度可达$900A/cm^2$，电弧表面温度约为3950℃。

4.1.2 电弧特性

直流电和交流电都可以产生电弧，在矿热炉中为了获得强大的电功率，采用交流大功率电弧。交流电弧常用波形图来表示其特性，如图4-3所示。若外电路中电抗$x=0$，电弧电流I和电源电压U同相位，当U小于所需的电弧电压U_h时，$I=0$，即电弧熄灭；在电源电压过零点的前后一段时间间隔Δt内，电弧熄灭，电极和周围空间被冷却，这就是交流电弧不稳定的根源。若外电路中存在电抗$x>0$，电弧电流I和电源电压U之间有一相位差φ，当U减小至近于零、电抗产生的感应电势和电源电压相加后仍然大于所需的U_h时，可维持电弧继续导通；当电弧电流I减小到零时，U已经在相反方向增大到足以使电弧重新导通，不存在电弧熄灭的间隔时间。

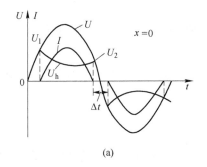
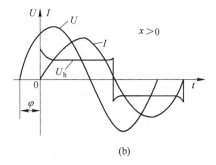

(a)　　　　　　　　　　　　　　　(b)

图4-3　交流电弧波形图

（a）$x=0$，I和U同相位；（b）$x>0$，I和U之间有一相位差φ

为了使电弧电流I的波形连续，需要满足条件：

$$U_h < U_m \sin\varphi$$

式中　U_m——电源电压峰值。

假设电弧电压正弦波形的峰值为U_{hm}，则电路的功率因数为：

$$\cos\varphi = U_{hm}/U_m$$

对于矩形的电弧电压波形，其U_h可看作正弦波形的平均值，即：

$$U_h = 2U_{hm}/\pi$$

将三式联立，可得：

$$\cos\varphi = \frac{\pi}{2} \cdot \frac{U_h}{U_m}$$

以及

$$\sin\varphi = \sqrt{1 - \cos^2\varphi} = \sqrt{1 - \left(\frac{\pi}{2} \cdot \frac{U_h}{U_m}\right)^2} \geqslant \frac{U_h}{U_m}$$

求解该不等式可得出电弧连续导通的条件是：$U_h/U_m < 0.537$，即电路的电抗百分数为：$\sin\varphi \times 100\% > 53.7\%$，或 $\cos\varphi = \frac{\pi}{2} \cdot \frac{U_h}{U_m} < 0.84$。外电路中存在一定电阻，为了使电弧波形连续，要求电抗百分数的值更大些。

在矿热炉冶炼过程中，电弧位置、电弧长度和直径始终处于变化状态。在交流电流不同的半周期内，由不同的材料作阴极，电弧电压的波形是上下不对称的，在电路中会产生高次谐波。稳定的交流电弧电压波形为正弦波，不稳定的电弧电压波形为方波。方波含有许多高频分量，只能传递90%的电弧能量。在冶炼条件下，只有电弧稳定才能保证电极和冶金条件的稳定。电弧特性与电气制度、炉料特性和炉况有关，影响电弧稳定性的因素有：

（1）有熔渣存在时，电弧周围的热条件较好而散热差；特别是有碱性渣存在时，熔渣中钙的电离电位较低，电弧温度较低。电弧被熔渣包围的部分越大，电弧的波形越接近于正弦波，越有利于稳定电弧。

（2）无渣冶炼时，平整的坩埚表面有助于形成稳定的电弧。

（3）长电弧稳定性差，直径大的电弧稳定性好。

（4）交流电路中存在电抗，使得电流相位落后于电压相位，功率因数（即 $\cos\varphi$）低，有助于稳定电弧。

（5）改变电极的几何形状，可改变电弧附近的磁场、电场、热平衡和气体流动状态。尖头和空心电极的电弧最稳定。

得到稳定电弧的前提条件是维持电弧电阻不变。因此，在调整功率时为了保证电弧的稳定性，电压和电流必须同步改变。

4.1.3 矿热炉中的高温反应区

矿热炉中的热量主要是由电极和炉料之间的电弧热以及电流通过熔体和炉料所产生的电阻热所提供。如图4-4所示，炉内电路的电场对称于电极中心线，无论负荷是否均匀，或者电路中是否存在导电系数显著不同的炉料层、熔渣层或金属层，都不会破坏电场的对称。根据已有的结论，从电极侧表面流向炉料的电流占全部电流的25%～30%，从电极端部流向熔池的电流（即电弧电流）相应地占70%～75%。

在电极下端与熔池（熔融区）之间，由于电弧作用形成坩埚区，坩埚区的大小在解剖炉体、冶炼硅铁塌料和分层加料法冶炼硅钙合金时均已发现，尤其是在无渣法冶炼炉内，这个区域非常明显。图4-5所示为工业硅炉内的温度分布和反应区。坩埚区是炉内的主要工作区域，坩埚区的大小对炉况和各项技术经济指标起着决定性的作用，因此要

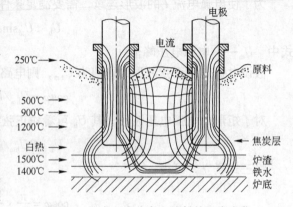

图4-4　炉内电流分布和炉料的温度变化

尽量扩大坩埚区。

矿热炉中反应区（即坩埚）的尺寸可用下面推导出的公式计算。在炉底没有上涨的熔池里，每相电极反应区的体积为：

$$V = \frac{\pi}{4} D_g^2 (h_0 + h_E) - \frac{\pi}{4} D^2 h_E$$

式中　D_g——反应区直径；

h_0——电极末端至熔池的距离，对于无渣熔池是指电极与碳质炉底之间的距离，对于非导电耐火炉底的熔池则是指电极与出铁口水平面上金属之间的距离；

h_E——电极在炉料中的有效插入深度（不包括炉料锥体部分和料壳）；

D——电极直径。

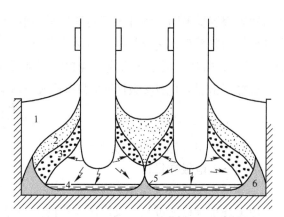

图 4-5　工业硅炉内的温度分布和反应区
1—预热区（<1300℃）；2—烧结区（即坩埚壳，1300~1750℃）；3—还原区（即坩埚区，1750~2000℃）；4—熔池区；5—电弧空腔区（2000~6000℃）；6—死料区

反应区直径 D_g 是根据长期操作矿热炉的经验确定的，其值应等于圆形熔池的电极极心圆直径。选定的电极极心圆直径应使整个料面（其中包括三相电极的中间部分）都是反应活性区。显然，电极极心圆直径不得大于反应区直径，因为电极极心圆直径过大会在熔池中心形成死料区；电极极心圆直径也不宜过小，因为电极极心圆直径过小会降低熔池的生产能力。图 4-6 所示的两个熔池尺寸相同，功率都为 6800kW，它们的电极极心圆直径也相同，$D_g = 225$cm。这两个熔池只有电极直径不同，图 4-6(a) 所示的熔池 $D = 75$cm，图 4-6(b) 所示的熔池 $D = 90$cm，造成阴影线所示反应区的大小也不同。图 4-6(a) 所示熔池各电极的反应区较小，炉心热量不足，易造成所谓的三相隔绝现象，从而使整个坩埚缩小。图 4-6(b) 所示熔池各电极的反应区较大，刚好互相交错于炉心，此时坩埚大、炉温高、产量高，是最理想的情况。但当各反应区过大（或电极极心圆过小）、彼此相交太多时，因热量在炉心过于集中，使电极之间的炉料电阻降低，电极难以下插，热量大量损失，从而使坩埚缩小，炉况恶化。

电极末端至熔池的距离 h_0 和电极的有效插入深度 h_E 得自矿热炉操作实践，冶炼不同

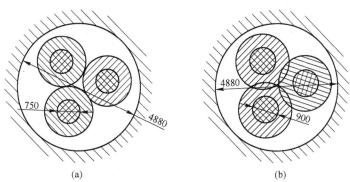

(a) 　　　　　　　　　　　　(b)

图 4-6　各类熔池的反应区

产品和采用容量不同的各种炉子的统计平均值为：$h_0 = 0.67D$，$h_E = 1.15D$。反应区直径与电极直径的关系为：$D_g = 2.4D$。代入并简化上式，得到没有烧损的圆柱形电极的反应区体积是：$V = 7.07D^3$；对于多数表面烧损的圆锥形电极的反应区体积，近似为：$V = 6.76D^3$。

通常，在矿热炉电气参数计算中只有输入功率是固定值，据此可计算反应区的功率密度 p_V：

$$p_V = \frac{P_E}{nV}$$

式中 P_E——电极输入的有效功率；

  n——电极数目；

  V——反应区（坩埚）体积。

由上述推导论述可知，反应区体积的大小与矿热炉输入功率、电极直径、电极插入深度、冶炼品种等因素有关，简述如下：

（1）矿热炉输入功率。反应区的有效功率 P_E 越大，则反应区的功率密度 p_V 越大，熔池获得的能量越多，炉温越高，坩埚区越大。冶炼不同品种时，反应区的功率密度有最佳推荐值，即根据冶炼产品确定功率密度值后，显然，有效功率越大，反应区体积越大，因此在矿热炉正常生产时要求满负荷供电。

（2）电极直径。图4-6和实践都表明，电极直径大时，电极电弧作用区的直径大，反应区体积就大。在电极直径为 $\phi120cm$ 的固定式矿热炉熔池内冶炼硅铁75时，电极熔池附近的坩埚直径曾达到 $\phi180 \sim 200cm$。如前所述，一般反应区直径为电极直径的2.4倍左右。

（3）电极插入深度。一般认为在 $h_0 = (0.6 \sim 0.7)D$ 时，电极插入深度是最理想的。此时电极深而稳地插入炉料中，坩埚区大，炉温高且均匀。当电极插入过浅时，由于炉底功率密度不足，会造成结瘤和炉缸变冷，这对需要大量热能的矿石还原过程是不利的；反之，当电极位置过低时，会引起炉底和熔体过热，金属烧损大，料面上部变凉，下料速度变慢。

（4）冶炼品种。坩埚区的大小与冶炼品种有关，如图4-7所示，坩埚的大小随合金硅含量的增高而增大。在固定式炉体的熔池里，电极端部的坩埚横断面接近圆形；在旋转式炉体的熔池内，坩埚横断面则变成近似椭圆形。此外，旋转还能减小坩埚的高度，这说明旋转对坩埚结构是有利的。为改善炉膛温度分布，许多大型矿热炉装设炉体旋转机构，可

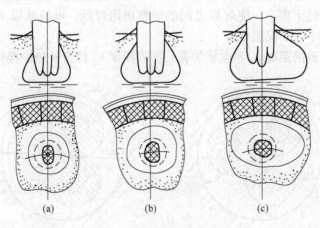

图4-7 电极周围坩埚的形状

（a）冶炼硅铁45的固定式矿热炉；（b）冶炼硅铁75的固定式矿热炉；（c）冶炼硅铁90的慢速旋转式矿热炉

在水平方向上单向转动或往复120°转动。

4.2 矿热炉电路分析

4.2.1 炉内电流回路解析

埋弧炉内部同时存在电弧导电和电阻导电。通过炉料、金属、熔池以及炉衬的电流是由无数个串联和并联的电路构成的。碳质还原剂是炉料的主要导电成分。增大还原剂的粒度会减少还原剂与矿石颗粒之间的间隙，减小炉料电阻，增加料层电流分布的比例。

炉料的导电性随温度和炉料熔化性的不同变化很大。提高温度会使炉料电阻率显著减小，导电性增加。炉温升高时炉料膨胀，增加了炉料之间的接触压力和接触面积，也使接触电阻减小。如硅铁75炉料在400℃时的电阻率为1Ω·m左右，而在1600℃时为0.2Ω·m。

炉料中电阻导电和电弧导电交叉在一起，炉料颗粒之间出现的电弧电压与炉料性质和温度有关。料层下部主要是电阻导电。

矿热炉内电流分布状况，对炉内热分布、熔池结构和炉内各部位进行的化学反应影响很大。矿热炉内电流分布可用炉内电流回路来描述，如图4-8所示。

炉内电流形成如下回路：

（1）图4-8所示回路a中，电流通过电极端部、电弧和熔池构成星形回路。

（2）图4-8所示回路b中，电流通过电极侧面，流经炉料与另外两支电极构成三角形回路。

（3）图4-8所示回路c中，电流通过电极侧面，流经炉料与炭砖构成星形回路（碳质炉衬）。

若把电弧看成纯电阻，忽略矿热炉内部电抗因素和通过炉墙的电流，则炉内电流分布的等效电路如图4-9所示。

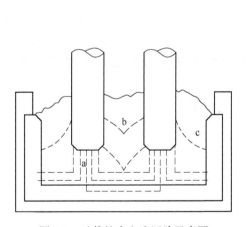

图4-8　矿热炉内电流回路示意图

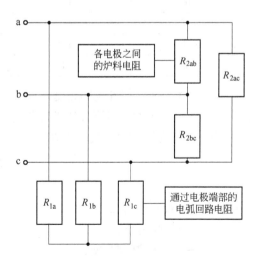

图4-9　埋弧矿热炉内电流分布的等效电路

当各相电弧电阻相等时，$R_{1a} = R_{1b} = R_{1c} = R_1$；当炉料电阻也相等时，$R_{2ab} = R_{2bc} = R_{2ac} = R_2$。熔池电阻 R_1 处于矿热炉星形回路内，可理解为矿热炉星形回路的相位电阻。炉料电阻 R_2 可理解为三角形回路的相位电阻，将其按照三角-星形变换折算到矿热炉星形回路，与 R_1

并联。因此，矿热炉负载电阻可由下式计算：

$$R = \frac{R_1 R_2}{R_1 + R_2}$$

无渣法矿热炉中，通过炉料的电流比例占电极电流的 20%～30%，炉内电流分布状况随冶炼过程、电极位置的变化而改变。

4.2.2 矿热炉操作电阻

4.2.2.1 操作电阻的定义

矿热炉的操作电阻 R 定义为电极和炉底之间的电阻。其由电极进炉料处对炉底中性点的电压 U 和电极电流 I 决定，即矿热炉的负载电阻（操作电阻）为：

$$R = \frac{U}{I} = \frac{R_1 R_2}{R_1 + R_2}$$

电弧电阻（即熔池电阻）R_1 是电极下面电弧反应区和熔融区的电阻，从电极端部流出的电流经过它把电能转换成热能。熔池电阻的大小取决于电极端部至炉底的距离、反应区直径的大小及该区的温度。正常情况下，熔池电阻很小，大部分电流经过它。炉料电阻 R_2 是炉料区与相互扩散区的电阻。炉料电阻取决于炉料的组成和特性、电极插入炉料的深度、电极距离及该区温度。炉料电阻比熔池电阻大得多，电极电流只有小部分经过它。

对于容量不同的矿热炉，操作电阻主要由矿热炉的几何参数和电气参数决定，容量大的矿热炉操作电阻较小，见表 4-1。

表 4-1 不同容量硅锰矿热炉的操作电阻

容量/MV·A	二次电压/V	二次电流/kA	操作电阻/mΩ
9.0	136	37.2	1.69
12.5	141.5	45.0	1.37
16.5	144	66.2	0.97
25.0	158	70.0	0.83

改变冶炼品种，操作电阻也随之改变，这就需要改变二次电压和二次电流以适应冶炼要求。操作电阻可通过以下方法进行调整：

（1）改变变压器的二次电压等级 V_2。U 可由下式计算：

$$U = \frac{1}{\sqrt{3}} V_2 \eta \cos\varphi$$

式中　U——有效相电压，V；

V_2——工作电压，V；

η——矿热炉效率，%；

$\cos\varphi$——功率因数。

（2）调整电极工作端的位置，改变二次电流。

（3）调整炉料组成、还原剂配比和粒度分布。

（4）调整炉渣渣型。

4.2.2.2　操作电阻的作用

操作电阻是一个非常活跃的电气参数,对于生产操作具有以下非常重要的作用:

(1) 控制 U/I 值。操作电阻本质上取决于炉料特性,即炉料电阻率,炉料电阻率大,操作电阻值也大。因此,控制炉料电阻率不变即可控制操作电阻不变,使 U/I 值恒定,从而保持输入炉内的功率稳定,以利于保持冶炼过程稳定和反应区结构稳定。优选还原剂可以增大炉料电阻率,从而提高矿热炉的操作电阻。

(2) 合理分配热能。炉内炉料层的热能分配系数 C 可用下式表示:

$$C = \frac{Q_{料}}{Q_{总}} = \frac{P_{料}}{P_{总}} = \frac{U^2/R_2}{U^2/R} = \frac{R}{R_2}$$

式中　$Q_{料}$——炉料层热量;

　　　$Q_{总}$——输入炉内的总热量;

　　　$P_{料}$——炉料层功率;

　　　$P_{总}$——输入炉内的总功率;

　　　U——有效相电压;

　　　R——操作电阻;

　　　R_2——炉料电阻。

即当炉料组成一定时,C 随 R 的变化而变化。若 R 过大,则 C 值也大,用于加热炉料层的热量多。这会导致熔池温度降低,炉底堆积死料;电极端部削尖,筋片处易崩裂;电极升降时,电流表读数变化不明显。若 R 过小,则 C 值也小,用于加热熔池的热量多。这会导致炉料层温度低,化料慢,电耗高,产量低,炉底形成圆坑;电极端部几乎保持原尺寸,反应区扩大迟缓;电极升降时,电流表读数变化大。

每种产品当炉料组成一定时,都应有最适宜的 C 值,以保持正常的热能分配。炉子的热能分配正常时,电极端部直径约为其自身直径的 0.8 倍。虽然难以确定最恰当的 C 值,但可通过优选 R 来达到合理分配热能的目的。

(3) 使电极保持适当的插入深度。理论分析和生产经验都已证明,当矿热炉的几何参数、电气参数和炉料特性不变时,操作电阻与电极插入深度呈反比关系。若能保持操作电阻不变,则可控制电极保持适当的插入深度,有利于反应区结构的稳定。

(4) 提高操作电阻可提高功率因数和电效率。操作电阻反映了熔炼区的电气特性,增大操作电阻有助于增加矿热炉输出功率。输入炉内的热能(即有效功率 P_E)由电极电流 I 和有效相电压 U 决定,即:$P_E = 3IU = 3I^2R$。当矿热炉变压器的视在功率一定时,提高操作电阻即提高了有效功率,从而提高了功率因数和电效率。但贸然提高操作电阻会使电极插入深度不够,因此必须全面研究矿热炉的几何参数、电气参数和炉料特性,采取适当措施增大操作电阻。

4.2.2.3　操作电阻、电导及与电流电压比的关系

长期以来,矿热炉冶炼采用电流电压比控制炉子的操作。近年来,采取恒电阻或恒电导原理控制炉子的操作。

电极电流与矿热炉变压器的空载二次电压之比称为电流电压比,可表示为:$B = I/V_2$。用电流电压比控制炉子操作的方便之处在于,可从炉子的二次仪表直接读取电流和电压的

数值。

计算操作电阻值需测量电极的有效相电压 U 和电极电流 I。有效相电压 U 通常是以测定的电极进炉料处对炉口炭衬的电压来表示。由于测量不便，也可用测定的电极壳对地电压 U_D 近似表示为：$U_D = (1.07 \sim 1.09)U$；或者用二次相电压 U_2 近似表示，其关系为：$U_2 \approx 1.1 U_D = (1.177 \sim 1.199)U$。

电导是操作电阻的倒数，即 $G = 1/R = I/U = (0.8340 \sim 0.8496)I/U_2$。因为 $V_2 = \sqrt{3}U_2$，故有 $G \approx \sqrt{3}I/V_2 = \sqrt{3}B$，同时有 $R \approx 1/(\sqrt{3}B)$。

事实上操作电阻不是一成不变的，前述操作电阻作用中涉及的因素都可引起操作电阻波动，主要因素如下：

（1）炉料性能和组成的改变，如还原剂加入量、粒度组成、炉料电阻率的改变。

（2）电极消耗状况或电极插入深度的变化。

（3）三相电极功率平衡情况。

（4）渣中 CaO、MnO 的含量，如过高则会降低炉渣电阻，使操作电阻减小。

（5）反应区结构的改变。

因此，无论采用哪种方法控制炉子操作，都需经过实际运行优选出适当的控制参数（如 R、G、B 等），设定参数后经过控制系统调节，使炉子保持在该参数值附近运行。

4.2.3 矿热炉电流的交互作用

冶炼过程三相电极的电流之间存在一定关系。当一相电极上下移动时，不仅该相电极电流发生变化，其他两相电流也随之发生相应改变，这种现象称为电流的交互作用，如下式：

$$\Delta I_i = \Delta R_j \frac{I_i}{R_i} g$$

式中　　i——电极相序；

　　　　j——交互作用使电阻发生变化的相序；

　　　　g——交互作用系数。

上式表示当电阻发生相对改变时，交互作用对电极电流所产生的影响比例。交互作用系数 g 越大，电流改变的比例越大，电极移动量也越大。功率因数越低，电流对电极移动的敏感性越小，即为了增加较小的电极电流，电极要有较大的移动，这种现象称为大型矿热炉的不敏感效应。对电极电流的交互作用认识不足会造成如下后果：

（1）由于大型矿热炉的不敏感效应，需要频繁移动电极才能做到三相电极的电阻平衡和电流平衡，但往往会造成矿热炉不稳定，热效率降低。

（2）操作者不能正确掌握电极移动和电流变化的关系，造成三相电极的插入深度不均衡，使某相电极过长或过短。三相电极长短不均衡会给操作带来严重后果。电极工作端过长会造成电极过烧，易发生电极事故；过短会降低热利用率，使熔池温度降低，造成出铁困难。

为减轻电流交互作用的影响，大型矿热炉功率调节系统应采用电阻控制原理。

4.2.4　矿热炉的电抗和高次谐波分量

矿热炉的电抗主要由矿热炉短网决定，随矿热炉容量的增大而增加。矿热炉在运行中电抗经常变化，熔池电抗的波动与电弧的谐波有关。由于电弧是非线性电阻，受很多条件影响，当条件发生变化时，矿热炉电流就会偏离源电压的波形，造成电弧电压波形发生畸变，产生相当于正弦交变电压基础频率的高次谐波。

矿热炉的操作电抗 X_{op} 由短路电抗和谐波分量构成。

$$X_{op} = \frac{U}{I}\Big[A_1 \sin(\omega t) + \frac{A_3 \sin(3\omega t)}{3} + \frac{A_5 \sin(5\omega t)}{5} + \cdots \Big]$$

式中　A_i——谐波振幅；
　　　ω——正弦波角频率；
　　　t——时间。

二次电压和电极电流决定了操作电抗的大小。操作电抗随电极电流的增大而减小，随电弧长度的增加而增大。当电流达到一定值时，功率因数达到最大值。若电流低于临界电流值，则会大幅度降低矿热炉的有效功率。临界电流 I_{min} 可由下式计算：

$$I_{min} = \frac{U}{X_{sc}}\Big(\frac{1}{X_{sc}} - \frac{1}{X_{op}} \Big)$$

式中　X_{sc}——短路电抗。

过高的电压和过低的短路电抗会导致电弧的不稳定。熔池电抗与下列因素有关：

（1）矿热炉工作电压。在出炉过程中，随着铁水排出，熔池液面下降，电弧增强，电抗有较大增长。

（2）电流分布状况。熔池结构发生变化时，炉料分布不均匀可使电流路径发生改变，也可使电抗发生改变。

（3）炉膛结构。坩埚缩小使电极位置升高，电抗增加，电弧稳定性变差。

矿热炉电弧可用一个可变电阻来表示，并且这个可变电阻是时变非线性电阻。在基波正弦波电压作用下，所吸引的电流为非正弦，其中包含2、3、4、5、7次等一系列的谐波分量，以2、3次为主。可以理解为：在基波正弦波电压作用下，电弧非线性电阻负载从系统吸收基波电流，分解出一个系统谐波电流并注入系统。所以，矿热炉可看作一个谐波电流源，如图4-10所示。

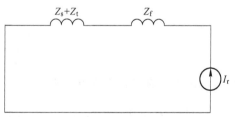

图4-10　矿热炉谐波电流源
Z_s—从矿热炉变压器一次侧向系统看的电源系统等效阻抗；
Z_t—矿热炉变压器漏抗；Z_f—从矿热炉变压器低
压侧接线端至电极间的短网和电极
等效阻抗；I_r—矿热炉谐波电流

谐波电流注入电力系统会给电力系统运行造成极大危害，主要有以下几方面：

（1）谐波使系统中发电、输电及用电设备产生附加的谐波有功损耗。

（2）谐波使系统中电机设备产生机械振动、噪声和过电压，变压器局部过热，电容、电缆设备过热等。

（3）谐波会引起系统局部并联谐振或串联谐振，甚至引起严重事故。

（4）谐波会导致继电器保护和自动装置误动作，并使电气测量仪表计量不准确。

（5）谐波会对外部通讯系统产生干扰。

4.3　矿热炉的电气特性

矿热炉的电气特性广泛用于分析电极电流、功率、功率因数和电效率之间的关系。

4.3.1　电流圆图

以电压矢量为基准绘制电流圆图时，将二次电流分解成有功电流 I_A 和无功电流 I_R。
I_R 的相位垂直于电源电压矢量 U，I_A 则平行于电压矢量 U。电极电流与有功电流和无功电流的关系为：$I^2 = I_A^2 + I_R^2$。电极电流矢量的顶端在电流圆的半圆上移动，如图 4-11 所示。

当矿热炉阻抗用 OT 代表时，BS' 和 OB 分别代表线路电阻 R_L 和矿热炉感抗 X；TS' 代表矿热炉的操作电阻或有效电阻 R，同时代表矿热炉的有效功率。当 $\varphi = \pi/4$ 时，有功电流和有功功率达到最大值，即：

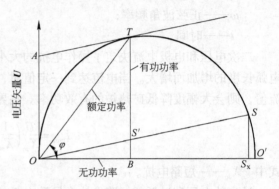

图 4-11　矿热炉特性的电流圆图

$$P_{max} = \frac{U^2}{2X}$$

最大有效功率由 TS' 给出：

$$P_{E,max} = \frac{U^2 \sqrt{R_L^2 + X^2}}{2 \left(R_L^2 + X^2 + R_L \sqrt{R_L^2 + X^2} \right)}$$

4.3.2　特定电压级下矿热炉的特性曲线

矿热炉的工作电压、设备电抗、设备电阻等基本数据确定以后，可按下述计算出各电压等级下矿热炉的全部特性参数。

（1）基础测试数据：一次电流 I_1，一次电压 V_1，有功功率 P，电极-炉膛电压 U。

（2）基本计算数据：额定功率 $S = \sqrt{3} V_1 I_1$，功率因数 $\cos\varphi = P/S$，无功功率 $Q = S\sin\varphi$，变压器变比 n，二次空载线电压 $V_2 = V_1/n$，二次电流 $I_2 = nI_1$，有效功率 $P_E = 3UI_2$，损失功率 $P_L = P - P_E$，矿热炉感抗 $X = \dfrac{Q}{3I_2^2}$，线路电阻 $R_L = \dfrac{P_L}{3I_2^2}$，相电压 $U_2 = \dfrac{V_2}{\sqrt{3}}$。

（3）不同电压级下矿热炉特性参数的计算式：额定功率 $S = 3U_2 I_2$，矿热炉阻抗 $Z = U_2/I_2$，矿热炉电阻 $R_0 = \sqrt{Z^2 - X^2}$，有功功率 $P = 3I_2^2 R_0$，操作电阻 $R = R_0 - R_L$，有效功率

$P_E = 3I_2^2 R$，损失功率 $P_L = 3I_2^2 R_L$，功率因数 $\cos\varphi = R/Z$，电效率 $\eta = R/R_0$。

矿热炉特性曲线绘出了特定电压级下，与电极电流相对应的矿热炉额定功率、有功功率、有效功率、电效率、操作电阻等参数的变化规律，如图 4-12 所示。

当有功功率位于特性曲线最大有效功率的右侧时，损失功率增加，电效率降低。为提高电效率，必须控制电极电流，使其功率因数大于 $\cos(\varphi_0/2)$，其中 φ_0 为最大有效功率时的相位角，应使有效功率在特性曲线上位于最大有效功率的左侧。

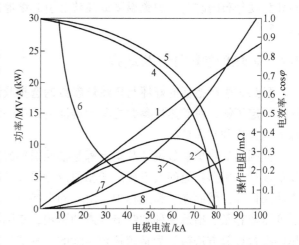

图 4-12　12.5MV·A 埋弧矿热炉的特性曲线
1—额定功率；2—有功功率；3—有效功率；4—$\cos\varphi$；
5—电效率；6—操作电阻；7—无功功率；8—损失功率

4.3.3　特性曲线组和恒电阻曲线

矿热炉的最大输出功率随电压等级的变化而改变。矿热炉特性曲线组由各电压等级下有功功率或有效功率随电流变化的曲线组成，如图 4-13 所示。

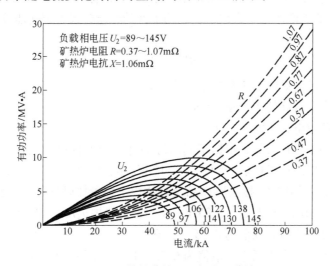

图 4-13　特性曲线组和恒电阻曲线

特性曲线组可以用于研究电压等级对矿热炉有功功率的影响，从而优选电压等级。利用关系式 $P = 3I^2 R$，可以绘成表示电流-功率关系的等电阻曲线。该曲线与等电压特性曲线组的交点反映了在恒电阻操作时，提高电压级所得到的功率随电流变化的趋势。在功率变化范围不大时可以认为，维持埋入炉料的电极工作端长度恒定，可使熔池电阻保持不变。这样，只要采用有载切换电压而不需要移动电极，也可以按照生产工艺要求改变矿热炉功率。

实际上，绝对的恒电阻操作是不可能实现的。矿热炉功率的变化必然引起炉膛电流分布和温度分布的改变，炉膛温度提高势必引起熔池电阻降低，从而改变了矿热炉恒电阻的操作特性。

4.4 矿热炉参数计算及选择

矿热炉生产指标的好坏与矿热炉参数的选择及设计有很大关系。如果对矿热炉设计程序有一定了解，对矿热炉参数之间的辩证关系有一定认识，那么在运行矿热炉时就可以更深入地分析和掌握炉况。

我国的矿热炉参数设计基本上都是参照国外的设计方法，即以安德烈的周边电阻公式相似设计、威斯特里的大容量炉子相似设计以及米库林斯基和斯特隆斯基的计算法这三种方法来计算。然而在计算过程中，由于确定参数的系数时取值范围较宽，加上矿热炉参数受变压器容量、冶炼品种和制造因素的影响，实际计算的可靠性难以评估。目前，威斯特里的参数计算方法被认为是较符合实际的，其变压器电气参数和炉子几何参数之间的关系是按照矿热炉的实际功率来计算的。为了确切了解矿热炉运行中的特性数据，下面对其计算方法进行介绍，并对计算程序给予例解。

4.4.1 变压器功率的确定

矿热炉容量的大小是由变压器功率决定的，设计炉子时一般都是先确定变压器功率，然后再以此来确定矿热炉其他参数。变压器额定功率的选择应满足冶炼工艺的要求，通常根据所要求的矿热炉生产率、日产水平，利用下面的经验公式确定变压器的额定功率：

$$S = \frac{QW}{24T\cos\varphi K_1 K_2 K_3}$$

式中　S——某种产品需要的变压器额定功率，$kV \cdot A$；

　　　Q——该种产品设计的年产量，t/a；

　　　W——产品单位电耗，$kW \cdot h/t$；

　　　T——矿热炉年工作天数，根据不同冶炼品种、炉子容量、工艺操作及管理水平确定，一般敞口式矿热炉为 330～345 天/年，密闭矿热炉为 325～330 天/年；

　$\cos\varphi$——矿热炉功率因数，按实际产品及具体炉子容量加以选定，一般 9～12.5MV·A 矿热炉选用 0.9 左右，1.8MV·A 小型矿热炉选用 0.91～0.92；

　　　K_1——电源波动系数，取值为 0.95～1.00；

　　　K_2——变压器功率利用系数，取值为 0.93～1.00（对新设计的炉用变压器，要求常用级以上为恒定功率，故 $K_2 = 1.0$；对旧的大容量变压器取下限，对中小型矿热炉可适当增加其数值）；

　　　K_3——变压器时间利用系数，一般取 0.91～0.95。

矿热炉变压器额定功率确定后，其熔池有效功率 P_E 可按照下式计算：

$$P_E = \frac{QW\eta}{8760 a_1 a_2 a_3 a_4 a_5} = \frac{QW}{8760 a_5}$$

式中　P_E——全炉三相电极有效功率，或称矿热炉熔池有效功率，kW；

　　　Q——矿热炉设计的年产量，t/a；

W——产品单位电耗，$kW \cdot h/t$；

η——矿热炉的电效率，其值通常在 $0.85 \sim 0.95$ 之间波动；

8760——全年额定开工小时数；

a_1——定期检修时间系数，约为 0.985；

a_2——中修时间系数，约为 0.98；

a_3——大修时间系数，约为 0.96；

a_4——设备容量利用系数，约为 0.95；

a_5——电网限电系数。

4.4.2 二次电流及二次电压的确定

矿热炉的电气参数对冶炼炉况影响极大，即使是在同一品种、冶炼工艺条件相同的条件下，不同的容量、二次电流及二次电压对冶炼效果的影响也会大不一样，故应合理选择二次电流及二次电压。

4.4.2.1 操作电阻

炉内电流电路可简化为两路，即电极-电弧-熔融物-电弧-电极的主电路和电极-炉料-电极的支路。通过炉料支路的电流与电极间电压呈正比，与炉料的电阻呈反比，而炉料的电阻取决于炉料的性质和组成，所以应全面考虑合适的炉内操作电阻。因为炉内操作电阻与电极、变压器各元件呈串联关系，故流过操作电阻的二次电流与电极、变压器二次侧电流是一样的，这给冶炼控制带来很大的方便。

每相电极操作电阻为：

$$R = K_{炉} P_E^{-1/3}$$

式中　R——每相电极操作电阻，$m\Omega$；

$K_{炉}$——产品电阻常数，随产品和炉料电阻率的不同而不同，可参考表 4-2 或在生产中经优选得出；

P_E——全炉三相电极有效功率，kW。

表 4-2　矿热炉计算程序中各参数的推荐值

产品	矿热炉容量/$kV \cdot A$	$K_{炉}$	j	a	b_1	b_2	c_1	c_2	c_3	d_1	d_2	d_3
硅铁75		34.3	6.3	4.46	30.0	9.20	20.0	6.50	1.43	2.60	8.50	1.9
硅铁45	8200~8500	33.6	5.1	5.00	33.0	10.3	22.6	7.20	1.43	2.85	9.50	1.9
结晶硅		28.6	5.8	4.87	30.7	10.5	21.3	6.96	1.43	3.00	9.24	1.9
硅铁90		30.9	6.0	4.70	30.1	9.70	20.9	6.70	1.43	2.81	8.92	1.9
硅铬铁		35.2	5.5	4.77	31.6	9.82	25.6	7.97	1.67	3.06	10.5	2.2
硅钙铁	5500~6500	24.2	7.2	4.55	27.4	9.37	19.0	6.51	1.43	3.05	8.64	1.9
硅锰铁		26.7	4.9	5.44	33.4	11.2	27.3	9.10	1.67	4.00	11.9	2.2
碳素铬铁	5000~6000	42.3	4.2	5.22	35.8	10.7	29.1	8.22	1.67	3.06	11.5	2.2
碳素锰铁	2800~3200	22.2	4.5	5.90	35.0	12.2	30.0	10.6	1.79	4.80	13.0	2.2
电石		31.5	4.9	5.00	33.4	10.3	25.1	7.75	1.55	2.92	9.50	1.9

4.4.2.2 二次电流

确定操作电阻后，按照电气关系，电极电流为：

$$I = \left(\frac{P_E}{3R}\right)^{1/2}$$

式中 I——电极电流，kA；

P_E——全炉三相电极有效功率，kW；

R——每相电极操作电阻，$m\Omega$。

或者，已选定变压器时，可根据变压器二次电流的最大允许值确定电极电流，然后计算有效功率、可能的年产量等。

对于大容量变压器或对产品电阻常数值没有把握时，取：

$$I = (0.83 \sim 0.87) I_2$$

对于小容量变压器便于调节参数或对产品电阻常数值有把握时，取：

$$I = (0.90 \sim 0.95) I_2$$

式中 I——电极电流，kA；

I_2——变压器二次线电流额定值，kA。

由于 $P_E = 3I^2 R$，而 $R = K_{炉} P_E^{-1/3}$，故有：

$$P_E = 2.28 I^{1.5} K_{炉}^{0.75}$$

4.4.2.3 二次电压

二次电压对二次电流、有效功率、操作电阻、反应区大小有重要的影响。炉内料层流过的电流主要从炉料下层通过，当炉内功率不变时，若二次电压提高，电弧就被拉长，则电极上抬，虽然电效率和功率因数增加了，但由于高温区上移，炉口热损失增加，炉温下降，金属挥发量增大，坩埚区缩小，炉况变坏，难以操作；若二次电压过低，则电效率和输入功率降低，还因电极下插深，料层电阻增加，通过炉料支路的电流过小，炉料熔化、还原速度减慢，坩埚区缩小。所以，矿热炉容量具体负载的大小、产品的品种规格、炉料电阻率的大小、矿热炉设备的具体结构布置、操作人员的熟练程度等都是决定二次电压高低的因素，选用合适的二次电压不是一件简单的事。由于矿热炉内各部分是串联的关系，电极两端的电压要小于二次电压，但只要知道二次电流的大小，就可以利用电气关系把它求出来，并可确定相应的电压级数，即：

$$V_2 = \frac{S \times 10^3}{\sqrt{3} I_2}$$

二次电压级的确定方法为：最高级电压为 $(1.15 \sim 1.10) V_2$，最低级电压为 $(0.75 \sim 0.85) V_2$，每一级为上一级的 0.95 倍。计算后可确定等差电压降，一般选正数值。在选择变压器时，要注意选择多级电压值，如 1800kV·A 变压器可选 6 级电压，即前 3 级恒功率，后 3 级恒电流，这种变压器工作效率高，适应性强。二次电压选定后还要在实践中验证，一台矿热炉最好能生产几个品种，所以确定电压、电流时要同时考虑使其能够多生产几个品种。

4.4.3 矿热炉几何参数的确定

矿热炉的几何参数包括电极直径、极心圆直径、炉膛直径、炉膛深度、炉壳直径和炉壳高度等，通常由电极直径的倍数或由极心圆、炉膛面积和体积等的功率密度确定。

表 4-3 所示为不同容量矿热炉冶炼不同产品时的主要参数。

表 4-3　不同容量矿热炉冶炼不同产品时的主要参数

生产品种	矿热炉形式	变压器容量/kV·A	矿热炉功率/kV·A	常用电压/V	电极直径/mm	极心圆直径/mm	炉膛直径/mm	炉膛深度/mm	炉壳直径/mm	炉壳高度/mm
Mn3~5	密闭固定	6000	5160	108	820	2200	5300	2100	6800	3800
MnSi	密闭固定	6000	5160	114	800	2100	5100	2100	6600	3800
硅铁75	低罩旋转	6000	5280	118	780	1900	4700	1900	6200	3600
SiCr	低罩旋转	6000	5340	120	740	1900	4700	1900	6200	3600
Cr4~5	密闭固定	6000	5400	126	740	1900	4800	1900	6300	3600
Mn3~5	密闭固定	9000	7550	122	950	2600	6200	2400	7700	4150
MnSi	密闭旋转	9000	7740	128	920	2500	6000	2300	7500	4050
硅铁75	低罩旋转	9000	7920	134	900	2200	5100	2000	6600	3750
SiCr	低罩旋转	9000	8010	137	880	2200	5100	2000	6600	3750
Cr4~5	密闭固定	9000	8100	140	880	2200	5300	2200	6800	3950
Mn3~5	密闭固定	12500	10060	134	1100	3000	9100	2800	8700	4800
MnSi	密闭旋转	12500	10430	141	1070	2900	7000	2700	8600	4700
硅铁75	低罩旋转	12500	10810	148	1030	2500	5800	2200	7400	4200
SiCr	低罩旋转	12500	11000	151.5	1000	2500	5800	2200	7400	4200
Cr4~5	密闭固定	12500	11120	158.5	1000	2500	5900	2400	7500	4400
Mn3~5	密闭旋转	20000	15120	169	1350	3900	9100	3650	11300	5650
MnSi	密闭旋转	20000	15780	172	1300	3800	8700	3500	10900	5500
硅铁75	低罩旋转	20000	16620	175	1200	2900	6800	2550	9000	4550
SiCr	低罩旋转	20000	17060	178	1150	2800	6500	2350	8700	4350
Cr4~5	密闭旋转	20000	17340	187	1150	2900	6800	2700	9000	4750
Mn3~5	密闭旋转	25000	17800	184	1450	4200	9700	3900	11900	5900
MnSi	密闭旋转	25000	18800	187	1400	4100	9400	3800	11600	5800
硅铁75	低罩旋转	25000	20000	190	1270	3100	9200	2600	9400	4600
SiCr	低罩旋转	25000	20550	195	1220	3000	6900	2550	9100	4550
Mn3~5	密闭旋转	33000	21880	208	1600	4600	10700	4500	12900	6500
MnSi	密闭旋转	33000	23100	211	1550	4500	10400	4350	12600	6350
硅铁75	低罩旋转	33000	24420	216	1400	3400	7900	2950	10100	4950
SiCr	低罩旋转	33000	25410	221	1350	3300	7700	2850	9900	4850
Mn3~5	密闭旋转	45000	27500	232	1750	5000	11700	4900	13900	7000
MnSi	密闭旋转	45000	29960	238	1700	4900	11400	4800	13600	6900
硅铁75	低罩旋转	45000	32000	240	1550	3800	8000	3250	11000	5350
SiCr	低罩旋转	45000	33300	245	1600	3700	8500	3200	10700	5350
Mn3~5	密闭旋转	60000	31260	260	1980	5500	12900	5300	15000	7500
硅铁75	低罩旋转	60000	38200	280	1700	4200	9650	3550	11950	5750
SiCr	低罩旋转	60000	40500	285	1650	4100	9350	3500	11650	5900
硅铁75	低罩旋转	75000	43800	310	1806	4400	10200	3800	12600	6100
SiCr	低罩旋转	75000	46880	315	1750	4300	9900	3700	12300	6000

4.4.3.1　电极直径

电极直径是矿热炉几何参数中最基本的参数。若电极直径选择过大，则升降电极时操作电阻变化较大，因此影响电极深插，影响实际热分布；被加热的料柱体积变大，从而使体积功率密度降低，此时会使炉温降低。若电极直径过小，则电极可以深插，便于调节操作电阻；但电极消耗快，电极不能充分烧结。因此，选择电极直径时要进行具体分析，根据现场条件综合分析而定。

最基本的方法是：依靠经验确定电流密度，核算电极截面积并确定其直径。随着大型矿热炉的发展，电极直径也相应增大，电流密度受集肤效应和内外温差的限制，其值不断减小。但电极直径过大降低了矿热炉的热效率，也降低了功率因数。所以有的设计者加大电极壳厚度，使电流密度一致，为液压压放电极创造有利条件。

电极直径计算可按下列步骤进行：

（1）按平均电流密度初选：

$$D = \left(\frac{4I}{\pi j}\right)^{1/2}$$

式中　D——电极直径，cm；

　　　I——电极电流，kA；

　　　j——电极平均电流密度，A/cm^2，推荐值如表4-2所示。

（2）按P_E值初选：

$$D = aP_E^{1/3}$$

式中　a——常数，随产品而异，推荐值如表4-2所示。

（3）核算电极负荷系数：

$$C = \frac{K^{1/2}I}{D^{1.5}}$$

式中　C——电极负荷系数，要求小于0.05，若达到0.06 ~ 0.07，则电极事故率可能达到3%，但可通过增厚电极壳厚度来补偿；

　　　K——考虑到电极表面效应和邻近效应的交流附损系数，小直径电极取$K=1$，$D \geqslant$100cm时必须采用公式$K = 0.737e^{0.00345D}$计算；

　　　I——电极电流，kA；

　　　D——电极直径的初选值，cm。

4.4.3.2　极心圆直径与电极中心距

极心圆直径决定电极之间距离的远近，这个数值影响三相电极之间的熔化连通、功率分布及坩埚区大小，以致影响冶炼炉况的正常与否。由于冶炼不同的品种，其炉料易熔化、还原的情况各不相同，还有一些元素易挥发，热量不宜过度集中，这就要分别对待。此外，极心圆直径还与矿热炉的熔池区大小有关。电极的反应区是沿着电极周围呈半球状分布的，其反应区直径大小是由炉子功率、电极直径、炉料性质决定的。一般认为合理的熔池区是由三个电极反应区交会于炉心形成的，这时电极反应区直径等于极心圆直径，熔池区外圆直径为极心圆直径的2倍。有文献表明，大多数矿热炉的极心圆直径一般都在炉膛直径的0.4 ~ 0.5倍之间，在此范围之内的三个电极反应区交会点近似位于炉心，熔炼效果较为理想。

电极中心距可按以下公式初选：

（1）按 I 值初选：

$$L_心 = b_1 I^{1/2}$$

（2）按 P_E 值初选：

$$L_心 = b_2 P_E^{1/3}$$

（3）按 D 值初选：

$$L_心 = 2.06D$$

式中　$L_心$——电极中心距，cm；

　b_1，b_2——常数，随产品而异，推荐值如表4-2所示；

　　I——电极电流，kA；

　　P_E——全炉三相电极有效功率，kW；

　　D——电极直径，cm。

此外，还应考虑矿热炉附属设备条件和机械装料是否方便来选定 $L_心$ 值。

由几何关系得出矿热炉极心圆直径为：

$$D_心 = 1.155 L_心$$

式中　$D_心$——极心圆直径，cm；

　　$L_心$——电极中心距，cm。

4.4.3.3　炉膛尺寸

炉膛尺寸取决于冶炼品种、变压器功率、操作要求以及矿热炉机械化程度。

要确定炉膛尺寸，必须了解炉子内部的工作情况。炉子内部主要由死料区、熔池区、反应区、烧结区、预热区等区域组成，由于电流主要在三相电极所形成的区域内流过，反应区主要集中在极心圆内。根据斯特隆斯基的理论，只有当反应区底圆直径等于极心圆直径时，才能使整个料区（其中包括三个电极的中间部分）都成为反应活性区，实际参与熔炼的原料都集中在极心圆区域内，而极心圆外靠近炉壁部分则是死料区。炉膛内径取决于能熔化原料区域的宽度，为了既使反应区不因散热过快而缩小，又保持炉衬寿命，不使高温对炉衬侵蚀过快，则需要一定的死料区，以保护炉衬和增加炉子的热稳定性，保持一定的蓄热量，使炉子在停炉或负荷波动时温度波动不大，减少炉衬散热损失，使炉子高温区与炉壳之间有一定的炉料保温作用，使温度呈梯度减小。

威斯特里计算法是先初选极心到炉膛壁的距离（简称心边距），然后按照几何关系确定炉膛直径。若炉膛和电极间距小，则炉膛壁寿命短，电极-炉料-炉壁回路电流增加，反应区靠近炉壁，热损失增加，炉况恶化。电极与炉衬的间隙不能减小到小于电极直径的80%。

心边距可按以下公式初选：

（1）按 I 值初选：

$$L_边 = c_1 I^{1/2}$$

（2）按 P_E 值初选：

$$L_边 = c_2 P_E^{1/3}$$

（3）按 D 值初选：

$$L_边 = c_3 D$$

式中　　$L_边$——心边距，cm；

c_1，c_2，c_3——常数，随产品而异，推荐值如表 4-2 所示。

选择炉膛直径时，要保证电流经过电极-炉料-炉壁时所受的电阻大于经过电极-炉料-电极或炉底时所受的电阻。炉膛直径过大有以下弊端：矿热炉表面积大，热损失大；还原剂损失多，死料层厚，电耗高，生产不顺利；出铁口温度低，出炉困难。由几何关系可知炉膛直径为：

$$D_炉 = D_心 + 2L_边$$

式中　　$D_炉$——炉膛直径，cm；

　　　　$L_边$——心边距，cm。

在选择炉膛深度时，要保证电极端部与炉底之间有一定距离，炉内料层有一定厚度。合适的炉膛深度能减少元素的挥发损失，充分利用炉气的热能使上层炉料得到良好的预热。若炉膛过浅，则料层薄，炉口温度高，炉气热量不能充分利用，热损失大，情况严重时会出现露弧操作，使热损失和元素挥发损失增多，难以维持正常操作。炉膛深度一般与炉内操作电阻、电极工作端长度、反应区大小等因素有关。炉膛深度与炉膛直径的选择除了要保持一定的容积外，还应使炉衬的散热面积尽可能减小，以降低热量的损失。由于操作电阻、反应区大小等因素难以确定，炉膛深度大多数选择使炉衬表面积尽可能小的数值。

炉膛深度可按以下公式初选：

（1）按每极有效相电压 U 值初选：

$$H = d_1 U = d_1 IR$$

（2）按 P_E 值初选：

$$H = d_2 P_E^{1/3}$$

（3）按 D 值初选：

$$H = d_3 D$$

式中　　H——炉膛深度，cm；

d_1，d_2，d_3——常数，推荐值如表 4-2 所示；

　　　　U——每极有效相电压，V。

4.4.4　计算例解

已知某厂建设 25.5MV·A 矿热炉，由三台 8.5MV·A 单相变压器组成变压器组供电，变压器对称布置，设备有损电阻为 0.128mΩ，矿热炉变压器和短网感抗折算到二次侧为 0.695mΩ。采用常规工艺冶炼硅铁 75，设年产量 $Q = 20000t/a$。现选择产品电阻常数 $K_炉 = 34.2$，单位电耗 $W = 8300kW·h/t$，电网不限电（即 $a_5 = 1$），试按照 4.4.1 ～ 4.4.3 节所述的计算公式计算这台矿热炉的参数。

（1）全炉三相电极有效功率：

$$P_E = \frac{QW}{8760a_5} = \frac{20000 \times 8300}{8760 \times 1} = 18950kW$$

（2）每相电极操作电阻：

$$R = K_{炉} P_E^{-1/3} = 34.2 \times 18950^{-1/3} = 1.283 \mathrm{m\Omega}$$

（3）电极电流：

$$I = \left(\frac{P_E}{3R}\right)^{1/2} = \left(\frac{18950}{3 \times 1.283}\right)^{1/2} = 70.2 \mathrm{kA}$$

（4）电极直径。

1）按平均电流密度初选：

$$D = \left(\frac{4I}{\pi j}\right)^{1/2} = \left(\frac{4 \times 70200}{\pi \times 6.3}\right)^{1/2} = 119 \mathrm{cm}$$

2）按 P_E 值初选：

$$D = a P_E^{1/3} = 4.46 \times 18950^{1/3} = 119 \mathrm{cm}$$

3）核算电极负荷系数。初步选定 $D = 125\mathrm{cm}$，以便提高矿热炉的电流密度。
计算电极的交流附损系数：

$$K = 0.737 \mathrm{e}^{0.00345D} = 0.737 \times 2.718^{0.00345 \times 125} = 1.13$$

核算电极负荷系数：

$$C = \frac{K^{1/2}I}{D^{1.5}} = \frac{1.13^{1/2} \times 70.2}{125^{1.5}} = 0.053 > 0.05$$

决定选取 $D = 125\mathrm{cm}$，并增大电极壳厚度以补偿其附损系数的偏高。取电极壳厚度为
4mm，核算电极壳断面的理想电流密度为：

$$i = 70200/(\pi \times 1250 \times 4) = 4.47 \mathrm{A/mm^2}$$

（5）电极中心距。

1）按 I 值初选：

$$L_{心} = b_1 I^{1/2} = 30.0 \times 70.2^{1/2} = 251 \mathrm{cm}$$

2）按 P_E 值初选：

$$L_{心} = b_2 P_E^{1/3} = 9.20 \times 18950^{1/3} = 245 \mathrm{cm}$$

3）按 D 值初选：

$$L_{心} = 2.06D = 2.06 \times 125 = 258 \mathrm{cm}$$

考虑矿热炉附属设备条件，选定 $L_{心} = 281.5\mathrm{cm}$。

（6）极心圆直径：

$$D_{心} = 1.155 L_{心} = 1.155 \times 281.5 = 325 \mathrm{cm}$$

（7）心边距。

1）按 I 值初选：

$$L_{边} = c_1 I^{1/2} = 20.0 \times 70.2^{1/2} = 167.6 \mathrm{cm}$$

2）按 P_E 值初选：

$$L_{边} = c_2 P_E^{1/3} = 6.50 \times 18950^{1/3} = 173.3 \text{cm}$$

3）按 D 值初选：

$$L_{边} = c_3 D = 1.43 \times 125 = 178 \text{cm}$$

决定选取 $L_{边} = 178 \text{cm}$。

（8）炉膛直径：

$$D_{炉} = D_{心} + 2L_{边} = 325 + 2 \times 178 = 680 \text{cm}$$

（9）炉膛深度。

1）按每极有效相电压 U 值初选：

$$H = d_1 IR = 2.60 \times 70.2 \times 1.283 = 234 \text{cm}$$

2）按 P_E 值初选：

$$H = d_2 P_E^{1/3} = 8.50 \times 18950^{1/3} = 227 \text{cm}$$

3）按 D 值初选：

$$H = d_3 D = 1.9 \times 125 = 238 \text{cm}$$

本例实用值为 $H = 280 \text{cm}$。

最后确定的矿热炉尺寸如图 4-14 所示。

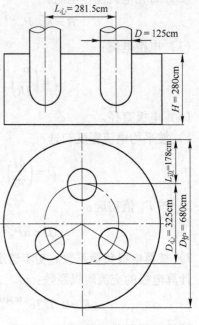

图 4-14　25.5 MV·A 硅铁 75 炉的
主要尺寸

4.5　矿热炉全电路分析例解

4.5.1　简化电路

4.4.4 节所述矿热炉三台单相变压器的额定容量为 $3 \times 8500 = 25500 \text{kV·A}$，在满载条件下变压器的铜、铁损耗共计 150kW，短路电压 U_K 为电源电压的 8%。短网在电极上以闭合三角形接线，每相短网每个极性的交流电阻平均值为 0.063mΩ，感抗为 0.878mΩ，电极有损工作段长度为 0.8m，电炉布置如图 4-15 所示。

（1）将变压器、短网的三角形电路等效变换为星形电路。将短网阻抗变换为星形回路的阻抗：

$$r_2 = (2 \times 0.063)/3 = 0.042 \text{mΩ}$$

$$X_2 = (2 \times 0.878)/3 = 0.585 \text{mΩ}$$

计算星形回路内电极的电阻，取自焙电极的电阻率 $\rho = 85 \times 10^{-3} \text{mΩ·m}$，电极直径 $D = 125 \text{cm}$，故有：

$$r_{电极} = \frac{85 \times 10^{-3} \times 0.8}{\dfrac{\pi}{4} \times 1.25^2} = 0.055 \text{mΩ}$$

$$R_2 = r_2 + r_{电极} = 0.042 + 0.055 = 0.097 \text{mΩ}$$

（2）将变压器损耗及短路电压折算为二次侧的等效阻抗。根据 $P = I^2 R$ 的关系，现变压器损

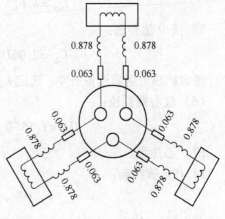

图 4-15　矿热炉布置示意图（单位：mΩ）

耗功率为150kW，$I = 70.2$ kA，所以：

$$R_1 = \frac{150}{3 \times 70.2^2} = 0.01 \text{m}\Omega$$

折算为二次侧的每相等效星形回路内的阻抗时，取二次线电压为182.2V，则：

$$Z_1 = X_1 = \frac{0.08 \times 182.2}{\sqrt{3} \times 70.2} = 0.12 \text{m}\Omega$$

（3）画出折算为二次侧的等效星形电路图，如图4-16所示。

（4）对图4-16中的一相进行分析，进一步简化为如图4-17所示的电路。

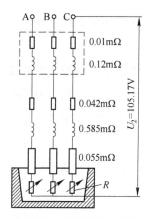

图4-16 等效星形电路图

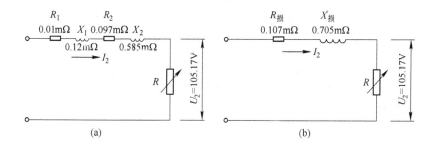

(a)　　　　　　　　　　　(b)

图4-17 电炉等效星形回路中一相简化电路

根据计算得到：

$$R_{损} = R_1 + R_2 = 0.01 + 0.097 = 0.107 \text{m}\Omega$$
$$X_{损} = X_1 + X_2 = 0.12 + 0.585 = 0.705 \text{m}\Omega$$

4.5.2 电气参数计算

仍以4.4.4节所述矿热炉为例，其电气参数计算如下：

（1）二次侧功率因数：

$$\cos\varphi_2 = \frac{R + R_2}{\sqrt{X_2^2 + (R + R_2)^2}} = \frac{1.283 + 0.097}{\sqrt{0.585^2 + (1.283 + 0.097)^2}} = 0.92$$

（2）二次侧电效率：

$$\eta_2 = \frac{R}{R + R_2} = \frac{1.283}{1.283 + 0.097} = 0.93$$

（3）负载相电压：

$$U_2 = \frac{P_E}{3I\cos\varphi_2\eta_2} = \frac{18950}{3 \times 70.2 \times 0.92 \times 0.93} = 105.17 \text{V}$$

有效相电压：

$$U = IR = 70.2 \times 1.283 = 90.07V$$

（4）相应负载下线电压：

$$V_2 = 1.732U_2 = 1.732 \times 105.17 = 182.2V$$

（5）二次侧输入有功功率：

$$P_2 = 3I^2(R + R_2) = 3 \times 70.2^2 \times (1.283 + 0.097) = 20402kW$$

（6）二次侧输入额定功率：

$$S_2 = 3U_2I = 3 \times 105.17 \times 70.2 = 22149kV \cdot A$$

（7）一次侧功率因数：

$$\cos\varphi_1 = \frac{R + R_1 + R_2}{\sqrt{(X_1 + X_2)^2 + (R + R_1 + R_2)^2}}$$

$$= \frac{1.283 + 0.01 + 0.097}{\sqrt{(0.12 + 0.585)^2 + (1.283 + 0.01 + 0.097)^2}} = 0.89$$

（8）一次侧电效率：

$$\eta_1 = \frac{R}{R + R_1 + R_2} = \frac{1.283}{1.283 + 0.01 + 0.097} = 0.92$$

（9）变压器低压出线端对地电压：

$$E = \frac{P_E}{3I\cos\varphi_1\eta_1} = \frac{18950}{3 \times 70.2 \times 0.89 \times 0.92} = 109.9V$$

（10）变压器空载线电压：

$$E_空 = 1.732E = 1.732 \times 109.9 = 190.4V$$

（11）一次受电有功功率：

$$P_1 = 3I^2(R + R_1 + R_2) = 3 \times 70.2^2 \times (1.283 + 0.01 + 0.097) = 20550kW$$

（12）一次实际受电额定功率：

$$S_1 = 3EI = 3 \times 109.9 \times 70.2 = 23145kV \cdot A$$

4.5.3 变压器规范的拟订

（1）额定功率。

$$S = (1.15 \sim 2)S_1 = 1.15 \times 23145 = 26617kV \cdot A$$

（2）次级额定线电压范围。

1）工作电压：已算出为190.4V，取190V；

2）最高电压：$1.13 \times 190 = 215V$；

3）最低电压：$0.57 \times 190 = 108V$。

（3）次级额定线电流。

$$I_2 = 1.045 \times 70.2 = 73kA$$

（4）各级额定功率。

1）工作电压为 190V 时：

$$\frac{73}{70.2} \times \frac{190}{190.4} \times 23145 = 24018\text{kV} \cdot \text{A}$$

2）最高级 215V 时：

$$\frac{215}{190} \times 24018 = 27178\text{kV} \cdot \text{A}$$

短期过载可达 27178/23145 = 1.174 < 1.3。

3）最低级 108V 时：

$$\frac{108}{190} \times 24018 = 13652\text{kV} \cdot \text{A}$$

根据以上求出的各参数值，可画出当电极电流为 70.2kA 时矿热炉每相的阻抗三角形和电压三角形，如图 4-18 所示。

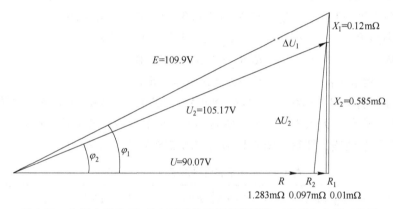

图 4-18　电极电流为 70.2kA 时矿热炉每相的阻抗三角形和电压三角形

4.5.4　矿热炉特性曲线图的绘制

欲绘制矿热炉特性曲线图，必须已知该炉的三个起始数据，即 $E_空$、$R_损$、$X_损$。在准确设计矿热炉时，这三个值均已算出，可据此进行绘制。但是，因实际制造工艺或矿热炉设备失修引起偏差，一般在矿热炉投产运行后定期进行测试和计算绘制，并要求每隔一定时间进行一次测试，比较 $R_损$、$X_损$ 两值有何变化，进而对设备进行检修。现以 4.4.4 节所述矿热炉为例，绘制其特性曲线。

已知：$E_空 = 190\text{V}$，$R_损 = 0.107\text{m}\Omega$，$X_损 = 0.705\text{m}\Omega$。

4.5.4.1　计算准备

（1）设备短路电流：

$$I_\text{K} = \frac{E}{(R_损^2 + X_损^2)^{0.5}} = \frac{109.9}{(0.107^2 + 0.705^2)^{0.5}} = 154\text{kA}$$

（2）一次有功功率达到最大值时的电流：

$$I_m = \frac{E}{\sqrt{2}X_损} = \frac{109.9}{\sqrt{2} \times 0.705} = 110kA$$

（3）矿热炉有效功率达到最大值时的电流：

$$I_X = \frac{E}{X_损}\left\{\frac{1}{2}\left[1 - \frac{R_损}{(R_损^2 + X_损^2)^{0.5}}\right]\right\}^{0.5} = \frac{109.9}{0.705} \times \left\{\frac{1}{2} \times \left[1 - \frac{0.107}{(0.107^2 + 0.705^2)^{0.5}}\right]\right\}^{0.5} = 101.6kA$$

4.5.4.2 电气参数计算

假设电极电流 $I = 20kA$，计算相应各参数值。

（1）每相总阻抗：　　　$Z_总 = E/I = 109.9/20 = 5.495m\Omega$

（2）每相总电阻：　　　$R_总 = (Z_总^2 - X_损^2)^{0.5} = (5.495^2 - 0.705^2)^{0.5} = 5.45m\Omega$

（3）操作电阻：　　　　$R = R_总 - R_损 = 5.45 - 0.107 = 5.34m\Omega$

（4）额定功率：　　　　$S = 3EI = 3 \times 109.9 \times 20 = 6594kV \cdot A$

（5）有功功率：　　　　$P = 3I^2R_总 = 3 \times 20^2 \times 5.45 = 6540kW$

（6）矿热炉有效功率：$P_E = 3I^2R = 3 \times 20^2 \times 5.34 = 6408kW$

（7）设备损失功率：　$P_损 = 3I^2R_损 = 3 \times 20^2 \times 0.107 = 128.4kW$

（8）功率因数：　　　　$\cos\varphi = R_总/Z_总 = 5.45/5.495 = 0.99$

（9）电效率：　　　　　$\eta = R/R_总 = 5.34/5.45 = 0.98$

（10）有效相电压：　　$U = IR = 20 \times 5.34 = 106.8V$

然后，可分别假定 $I = 40kA$、$60kA$、$80kA$、$100kA$、$120kA$、$140kA$，按照上述 10 个步骤算出各相应数值，列入表 4-4 中。取表 4-4 中每个参数在各电流下的数值，在坐标图上绘出每个参数的曲线，即得如图 4-19 所示的矿热炉特性曲线图。

表4-4　矿热炉特性计算表（$E_空 = 190V$）

电极电流/kA	$Z_总$/mΩ	$R_总$/mΩ	R/mΩ	S/kV·A	P/kW	P_E/kW	$P_损$/kW	$\cos\varphi$	η	U/V
20	5.495	5.45	5.34	6594	6540	6408	128	0.99	0.98	106.8
40	2.73	2.64	2.53	13188	12672	12144	514	0.97	0.96	101.2
60	1.82	1.68	1.57	19782	18144	16956	1156	0.92	0.93	94.2
80	1.36	1.16	1.05	26376	22272	20160	2054	0.85	0.91	84.0
100	1.09	0.83	0.72	32970	24900	21600	3210	0.76	0.87	72.0
120	0.91	0.57	0.46	39564	24624	19872	4622	0.63	0.81	55.2
140	0.78	0.33	0.22	46158	19404	12936	8218	0.42	0.67	30.8

4.5.4.3 矿热炉特性曲线组和恒电阻曲线的绘制

矿热炉特性曲线组由各电压等级下有功功率或有效功率随电流变化的曲线组成。恒电阻曲线则是利用关系式 $P_E = 3I^2R$ 绘成的功率-电流等电阻曲线。两种曲线的交点反映了在恒电阻操作时，提高电压等级所得到的功率随电流变化的趋势。

A　计算特性曲线组

已知 $R_损$ 和 $X_损$ 时，根据矿热炉有效功率计算式：

$$P_E = \sqrt{3}E_空 I\cos\varphi\eta$$

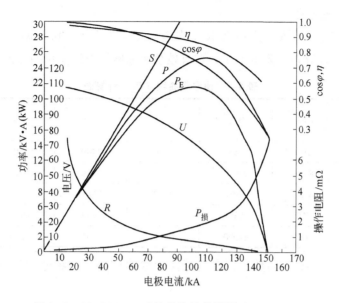

图 4-19 25.5MV·A 矿热炉特性曲线图（$E_空 = 190V$）

将 $\cos\varphi = \dfrac{R + R_损}{\sqrt{X_损^2 + (R + R_损)^2}}$ 和 $\eta = \dfrac{R}{R + R_损}$ 代入，其中：

$$R = \sqrt{\dfrac{E_空^2}{3I^2} - X_损^2} - R_损$$

分别选取 $E_空 = 120V$、$140V$、$160V$、$180V$、$200V$，在每个电压值下分别取电极电流 $I = 20kA$、$40kA$、$60kA$、$80kA$、$100kA$、$120kA$、$140kA$、$160kA$，由上式计算每个电压等级下矿热炉有效功率随电流变化的数值，列入表 4-5。

表 4-5 矿热炉特性曲线组（P_E）计算表（kW）

I/kA ＼ $E_空/V$	120	140	160	180	200
20	3942	4697	5349	6049	6748
40	7081	8577	10042	11489	12923
60	8721	11242	13627	15931	18184
80	7603	11842	15504	18895	22128
100		8652	14698	19696	24225
120			8734	17107	23670
140				7375	18880
160					3639
I_X/kA	64	75	85	96	107
I_K/kA	97	113	129	146	162

B　计算恒电阻曲线

根据关系式 $P_E = 3I^2 R$，分别选取操作电阻 $R = 0.6 m\Omega$、$0.8 m\Omega$、$1.0 m\Omega$、$1.2 m\Omega$、$1.4 m\Omega$、$1.6 m\Omega$，计算各电阻值下矿热炉有效功率随电极电流变化的数值，列入表4-6。

表4-6　恒电阻曲线（P_E）计算表　　　　　　　　　　　　　　（kW）

$R/m\Omega$ I/kA	0.6	0.8	1.0	1.2	1.4	1.6
20	720	960	1200	1440	1680	1920
40	2880	3840	4800	5760	6720	7680
60	6480	8640	10800	12960	15120	17280
80	11520	15360	192000	23040	26800	30720
100	18000	24000	30000	36000	42000	48000

按照表4-5、表4-6所列数据，在坐标图上绘出矿热炉的特性曲线组和恒电阻曲线，如图4-20所示。

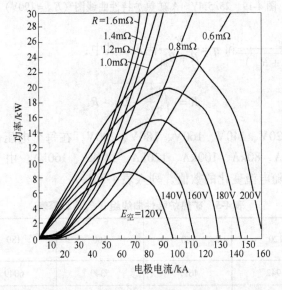

图4-20　25.5MV·A矿热炉的特性曲线组和恒电阻曲线

4.6　小结

（1）矿热炉中的电弧是主要导电体和主要热源，由电弧作用形成的坩埚区大小对于炉况和各项技术经济指标起决定作用。坩埚区的大小与输入功率、电极直径、电极插入深度和冶炼品种等因素有关。炉料参与导电并产生电阻热，炉料的性质和反应状况也影响坩埚区的大小和结构。

（2）矿热炉内电路可等效为一个由电弧电阻和炉料电阻并联而成的负载电阻，操作电阻对于生产操作具有非常重要的作用，现代矿热炉的控制基于操作电阻或其倒数（即电导）保持恒定的原理。

（3）矿热炉的电气特性用于分析电极电流、功率、功率因数和电效率之间的关系，并与矿热炉的几何参数相关联。定期测试和计算绘制矿热炉的特性曲线可为检修设备提供依据。

复习思考题

4-1 电弧中的功率是如何分布的？举例说明交流电弧的能量平衡。

4-2 影响交流电弧稳定性的因素有哪些？

4-3 如何计算三相矿热炉中坩埚的尺寸，坩埚体积的大小与哪些因素有关？

4-4 如何描述矿热炉内的电流分布，怎样将其等效电路折算成负载电阻？

4-5 矿热炉的操作电阻 R 是如何定义的，如何调整操作电阻的大小？

4-6 操作电阻对于生产操作有何重要作用，操作电阻与电导及电流电压比有何关系？

4-7 矿热炉电流的交互作用、电抗和高次谐波分量分别对矿热炉的运行有何影响？

4-8 如何绘制矿热炉特性的电流圆图、特性曲线组和恒电阻曲线？

4-9 矿热炉参数计算有哪几个步骤，如何选择和确定各种参数？

5 碳质还原剂、电极与炉衬

【**教学目标**】 认知对碳质还原剂物理性能和化学成分的基本要求以及铁合金专用焦的种类与性能；能够制作电极和砌筑炉衬，参与或组织矿热炉开炉。

矿热炉冶炼生产使用碳质还原剂、电极和炉衬。

5.1 碳质还原剂

5.1.1 对碳质还原剂的要求

矿热炉冶炼生产中，用得最多、最广且价格最便宜的还原剂是碳质还原剂，主要有冶金焦、气煤焦、石油焦、沥青焦、半焦、烟煤和木炭等。碳质还原剂的质量和性能直接影响冶炼操作。

碳质还原剂在矿热炉中作为固态还原剂参与还原反应，反应主要在炉子中下部的高温区进行。随着反应的进行，碳质还原剂中的固定碳不断消耗，主要以 CO 形式从炉顶逸出；灰分中的 Al_2O_3、FeO、CaO、MgO、P_2O_5 等部分或大部分被还原而进入产品中，未参加反应的部分进入炉渣。

对碳质还原剂物理性能的基本要求是：反应活性好，电阻率高，不易发生石墨化，粒度适宜，有一定的强度。几种常用碳质还原剂的主要物理性能见表 5-1。

表 5-1 几种常用碳质还原剂的主要物理性能

碳质还原剂	常温电阻率/Ω·m	高温电阻率/Ω·m	CO_2 反应性/%	孔隙率/%
木 炭	>3	>1.2		
气煤焦	2~3	0.8~1.0	50~70	约50
冶金焦	<1.5	<0.8	30~50	30~40

对碳质还原剂化学成分的基本要求是：除固定碳和灰分含量外，对杂质（如硫、磷、钛和五害元素铅、锡、铋、砷、锑）含量有较严格的要求，具体如下：

（1）固定碳含量要高，一般冶金焦的固定碳含量应大于84%。

（2）灰分含量要低，合金中的杂质（Al、P）主要来自灰分，一般要求 $w(Al_2O_3)<12\%$、$w(P_2O_5)<0.04\%$。

（3）挥发分含量不限制。一般挥发分含量高时电阻率高、机械强度低。

（4）水分含量要低。水分含量波动是造成炉况波动和恶化的重要原因，要求水分含量要稳定，以小于6%为好。

5.1.2 碳质还原剂的冶金性能

煤在高温下成焦的特性决定了其反应性和电阻率。按照生成地质年代长短和变质程度的不同，将煤分为泥煤、褐煤、烟煤和无烟煤四种。按照可燃基挥发分和胶质层厚度，将煤分为十大类，即褐煤、长焰煤、不黏结煤、弱黏结煤、气煤、肥煤、焦煤、瘦煤、贫煤、无烟煤。其中，可燃基挥发分含量高、胶质层厚度大的气煤、肥煤、焦煤为常用炼焦煤，经过配煤炼制冶金焦。

煤的焦化过程由以下五个阶段组成：干燥预热阶段（20～200℃），开始分解阶段（200～350℃），软化阶段（350～480℃），固化阶段（480～550℃），半焦收缩阶段（550～950℃）。试验表明，由低变质程度的褐煤、长焰煤、气煤、不黏结煤和弱黏结煤生产的焦炭电阻率高、反应性能好，是矿热炉冶炼理想的还原剂。

为了提高操作电阻，大型矿热炉普遍使用木块、煤作还原剂。以煤作还原剂，实际上是将煤的焦化过程移到矿热炉反应区来进行。

5.1.2.1 碳质还原剂的石墨化性能

石墨化性能是指在一定的高温条件下炭素材料的石墨化程度。随着温度的升高和在高温下停留时间的增加，碳原子排列从无序到有序，原子层间距减小，石墨晶体长大。石墨化开始温度为1600℃，结束温度高于2500℃，某些杂质的存在会加快石墨化速度。石墨具有较稳定的晶型结构，它的吸附作用和反应性能很差，而导电性很好。焦炭的电阻率、反应性能等冶金性能与石墨化性能有关。

采用X光衍射分析仪测定的碳原子间距，可用于鉴定碳质还原剂的石墨化程度。温度对几种典型碳质还原剂石墨化程度的影响如图5-1所示。

无烟煤、石油焦和冶金焦易发生石墨化。而木炭即使在2500℃时也不能达到石墨化，是较理想的还原剂。

5.1.2.2 碳质还原剂的导电性

电阻率是衡量碳质还原剂导电性能的指标。高温煅烧会改变焦炭的电阻率，如图5-2

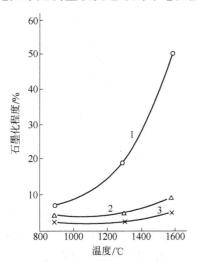

图5-1　碳质还原剂石墨化程度与温度的关系
1—石油焦；2—冶金焦；3—气煤焦

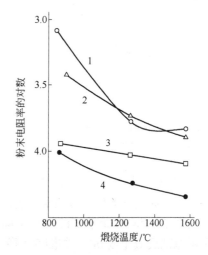

图5-2　碳质还原剂电阻率与煅烧温度的关系
1—木炭；2—气煤焦；3—冶金焦；4—石油焦

所示。因此，电阻率有室温、中温和高温电阻率之分。常用粉末电阻率仪测定碳质还原剂的电阻率。焦炭中温和高温电阻率的测定方法是：用密闭容器分别在1100℃、1700℃下煅烧焦炭，0.5h后取出，自然冷却至室温进行测定。碳质还原剂电阻率从大到小的顺序依次为：木屑、木炭、高挥发分的烟煤、褐煤半焦、气煤焦、冶金焦。

5.1.2.3　碳质还原剂的反应性

碳质还原剂的反应性与其孔隙率、密度、比表面积有关。通常孔隙率大、密度小、比表面积大的碳质还原剂反应性好。碳质还原剂反应性的测试方法有CO_2法和SiO法。

焦炭的反应性与炼焦用煤的组成和焦化工艺制度有关。挥发分含量高的煤，含钾、钠等碱金属的煤通常具有较好的反应性。焦化温度高会降低焦炭的反应性。碳质还原剂反应性与电阻率的关系，如图5-3所示。

A　碳质还原剂的CO_2反应性

碳质还原剂在高温下与CO_2反应生成CO的反应能力，称为其CO_2反应性。计算碳质还原剂CO_2反应性C_R的公式如下：

$$C_R = \frac{m - m_1}{m} \times 100\%$$

式中　　m——反应前的焦炭质量；

　　　　m_1——反应后的焦炭质量。

碳质还原剂CO_2反应性与温度的关系如图5-4所示。

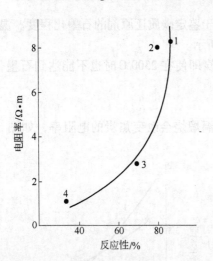

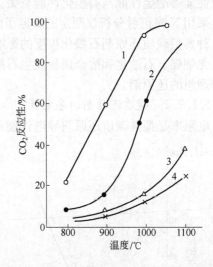

图5-3　碳质还原剂反应性与电阻率的关系

1—褐煤焦；2—长焰煤焦；3—气煤焦；4—冶金焦

图5-4　碳质还原剂CO_2反应性与温度的关系

1—木炭；2—气煤焦；3—冶金焦；4—石油焦

B　碳质还原剂的SiO反应性

碳质还原剂的SiO反应性是指高温下SiO气体与其相互作用的能力。在硅和硅系合金生产过程中，SiO是最重要的气相中间产物。在气相产物逸出过程中，SiO在上部料层与碳质还原剂反应生成SiC。如图5-5所示，可用反应后气相剩余的SiO体积度量碳质还原剂的反应性，由反应后气体的CO浓度也可以判断碳质还原剂的反应性。反应性好的碳质还原剂吸收SiO的能力很强，在短时间内完成了与SiO的反应，使反应器出口处CO浓度迅速降低；而反应性差的还原剂反应速度慢，CO 浓度降低缓慢。

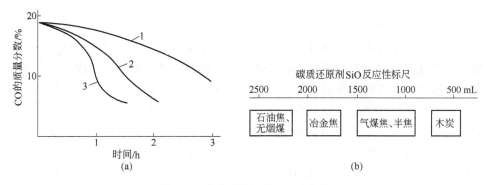

图 5-5 碳质还原剂的 SiO 反应性
（a）反应后 CO 浓度；（b）反应后 SiO 体积
1—冶金焦；2—挪威西部碎焦；3—木炭

5.1.3 铁合金专用焦的种类与性能

铁合金专用焦的性质对于冶炼电耗、产品质量及炉况有举足轻重的作用。世界各国为了降低铁合金的电耗，提高产品质量，都在发展用低灰分、高挥发分的非炼焦煤生产铁合金专用焦，以代替部分紧缺的冶金焦，这也为非炼焦煤找到了新的利用途径。由于目前国内生产铁合金专用焦的厂家太少，大多数铁合金厂仍采用冶金焦（包括筛下焦）作为碳质还原剂，而使用冶金焦的缺点是灰分含量高、反应活性差、电阻率低，导致电耗高。如何选用低灰分、低铝的优质还原剂，是铁合金行业降低成本、提高经济效益的主要途径。

矿热炉冶炼的产品不同，对碳质还原剂质量的要求也不同，生产硅铁合金时对焦炭质量要求最高，因此，满足硅铁合金生产要求的铁合金专用焦一般也能满足其他产品的生产要求。我国冶金标准（YB/T 034—1992，见表 5-2）规定了铁合金专用焦的技术要求，要求粒度为 2~8mm、8~20mm、8~25mm。

表 5-2 铁合金专用焦炭质量标准（YB/T 034—1992）

项 目	优级	一级	二级
灰分（A_d）/%	≤10.00	≤13.00	≤16.00
水分（M_t）/%	≤8.0	≤8.0	≤8.0
硫分（$S_{t,d}$）/%	≤0.80	≤0.90	≤1.30
磷（P）/%	≤0.025	<0.035	<0.045
氧化铝（Al_2O_3）/%	≤2.0	≤3.0	≤5.0
电阻率/μΩ·m	≥2.2	≥2.0	≥1.1
固定碳（FC_{ad}）/%	≥85	≥83	≥80
反应性（1100℃）	—	—	—

碳质还原剂可分为两类，即木炭类和焦炭类。木炭的主要成分是碳，其灰分含量很低，热值约为 30.3MJ/kg，电阻率较大（一般大于 8μΩ·m），孔隙率很大，石墨化性能差，化学活性好。可用窑烧法和干馏法制取木炭。木炭是一种很好的还原剂，但价格昂

贵、来源不足。只有在冶炼特殊铁合金时，才搭配少量的木炭。目前开发的铁合金专用焦有以下几种。

5.1.3.1 褐煤半焦

我国煤炭资源十分丰富、品种齐全，其中褐煤储量很大，占煤炭总储量的 17% 以上。主要的褐煤产地有：内蒙古的平庄、札赉诺尔和大雁，吉林的舒兰，云南的小龙潭和广西的百色。一般来说，这些褐煤的水分和灰分含量均较高，热值偏低，这主要是由褐煤特有的性质决定的。褐煤是煤化程度最浅的煤种，只经过成岩作用而未经过变质作用，其水分及氧含量（15%~30%）高。它的外观多呈褐色，含有较高的内在水分和数量不等的腐殖酸，挥发分含量高，加热时不软化、不熔融，没有黏结性。褐煤属于非炼焦煤，它的化学反应性极强，放在空气中易风化成小块；其热稳定性差，块煤加热后破碎严重；此外，其低温热解焦油产率较高。

煤炭科学研究总院北京煤化工研究分院经过多年研究，开发了外热多段回转炉热解工艺（简称 MRF 工艺）。该工艺由干燥段、干馏段及增碳段三部分组成，主要用于褐煤的热解加工，可生产颗粒状半焦、焦油及中热值煤气，具有投资少、焦油产率高和半焦质量好等特点。用褐煤颗粒状半焦代替冶金焦冶炼硅铁的工业试验研究证明，褐煤 MRF 工艺热解半焦具有电阻率大、反应性能好、灰分中 Al_2O_3 含量低、结构疏松、孔隙率大、粒度适宜（无需破碎）等优点，是较为理想的铁合金专用焦。半焦的理想配入量为占还原剂中固定碳含量的 30%~70%，此时硅铁炉炉况好，半焦烧损少，产量增加 0.221~0.311t/d（1.8MV·A 炉），硅铁电耗下降 537~649kW·h/t，产品的合格率增加。褐煤半焦虽然有较好的品质，但褐煤的灰分含量差别很大，灰分中 Al_2O_3 含量有的可达 40% 以上。因此，在制焦时必须选取灰分含量小于 6%、灰分中 Al_2O_3 含量低于 30% 的煤，否则达不到预期效果。

5.1.3.2 低变质煤铁合金专用焦

我国低变质煤资源丰富、产量较大，其蕴藏量占煤炭储量的 40% 以上，产量占目前总产量的 30%，储量大部分集中在内蒙古、陕西、新疆、甘肃、山西、宁夏六个省（区）。长焰煤、侏罗纪不黏结煤、弱黏结煤等低变质煤具有"三低三高"的煤质特点，即低灰、低硫、低磷，高挥发分、高发热量、高活性。过去低变质煤主要作为动力用煤，随着国家能源基地的西移，其开发利用率将迅速增长，用途将逐渐扩展，成为化工产品的主要原料。

近年来，低变质烟煤用于生产铁合金专用焦有了迅速的发展。研究与生产实践表明，以低变质煤焦为还原剂冶炼铁合金，具有活性高、电阻率大、利于提高产品质量和产量且节能降耗的特点。目前，铁合金专用焦生产多采用直立外热炉或内热炉，热解温度以中低温居多。山西大同与陕西、内蒙古交界的神府等地所生产的低变质煤铁合金专用焦（蓝炭），已形成较大规模，颇受铁合金厂家的欢迎。

西北铁合金厂 5MV·A 矿热炉采用内蒙古低变质煤铁合金专用焦全部替代气煤焦、冶金焦和半焦冶炼硅铁 75 的实践证明，低变质煤铁合金专用焦冶炼硅铁 75 是适宜可行的，能使电极深插、给足负荷，利于降低单位电耗和生产成本；焦中灰分及其 Al_2O_3 含量较低，冶炼得到的合金铝含量也低，这对于冶炼低铝出口硅铁是很有意义的。虽然其电阻率和反应活性比冶金焦好，但在冶炼硅铁 75 时要取得好的技术经济指标，还必须保证专用焦的成分及水分含量稳定，并辅之合理的工艺和操作。内蒙古低变质煤铁合金专用焦质地软、强度较低、成焦后粉末较多，为取得较好的经济效益，应尽量减少破碎时的损耗。

5.1.3.3 气煤焦

气煤的变质程度比长焰煤高，热解过程中可生成较多的胶质体，但胶质体热稳定性差。气煤属于炼焦煤，因其生成的焦炭收缩大而产生很多裂纹，故多配气煤会使焦炭块度减小。气煤焦是以气煤为主或全部用气煤炼成的焦炭。这种焦炭孔隙率大、电阻率高、反应性能好，因其质量符合铁合金生产的要求而备受青睐。上海铁合金厂 20MV·A 矿热炉用吴淞煤气厂生产的气煤焦炼制硅铁 75，试验说明，电耗由用冶金焦时的 8836kW·h/t 降低到 8241kW·h/t。山东用兖州气煤生产的气煤焦，电阻率高达 4.85μΩ·m，反应性高达 69%，用其代替冶金焦生产硅铁 75 时，产量提高了 25%，电耗降低了 300kW·h/t。吉林铁合金厂用单种气煤焦代替冶金焦后，冶炼硅铁 75 的电耗由 9000kW·h/t 降至 8118kW·h/t，节电近 900kW·h/t，单炉日产提高 10%。

5.1.3.4 硅石焦

硅石焦就是在炼焦煤中掺入部分石英砂，使炼成的焦炭中含有一定量的硅石。这种焦炭电阻率大，二氧化硅与碳的接触比较紧密。硅石焦的电阻率高于冶金焦，有利于电极深插，炉缸下部热量集中，出渣、出铁顺利；炉口温度降低，炉口热量损失减少，改善了劳动条件；便于采用较高电压冶炼，提高了电效率。硅石焦是冶炼锰硅合金的优质还原剂，其中含有一定量的 SiO_2，炉料中硅石量减少，在一定程度上减少了 $MnO·SiO_2$ 的生成，锰回收率提高 3%，产品中锰含量提高 2.6%，因而放宽了对锰矿锰铁比和锰磷比的要求，扩大了资源的有效利用范围；但它的破损大，故未能推广。在山东用硅石焦冶炼硅铁 75 时的电耗，比用冶金焦时降低了 250kW·h/t。在 9MV·A 炉中分别进行了用硅石焦和冶金焦作还原剂冶炼锰硅合金的试验，用硅石焦作还原剂时，锰回收率由用冶金焦时的 73.5% 提高到 76.5%，产品中锰含量由 65.5% 提高到 67.2%，电耗平均降低 135kW·h/t。

5.1.3.5 铁硅焦

铁硅焦是最近研制成功的硅铁专用碳质还原剂，它集还原剂与铁元素于一体，采用特殊的炼焦工艺可在煤中加入大量的特定非碳系物质，炼成具有一定强度的铁硅焦。具有高挥发分、中等黏结性的炼焦煤，均可作为炼铁硅焦的原料。在炼焦时加入接近理论量的铁矿粉和一定量的硅石粉，炼出的焦炭含铁 18%、二氧化硅 10% 左右。炼焦过程中铁的氧化物绝大部分被还原成金属铁或低价氧化铁，不生成硅酸铁。这些氧化铁在冶炼硅铁时即被炉气中的 CO 等还原成金属铁，不产生直接还原反应，因此不消耗还原剂中的固定碳，每炼 1t 硅铁 75 可节省碳 50kg，折合冶金焦 60kg。铁硅焦具有高电阻率、高反应性、强度适宜和破碎性良好的优点，适合作为冶炼硅铁的还原剂。由于铁硅焦的电阻率达 2.23μΩ·m，高于冶金焦，且炉料中不含电阻率极低的钢屑，因此炉料总电阻率高于冶金焦炉料总电阻率，电极易深插。由于炉料电阻率高，可用较高电压冶炼，提高了电效率和矿热炉负荷，从而提高了矿热炉功率，冶炼电耗降低了 100~200kW·h/t，硅铁产量可增加 10%~20%。用铁硅焦作还原剂冶炼硅铁 75 时可全部代替冶金焦和钢屑，改善了炉况，降低了生产成本，缓和了钢屑和冶金焦的紧缺问题，其经济效益和社会效益显著。

5.1.3.6 石油焦

我国石油焦多数是由延迟焦化法生产的，它用油渣和石油沥青干馏而成，主要用作生产电极的原料。前几年某些铁合金厂为生产低铝硅铁，使用石油焦作还原剂，这是因为它的灰分含量低（小于1%），常温下电阻率大。石油焦的电阻率随着挥发分含量的升高而增加，使用挥发分含量高的石油焦冶炼工业硅效果较好。石油焦是工业硅生产所用还原剂中灰分含量最低的，含灰分0.17%~0.6%、固定碳90%~95%、挥发分3.5%~13%。化学用硅冶炼采用石油焦作还原剂，这是因为其灰分含量低，有利于提高产品质量。

但从全面质量分析，石油焦并不适用，其反应性差、电阻率小、在炉内高温下很容易石墨化；用量偏大时导致炉况不好控制，造成炉料不烧结、刺火严重、电耗高、出炉困难。

5.2 电极

电极是把电能转化为热能的载体，当电极把大电流源源不断地输送到矿热炉中时，它就成为制约矿热炉生产和运行指标的重要组成部分。随着矿热炉容量的大型化，电极几何尺寸不断增大，最大电极直径已达2m，通过电极的电流超过150kA，电极工作端长度可达4m以上，总重量达到65t。

5.2.1 电极的种类和性质

5.2.1.1 电极的种类

矿热炉使用的电极有炭电极、石墨电极和自焙电极三种。根据不同的矿热炉容量、产品品种及工艺方式，应选用不同的炭素材料电极。

自然界中存在三种不同形态的碳的同素异形体。金刚石结晶属于等轴晶系，其强度高、硬度大，几乎不导电，导热性能也很差。石墨晶体属于六方晶系，碳原子排列成六角形，构成层状结构的平行平面，是电和热的良导体。煤炭和木炭为无定形碳，碳的熔点及升华温度都很高，在常压下其温度即使升高到3000℃以上也不会熔化，固态碳直接升华为气态。

炭电极是以低灰分的炭素材料（如低灰分的无烟煤、冶金焦、沥青焦、石油焦等）作原料，按一定比例和粒度组成混合并加入黏结剂沥青，在一定的温度下搅拌均匀，压制成型，然后在焙烧炉中缓慢焙烧制成。炭电极有一定的形状和强度，可直接安装到矿热炉上使用，其两端加工成螺丝接头以便于接长，如图5-6所示。空心炭电极与空心自焙电极相比，具有应用工艺简单、操作简便、对环境无污染、综合成本低等优点。

石墨电极中的石墨是碳的同素异形体，它的导电性能比普通炭素高4倍左右。普通炭素在2000~2500℃的高温下可转化成石墨。石墨电极就是炭电极经过高温的石墨化炉处理而制成的。石墨电极采用石油焦及沥青焦为原料，以煤沥青为黏结剂，产品经成型、焙烧、石墨化、加工等工序，生产周期长达几十天。石墨电极的规格及主要技术指标见表5-3。

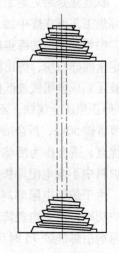

图5-6 空心炭电极

表 5-3　石墨电极的规格及主要技术指标

技术指标	电极直径/mm	普通	高功率	超高功率
允许电流负荷/kA	250	7～10		
	300	10～13	13～17.4	
	400	18～23.5	21～31	24～40
	450	22～27	24～40	32～45
	500	24～32	30～48	38～55
电阻率/μΩ·m	电极	≤8.4～11	≤7	≤6.5
	接头	≤8.5	≤6.5	≤5.5
抗折强度/MPa	电极	≥9.8～6.4	≥9.8	≥10.0
	接头	≥12.7	≥15.0	≥15.0
弹性模量/MPa	电极	≤0.93×10⁴	≤1.2×10⁴	≤1.4×10⁴
	接头	≤1.37×10⁴	≤1.4×10⁴	≤1.5×10⁴
体积密度/g·cm⁻³	电极	≥1.58～1.62	≥1.60	≥1.65
	接头	≥1.63～1.68	≥1.70	≥1.75
线膨胀系数(100～600℃)/K⁻¹	电极	≤2.9×10⁻⁶	≤2.2×10⁻⁶	≤1.4×10⁻⁶
	接头	≤3.0×10⁻⁶	≤2.4×10⁻⁶	≤1.6×10⁻⁶

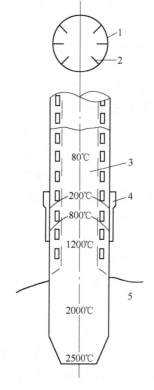

　　自焙电极是使用无烟煤、焦炭、沥青和焦油，在一定的温度下制成固态电极糊。在矿热炉上用薄钢板制成电极壳，固态电极糊由电极上方添加到电极壳内。利用电极自身的热量和炉口燃烧热，使电极糊受热熔化后充填到电极壳内部空间，挥发分逸出使电极糊固化完成烧结过程。自焙电极因边使用、边成型、边烧结，故省去了压型和焙烧工序，其价格也相对较低。自焙电极的结构和温度分布如图 5-7 所示。

　　5.2.1.2　炭素材料的基本性能

　　炭素材料的基本性能有密度、强度、热学性质（质量热容、热导率、线膨胀系数）、弹性模量、抗热震性及电阻率等。

　　A　密度

　　炭素材料属于多孔结构。包括孔度（开口气孔与闭口气孔）在内的每单位体积材料的质量称为体积密度。不包括孔度在内的每单位体积材料的质量称为真密度。由炭素材料的体积密度及真密度之值可计算炭素材料的孔隙率，计算公式为：

$$孔隙率 = \frac{D_{真} - D_{体}}{D_{真}} \times 100\%$$

式中　$D_{真}$——真密度，g/cm³；

　　　　$D_{体}$——体积密度，g/cm³。

图 5-7　自焙电极的结构和温度分布
1—电极壳；2—筋片；3—电极糊；4—铜瓦；5—炉料

石墨电极的真密度范围是 $2.19 \sim 2.23 g/cm^3$，体积密度范围是 $1.50 \sim 1.65 g/cm^3$；炭电极的真密度范围是 $1.95 \sim 2.15 g/cm^3$，体积密度范围是 $1.45 \sim 1.55 g/cm^3$；自焙电极经烧结后的真密度范围是 $1.80 \sim 1.95 g/cm^3$；体积密度约为 $1.45 g/cm^3$。

B　强度

炭素材料在常温下的强度较低，为钢材的 $1/30 \sim 1/20$。在 2500℃ 以下，炭素材料的强度随温度的升高而增大。在 2500℃ 时，其强度约为常温下的 2 倍（碳开始升华）。

试验结果表明，炭素材料的抗拉强度、抗折强度与抗压强度之间存在如下关系：

$$抗压强度 \approx 2 \times 抗折强度 \approx 4 \times 抗拉强度$$

因此，应尽量避免炭素材料受拉伸和弯曲的作用。几种电极的强度性能如表 5-4 所示。

表 5-4　电极的强度性能　　　　　　　　（MPa）

电 极 种 类	抗压强度	抗折强度	抗拉强度
一般石墨电极	16 ~ 32	5 ~ 18	3 ~ 12
炭电极	20 ~ 22	约6	2.5
焙烧后的自焙电极	17 ~ 28	5 ~ 10	3 ~ 5

影响炭素材料强度大小的因素如下：

（1）炭素原料强度。炭素原料强度越大，产品的强度也越大。

（2）粒度。增加细粒度比例，有助于提高产品的强度。

（3）黏结剂的性质及用量。采用软化点较高的硬沥青比采用软沥青所得的产品强度更大些。

（4）原料和中间产品的煅烧条件。

（5）石墨化程度。

C　质量热容、热导率和线膨胀系数

炭素材料的质量热容随温度的变化而改变，低温时较小。室温下石墨的质量热容为 $0.71 J/(g \cdot K)$，1000℃时为 $1.88 J/(g \cdot K)$，1500℃时为 $2.05 J/(g \cdot K)$。

尽管碳和石墨的质量热容相差不多，但热导率却相差几倍甚至几十倍。石墨是热的良导体，石墨化程度越高，晶格越完善的石墨热导率越高。炭素材料的体积密度越大，热导率越大；孔隙率越大，热导率越小。炭素材料的热导率一般随温度的升高而减小，其关系曲线见图 5-8。

常温下测得的碳热导率 κ 与电阻率 ρ 之间的关系有如下经验公式：

$$\kappa\rho = 0.0013$$

炭素材料的线膨胀系数很小，其数值随温度的升高而略有增加。在 $20 \sim 200℃$ 之间，沿挤压方向测得的线膨胀系数为 $(2 \sim 2.5) \times 10^{-6} K^{-1}$；而当温度范围扩大到 $20 \sim 1000℃$ 时，线膨胀系数提高到（2.5 ~

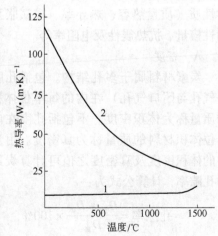

图 5-8　炭素材料热导率与温度的关系图
1—炭电极；2—石墨电极

5.5) $\times 10^{-6} K^{-1}$。

D　弹性模量

弹性模量表示材料所受应力与由此产生的应变之间的关系。石墨电极弹性模量的测定方法执行国家标准 GB/T 3074.2—2008。

炭素材料属于脆性材料，弹性模量较低。表 5-5 列出了各种炭素材料的弹性模量。

表 5-5　炭素材料的弹性模量　　　　　　　　　　　　（GPa）

电极种类	普通石墨电极	高功率石墨电极	炭电极	自焙电极
弹性模量	7.7 ~ 9.8	10.7 ~ 12.2	5 ~ 7	约 3.5

石墨的弹性模量一般随着温度的上升而提高，不同材料提高的幅度有所差别。当温度上升至 1800℃时，石墨材料的弹性模量比室温时提高 40% ~ 50%。

E　抗热震性

炭素材料抵抗温度剧烈变化的性能称为抗热震性或耐热冲击性，有时也称热稳定性。抗热震性 R 可用下式表示：

$$R = \frac{\kappa S}{\alpha E}$$

式中　κ——热导率；

　　　S——抗拉强度；

　　　α——线膨胀系数；

　　　E——弹性模量。

F　电阻率

炭素材料是与金属类似的导电材料，其电阻率较小，具有明显的方向性。炭素材料热处理温度越高，电阻率越小。各种炭素制品的电阻率为：石墨电极 6 ~ 10μΩ·m，炭电极 21 ~ 25μΩ·m，自焙电极 55 ~ 80μΩ·m。

5.2.2　自焙电极的制作

5.2.2.1　电极壳

A　电极壳的作用和构造

自焙电极的电极壳是用薄钢板制成的圆筒，由金属外壳和径向分布的筋片组成。电极壳的主要作用如下：

（1）作为电极糊成型的模具；

（2）将电流传输给进行烧结的电极糊；

（3）作为焙烧电极的加热体；

（4）低温下承受电极的重量。

传统方法制作的电极壳是在薄钢板制成的圆筒内等距并连续焊接若干筋片，每个筋片还设有若干个切口，将各切口切成小三角形孔，也有的制成圆形孔，如图 5-9 所示。这样制成的电极壳强度较差，易被电极抱紧装置

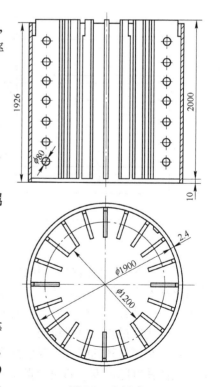

图 5-9　电极壳

压坏；而为了保证电极壳不被压坏，电极抱紧装置的液压或气压就无法调到理想压力。因此在压放、倒拔电极过程中，当压力偏小时，易造成电极下滑或压放、倒拔电极工作不稳定；当压力偏大时，电极壳又易被气囊或闸瓦压变形，从而引发故障，影响矿热炉的安全运行。

一种改造后的高强度电极壳如图5-10所示。在电极壳内设置两个增加电极壳强度的增强度装置，合理选择定位尺寸，在电极壳端头设计导向连接套。经改造后的高强度电极壳的抗压强度和力学性能比原电极壳增加一倍，抗压强度达到0.2~0.35MPa，且对接性好，完全满足了抱紧装置对电极壳的强度要求，彻底避免了电极壳变形事故的发生，解决了大炉子电极壳制作必须用较厚冷轧钢板增加强度的问题，同时节约了电极壳制作成本。

B　电极焙烧过程中导电与承重能力的变化

自焙电极烧成过程中，在电极的垂直方向上存在以下两个转变：

（1）电极电流由主要通过电极壳和筋片过渡到全部通过烧成的炭电极；

（2）电极承受的重量由电极壳和筋片承重过渡到完全由烧成的炭电极承重。

矿热炉中电极传导电流达几万甚至几十万安培，因此，电极壳和炭电极两者的导电性都十分重要。构成电极的两种材料，其导电性是互相补充的。钢的导电性随温度的升高而降低，而碳的导电性随温度的升高而增加，如图5-11所示。当电极壳和筋片的径向截面积与电极径向截面积之比为1:75时，在750℃下，碳与金属具有相同的导电性；在更高的温度下，金属氧化或熔化，由烧成的炭素材料承受全部电流。

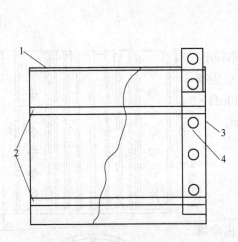

图5-10　高强度电极壳

1—导向连接套；2—增强度装置；3—电极壳；4—筋片

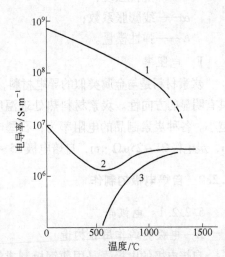

图5-11　自焙电极导电性随温度的变化

1—电极壳；2—电极；3—碳

若金属部分比例过小，则电极壳不能承受全部电极电流，容易发生电极流糊或软断；若金属部分比例过高，则导电能力过大，由金属导电向炭素材料导电转变的部位会偏向铜瓦下沿，这种转变发生在温度较高的部位，特别是筋片部位（见图5-12），会造成该部位电极焙烧速度过快、电极疏松。

钢和炭素材料的强度随温度的升高而发生不同的改变。钢的强度随温度升高而降低，炭电极的强度随温度升高而增强。图5-13所示是按ϕ1500mm电极计算的电极壳和炭电极极限承重量与温度的关系。从图中看出，当温度高于800℃时，几乎全部重量均由炭电极承担，炭电极承重的过渡区域为电极的烧结带（即 500~800℃ 范围内）。

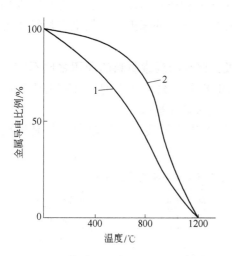

图 5-12　自焙电极中金属导电的转变
1—正常的金属与炭电极面积比例；
2—金属面积比例过大

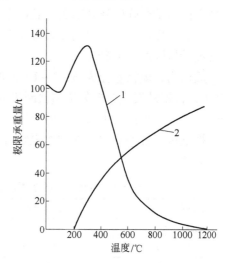

图 5-13　电极壳和炭电极极限
承重量与温度的关系
1—电极壳；2—炭电极

在 500~800℃ 范围内，普通低碳钢的弹性极限是 40MPa，实际使用时不能超过 20MPa。筋片的截面积可按承载电极质量的 50% 来计算。如果筋片不能承担电极自重，则应考虑增加螺纹钢或带钢。矿热炉设计中必须重视铜瓦对电极的夹持作用。当铜瓦对电极的抱紧力为 0.1~0.2MPa 时，铜瓦可以承担 60% 左右的电极重量。

通常电极壳是由冷轧钢板制成的，电极壳的设计必须充分考虑以下因素：

（1）在电极糊未烧结前（500℃ 以下），电极壳和筋片能承受电极的全部重量，在轴向允许通过应承担的电流而保持一定的强度。钢板安全使用面积电流通常为 $(2.5~2.7) \times 10^4 A/m^2$；在铜瓦下部已烧结炭电极可以承受 50% 电流的情况下，电极壳的面积电流可以按 $5 \times 10^4 A/m^2$ 左右考虑。

（2）必须使电极壳在接长过程中保持一定的刚性和稳定的几何形状，方便电极壳和筋片的接长。大直径的电极常在电极壳的两端增加加固带，以提高其强度。上、下电极壳之间的筋片连接十分重要。

（3）充分考虑电极焙烧带（500~800℃）的金属结构和炭素材料承重的平衡。正确选择电极壳与筋片截面积与电极截面积之比。

C　电极壳的制作

从一些工厂所采用的自焙电极基本参数的统计数据来看，钢板与炭素材料的面积比平均为 1.3/100；钢板与炭素材料的质量比为 7%；筋片开口面积与筋片总面积之比平均为 10%；筋片截面积占电极壳截面积的 20%~40%，平均为 29%；电极壳钢板截面平均面积电流为 5.5A/mm²。

对筋片开口的设计历来存在分歧意见。一般认为，在每相电极的烧结带至少要在轴向始终保持有一个筋片开口，同一电极壳的各个筋片开口应位于不同的垂直高度，筋片径向开口应位于筋片的中部。

筋片的存在实质上造成自焙电极烧成后结构不连续和形成裂缝,被筋片所分割的部分与电极主体的结合强度受到削弱。靠近筋片的部位电极糊烧结速度较高,强度和密度均低于正常焙烧条件。筋片开口的设置有助于加强电极外围部分的强度。自焙电极烧结带的剪切强度设计极限约为1MPa。

一般认为,电极直径为 $\phi 1.3 \sim 1.5 m$ 时,电极壳钢板与炭素材料的面积之比不宜超过1.7/100,否则易发生电极欠烧和软断事故。下放电极时观察电极壳的外观有助于判断电极的烧结状况,以控制下放电极的速度,避免出现电极软断事故。

根据电极直径的不同,在制作电极壳时所采用的钢板厚度、筋片数量及其高度也不同,详见表5-6。

表5-6　电极壳钢板厚度、筋片数量及其高度与电极直径的关系

电极直径/mm	钢板厚度/mm	筋片数量	筋片高度/mm
200 ~ 300	0.6 ~ 1.0	2 ~ 3	45 ~ 60
300 ~ 600	1.0 ~ 1.25	3 ~ 5	60 ~ 150
600 ~ 900	1.25 ~ 1.5	5 ~ 7	150 ~ 200
900 ~ 1200	1.5 ~ 2.0	7 ~ 9	200 ~ 260
1200 ~ 1500	2.0 ~ 2.5	9 ~ 16	260 ~ 350

5.2.2.2　电极糊

A　电极糊制备工艺

电极糊是以无烟煤、冶金焦或石油焦作骨料,适当配加石墨粉,用煤沥青或配加煤焦油作黏结剂充分混匀制成,电极糊的制备工艺流程见图5-14。我国电极糊的技术指标见表5-7 ~ 表5-11。

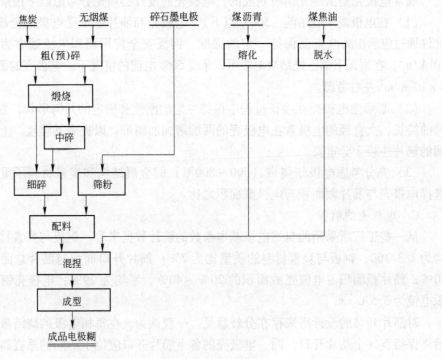

图5-14　电极糊的制备工艺流程

表 5-7　电极糊质量标准

牌　号	THD-1	THD-2	THD-3	THD-4	THD-5
灰分含量/%	≤5.0	≤6.0	≤7.0	≤9.0	≤11.0
挥发分含量/%	12.0~15.5	12.0~15.5	9.4~13.5	11.4~15.5	11.4~15.5
耐压强度/MPa	≥17.0	≥15.7	≥19.6	≥19.6	≥19.6
电阻率/$\mu\Omega \cdot m$	≤68	≤75	≤80	≤90	≤90
体积密度/$g \cdot cm^{-3}$	≥1.36	≥1.36	≥1.36	≥1.36	≥1.36

注：THD-1、THD-2 用于密闭矿热炉，称为密闭糊。其余各牌号用于敞口式矿热炉，称为标准糊。

表 5-8　标准糊和密闭糊（1）原料配比

名　称		标准糊			密闭糊（1）		
		配入量/%	粒度/mm	用量/%	配入量/%	粒度/mm	用量/%
固体料	无烟煤（普煅）	59±5	4~20	40	50±5	4~20	40
			2~4	10		2~4	5
			0~2	9		0~2	5
	冶金焦粉	41±5					
	石油焦粉				33±5		
	石墨碎				17	0~4	
油分含量/%		22±2（沥青）			21±2（沥青85%，焦油15%）		
软化点/℃		74~90			67±3		

表 5-9　密闭糊（2）原料配比

名　称	配入量/%	粒度分级	
		粒度/mm	用量/%
电煅无烟煤	50~53	4~12	40
		2~4	5
		0~2	5
石墨碎	17~20	2~4	10
		0~2	10
石油焦粉	30		
油分含量/%	21±2（沥青78%，焦油22%）		
软化点/℃	62±1		

表 5-10　典型电极糊成分　　　　　　　　　　　　　　　　（%）

名　称	固定碳	挥发分	灰分	硫分	灰分组成					
					SiO_2	FeO	Al_2O_3	CaO	MgO	P
标准糊	80.98	13.26	5.76	0.50	41.6	15.1	23.2	8.1	2.8	0.17
密闭糊（1）	82.95	13.12	3.93	0.41	31.5	18.1	18.4	10.0	5.5	0.19
密闭糊（2）	85.04	13.24	2.72	0.33	33.3	21.5	15.2	12.5	2.7	0.16

表 5-11　典型电极糊性质

名　称	真密度/g·cm⁻³	体积密度/g·cm⁻³	孔隙率/%	抗压强度/MPa	电阻率/μΩ·m
标准糊	1.91	1.44	23.3	25.8	60.9
密闭糊（1）	1.92	1.45	25.3	23.6	57.8
密闭糊（2）	1.95	1.45	25.5	23.5	55.7

B　制备电极糊的原料

制备电极糊所用原料的质量好坏直接影响电极使用效果。

（1）无烟煤。无烟煤是变质程度较高的煤种，具有挥发分含量低、致密、坚硬、热值高、燃烧时火焰短而少烟、不结焦的特点。其热值为 32～35MJ/kg，热稳定性好。煅烧无烟煤的目的是排除水分和挥发分，增加密度，提高强度，增加导电性，提高化学稳定性。在 1250～1350℃下经回转窑煅烧的无烟煤称为普煅无烟煤，在高于 1700℃温度下经电煅炉煅烧的无烟煤称为电煅无烟煤。电煅无烟煤可以达到半石墨化程度，随着矿热炉向大型化发展，电煅无烟煤将逐渐代替普煅无烟煤。

（2）冶金焦和石油焦。冶金焦是利用焦煤（30%左右）搭配气煤、肥煤、瘦煤，在炼焦炉内经焦化处理（1000～1300℃）而生产的。石油焦是石油炼制的副产品，其灰分含量一般小于 1%。石油焦在高温下容易石墨化，主要用于制备密闭糊。

（3）煤沥青与煤焦油。两者是电极糊的黏结剂。在密闭糊中加入适量石墨碎的同时加入少量煤焦油，可以降低黏结剂的软化点。用石油焦代替冶金焦，可使密闭糊在烧结过程中有较好的导电性和导热性，烧结速度较快；但加入煤焦油后，密闭糊的孔隙率大于标准糊，强度低于标准糊。煤沥青用煤焦油调节黏度。

C　制备电极糊应注意的问题

（1）糊料混合是在卧式双辊混捏机上进行的。混捏的目的是填充固体炭素料颗粒的间隙，并使分散的固体颗粒表面涂上一层黏结物，将其颗粒黏结在一起，混捏成均匀糊料。将按一定比例配好的固体料加入混捏机，搅拌 30min，使糊料混合均匀，糊温达到 115～140℃时，可将糊料送往成型工序。电极糊的形状以加入方便、便于保管为准。电极糊块度过小不便于保管，在气温高时容易黏结和被粉尘污染；而块状糊易造成悬糊。采用圆柱形电极糊有助于克服以上不足。

（2）电极糊中的无烟煤占 50%。无烟煤破碎成较大的粒度，一般在 20mm 以下。控制粒度组成的目的是使颗粒之间的互相填充最为密实，因此得到强度大、导电性好的电极。

（3）黏结剂的加入量不能过少，否则在制备电极糊时不易搅拌均匀，电极烧结以后强度不够；但也不能过多，否则电极糊会过稀，在烧结过程中造成颗粒分层、组织不均匀。制备电极糊时，黏结剂加入量为固体料的 20%～24%。

（4）在电极糊中加入部分石墨可以增强其可塑性，减少糊与压料壁和压缩嘴壁之间的摩擦以及糊本身的摩擦，改善压型条件，这样就有可能获得更为致密的制品。加入少量（5%～10%）的石墨，可增加制品的导电系数、导热系数和热稳定性。因此生产电极糊时，在标准糊中配加石墨化焦，在密闭糊中配加石墨碎。

5.2.3 自焙电极的烧结

5.2.3.1 自焙电极的烧结过程

自焙电极烧结过程的温度分布见图 5-15。

（1）温度由室温升至 200℃，电极糊由块状逐渐熔化至全部呈液态。温度在 100℃以下的区域为固体电极糊区域。在铜瓦上沿温度为 100~200℃ 的区域，电极糊开始软化并呈塑性，此区域内仅其中的水分和低沸点成分开始挥发。该处的温度可通过电极把持筒上部装设的通风机来调节。为了保证寒冷季节密闭矿热炉电极的烧结，可向电极把持筒内送热风。

（2）铜瓦部位为电极烧结带，温度为200~800℃。电流通过电极壳和筋片加热电极糊，使挥发分逸出，电极糊转变成具有一

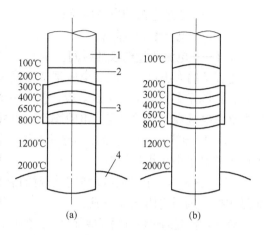

图 5-15　自焙电极烧结过程的温度分布
（a）敞口炉；（b）密闭炉
1—电极；2—电极壳；3—铜瓦；4—炉料

定强度的导电体。温度由 200℃ 升至 600℃ 的区间内，熔化电极糊中的黏结剂全部开始分解、气化排出挥发物，在 400℃ 左右时进行得最为激烈，电极糊由熔融态逐渐变为固态。一部分碳氢化合物在糊柱的压力下残留在电极糊中，形成热解碳。电极下放速度慢或矿热炉长时间超负荷运行会造成电极过烧，使烧结带高于铜瓦；严重时会使电极壳变形、电极直径增大，以致电极无法正常下放。

（3）温度由 600℃ 升至 800℃ 的区间内，少量的残余挥发物继续排出，经过 4~8h，当电极从铜瓦中出来后，电极烧结基本结束。铜瓦以下至电极工作端部的温度继续升高，电极壳熔化或氧化脱落。电极内部温度可以达到 2000℃ 以上。电极工作端部是炉内温度最高的区域，也是化学反应最激烈的部位，碳质电极参与化学反应是电极消耗的主要原因。为保证工作端长度，电极焙烧速度应与电极消耗速度相适应。

一般挥发物从三个地方排出：从电极壳的焊缝中排出；电极烧结后体积收缩，挥发物从电极与钢壳之间的缝隙中逸出；在电极冷却风量小的情况下，气化温度低的成分从电极壳上口排出。其中，主要排出途径是电极与钢壳之间的缝隙。

自焙电极的烧结有一定的自我调节能力。流向电极的电流大部分流经铜瓦下部已经烧结好的电极，由于该部位电阻较小，所产生的电阻热是有限的。当烧成带足够大时，由电极烧成带向上传递的热量较少，电极的烧结速度减慢，烧成带处于稳定状态。这种调节机制使自焙电极得以适应变化的炉况和运行条件。

5.2.3.2 自焙电极的烧结热量

电极烧结的热量主要来自电流通过电极内部产生的热量和铜瓦与电极接触的电阻热，还有少量来自炉内的传导热和辐射热。

（1）电阻热。电流通过自焙电极本身所产生的电阻热占输入电流的 3%~5%。电阻热可按下式计算：

$$Q = 0.24I^2Rt$$

式中 Q——电阻热;

I——通过电极的发热电流;

R——电极本身电阻;

t——电流通过电极的时间。

电流 I 的大小可通过改变电极把持方式来改变。组合把持器就是通过直接夹紧筋片的方式,消除了圆筒电极的集肤效应,使电极的发热电流变大,从而使电极更易烧结。电阻 R 主要由电极糊的材质决定,电阻率高,电极烧结得就快。

(2)传导热。自焙电极热端与冷端温度相差悬殊。热端的热量沿电极向上传导,使由上向下移动的电极糊被加热。

(3)辐射热。由炉内温度向上辐射的热量即为辐射热。密闭炉基本没有辐射热,电极烧结主要是通过电阻热来完成的。

烧结带消耗的热量有铜瓦冷却水带走的热量和电极烧结热量。电极烧结热量包括挥发分的汽化热、相变热、电极升温热和向环境辐射的热量。自焙电极烧结带的热平衡如图 5-16 所示。

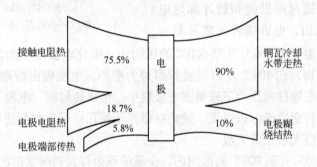

图 5-16 自焙电极烧结带的热平衡

铜瓦与电极之间接触电阻产生的热量几乎立即被铜瓦冷却水带走。由于电极温度远远高于铜瓦温度,还有一部分电极电流产生的电阻热向铜瓦传递,由冷却水带走。

5.2.3.3 自焙电极的烧结特性

自焙电极电阻率与温度的关系见图 5-17。当温度低于 100℃ 时,由于煤沥青、煤焦油的熔化使电极糊的电阻率上升。当温度高于 100℃ 时,电阻率大幅度下降。在 700℃ 时,电阻率下降约 98%。温度进一步提高,则电阻率平稳下降,在 900℃ 时为 $82\mu\Omega\cdot m$,在 1000℃ 时为 $65\mu\Omega\cdot m$,在 1200℃ 时为 $55\mu\Omega\cdot m$。

焙烧时自焙电极的抗压强度随温度升高而增加,如图 5-18 所示。当加热温度低于 400℃ 时,电极糊由固态变为可塑性物质,没有强度。当温度由 400℃ 上升到 700℃ 时,电极抗压强度急剧上升到最大值 55MPa,继续加热到 1200℃ 后不再发生任何变化。

由图 5-19 可见,新焙烧的电极抗拉强度较高。在 400℃ 以上,挥发分大量逸出;到 500℃ 时,气体逸出量增加 7 倍,电极糊开始烧结;在 600~700℃ 范围内,黏结剂变为残碳,电极达到最终强度,其电导率也接近最终的电导率。在 1500℃ 以下温度范围内,电极冷却后重新加热的抗拉强度仅为相同温度下原焙烧强度的 50% 左右。因此,矿热炉热停后电极极易发生事故。

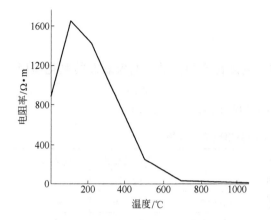

图 5-17 自焙电极电阻率与温度的关系

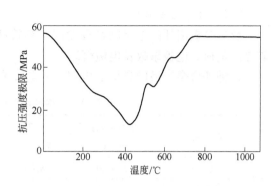

图 5-18 自焙电极抗压强度随温度的变化

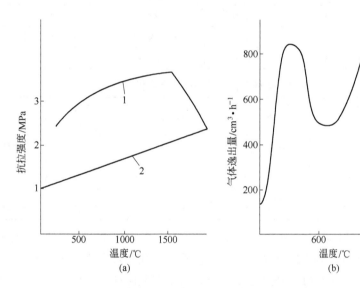

图 5-19 自焙电极的抗拉强度和气体逸出量与温度的关系

（a）抗拉强度与温度的关系；（b）气体逸出量与温度的关系

1—初次加热；2—冷却后重新加热

电极焙烧速度过快会导致电极孔隙率增大、体积密度减小、电极强度下降，见表 5-12。

表 5-12 电极焙烧速度对其物理性能的影响

加热速度/℃·h^{-1}	体积密度/g·cm^{-3}	孔隙率/%	抗压强度/MPa	电阻率/μΩ·m
15	1.516	22.57	55.7	60.91
25	1.459	23.47	51.5	60.70
50	1.479	25.46	51.0	65.8
150	1.436	26.66	41.6	77.28
200	1.419	27.53	40.0	78.24

5.2.4　电极的使用和维护

5.2.4.1　电极消耗

影响电极消耗的主要因素有冶炼工艺特性、电极材质和质量、电极表面的氧化作用、矿热炉负荷、电极事故及电极管理。

各种铁合金产品的自焙电极和石墨电极消耗量见表5-13和表5-14。

表5-13　各种铁合金产品的自焙电极消耗量

产　品	电极消耗量 /kg·t⁻¹	电能消耗 /kW·h·t⁻¹	产　品	电极消耗量 /kg·t⁻¹	电能消耗 /kW·h·t⁻¹
硅铁75	50~60	8500	硅锰合金	24~40	4500
硅铁45	34~40	5000	中低碳锰铁	20~30	600
硅钙合金	200~250	1300	碳素铬铁	20~30	3200
碳素锰铁（有熔剂法）	30~35	3200	硅铬合金	34~45	4800
碳素锰铁（无熔剂法）	14~25	2500	中低碳铬铁	30~40	2000
高硅硅锰合金	64~70	6000	钨　铁	44~55	3000

表5-14　各种铁合金产品的石墨电极消耗量

产　品	电极消耗量 /kg·t⁻¹	备　注	产　品	电极消耗量 /kg·t⁻¹	备　注
低碳锰铁	10~15	可用自焙电极	真空铬铁	5	固态真空脱碳法
金属锰	30~35		钒　铁	24~35	
低碳铬铁	20~25	可用自焙电极	磷　铁	4~10	
微碳铬铁	20~25	电硅热法	结晶硅	100~150	可用炭素电极

由表5-13和表5-14可见，对于锰硅合金、硅铬合金、硅铁、碳素铬铁等埋弧生产工艺的产品，其单位产品所消耗的电极较少且相差不大；硅钙合金消耗电极较多，这是由于部分电极作为碳质还原剂参与了高温还原反应。由于中低碳锰铁、中低碳铬铁和钨铁生产过程中电弧裸露时间较长，电极氧化损失较大，因此其电极消耗多于埋弧炉。

电极消耗与电极材料的电阻率和电极的密度成正比。

硅铁炉电极消耗与硅含量有关，硅含量越大，电极消耗越大，这主要是由高温反应区的化学侵蚀和热蚀所造成的。硅含量越高，反应区温度越高，坩埚区的SiO蒸气分压越大。对于相同功率的矿热炉，电极直径越小，电极消耗越大。矿热炉功率越大，电极消耗就越大。

5.2.4.2　降低石墨电极消耗的措施

降低石墨电极消耗的措施，主要立足于电极材料的改进、电极表面处理和采取冷却电极等手段。电极表面氧化损失降低后，电极头损失也随之降低。具体措施如下：

（1）金属陶瓷涂层电极。金属陶瓷涂层电极采用普通石墨电极作原料，表面用等离子喷枪喷涂一层金属铝薄膜，在铝层外部涂一层耐火泥浆，最后利用电弧的高温使金属铝与耐火材料熔化在一起，反复2~3次，形成既能导电又能在高温下抗氧化的金属陶瓷层。抗氧化涂层具有以下性能：电阻率为$0.07~0.1\mu\Omega\cdot m$，在900℃以下工作50h之内不会产生气体渗透，涂层材料分解温度在1850℃以上。与相同质量的石墨电极相比，使用带抗氧化涂层的石墨电极可降低电极消耗20%~40%。

（2）无机盐浸渍电极。采用硼酸盐和磷酸盐浸渍法可以提高石墨电极的抗氧化能力，同时提高石墨电极的强度。浸渍过程在低真空条件下进行，将预热的石墨电极浸入热的浸渍液中，使无机盐渗入石墨的微孔中，浸渍过程为3~4h，然后干燥和进行表面处理。浸渍电极表面导电能力比涂层电极要好，使用浸渍电极可降低电极消耗20%左右。

（3）无机盐和金属粉涂层。采用添加铬、钼、碳化硅粉的无机盐涂刷石墨电极，可以在一定程度上提高电极的抗氧化能力。

（4）电极表面喷水冷却法。在电极把持器的下方装有环形喷水管，向电极表面均匀喷水，在电极表面形成薄薄的水膜。水的汽化从电极吸收大量热量，使电极表面温度降低，减少电极的氧化损失。

（5）组合电极。组合电极由带螺旋接头的金属水冷电极和石墨电极组成。上部的金属电极与铜头相接触，起到将电流从铜头传递给石墨电极的作用。金属电极的冷却水将石墨电极的热量带走，降低石墨电极的温度，在一定程度上降低了电极氧化损失的速度。采用组合电极可以降低电极消耗20%~30%。组合电极的缺点是接长程序复杂，延长了停电时间，增加了工作量。

（6）新型复合电极。用于金属硅矿热炉的新型复合电极由石墨芯与外部的自焙电极糊衬组成，烧成的电极从钢壳中挤压出来，保证电极连续下放。

5.2.4.3　自焙电极的接长和下放

自焙电极的焙烧和消耗是连续进行的。中小型矿热炉和敞口式矿热炉通常添加每块5kg左右的块状电极糊，密闭矿热炉则采用粒度小于200mm的小块电极糊。电极糊的添加要与电极的下放量相适应。应维持电极糊柱的高度，使电极焙烧带的电极糊具有一定的压力，以增加液态电极糊的致密程度，从而提高烧成电极的强度。糊柱高度与电极直径的关系如图5-20所示。实际操作中，电极糊柱在冬季可以偏低，在夏季可以略高。

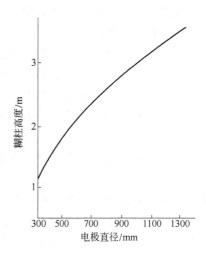

图5-20　糊柱高度与电极直径的关系

若糊柱过高，则低分子组分逸出后被冷糊柱捕集而凝固，使该部分糊柱可塑性增大，容易出现偏析现象；同时，还会造成电极糊悬料，将使电极壳内形成充满可燃性气体的空间，具备点火条件时会发生爆炸事故。

电极壳的接长过程要注意电极壳的定位。按工艺要求，电极壳的钢板接缝必须满焊，焊缝应连续密实、平整均匀，筋片要焊牢。研究指出，在1000℃时，电极炭素材料承担50%的电流，其余50%由电极壳和筋片承担。筋片要承担电极壳29%的电流，如12.5 MV·A的矿热炉，筋片大约承担6500A的电流。忽视筋片的焊接将导致筋片连接处附近的电极壳电流过大，焊缝过热，发生软断及掉头事故。

由于电极不断消耗，为保持电极工作端长度，应按一定时间间隔下放电极。电极下放量和频度依据冶炼品种、电极烧结状况、电极消耗速度而定。正常工作时，电极下放量应等于电极消耗量。图 5-21 所示为电极消耗量和临界电极下放量与电极电流的关系。

铜瓦内部烧成电极高度只有 150 ~ 200mm。电极下放量不能过大，通常密闭炉的电极每 8h 下放电极 5 ~ 6 次，每次下放 20mm 左右；敞口炉每 8h 最多下放 4 次，每次下放量不大于 50mm。下放电极时需降低负荷 30%，以防止铜瓦与电极接触不良而打弧，烧穿电极壳造成漏糊。

自焙电极可以全自动压放，按照电流和时间设定的平均脉冲信号（I^2t）来发出下放电极的指令和决定电极下放量。

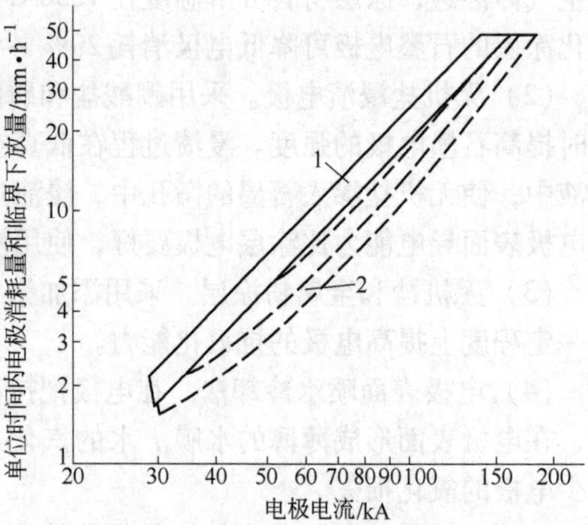

图 5-21　电极消耗量和临界电极下放量与电极
电流的关系（电极直径 ϕ1700mm）
1—电极下放量；2—电极消耗量

5.2.4.4　电极事故与处理

在矿热炉冶炼过程中，由于设备、原料、操作等因素造成的电极事故主要有电极下滑、电极烧结过早或欠烧、电极硬断、电极漏糊、电极软断等。在生产中如何减少电极事故、提高作业率、减少事故的发生，对于提高冶炼经济指标十分重要。

A　电极下滑的处理

在各种电极事故中，影响生产的事故主要是电极下滑。电极下滑的严重后果是导致铜瓦打弧、电极壳烧穿，产生漏糊及软断事故。若在电极下滑后处理不当，则会造成多次停电，尤其是带保护套装置的电极，由于每次电极压放量在 25 ~ 50mm 之间，表现得尤为明显。由于电极壳的焊接质量问题而产生少量漏糊，长时间后电极糊沉积在铜瓦和保护套内，使压力环油缸活动不灵；或由于电极的过烧，使电极压放时电极不易抱紧；或由于电极压放时间间隔短，使电极烧结质量差等原因，都会造成电极下滑。所以，在正常操作时必须要做到：压放电极前降低该相电极负荷 30%；焊接好电极壳的每个焊缝；定期对大套内电极糊的积块进行清理；每次最多压放两相电极，这样发生电极下滑时易处理。

如果某相电极压放时发生电极下滑，当下滑量在 250mm 以内时，应稳住该相电极，调整其他两相电极负荷，约 30min 待下滑电极固化成型后，可调整三相电极负荷，使之正常运行，否则必须停电倒拔电极。

若某相电极经常发生电极下滑事故，则必须停电将保护套内的漏糊清理干净，使压力环油缸正常工作。当然，电极的下滑也可能与电极压放装置的压力、设备、炉况等因素有关，要视具体情况制订处理措施。

B　电极硬断的处理

已焙烧好的电极从中间折断称为硬断。产生硬断的原因有如下几种：

（1）电极糊中混入杂质或电极糊在焙烧过程中由于电极糊油分太大、流动性太好等原因，使糊中的粗、细颗粒分层，降低了电极强度。

（2）电极糊中各组分混合不均，导致电极烧结后组织不致密、强度低。

（3）矿热炉热停时间长，在停炉或送电的过程中，由于电极表面与内部温度的变化，使电极工作端产生热应力而出现裂纹，造成硬断。

电极硬断有时是电极糊质量的问题，有时与冶炼操作有很大关系。如三相电极负荷不均、电极糊糊柱过高、长时间热停炉后重新送电、电极负荷不稳定递增等，均会造成热震及产生热应力，发生硬断。

电极硬断后，应立即停电，取出断头，将电极放至正常的工作端长度，进行死相焙烧约 6h 后，该相电极即可正常工作，然后加强压放电极，使工作端完全满足工作需要。如电极断头较短，也可直接坐入炉内。在有渣法工艺中，如取出硬断电极较困难，可将硬断电极坐至炉料中，尽量使断口埋入料内，然后将电极放长，压住断口，低电压送电进行死相焙烧，逐渐消耗断头至正常为止。

对于电极硬断事故的预防除加强电极糊的管理外，主要采取两个措施：一是选择最佳电极糊配方；二是减少热停。自焙电极的电极糊在焙烧期间，因焦化后的黏结剂趋向于收缩，而填充的固体料在该温度下是稳定的，这些物理性质的差别导致材料内部产生热应力，如固体颗粒受到压缩应力，而焦化后的黏结剂受到拉伸应力。

硬断常常发生在料面处，停炉时对电极裸露部分要保温。硬断的另一个危险区在铜瓦下端，停炉后将电极下放足够的量、减少铜瓦冷却水量也是避免硬断的可行方法。

C 电极软断与漏糊的处理

电极在未烧成的部分发生断裂称为软断。电极软断的原因有电极欠烧时不恰当地下放电极，或由于电极抱紧设施失灵而造成电极下滑。当铜瓦与未烧成的电极接触时，通过电极壳的面积电流过大会使电极壳熔化，造成电极脱落、电极糊流出。在电极发生硬断事故后，往往由于处理不当，极易发生电极软断以致漏糊。

电极发生软断时应立即停电，将电极冷却风机开至全风量，认真检查电极筒损坏状况，做出正确判断后进行处理。通常可将断口坐回到铜瓦以内，将电极对正压紧，然后夹紧铜瓦，缓慢送电。如断口处电极壳已烧毁，位置在铜瓦下部而坐不到铜瓦内，则可将电极下放，将断口对正压紧，用加"裙子"的办法包围住断口，然后进行死相焙烧；或拉出断电极，重新将电极壳焊底，下放电极焙烧整根电极。

若在未烧结好的部位发生漏糊，应立即停电处理，进行堵漏和倒拔电极直至烧结好该部位，然后送电。若是由于电极发生硬断事故而造成扩大化的漏糊，可先不清理漏糊，将该相电极下插，死相焙烧，并用料将该相电极埋住，压放该相电极约 1m，用低电压、低电流焙烧电极约 8h，电极完全发红后可活动该相电极。此期间负荷的控制是焙烧电极的关键。

如果电极壳被烧穿发生漏糊现象，可用石棉布塞住。如果漏糊截面过大，还要采用加裙子的办法，即在漏糊处用大张电极壳钢板围成圆筒焊在电极壳上。最好用炉料焙住，死相焙烧。

最为严重的是电极壳全部打漏（电极糊全部流出），这时只好把炉内电极糊清理干净，将电极硬头尽可能地拽出炉外，电极再焊一个电极壳底，重新用木材焙烧，并死相焙烧。

D 电极过烧的处理

电极发生过烧现象极易损坏铜瓦，造成设备损坏及热停炉。由于电极的电流密度等参数设置不合理，电极易产生电极过烧现象，尤其是炉子增强相的 B 相电极。这时要检查电极糊糊质量，还可通过调整电极糊糊柱高度及增加冷却电极风量来控制过烧。当过烧特别严重时，只能采用打断电极的办法来保证矿热炉正常生产。

E　电极悬糊的处理

电极悬糊多发生在冬季和新开炉期间。其原因是铜瓦上沿以上电极部分的温度低，电极糊难以熔化；电极块比较大，一块或两块刚好塞在筋片之间。如果不细心、悬料未及时发现，空电极壳进入铜瓦以后，会造成铜瓦打弧烧坏电极壳而发生电极脱落事故。

电极悬糊多发生于精炼电炉中。在精炼电炉后期，电极比较长，熔池距电极水套远，辐射温度低，精炼电炉电极直径小，这些都是电极悬糊的主要原因。可以通过敲击的办法检查电极是否悬糊。放完电极后，送电前用木棍敲击锥形套上面的电极壳，如果悬料，电极壳会发出空洞的声响。轻微的悬料可用木棍敲击下来；如果情况严重，可在电极壳上用气焊开小口，向里倒油烧，悬糊下来之后再把开口焊上。

5.3　炉衬

矿热炉炉衬不仅承受强烈的高温作用，而且受炉料、高温炉气、熔融铁水和高温炉渣的侵蚀和机械冲刷。因此，必须选择特殊耐火材料，采用良好的砌筑、烘炉技术，注意炉衬的维护。

5.3.1　筑炉材料的种类、要求及其选择

5.3.1.1　筑炉材料的种类

（1）耐火材料，有硅砖、黏土砖、碳化硅砖、石墨砖、高铝砖、镁砖、炭砖、冶金焦粉、电极糊、锆英石制品、氧化锆制品、生熟黏土粉等。

（2）隔热材料，有石棉板、石棉绳、硅藻土石棉毡、黏土粒、矿渣棉、硅藻土砖等。

5.3.1.2　筑炉材料的物理、力学性能

耐火材料的物理、力学性能见表 5-15。隔热材料的物理性能见表 5-16。

表 5-15　耐火材料的物理、力学性能

性能 材料名称	耐火度 /K	荷重软化开始温度 (2h, 0.1MPa) /K	耐压强度 (298K, 2h) /MPa	密度 /t·m^{-3}	主要化学成分 /%	抗渣性		抗热 震性
						碱	酸	
硅　砖	1963~1983	1893~1913	17.5~20.0	1.8~2.0	SiO_2 >94.5	不好	好	合格
黏土砖	1883~2003	1523~1573	12.5~15.0	1.8~1.9	Al_2O_3 30~45 SiO_2 50~65	不好	合格	合格
高铝砖	2023~2063	1693~1773	40.0	2.3~2.75	Al_2O_3 48~75	好	合格	好
镁　砖	2273	1773	35.0~40.0	2.6	CaO 3.0 MgO 35	好	不好	不好
铬镁砖	2123	1743~1793	15.0~20.0	2.6	Cr_2O_3 8~12 MgO 48~55	好	合格	合格
炭　砖	>2273	2073	25.0	1.55~1.65	C >92	合格	不好	好
碳化硅砖	>2273	1923~2073	50.0	2.4	SiC 82.5~96.0	不好	合格	好
焦　粉	易氧化	3773（升华）		0.6~0.8	C >95			好

表 5-16 隔热材料的物理性能

材料名称	体积密度/g·cm⁻³	允许工作温度/K	导热系数/W·(m·K)⁻¹
硅藻土砖	0.6	1173	$0.1452 + 3.138 \times 10^{-4}T$
泡沫硅藻土砖	0.5	1173	$0.1105 + 2.325 \times 10^{-4}T$
轻质黏土砖	0.4	1173	$0.0813 + 2.208 \times 10^{-4}T$
石棉线	0.34	773	$0.0872 + 2.325 \times 10^{-4}T$
矿渣棉	0.3~0.4	773	$0.0697 + 1.744 \times 10^{-4}T$
玻璃线	0.3	1023	$0.0697 + 1.569 \times 10^{-4}T$
石棉板	0.25	973	$0.0372 + 2.558 \times 10^{-4}T$
石棉绳	0.9~1.0	773	$0.0163 + 1.744 \times 10^{-4}T$
石棉水泥板	0.8	573	$0.0733 + 3.318 \times 10^{-4}T$
硅藻土	0.55	1173	$0.0931 + 2.416 \times 10^{-4}T$
硅藻土石棉灰	0.32	1073	0.085

5.3.1.3 对筑炉材料的要求

对筑炉材料有如下要求：

（1）具有较高的耐火度，高温时形状、体积不应有较大变化；
（2）在高温时具有一定的强度；
（3）抗渣性能好，高温下化学稳定性好；
（4）具有差的导电、导热性；
（5）高温下具有较好的抗氧化性能；
（6）耐火砖外形合乎标准要求；
（7）各种耐火材料保持清洁，不得粘有灰尘、泥土等杂物。

砌筑矿热炉常用的耐火材料有炭砖、镁砖、耐火黏土砖等。

5.3.1.4 耐火材料的选择

炭砖是炭素材料的一种，它是用碎焦炭和无烟煤制成的。其规格为：断面 400mm×400mm（允许误差为 ±30mm），长度 800~1600mm（允许误差为 ±5mm）；机械强度为：优等 25MPa，一等 20MPa，二等 18MPa。

采用炭砖的优点是耐火度高，抗热震性强，抗压强度大；稳定性好，特别是体积稳定性，在 237~1173K 时线膨胀系数为 $(5.2~5.8) \times 10^{-6}$；抗渣性能好。但炭砖在高温下易氧化，773K 就开始氧化，而且氧化速度随温度升高而加快。因此，高温时炭素材料不能与空气、水蒸气等气体接触。炭素材料导热性好，保温性能差。在矿热炉中，凡是冶炼不怕渗碳的品种，都可用炭砖作为炉衬材料。

镁砖的主要成分是氧化镁，其耐火度在 2273K 以上，抗碱性能力很强；但负荷软化点较低，抗热震性能差。精炼炉大都在碱性环境下冶炼，应该选用抗碱性侵蚀的碱性耐火材料，如以镁砖作内衬。

黏土砖用 Al_2O_3 和 SiO_2 总含量大于 30% 的耐火黏土作原料，以熟料作骨料、软化黏土料作结合剂，制成砖坯后烧结而成。它属于弱酸性的耐火材料，能抵抗酸性渣的侵蚀作用，对碱性渣的抵抗能力稍差；热稳定性好；负荷软化点比耐火度低，只有 1623K，而且软化开始温度和终了温度间隔很大。耐火黏土砖不能在高温下使用，多砌筑在炉底及炭砖外层，可起保温、绝缘作用。

5.3.2　炉体砌筑

筑炉质量对炉衬寿命有很大影响。矿热炉的炉衬有两种，即碳质炉衬和镁质炉衬。

5.3.2.1　碳质炉衬的砌筑方法

碳质炉衬的砌筑方法可参见图5-22。

A　准备工作

按要求备齐材料，严格检查质量。炉墙炭砖的加工见图5-23(a)，将其断面加工成梯形。炉底炭砖两侧各加工成三道沟槽，沟宽40～50mm，深20～30mm，见图5-23(b)。出铁口炉墙立两块炭砖，其表面加工成出铁沟槽，见图5-23(c)。出铁口流槽炭砖（四块）的表面加工成流铁沟槽，见图5-23(d)。对炉壳进行检查，炉壳的形状要规整，主要尺寸要合乎要求，炉壳设置要水平，炉壳中心和极心圆中心要对准。

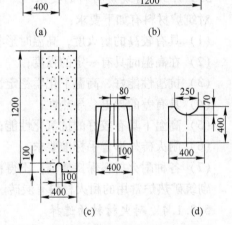

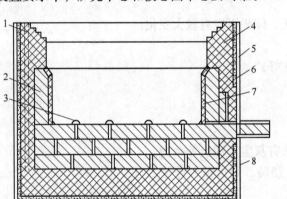

图5-22　碳质炉衬剖面图

1—排气孔；2—炭砖；3—补偿帽；4—黏土砖；5—石棉板；
6—弹性层；7—黏土砖层；8—炉壳

图5-23　炭砖加工图

(a) 炉墙炭砖；(b) 炉底炭砖；(c) 出铁口
炉墙炭砖；(d) 出铁口流槽炭砖

B　砌筑

如图5-24所示，先在炉体附近的空地上用木板铺平，在板上以炉底第一层炭砖半径画一圆，全部炭砖都要在此圆上预砌。预砌从圆的中心线开始，先铺第一排炭砖，然后两边分别砌筑炭砖，每排及每块炭砖间的距离为40～50mm。预砌时，炭砖多余的部分应去掉。炭砖加工完毕后，在砖面上标顺序记号以便砌筑。砌筑时先找好中心。在炉底先铺一层10mm厚的石棉板，要紧靠在炉底钢板上，石棉板的接缝处要叠放。在石棉板上铺一层80～100mm厚的黏土砖粒，其粒度为3～8mm，它可以缓冲炉体加热后所产生的膨胀力，并加强保温作用。在炉底黏土砖粒层上干砌第一层耐火砖，砖缝应小于2mm，水平砌公差要小于5mm。检查合格后再砌第二层。第二层、第三层可干砌，也可湿砌，砖缝要尽量小（不超过2mm）。湿砌时，泥浆要饱满，充填要密实。在炉墙四周，从炉底开始直至炉口砌筑 8～12 个排气孔。炉底砖一般采用人字形砌法，每层砌砖方向与前一层错开 30°～50°，共砌 8～10 层。砌炉底黏土砖的同时放炉墙的石棉板，留出弹性层的空间位置（80～100mm）。每砌完三层黏土砖填充一次黏土砖粒。砌完炉底黏土砖层后，砌炭砖围墙黏土砖层。砌到一定高度后，铺第一层炭砖。炭砖之间、炭砖与围墙之间留 40～50mm 的缝隙。砌第一层炭砖时，砌筑炭砖的方向应与出铁口的方向交错成 120°，此后每层炭砖都交错 60°，第三层炭砖正对出铁口。摆放炭砖之前铺水平糊（石墨粉与水玻璃之比为 2∶1）10～15mm，炭砖放正。摆好每层炭砖，砖缝之间用木楔紧固，以免发生移动。底糊加热良好，倒入炭砖立缝，每次倒入厚度不得超过 100mm，分层捣固夯实。每条缝要求填满、填平捣实。第三层炭砖必须与一侧出铁口中心线平行，中间的一行炭砖从出铁口伸出 100mm（高度与方向皆合适）。

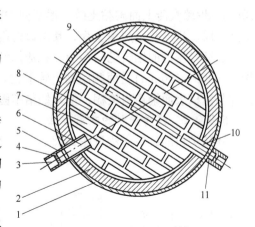

图 5-24　炭砖砌筑图
1—弹性层；2—黏土砖围墙；3—出铁口流槽炭砖；
4—出铁口流槽炭砖底糊缝；5—出铁口流槽黏土砖；
6—出铁口炉底炭砖；7—炉底成行排列炭砖；
8—炉底炭砖糊缝；9—围墙与炭砖间底糊缝；
10—出铁口炉底炭砖与围墙间底糊缝；
11—出铁口流槽

炉底炭砖砌完并检查合格（水平公差不超过 ±5mm）后，砌炉墙围墙炭砖，放石棉板，黏土砖与石棉板之间留弹性层 80～100mm。每砌 3～5 层填充一次黏土砖粒。

炉底两层炭砖砌好后，开始砌筑炉墙炭砖（见图 5-25）。炉墙炭砖距黏土砖墙 50～80mm，其内用热电极糊充填。炉墙炭砖底下仍用水平糊充填，其厚度小于 5mm。为延长炉衬寿命，炉墙炭砖缝捣固后，炭砖上部炉口部位要采用优质黏土砖砌筑成阶梯形。为补偿炉底炭砖立缝底糊加热后的收缩，在底糊缝面上铺打宽约 100mm、高约 30mm 的筋条，边缘直角处也用底糊填充打结，见图 5-26。炉墙炭砖上表面水平公差为 ±8mm，其与炉底炭砖接缝处小于 5mm。立缝内侧为 40mm，外侧为 70mm 左右；炭砖和围墙间立缝为 40～

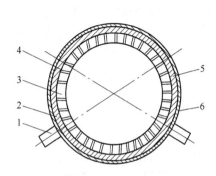

图 5-25　炉墙炭砖砌筑图
1—出铁口流槽；2—出铁口黏土砖围墙与炉墙
炭砖之间底糊层；3—炉墙炭砖；4—炉墙
炭砖之间立缝；5—炉膛；6—弹性层

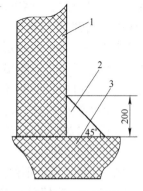

图 5-26　炭砖围角
1—炉墙炭砖；2—围角；3—炉底炭砖

50mm。炉墙炭砖上面砌黏土砖，逐渐向炉壳方向收缩砌成梯形，最上面三层砖的外侧不留弹性层。排气孔至炉墙上缘，其出口处用砖覆盖住。

出铁口流槽的砌筑见图5-27，在流槽铁板上面铺一层石棉板，其上摆两块加工过的小炭砖（400＋600mm），两侧用黏土砖卡住。外炭砖必须比流槽铁板长100～150mm。炭砖缝隙与流槽表面铺填电极糊，使其烧结牢固。

5.3.2.2 镁砖炉衬的砌筑方法

镁砖炉衬的砌筑方法见图5-28。

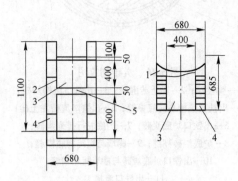

图 5-27　出铁口流槽砌筑图

1—流槽电极糊；2—出铁口流槽；3—流槽炭砖；
4—流槽黏土砖；5—炭砖底糊缝

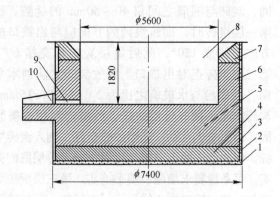

图 5-28　镁砖炉衬剖面图

1—炉壳；2—炉壳石棉板；3—弹性层；4—炉底
黏土层；5—炉底镁砖层；6—炉墙镁砖层；
7—炉墙黏土砖层；8—炉膛；9—出铁
口通道；10—出铁口流槽

在炉壳内铺一层石棉板，要铺平夯实。石棉板上面铺一层80～100mm厚的黏土砖粒作弹性层。弹性层上平砌第一层黏土砖，要求砌成公差不超过±5mm，经检查合格后方可砌下一层。第二层仍然平砌，砌完要测水平度。共砌五层（平砌二层，侧砌三层），全部干砌，砖缝要小，要求砌平，每砌一层砖用加热干燥过的黏土粉充填砖缝并填满，生黏土粉与熟黏土粉的配比为1:1。砌砖时，每层砖缝应错开30°～45°。砌炉底黏土砖的同时放炉壳石棉板，留出弹性层的空间位置（150mm左右），每砌完三层砖填充一次黏土砖粒。

黏土砖以上侧砌10层镁砖，砌砖缝要小于2mm，充填被加热的细粉为镁砂粉与黏土粉，其比例为4:1。当炉底砖砌筑高度达到西出铁口下缘时，平砌一层镁砖。砖缝方向与出铁口中心线平行，并从西出铁口伸出，东出铁口打渣。此后侧砌三层、平砌一层镁砖，砖缝与东出铁口中心线平行，并从东出铁口伸出，西出铁口打渣。侧砌第二层砖从西出铁口伸出，东出铁口打渣。其余两层同前。

每层砖缝错开120°。每层砖砌完后填充干燥细粉料，配比同前。每砌完1～2层周围填充黏土砖粒，要求同前。

炉壳内侧，出铁口附近不留弹性层，在出铁口方孔边界向外（上、下、左、右）400mm处留缝隙，宽65mm，充填卤水镁砂，打结牢固。卤水事先熬好，镁砂中配20%镁砂粉。

炉墙厚度为900mm，即镁砖层为740mm，弹性层为150mm，绝热层（石棉板）为10mm。第一层镁砖平砌且不留出铁口，为死铁层，按人字形砌法，交错接缝处避开高温易漏部位。砌砖、填充镁砂粉同炉底。炉墙第二层砖留出铁口，两侧高度相同。

出铁口截面尺寸为115mm×100mm，内侧用砖块堵牢，外侧用白黏泥封住，中间填充干镁砂。炉墙共砌17层，其中11层镁砖、6层黏土砖，厚度为65+115×10+115×4+65×2=1805mm。每层砌筑成四个人字形，从第四层开始向炉壳方向收缩成阶梯形，上部收缩较大。砌最上面三层砖，靠炉壳只铺石棉板，不留弹性层，以黏土粉填充。

出铁口流槽的砌筑方法是：在流槽铁板内平铺一层石棉板，上面侧砌三层、平砌一层镁砖，即厚115×3+65=410mm，平砌缝隙要小。流槽镁砖两侧缝隙及流槽表面打结卤水、镁砂，填实捣固，表面做成沟槽状。

5.3.2.3　中碳锰铁旧炉衬的拆除及砌筑

中碳锰铁炉衬的砌筑方法见图5-29，其新炉衬砌筑方法与碳素铬铁新炉衬（即镁砖炉衬）砌筑方法相同。

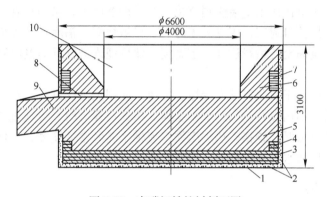

图5-29　中碳锰铁炉衬剖面图

1—炉壳；2—炉底（墙）石棉板；3—弹性层；4—炉底黏土砖层；5—炉底镁砖层；
6—炉墙镁砖层；7—炉墙轻质砖层；8—出铁口；9—出铁口流槽；10—炉膛

旧炉衬在修砌前首先拆除旧砖，拆到砖层完整时为止，清扫干净后即可砌筑。应采用合格的镁砖筑炉。

炉底砖层采用立砌或侧砌的人字形砌筑方法。砖层间立缝应错开30°或45°。到达出铁口流槽时，砖层走向与一侧流槽中心线平行并伸出，另一侧出铁口处打渣。出铁口流槽砌筑方法同碳铬矿热炉。

砖层表面要平整（公差为±3mm），缝隙要尽量小（公差为±2mm）。炉墙弹性层宽度为150~200mm，每砌完一层砖应立即用黏土粒填满。砖缝用加热干燥的细粉填满夯实，粉料配比为铬矿粉：镁砂粉：黏土粉=5：4：1。

炉墙第三层砖以上向炉壳方向收缩成阶梯形。最上面五层可用拆炉旧镁砖砌筑，最上面三层砖的外侧不留弹性层。

铺炉底保护层时，每相电极下面（0.5m²范围）砌一层镁砖。

5.3.2.4　带盖镁质精炼炉炉衬的砌筑

首先检查炉壳是否按要求加工，要按设计要求验收。砌筑时先将炉内清扫干净，在炉底钢板上平铺一层10mm厚的石棉板，其上平砌一层黏土砖，找平后再于砖上平铺50~60mm干镁砂粒。

炉底侧砌11层镁砖，砖缝要小于1mm，水平误差为±5mm，上、下两层砖错开30°~40°。

在砌筑炉底的同时，炉墙铺放炉壳石棉板并平砌一层黏土砖，预留50~60mm厚的弹性层，填满镁砂颗粒直到炉口下两层砖为止。

镁砖侧砌至与流槽下部铁皮相平后，开始每隔一层与流槽平行且顺流槽砌出，要求炉底最后一层恰为砌砖方向与流槽平行，顺延砌筑至流槽端部。

流槽附近500mm处不留弹性层，其缝隙均以湿镁砂灌满打实。

用异型砖砌筑炉墙，炉墙侧砌12层，呈阶梯形从下向上收缩至与炉口相平为止。

对应流槽中心留有115mm×100mm的出铁口，炉墙砌筑质量要求与炉底相同。

炉底炉墙砖缝均用干燥好的、比例为1：1的镁砂粉与铬矿粉填满捣实。

渣线以上炉墙可用旧镁砖砌筑，炉墙中间的炉门、水冷套等均用砖靠紧、靠严即可，不需另行砌拱。

5.3.2.5 出铁口的修砌

碳质炉衬的出铁口在使用中会受到氧化，有时侵蚀严重，当损坏到一定程度时要进行热修。在热修前将出铁口封实，用电极棒烤火，尽量烧深，消除残渣和冷铁合金。先下铁管，沿该处炉壳砌筑黏土砖堵墙达到一定高度，然后灌入破碎好的电极糊（标准糊，粒度小于100mm）。

出铁口流槽炭砖由于氧化侵蚀而变短、变薄，应根据情况进行更换。

碳素铬铁出铁口不用修补。每当炉墙变薄、出铁口变大时，可通过调整炉渣配比、提高炉渣熔点来使炉墙增厚。碳铬矿热炉出铁口流槽平时经常铺镁砂，以便于清理残渣和加强维护。损坏时，用卤水和镁砂修补，损坏严重时应重新修砌。

5.4 矿热炉的开炉

开炉过程分为三个阶段：第一阶段为焙烧电极工序，使电极工作端具有足够的长度，在焙烧电极的同时，炉衬也得到充分干燥和预热。第二阶段为电烘炉，即以焦炭作为导电和加热的介质充分加热炉底，提高炉衬温度，同时也继续焙烧电极。从第三阶段开始向炉内加料，炉温得以进一步提高。各相电极周围逐渐形成单独的反应区。随着功率增加，炉衬蓄热接近饱和，炉内的三个反应区相互沟通，炉膛内形成整体熔池，并积蓄一定数量的炉渣和铁水。

电极焙烧是开炉最重要的环节，开炉不正常往往是由于电极事故频繁发生而造成的。

5.4.1 新开炉电极焙烧

新建和经过大修的埋弧矿热炉的新电极焙烧，采用强化烧结办法。如果烧结温度上升缓慢、烧结时间过长，加热的液态电极糊就会发生离析，这时烧成电极达不到要求的强度，在提高负荷时会断裂。焙烧速度过快会造成电极疏松、强度低，在升负荷时也会发生电极断裂。通常的开炉过程电极烧结方法有三种，即焦炭焙烧电极、天然气焙烧电极和电焙烧电极。

5.4.1.1 焦炭焙烧电极

我国电极直径在ϕ1.3m以内的矿热炉，电极焙烧常采用焦炭焙烧方法。采用此方法的优点是简单易行，开炉工序短，一般3~4天可以出铁。

开炉前将电极末端的电极壳制作成带底的下小上大的圆台，尽量放长电极壳直至圆台坐在炉底平砌的黏土砖上，分期分批向电极壳内加入电极糊，加至铜瓦以上1~2m处。为

了便于使电极糊的挥发分逸出，必须在
电极壳上均匀扎一些小孔。三根电极周
围用黏土砖砌成花墙或用圆钢焊成铁栏，
在花墙或铁栏内加满焦炭，点火燃烧。
火焰要自下而上、由小到大均匀燃烧，
完成电极焙烧后将花墙拆除，将铜瓦抱
在焙烧好的电极上，抬电极送电。

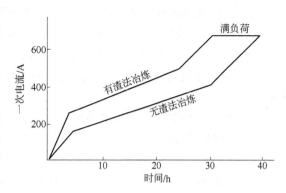

图 5-30　12.5MV·A 矿热炉焦炭焙烧
电极的开炉过程送电制度示意图

图 5-30 为 12.5MV·A 矿热炉焦炭焙
烧电极的开炉过程送电制度示意图。送电
初期，负荷不宜过大，适当延长达到 50%
额定电流的持续时间。在烘炉送电和投料
的初期，焦炭和料层厚度较薄，电极的消
耗速度较快。由于焦炭焙烧的电极长度有限，升负荷时间过长会造成电极工作端长度不足。
因此，应尽量缩短达到满负荷的时间，使电极消耗速度与负荷增长速度相匹配。

通常可根据焦炭焙烧的电极长度来计算达到满负荷的时间 t_f：

$$t_f \leqslant \frac{L_B - L_N}{L_C}$$

式中　　L_B——焦炭焙烧电极长度，m；

　　　　L_N——正常电极工作端长度，m；

　　　　L_C——1h 电极消耗长度，m。

5.4.1.2　天然气焙烧电极

天然气焙烧电极的特点是开炉周期短，负荷上升快。电极直径为 $\phi1.5m$ 的矿热炉的
开炉过程为：炉底铺约 500mm 厚的大块焦，电极下端焦炭厚约 800mm；焙烧电极长度约
为 2000mm；利用天然气焙烧电极 3 天；焙烧至第 2 天时开始压放电极，至第 3 天焙烧结
束时，电极工作端可达 5.4m。在焙烧电极期间，每班必须添加一次电极糊，糊柱高度应
控制在铜瓦上沿 1m 处。焙烧结束时糊柱高度为 2m。焙烧电极结束以后必须送电烘炉。通
常采用低电压、小电流（不大于 30% 的额定电流）电烘 3 天，然后逐渐提高电压、增加
负荷。在适当时机开始加料，至送电后的第 5 天达到满负荷。

5.4.1.3　电焙烧电极

一些厂家对大直径电极采用电焙烧电极和电烘炉。这种方法升负荷缓慢、开炉时间较
长，但工人劳动强度低。表 5-17 所示为一些生产用矿热炉电焙烧电极的情况。

表 5-17　生产用矿热炉电焙烧电极的情况

矿热炉容量/MV·A	电极直径/mm	电烘炉时间/h	耗电量/MW·h	备　注
50	1450	236	480	硅铁矿热炉
36	1300	288	590	炉衬整体打结
30	1400	184	320	锰铁矿热炉
25	1250	240	500	硅铁矿热炉
30	1500	192	300	锰铁矿热炉

电焙烧电极时将电极坐于炉底上，电极周围用焦炭等导电性物料围起来，高度以电极直径的 0.5～1 倍为宜，电极之间略高些。送电后，电极间形成回路（主要是三角形回路），焦炭起到"导流"作用。在实践中有如下几种情况：

（1）先用焦炭焙烧电极。焦炭焙烧电极长度约占焙烧总长度的 1/3，再送电继续焙烧电极。

（2）电炉大修时，三根电极端头留有 0.5m 左右长度的硬头。

（3）三相电极都无硬头，端头用铁皮焊死，密闭电极壳后重新加入电极糊，直接送电焙烧。

开炉送电后，根据实际情况，以适宜的供电制度，在焙烧电极的同时达到逐渐烘烤炉衬的目的。

保留旧电极硬头直接电烘炉时，首先要解决的问题是保证送电后电极不发生硬断，即实现电极从室温状态到高温状态（冶炼反应所需的温度条件）的顺利过渡。自焙电极内部的应力因温度分布、受力状况及微观结构的差异而呈现分布不均和变化状态。当电极内部应力超过极限强度时，电极就会产生裂纹，而频繁或急剧的温度变化会使这些裂纹合并、长大，导致电极硬断。

电极电流变化对电极热应力的影响见图 5-31。电极热应力随电流周期波动次数的增加而递增，表面应力是中心应力的 1.6 倍。根据电极热应力的产生和分布规律，只要减小电极电流的变化率，就可以防止电极内部产生裂纹和防止裂纹扩大。可以采取的措施是：停电或送电均采取较小的电流变化率。停电前，尽可能在一段时期内逐步降低电流值，不能从满负荷分闸停炉。送电时，缓慢提高负荷，在变压器调压许可的范围内，尽可能使负荷递增并呈连续状态，以降低运行电流的变化率，防止电极硬断。

直接送电焙烧电极，其能量来源主要是电阻热。刚送电时，电极糊呈块状，电阻很大，电流几乎全部经电极壳通过，需要研究的是此时电极壳能否承受变压器输出的电流、电极壳是否会被击穿或熔穿。在某实验中，用厚度为

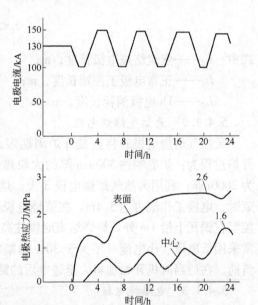

图 5-31　电极电流变化对电极热应力的影响

1.5mm 的钢板制成直径为 $\phi900mm$ 的电极外壳和碳质极芯，在不同温度下得出 1cm 长度内的电阻值，列于表 5-18。

表 5-18　电极壳和碳质极芯在不同温度下的电阻实验数据

名　称	截面积/cm²	1cm 长度内的电阻/×10⁻⁶Ω					
		400℃	500℃	600℃	700℃	800℃	900℃
电极壳	65.5	0.5	0.6	0.67	0.75	0.91	1.0
碳质极芯	5293	94	39	25	8	1.3	1.03

在该实验中，电极壳所承受的平均电流密度为 $6.1A/mm^2$。在低温时，电极壳电阻率比较低，它更能承受较大电流。电极壳冷却条件好的部位（如铜瓦夹紧位置）更不会被击穿。

在直接送电焙烧电极的工艺条件下，电阻热逐步使电极糊熔化，气体挥发吸热，电极壳实际温度不至于迅速升高而被熔穿。而且，温度随着电极糊的熔化、烧结而升高，碳质极芯的电阻率降低。也就是说，电极截面中碳质极芯会逐步承担分流（电流）任务，电极壳内实际承受的电流密度逐渐变小。

电焙烧电极负荷控制的要点是：可根据电极壳外面冒出火焰的情况观察、判断电极烧结状况，当冒出火焰无力、长度小于 50mm 时，可增加负荷；当冒出火焰长于 150mm、冲出速度大、烟发黑时，则必须降低负荷。负荷调整方式为变更有载调压级数，也可在电极周围适当添加少量焦炭以调整电流值。

电极焙烧好的标志是：电极壳表面呈灰白色，外表微呈暗红色，排气孔冒烟少且冒烟量不随负荷的增加而明显变化；或者用带尖的圆钢棍探刺，此时手感稍有些软，但又有一定弹性。

5.4.2　电烘炉、投料冶炼

电极焙烧好后进入电烘炉阶段。为了更有效地利用热能烘烤炉底，可以投料造渣烘炉。

开炉加料前，炉底必须具有一定温度。加料过早、过急会使炉底上涨，严重时出铁口无法打开；加料过晚、过慢会使电极振动大，炉口温度高，热损失大，极易出现电极和设备事故。通过分析开炉过程的热平衡和物料平衡，可以得出如下结论：

（1）硅铁 75 的开炉生产过程中，合金硅的回收率远远低于正常生产值。实际生产的硅回收率为 90% 左右，而开炉过程的硅回收率仅为 45%，大量的硅元素以蒸气或 SiO 形式损失。为了得到合格的产品，应考虑出炉前的配料比和加料量。

（2）开炉初期的热利用率远远低于正常生产值。硅铁 75 生产过程的热利用率为 50% 左右，开炉过程的热利用率仅为 20%。送电初期，长时间的裸弧操作和炉衬的蓄热使炉温偏低。开炉初期的加料速度不宜过快，否则将造成炉底上涨，甚至使矿热炉冻结而不能维持生产。表 5-19 列出了烘炉过程炉衬中部实测的温度数据，表明炉衬升温和蓄热是一个缓慢的过程，需要经过一个多月的时间才能达到炉温平衡，即炉衬各部位温度分布基本维持不变。

表 5-19　烘炉过程炉衬中部实测的温度数据

时间/月·日	5·17	5·18	5·19	5·20	5·25	5·28	6·1	6·13	6·21
操作	焦烘炉	电烘炉		加料	炉口密闭	正常生产			
温度/℃	280	352	500	750~800	1130	1150	1230	1250	1280

开始加料时间一般选择在电极达满负荷电流 25%~30% 时，加料速度要高于正常生产，这是由于炉内除电极周围熔炼区需要添加较多的炉料外，炉内的死料区也需要在开炉过程中添足炉料。加料速度应与耗电量成正比。建议采用下式计算每单位耗电量的加料批数 N：

$$N = f\frac{C_{\mathrm{K}}}{QC_{\mathrm{e}}}$$

式中　f——修正系数，硅铁 75 为 $1 \sim 1.1$，碳素铬铁为 $1 \sim 1.2$，锰硅合金为 $1.35 \sim 1.5$；

　　　C_{K}——正常生产时的单位产品电耗；

　　　Q——正常生产时的矿石单耗；

　　　C_{e}——料批中矿石数量。

加料时应少加、勤加，保持料面缓慢上升，这对无渣法冶炼工艺尤为重要。电极附近缺料时，应尽量用大铲推料。为快速形成熔池或坩埚，可在加料初期加入一些破碎好的回炉铁，其加入数量与正常一炉出铁量相当。

5.4.3　出铁时间的确定

新开炉的热利用率远远低于正常冶炼，热损失大。第一炉铁的耗电量远远大于正常炉的耗电量。某 12.5MV·A 矿热炉冶炼硅铁 75，从烘炉算起，在耗电 $55000 \sim 60000\mathrm{kW \cdot h}$ 时安排出第一炉铁；此后在五个班内把料面逐步加到正常高度，即进入正常生产阶段。该炉电焙烧电极耗电约 $60000\mathrm{kW \cdot h}$，时间为 31h；电烘炉耗电 $70000\mathrm{kW \cdot h}$，时间为 13h；整个开炉过程耗电约 $200000\mathrm{kW \cdot h}$，历时约 50h。

不同冶炼品种的炉膛内结构差别很大，硅铁 75、工业硅等产品开炉应以形成良好结构的坩埚为主要目的，第一炉耗电高于其他品种，通常是有渣法的 $2 \sim 3$ 倍。用有渣法开炉可以充分利用炉渣和合金流动性好、导热好的特点，迅速提高炉温，创造较好的出炉条件。由于开炉初期炉温较低，炉内积存一定量的炉渣和铁水有助于加热炉衬。有渣法的第二、三炉耗电应适当高于正常炉耗电，以保证炉渣和铁水足够过热。无渣法形成坩埚的过程时间较长，因此出炉时间仍需要适当延长。

5.4.4　合金成分的控制

在开炉初期，炉膛温度逐渐升高，而元素回收率、热利用率等与正常生产差别较大。电烘炉初期炉膛内充满过剩焦炭，若不采取相应措施适当调整配料比，则不可避免地造成开炉过程中产品成分波动和炉况恶化。

加料时要估算出炉内存焦量，在加料前期按减焦 20% ~ 30% 计算料批，将炉内存炭作为还原剂消化掉。由于开炉初期料层薄，坩埚没有形成，有相当一段时间用明弧操作，大量硅元素气化损失，中间产物 SiO 得不到充分利用。在料面较低时，铁屑熔化形成的金属珠会很快落入炉底熔池，如不适当调控入炉钢屑数量，势必造成合金硅含量低。为了保证合金成分，通常应在开炉初期减少钢屑配入量。

合金中杂质元素铝、磷、硫等的回收率也与温度有关。温度低有利于磷的还原，加上开炉初期硅利用率低的特点，前几炉产品的磷含量一般都高于正常产品。为保证合金成分，开炉初期应适当配入磷含量低的原料。硫含量也与炉温有关，开炉初期合金硫含量普遍偏高。

通常铁的还原优于合金元素的还原，因此在开炉初期，钙、铬、锰、硅等合金可能出现主元素偏低的情况。

事实上，合金成分变化反映了炉内温度状况。根据合金成分变化可以推测炉温的恢复状况和炉况的好坏，为处理炉况和调整炉料配比提供依据。

5.5 小结

（1）碳质还原剂的质量和性能直接影响冶炼操作，冶炼铁合金有多种专用焦可供选择。

（2）大型矿热炉常用自焙电极，其质量取决于电极壳和电极糊的质量和烧结质量。电极的使用和维护以及电极事故的处理是矿热炉冶炼的经常性工作。

（3）矿热炉炉衬材料的选择和炉体砌筑质量直接影响矿热炉的使用寿命。

（4）矿热炉开炉包括电极焙烧、电烘炉和加料三个阶段。电极焙烧速度过快或过慢都影响电极的烧结质量。

复习思考题

5-1 对碳质还原剂物理性能和化学成分的基本要求是什么？

5-2 碳质还原剂的电阻率、反应性等冶金性能与哪些因素有关？

5-3 铁合金专用焦有哪些种类，性能如何？

5-4 矿热炉使用的电极有哪几种，性质如何？

5-5 简述自焙电极电极壳的作用和构造，以及电极焙烧过程中导电与承重能力的变化。

5-6 简述电极糊的制备过程和自焙电极的烧结过程。

5-7 电极的使用和维护包含哪些内容，各有何要求？

5-8 简述耐火材料的种类、要求及选择。

5-9 简述碳质炉衬的砌筑方法。

5-10 简述矿热炉开炉过程各个阶段采用的方法和要求。

6 矿热炉生产电石

【教学目标】 认知电石炉炉内反应原理和操作影响因素；能够进行电石炉生产操作和尾气净化系统操作；能够进行密闭电石炉的物料平衡及热平衡计算。

6.1 概述

6.1.1 电石的质量指标及生产方法

电石产品的质量指标要符合国家标准 GB 10665—2004（见表 6-1）。

表 6-1　电石产品的技术条件

项　目	指　标		
	优等品	一等品	合格品
发气量(20℃,101.3kPa,≥)/L·kg^{-1}	300	280	260
乙炔中磷化氢的体积分数(≤)/%	0.06	0.08	
乙炔中硫化氢的体积分数(≤)/%	0.10		
粒度(5~80mm)①的质量分数(≥)/%	85		
筛下物(2.5mm 以下)的质量分数(≤)/%	5		

①圆括号中的粒度范围可由供需双方协商确定。

将符合电石厂生产要求的石灰和焦炭分别进行粉碎和筛分，然后按规定配比进行配料。配好的炉料送至电石炉储料仓内，经投料管向炉内投料。炉料在矿热炉内依靠电弧的高温熔化，反应生成电石。电石定时出炉，放入电石盆内，由电动牵引车拖到冷却间。电石经冷却后进行破碎、包装后即为电石产品。电石的冶炼生产过程如图 6-1 所示。

一般电石冶炼生产的消耗定额见表 6-2。要求主要原材料的种类和规格为：石灰的 CaO 含量大于 92%，MgO 含量小于 1.6%；焦炭的固定碳含量大于 84%，灰分含量小于 15%，挥发分含量小于 1.5%，水分含量小于 3%。

表 6-2　电石冶炼生产的消耗定额

项　目		单　耗
原材料/t·t^{-1}	石　灰	0.95
	焦　炭	0.6
电/kW·h·t^{-1}		3400

6.1.2 电石的主要性质

电石的主要成分为碳化钙，碳化钙的分子式为 CaC_2，相对分子质量为 64.10。碳化钙是一种稳定的碳化物。极纯的碳化钙结晶是天蓝色的晶体，化学纯的碳化钙几乎是无色透明的晶体。工业用碳化钙（即电石）中 CaC_2 含量为 70%～80%，杂质 CaO 约占 24%，碳、硅、铁、磷化钙和硫化钙等约占 6%。电石的新断面随碳化钙含量的不同而呈灰色、棕色、紫色或黑色，碳化钙含量较高者呈紫色。若电石的新断面暴露在潮湿的空气中，则因吸收了空气中的水分而使断面失去光泽，变成灰白色。

纯碳化钙的密度为 2.22g/cm³ （18℃），工业电石的密度取决于 CaC_2 的含量。如图 6-2 所示，随着 CaC_2 含量的减少，电石的相对密度增加。

电石的熔化温度随 CaC_2 含量的变化而变化，如图 6-3 所示。纯碳化钙的熔点为 2300℃，纯氧化钙的熔点为 2600℃。电石有两个最低熔点，含碳化钙 69%、氧化钙 31% 的混合物的熔点为 1750℃，含碳化钙 36.6%、氧化钙 64.4% 的混合物的熔点为 1800℃。

电石能导电，纯度越高，导电性越好。当碳化钙含量下降到 70%～65% 之间时，其导电性达到最低值。若碳化钙含量继续下降，则其导电性又上升。电石的导电性与温度也有关系，温度越高，导电性则越好。

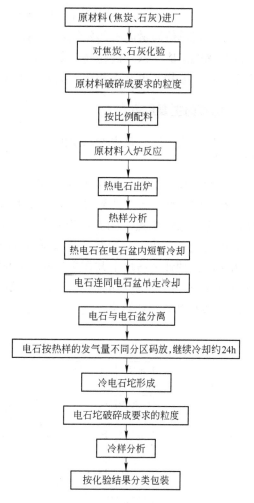

图 6-1　电石的冶炼生产过程

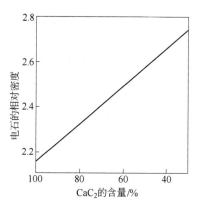

图 6-2　电石密度与 CaC_2 含量的关系

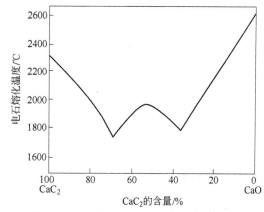

图 6-3　电石熔化温度与 CaC_2 含量的关系

碳化钙遇水后会剧烈分解并放出等摩尔的乙炔气体，反应为：

$$CaC_2 + 2H_2O \Longrightarrow Ca(OH)_2 + C_2H_2$$

通常测定单位质量电石的发气量，用以评价电石的品位。

硅与钙能形成一系列硅化物，如 Ca_2Si、$CaSi$ 和 $CaSi_2$ 等，其中以 $CaSi$ 最为稳定。钙与铁不形成化合物，也互不相溶，钙在铁液中的溶解度很小。

6.1.3 电石的主要用途

电石的用途极广，是生产乙炔的原料，同时也用于石灰氮的生产和作为冶炼钢铁的脱硫剂。

电石与水反应生成的乙炔可以合成许多有机化合物，故乙炔有"有机合成之母"之称。电石乙炔主要用于生产聚氯乙烯、氯丁橡胶、醋酸及醋酸乙烯等，同时还大量用于金属切割、生产乙炔炭黑，图 6-4 为其化工应用的示意图。近年来，国际原油价格快速上涨，国内用电石乙炔生产聚氯乙烯有较大的成本优势，在国产 PVC 中，70% 以上以电石乙炔为原料，预计电石法工艺在未来相当长的一段时间内将占据主导地位。国内醋酸乙烯（VAc）是电石另一个重要的消费领域，类似于聚氯乙烯行业。国内近几年新建和扩产醋酸乙烯厂基本以电石乙炔法为主，生产能力约占 70%。

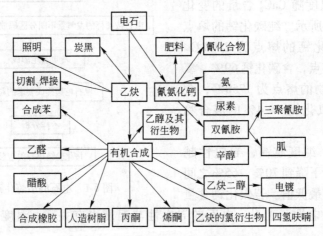

图 6-4 电石乙炔的化工应用示意图

石灰氮是国内电石的传统消费领域。在加热粉状电石与氮气时反应生成氰氨化钙，即石灰氮。石灰氮是一种优良的碱性肥料，也是生产氰化物的原料。加热氰氨化钙与食盐反应生成氰熔体，用于采金及有色金属工业，也用于特种钢的淬火。用氰氨化钙生产的双氰胺、三聚氰胺、硫脲和胍等可用于医药、印染和塑料工业，此外，氰氨化钙还是生产氢氰酸、硝酸和铵盐的原料。

电石本身可直接用作钢铁工业的脱硫剂，用于生产优质钢。用电石制成的炉砖可作为炼钢炉的炉衬。粉状电石可用作分析化学的试剂和建筑工程的测湿剂。

6.2 电石炉炉内反应

6.2.1 电石生成反应

在矿热炉内 1800 ~ 2200℃ 高温下，碳化钙的生成反应为：

$$CaO + 3C \Longrightarrow CaC_2 + CO \qquad \Delta H^{\ominus} = 46590J/mol$$

由碳化钙和氧化钙的状态图（见图6-3）可知，纯碳化钙和纯氧化钙的熔点都高于反应温度，但当两者的混合物含碳化钙69%时，熔化温度为1750℃。因此，这一反应过程应在该混合物的熔融液态体系中进行。

一种比较符合生产实际的说法认为，矿热炉刚开始生产时（如新开炉）或出炉后无液相，炉膛内先以固态扩散方式生成 CaC_2，即：

$$CaO_{(s)} + C_{(s)} \Longrightarrow CaO \cdot C_{(扩散)}$$

$$CaO \cdot C_{(扩散)} \Longrightarrow Ca_{(g)} + CO_{(g)}$$

$$Ca_{(g)} + 2C_{(s)} \Longrightarrow CaC_2$$

生成的 CaC_2 与周围的 CaO 共熔成熔融态，这一固态反应可以写成：

$$CaO_{(s)} + C_{(s)} \longrightarrow CaC_2 \cdot CaO \text{ I }_{(1)} + CO_{(g)}$$

由于炉膛内发生上述反应，便产生液相，接着即进行生成电石的反应，分为两步：

$$CaC_2 \cdot CaO \text{ I }_{(1)} + CaO_{(s)} \longrightarrow CaC_2 \cdot CaO \text{ II }_{(1)}$$

$$CaC_2 \cdot CaO \text{ II }_{(1)} + C_{(s)} \longrightarrow CaC_2 \cdot CaO \text{ I }_{(1)}$$

$CaC_2 \cdot CaO$ I 、$CaC_2 \cdot CaO$ II 分别表示 CaC_2 含量不同的熔体，前者的 CaC_2 含量高于后者。最终导致生成电石的反应过程按如下反应式进行：

$$CaO_{(s)} + 3C_{(s)} \Longrightarrow CaC_{2(1)} + CO_{(g)}$$

6.2.2 炉内反应状况

在埋弧冶炼的电石炉内，电弧周围同样存在着反应坩埚区。以上反应发生在炉膛的不同区域内，如图6-5所示。

在炉料层，炉料被逸出的气体预热，炭素原料所含的水分蒸发。坩埚反应区蒸发的镁、铝、硅等金属蒸气上升至炉料层，凝结为氧化物，因此在此层的下部常常生成硬壳。

坩埚外壳为相互扩散层，从坩埚反应区上升的钙蒸气和 CO 气体由于逆反应而生成氧化钙及碳（$Ca + CO \Longrightarrow CaO + C$），或者钙蒸气和含在原料中的氧生成氧化钙，进入石灰或焦炭的空隙中，进行氧化钙与碳（$CaO \cdot C$）的相互扩散。

坩埚内壁为反应层，由生石灰、固态炭素料和半熔融物组成，其中充满了钙蒸气和 CO 气体。反应层由于被 $CaO \cdot C$ 扩散层（即透气性不好的硬壳）所覆盖，其内部气体压力的传递极为迅速，发生大量的扩散还原反应：

$$CaO_{(s)} + C_{(s)} \Longrightarrow CaO \cdot C_{(扩散)}$$

$$CaO \cdot C_{(扩散)} \Longrightarrow Ca_{(g)} + CO_{(g)}$$

$$Ca_{(g)} + 2C_{(s)} \Longrightarrow CaC_2$$

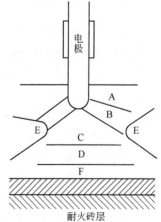

图6-5 电石炉炉内反应状况

A—炉料层；B—相互扩散层；C—反应层；
D—熔融层；E—硬壳层；F—积渣层

其中以后两个反应为主。生成的碳化钙与石灰共熔，其半熔融物促进了液-固相反应 $CaO_{(l)} + 3C_{(s)} = CaC_{2(l)} + CO_{(g)}$ 的进行，可能大部分碳化钙的生成反应是在此完成的。

电弧区单位体积的发热量非常大，使反应层产生了很大的温度梯度，增大了气化反应 $CaO_{(l)} + C_{(s)} = Ca_{(g)} + CO_{(g)}$ 的反应速度。而且，坩埚反应层的物料处于疏松状态，表面积非常大，在不同部位生成的 CaC_2 的物质的量有很大差别。由于反应层对钙蒸气和 CO 的透气性良好，因此，扩散还原反应能够迅速地进行。

在电弧区下方为熔融层，反应区生成的碳化钙与石灰熔融成液态下落和聚集，生成物的成分趋于均匀，反应为：

$$mCaO + nCaC_2 === nCaC_2 \cdot mCaO$$

在熔融层下部，生成物在高温状态下进一步进行冶炼反应：

$$mCaO + nCaC_2 === (n-1)CaC_2 \cdot (m-2)CaO + 3Ca + 2CO$$

也就是将其中的电石混合物液体进一步提纯，部分钙和 CO 上升至反应层继续与碳进行反应。所以在电石炉操作中，每班出炉次数太多往往不能保持高炉温，也不能提高电石质量。当电石质量稍差时，延长一些时间再出炉可以提高炉温和电石中碳化钙含量，可使电石质量提高。

自电弧区外围至炉壁处为硬壳层，或称为死料区。由于距电弧较远，温度较低，它是一种半成品多孔性物质和半熔融物质。该区域在电石炉负荷增大时缩小一些，而在电石炉负荷减小时又扩大一些；同时，也逐渐下沉并重新生成新的一层，但其速度较慢。这一区域，尤其是圆形炉中心三角区，硬壳的形成对生产操作关系很大，往往因为塌料而将电石出炉的通道堵塞，使三相互不连通。

炉底部为积渣层，炉子运转时间较久后，由炉内杂质（如硅铁、碳化硅等）积累形成。积渣多时会增加炉子电耗，因此，必须注意原料的杂质含量和矿热炉操作。出炉时尽可能使杂质随电石一起排出来，以避免炉底沉积，从而延长炉底寿命。

6.2.3　碳化钙的反应速度与稀释速度

由前述可知，在电石炉内存在碳化钙的生成反应和碳化钙与氧化钙的共熔反应，这两个反应的速度大小决定着冶炼进程和电石品质。

碳化钙的反应速度是指焦炭与石灰不断化合生成碳化钙的反应速度。在电石炉内，焦炭是始终不熔化的固体，其有限的反应接触面积大大阻滞了与熔化石灰进行反应的速度。其反应过程首先是碳化钙与石灰共熔体中石灰及焦炭块表面的碳反应，同时石灰溶液不断渗入焦炭的毛细孔中，与碳反应生成碳化钙而共熔，使焦炭变得疏松，反应产生的 CO 又使疏松的焦炭部分崩裂成小块。其次，未崩裂和已崩裂成小块的焦炭不断被石灰溶液渗入，边反应、边崩裂，有一些焦炭即分散成微粒，悬浮在电石熔体中。这时如果配料的石灰过剩，那么焦炭微粒在熔体中通过扩散、反应直至全部生成电石；如果配料的石灰没有过剩，那么焦炭与熔体中的熔化石灰反应生成电石，由于这种熔体的石灰含量少，甚至还有大量分散而未与石灰反应的焦炭微粒留存在电石中。所以碳化钙生成的实际反应速度，其限制环节由石灰的渗透速度、焦炭的崩裂分散和扩散速度所决定。显然，石灰的渗透速度取决于炉温和焦炭的化学活性等因素。

碳化钙的稀释速度是指碳化钙生成时与周围石灰的共熔速度。由于含69%~70%碳化钙的共熔体熔点最低，碳化钙一旦生成，就与周围的石灰按此成分形成共熔体流下去。当炉内温度高于这个组分的共熔点时，只要热量的供给能满足熔化时吸收热量的需要，共熔的速度就足够快。共熔体的碳化钙含量一般不会高于70%，这是因为配料焦炭含量高时，焦炭还来不及反应生成碳化钙；配料石灰含量高时，石灰倒很容易与之共熔，使碳化钙稀释到70%以下。当然，共熔体的碳化钙含量也取决于炉温的高低，炉温高时，碳化钙的含量就高。

在电石炉内，碳化钙一边生成，一边就被熔融的石灰所稀释。如果反应速度大于稀释速度，碳化钙含量就会不断增加，电石品位就高；反之，如果稀释速度大于反应速度，碳化钙就会被不断稀释，电石品位就低。如果配料焦炭含量很低（即焦炭全部反应完），即使碳化钙生成速度再快也得不到高品位的电石。所以在电石冶炼中，如何适当加快反应速度和适当调节稀释速度是关系产品质量和电耗的关键性问题。

在电石炉内，稀释速度相对比较稳定，而影响反应速度的因素比较多，其中主要因素是炉温。反应速度常数可由下式估算：

$$K = Ae^{-\frac{E}{RT}}$$

式中　K——反应速度常数；

　　　A——常数；

　　　E——反应的活化能，粗略估计为836.82kJ/mol；

　　　R——摩尔气体常数，取8.31J/(mol·K)；

　　　T——反应温度，K。

据此，比较炉温为1800℃（CaC_2 69%）和2100℃（CaC_2 85%）时两者的反应速度常数：

$$\frac{K_1}{K_2} = e^{\frac{836820}{8.31} \times \left(\frac{1}{2073} - \frac{1}{2373}\right)} = e^{6.2} = 493$$

即炉温从1800℃提高到2100℃，反应速度常数提高了493倍，可见炉温对反应速度的影响十分巨大。

因此，欲生产优等品电石（发气量大于300L/kg，CaC_2 含量大于78.73%），炉温至少要在1980℃以上，最好是2000℃，炉温越高，电石品位就越高。如果配料焦炭过少，即使烧尽也得不到高品位电石。要获得 CaC_2 含量大于60%的电石（发气量为229L/kg），炉温需要在1940℃以上。CaC_2 含量为69%的电石（发气量为263L/kg）凝固后，断面为均匀共熔体；而品位高的电石，则 CaC_2 的结晶体镶嵌在共熔体中，电石品位越高，结晶体就越多。

生产高品位电石主要是依靠提高炉温，相应地要提高电石炉的负荷。在这种情况下，炉内的电阻将会下降，电极不易插深，甚至出现明弧操作，这就会降低各项技术经济指标。实践证明，要想提高炉温而又不使电极上抬，做到埋弧操作，应采取以下措施：

（1）适当提高电流电压比，使得在电阻较低的情况下仍能保持埋弧操作。

（2）适当减小焦炭粒度，以增加炉料电阻率。

（3）掺用电阻率较大的炭素原料，如石油焦、无烟煤等，以增加炉料电阻率。

（4）认真维护设备，提高设备利用率。

（5）精心操作，想尽办法将电极插深，做到埋弧操作。

6.3　电石炉操作的影响因素

6.3.1　石灰的影响

6.3.1.1　石灰中杂质的影响

石灰中的杂质对电石生产是十分有害的。炉料在炉内反应生成碳化钙的同时，各种杂质也进行下列反应：

$$SiO_2 + 2C \xrightarrow{1500℃} Si + 2CO \qquad \Delta H^{\ominus} = 573 kJ/mol$$

$$Fe_2O_3 + 3C \xrightarrow{730℃} 2Fe + 3CO \qquad \Delta H^{\ominus} = 452 kJ/mol$$

$$Al_2O_3 + 3C \xrightarrow{2160℃} 2Al + 3CO \qquad \Delta H^{\ominus} = 1217 kJ/mol$$

$$MgO + C == Mg + CO \qquad \Delta H^{\ominus} = 485 kJ/mol$$

因此，在电石炉中不但多消耗电能，而且多消耗焦炭。根据物料平衡得出各种杂质的还原率为：MgO 80% ~ 100%，SiO₂ 40% ~ 60%，Al₂O₃ 5% ~ 10%，Fe₂O₃ 30% ~ 50%。

实践证明，杂质还原率与电石发气量有一定的关系。电石的发气量越高，杂质的还原率也越高，其关系如图 6-6 所示。

各种杂质中，氧化镁对电石生产危害较大。氧化镁在熔融区迅速还原成金属镁，从而使熔融区成为一个强烈的高温还原区。当镁蒸气从这个炽热的区域大量逸出时，其中一部分镁与一氧化碳立即反应生成氧化镁：

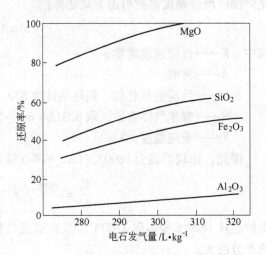

图 6-6　杂质还原率与电石发气量的关系

$$Mg + CO == MgO + C \qquad \Delta H^{\ominus} = -489 kJ/mol$$

此时由于反应所产生的高温使局部硬壳被破坏，可能使液态电石外流，与耐火砖衬接触，侵蚀了砖衬。

而另一部分镁蒸气上升到炉料表面，与一氧化碳或空气中的氧气反应：

$$Mg + \frac{1}{2}O_2 == MgO \qquad \Delta H^{\ominus} = -613 kJ/mol$$

当镁与氧气反应时，放出大量的热，使料面结块，阻碍炉气排出，并产生支路电流；在半密闭炉和密闭炉中，还会堵塞炉气抽出管道。

上述两种氧化反应都放出大量的热。由于这些热量在炉料上部放出，给操作带来了困难。更为严重的是，这一部分热量也会对炉体产生不良的影响，反应热能使熔池破坏，把电石堵在流出口内，甚至完全堵塞流出口。在最严重的情况下，熔池由于失去周围的硬壳而造成耐火砖烧毁。

氧化镁的还原作用会降低电效率和电石产量，并增加焦炭消耗。氧化镁还原产物的燃烧会妨碍炉子操作和运转，甚至毁坏炉衬。因此，电石炉炉料中氧化镁的含量应尽量减少。

通常炉气能带走原料中85%的氧化镁，其余15%留在熔融区，与氮反应生成氮化镁，致使电石发黏，在炉内不易流出，影响操作。

氧化镁对电石炉功率发气量（PL）也有影响，从实际经验来看，石灰中每增加1%的氧化镁，其功率发气量将下降$(1.0 \sim 1.5) \times 10^{-4}L/kJ$。

二氧化硅在电石炉内被焦炭还原成硅，一部分在炉内生成碳化硅，沉积于炉底，造成炉底升高；另一部分与铁作用，生成硅铁，硅铁会损坏炉壁铁壳，出炉时会烧坏流料嘴和冷却锅等设备。石灰中二氧化硅含量对电石炉功率发气量有一定的影响，二氧化硅含量越高，则功率发气量越低，其关系如图6-7所示。

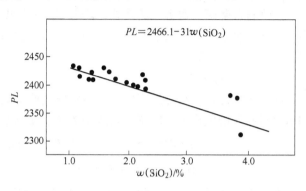

图6-7　石灰中二氧化硅含量与电石炉功率发气量的关系

氧化铝在电石炉内不能全部还原成铝，一小部分混在电石里，降低了电石的质量；而大部分则成为黏度很大的炉渣，沉积于炉底，使炉底升高，严重时炉眼位置上移，造成电炉操作条件恶化。

氧化铁在电石炉内与硅熔融成硅铁。

磷和硫在炉内分别与石灰中的氧化钙反应生成磷化钙和硫化钙，混在电石中。前者在制造乙炔气时混在乙炔中，有引起自燃和爆炸的危险；后者在乙炔气燃烧时转变成二氧化硫气体，对金属设备有腐蚀作用。

6.3.1.2　生烧石灰的影响

石灰石中含有96%以上的碳酸钙，在石灰窑中煅烧石灰石，当温度达到815℃时，碳酸钙分解放出二氧化碳。温度越高，分解速度越快。如整块石灰石自表面到最内层都达到815℃以上，则可得到完全分解的生石灰；反之，如石灰石块中心温度没有达到815℃，则碳酸钙还来不及分解就从窑内卸出，这样的生石灰就称为生烧石灰。因此，在石灰石粒度相差悬殊的情况下，大块石灰石中心部位来不及分解，卸出窑后大多含有生烧石灰。

在电石炉内，生烧石灰中的碳酸钙要进一步分解成生石灰，再与焦炭反应生成电石。分解碳酸钙需要消耗热量，这样就增加了电石的电耗。生烧石灰中有二氧化碳成分计入，实际上提高了炉料配比，这对提高电石质量有利。不过，生烧率过高会影响炉料配比，打乱电石炉正常生产秩序。因此，要求生烧量不超过5%。

生烧率与石灰石的结晶度有关，致密质的石灰石晶粒尺寸在$10 \times 10^{-8}m$以下，可以使生烧量控制在2%，也不会过烧；而结晶质的石灰石不能得到较好的生石灰，如果生烧率控制在2%，则大部分的生石灰会碎裂成粉末。二氧化硅含量高的石灰石容易风化，不得不使生烧量大一些。这种石灰石在生产石灰时不是粉化程度大就是容易生成熔块结瘤，反应为：

$$2CaO + SiO_2 \xrightarrow{1260℃} Ca_2SiO_4 \qquad \Delta H^{\ominus} = -121kJ/mol$$

在煅烧二氧化硅含量高的石灰石时，如果温度超过1260℃，就会发生粉化而生成熔块；

如果控制在1260℃以下，则又增加生烧量。所以，要求石灰石的杂质尽量少，粒度要均一。

6.3.1.3 过烧石灰的影响

石灰石分解放出二氧化碳后，不但本体产生许多孔，而且体积缩小10%～15%。如果石灰石在窑内停留时间过长或温度过高，则石灰石的结晶单元逐渐排列整齐，原来疏松多孔的石灰就变成坚硬的石灰，体积比原来缩小43%左右，这样的生石灰就是过烧石灰。

过烧石灰坚硬、致密、活性差，降低了反应速度；并且其体积缩小以后接触面积也减小，引起炉料电阻率下降，电极容易上抬，对电炉操作不利。所以，过烧石灰也要尽量减少。

6.3.1.4 粉化石灰的影响

在生产和储存石灰的过程中，因接触空气而生成一部分氢氧化钙。另外，炭素原料中的水分对石灰的风化也有影响。石灰中的氢氧化钙在电石炉内进行如下反应：

$$Ca(OH)_2 \Longrightarrow CaO + H_2O \qquad \Delta H^{\ominus} = -108.8 kJ/mol$$

$$H_2O + C \Longrightarrow CO + H_2 \qquad \Delta H^{\ominus} = -166.7 kJ/mol$$

在电石生产过程中，粉化石灰不但要多消耗电能和炭素原料，而且还影响电石炉操作。当炉料中的粉末含量较多时，容易使电极附近料层结成硬壳，发生崩料现象。崩料有两个害处：一是降低炉料自由下落的速度，减少投料量，使电石炉减产；二是阻碍炉气自由排出，增大炉内压力，最后造成喷料和塌料等现象，影响电石炉正常操作。尤其是在密闭电石炉中，还会造成炉压不稳定、防爆孔爆开、炉盖局部温度过高以及喷料等现象，既不安全又影响生产。

石灰中 $Ca(OH)_2$ 含量对电石炉功率发气量的影响，如图6-8所示。

6.3.1.5 石灰粒度的影响

石灰粒度对电石生产是十分重要的。粒度过大，则接触面积小，反应较慢；粒度过小，则炉料透气性不好，影响电石炉操作。因此，对石灰的粒度应提出适当的要求。

石灰粒度要与电炉容量以及焦炭粒度配合起来研究。通常，电石厂按照图6-9所示的范围选择石灰粒度。

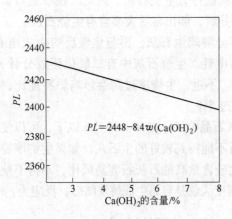

图6-8　石灰中氢氧化钙含量对电石炉
功率发气量的影响

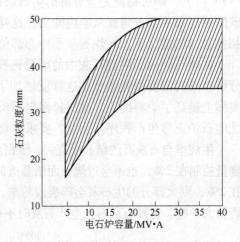

图6-9　电石炉容量与石灰粒度的关系

不过，根据许多电石厂的生产实践，对石灰粒度提出了如下更具体的要求：

电炉容量/MV·A	石灰粒度/mm
5~10	5~30
10~20	5~35
>20	5~40

石灰粒度的合格率要求在90%以上。在炉料中如果存在5mm以下的粒子，则对电石炉操作影响较大，尤其是大容量电石炉。实践证明，石灰中粉末及小块含量对电石炉功率发气量的影响如图6-10所示。从图中可以看出，石灰中粉末及小块含量越高，则电石炉功率发气量越低。功率发气量越低，说明电石炉生产成绩越不好。

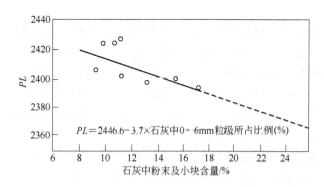

图6-10 电石炉功率发气量与石灰中粉末及小块含量的关系

另外，石灰粒度对操作电阻有很大影响。对石灰来说，其本身粒度与操作电阻关系不大，但在混合炉料中却有影响，这显然是由于改变了焦炭接触状态。由表6-3可知，当炉料配比均为65%时，炉料电阻率随着石灰粒度的变化而变化。

表6-3　石灰粒度与炉料电阻率的关系（炉料配比均为65%）

石灰粒度/mm	电阻率/Ω·mm
30~40	74.8
20~30	92.6
10~20	316
5~10	474

6.3.2　炭素原料的影响

6.3.2.1　炭素原料中灰分的影响

炭素原料中的杂质主要是灰分，其全部由氧化物组成。炭素原料中灰分对电石生产的影响与石灰中杂质一样。在电炉内生成电石的同时，灰分中的氧化物也会被还原，既要消耗电能，又要消耗炭素原料，而且还原后的杂质仍然混入电石中，降低了电石的纯度。生产实践证明，炉料中每增加1%的灰分，要多消耗电能50~60kW·h/t。因此，要求炭素原料中的灰分含量越少越好。

6.3.2.2　炭素原料中水分的影响

炭素原料中的水分会使炉料中的生石灰在输送和储存过程中发生消化反应，容易引起投料管堵塞，使炉料透气性变坏。同时，在炉内将发生如下变化：

$$C + H_2O \xrightarrow{\quad\quad} CO + H_2 \qquad \Delta H^{\ominus} = -166.5\,kJ/mol$$

$$Ca(OH)_2 \xrightarrow{\quad\quad} CaO + H_2O \qquad \Delta H^{\ominus} = -108.8\,kJ/mol$$

上述反应使热能（即电能）和炭素原料的消耗增加。炭素原料中水分的影响程度与炉容和炉型有关，分别简述如下：

（1）在小容量敞口式电石炉中，大多采用人工投料，配好的炉料很快就会投入炉内，利用炉面的余热即可把炭素原料中的水分去除。在这种情况下，水分对生产的影响是比较小的，只要在配料时考虑到水分含量因素即可。在这种类型的电石炉上可以省去复杂的干燥设备和人力。

（2）在中等容量敞口式电石炉中，大多采用机械化或半机械化投料，混合炉料在炉上料仓中存放的数量较多、时间较长，炭素原料中的水分与石灰相遇，产生消石灰粉末。这种粉末一部分随炉面上的烟气飞逸散失；另一部分混入炉料中，将其投入电石炉时有可能导致棚料，进而发生喷料和塌料等现象，一则影响电石炉正常操作，再则会造成人身安全事故。在这种类型的电石炉上如果采用简单的烘干设备，利用炉上的余热把水分含量降到5%以下，就可大大减轻对生产的影响。

（3）在密闭电石炉中，炭素原料中水分的影响更为严重。密闭电石炉的特点是：在电石炉上面加了炉盖，炉料是由投料管自动投入炉内的，不能再用耙子推平炉料和疏松炉料。这种类型的电石炉除了用电气参数控制电石炉的操作外，还要用炉压、炉盖温度、炉气抽出量和炉气成分等来控制。如果炭素原料中含有水分，水与炽热的炭素相遇产生水煤气（$CO + H_2$），就会使炉气中的氢气含量大幅度波动，影响电石炉的正常操作。炭素原料中水分含量对炉气中氢气含量的影响如图6-11所示。

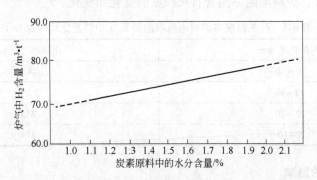

图6-11　炭素原料中水分含量与炉气中氢气含量的关系

炭素原料中的水分使石灰产生粉末，粉末过多容易造成棚料，进而发生炉子不吃料、喷料和炉压不稳等不正常现象，严重时要停炉处理。炭素原料中水分含量对电石炉功率发气量的影响如图6-12所示。在这种类型的电石炉上必须采用干燥效果较好的烘干设备，把炭素原料中的水分含量降低到1%以下。

6.3.2.3　炭素原料中挥发分的影响

关于炭素原料中挥发分的形态，若从挥发分元素来分析，可以推断是一些脂肪族饱和物，如甲烷、焦油等物质。假如挥发分是10~12个碳的链状化合物，其分解热为1255~

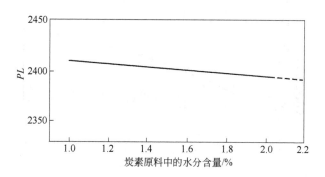

图 6-12 炭素原料中水分含量与电石炉功率发气量的关系

2092kJ/kg。在炭素原料中，挥发分含量若增加 1%，则生产 1t 电石需多消耗 8368 ~ 12552kJ 的热量（相当于 2.3 ~ 3.5kW·h 电能）。

另外，挥发分靠近反应区，形成半熔融黏结状，使反应区的物料下落困难，容易引起喷料现象，使热损失增加；如在敞口炉的情况下，则炉面火焰增长，使操作环境恶化。

据资料介绍，在炭素原料的挥发分中一般均含有 20% ~ 30% 的氧，它在炉内还要与温度极高的烧结电极反应，使电极消耗增加。炭素原料中挥发分含量 $w(V)$ 与电极消耗量 E 的关系如图 6-13 所示。

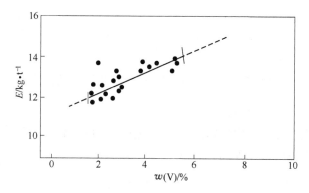

图 6-13 炭素原料中挥发分含量与电极消耗量的关系

在密闭电石炉中，炭素原料中挥发分含量对炉气中 H_2、CH_4 生成量的影响，如图 6-14 和图 6-15 所示。

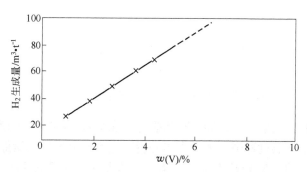

图 6-14 炭素原料中挥发分含量与炉气中 H_2 生成量的关系

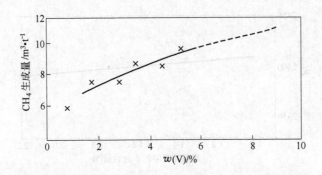

图 6-15　炭素原料中挥发分含量与炉气中 CH_4 生成量的关系

挥发分在炉内有 10%～15% 要被碳化，使炭素原料的效率降低。炭素原料中固定碳含量 $w(C)_{固}$ 与碳效率 E_C 的关系如图 6-16 所示。

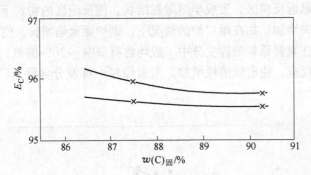

图 6-16　炭素原料中固定碳含量与碳效率的关系

6.3.2.4　炭素原料孔隙率的影响

对电石生成反应而言，炭素原料的孔隙率越大，反应性越好。炭素原料孔隙率对电石炉功率发气量的影响也很大，如图 6-17 所示。

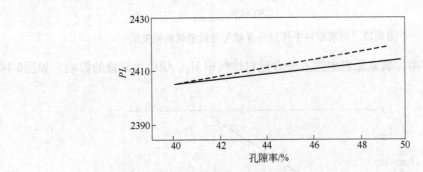

图 6-17　炭素原料孔隙率与电石炉功率发气量的关系

炭素原料受热后会发生碎裂，即具有热裂性。在炭素原料中，无烟煤的热裂性比较突出。这种性质是由于加热过程中，无烟煤内部所产生的应力超过炭素原料的破坏应力而产生的，同时与其含有的挥发分及内部构造有关。在炉内，炭素原料碎裂发生在上部反应区，使一氧化碳气体的上升阻力增大。

6.3.2.5　炭素原料粒度的影响

各种炭素原料在各种粒度下，其电阻相差很大。一般是粒度越小，电阻越大，在电炉操作时电极越易深插入炉内，对电炉操作越有利；反之，粒度越大，电阻越小，电极越易上抬，对电炉操作越不利。因此，炭素原料粒度大小是电石生产中的一个重要因素。

根据实际测定得出炭素原料粒度与电阻的关系，如表6-4所示。即粒度越小，电阻越大，对电石炉操作越有利；但粒度过小则透气性差，容易使炉料结块，反而不利。因此，炉料粒度的选择要适当。

表6-4　炭素原料粒度与电阻的关系

单一粒度	粒度/mm	0~3	3~10	10~15	15~20	20~25	电阻/Ω
	电阻/Ω	18	10	6.6	6.1	5	
混合粒度	百分比/%	10	70	15	5		7.25
	百分比/%	25	63	10	2		9.01
	百分比/%	5	40	35	15	5	6.00

随着温度的变化，各种粒度炭素原料的电阻也发生变化，图6-18所示为焦炭电阻系数与其粒度和加热温度的关系。从图中曲线可以看出：

（1）各种粒度的炭素原料具有共性，即温度越高，电阻越小；

（2）无论温度怎样变化，在同一温度下，粒度越小，电阻越大。

电石炉操作时的电石反应速度与炭素原料的半径成反比，所以，炭素原料粒度小有利于加快反应速度。如果粒度过大，

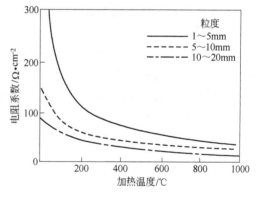

图6-18　焦炭电阻系数与其粒度和加热温度的关系

则产生支路电流，容易造成电极不下插，降低了熔池区电流密度及炉温，反应速度也随之下降。

从反应性来说，粒度越小，比表面积越大，则固相接触得越好，越容易反应。同时，粒度小，电阻大，电极易深插入炉内，使电极端部至炉底距离减小，则熔池电流密度增加，炉温也升高，对生产高质量电石更有利。

但若粒度过小，则气体排出阻力增加，甚至堵塞炉气通路，对反应不利；同时也容易引起恶性喷料，使电炉操作恶化，炭素原料的利用效率降低。

若粒度过大，虽然气体排出比较容易，但总的接触面积减小，电阻减小，支路电流增加，电极上升，炉温降低，将会有反应未完的炭素原料随电石排出，使电石质量降低，也使碳的利用率降低。因此在生产过程中，要求原料活性高、电阻大、具有使一氧化碳气体上升容易的粒度，其中粉末要尽量除去。

炭素原料的粒度与电石炉容量大小有关。通常按照图6-19所示的范围选择炭素原料的粒度。不过近年来许多电石厂的生产实践证明，应对炭素原料的粒度提出如下更进一步的要求：

电炉容量/MV·A	炭素原料的粒度/mm
5~10	3~15
10~20	3~18
>20	3~20

粒度合格率要求在90%以上。

6.3.2.6 炭素原料中粉末的影响

炭素原料中粉末对电石炉生产的稳定性有很大害处，可以从如下几方面说明：

（1）若粉末过多，则炉料透气性不好，电石生成过程中产生的一氧化碳气体不能顺利排出，减慢了电石生成反应的速度。

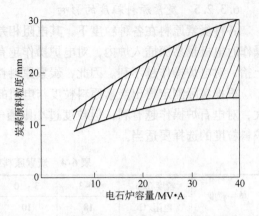

图 6-19 炭素原料粒度范围与电石炉容量的关系

（2）炉料透气性不良的另一个后果是，当炉气压力增加到相当高时发生喷料现象，炉料大量下落到熔池。这样就使电极四周和熔池区域的料层结构发生变化，炉料不是有次序地连续发生变化而逐步沉下去，而是突然有大量生料漏入熔池，造成电极上升，对炉温和电石炉内反应的连续性产生很坏的影响，产品质量易降低。

（3）粉末多时，许多粉末被炉气带走，这样炉料的配比就不准了。粉末在料层中容易结成硬壳，电极附近产生支路电流，造成电极上升。

（4）若粉末过多，敞口炉容易塌料，影响人身安全；对密闭炉则更为有害，会造成炉压波动，甚至防爆孔被炉气压力冲开，影响安全生产，使电炉操作更难。

所以，对炭素原料中的粉末应严格控制。

6.3.3 炉料的影响

6.3.3.1 炉料配比的影响

石灰和炭素原料构成电石炉炉料。炉料配比掌握得正确与否，对于电石炉操作有很大的影响。

通常，炉料配比是以100kg石灰为基础，然后再配加一定数量的炭素原料。炭素原料多者称为高配比。用高配比炉料生产电石可以得到发气量高的产品，但炉料电阻率小，电石炉操作不好掌握。炭素原料少者称为低配比。用低配比炉料生产电石可以得到发气量较低的产品，但炉料电阻率较大，电石炉比较好操作。

电炉容量与电石发气量有一定的关系。根据长期操作电石炉的经验得知，其关系如下：

电炉容量/MV·A	电石发气量/L·kg^{-1}
<1.8	<285
1.8~5	285~290
5~10	290~300

如果电气参数选择得很合适，原料质量又较好，操作也很注意，再按上述关系掌握电石发气量，则在生产中一定能做到埋弧操作，获得优质、高产、低消耗的生产成绩。

6.3.3.2 炉料组分的影响

炉料是由石灰与炭素原料构成的。石灰质地一般较纯,电阻率较大,近于绝缘体。炭素原料除了其固定碳含量是主要指标外,它的反应性能(即活性)、电气性能(电阻)也是决定炭素原料的主要指标。就通常使用的大宗炭素原料而言,无烟煤的活性较差,焦炭较好,石油焦最好;在电气性能方面,则焦炭电阻率较小,无烟煤稍大,而石油焦最大;对它们的碳含量进行比较,则石油焦最高。由此可以得知,合理使用炭素原料对电炉操作是十分重要的。

由于焦炭的导电性较好、挥发分含量最少,在采用一种炭素原料配制炉料时,以焦炭为最佳选择,所以其广泛用于电石生产。不过,焦炭也有不足之处,当生产发气量较高的电石时,因其电阻率较小,往往有使电极上抬的现象,对生产也是不利的。如果在焦炭中掺入一部分半焦、无烟煤或石油焦,则可得到较好效果。经使用证明,在 20MV·A 以上的大型敞口式电石炉中,掺用部分蓝炭生产电石是可行的。当混合焦中蓝炭的质量分数为 30%~40% 时,各项生产指标达到最佳值。由于蓝炭电阻率高,变压器采用有载调压方式更利于保持满负荷生产。

6.3.3.3 副石灰的影响

在正常的炉料配比之外可再加些石灰,用以调整电石炉的操作电阻,便于电炉操作。这种单独加入的石灰称为副石灰,有的工厂称为调和料。

石灰是一种不良的导体,电阻比较大,常温时接近于绝缘材料。如果单独加入生石灰,不但可以增大炉料电阻率,还可以与碳化钙生成共熔体,使碳化钙得到稀释,增加其流动性。因此,当生产出现与此相关的不正常现象时,需要用副石灰进行处理。

当出炉困难,而炉料配比较高、电石质量高且黏度大时,加一点副石灰可起稀释作用,使电石畅快地流出来。

若电极不下、支路电流较大,且经判断确实是由于炉料配比高而引起的,这时可以用副石灰处理,使电极适当地插入料层。

若三相电极之间不畅通,且经判断确认是由于炉料混合不均匀、发生局部炉料配比过高而造成的,则可用副石灰处理;反之,如三相不通是由于炉料配比低、熔池不稳固、炉温不高所产生的,最好不要用副石灰处理,尤其是长期采用低配比炉料的电石炉更不能用副石灰处理。

有时候电石质量不高,但是炉料配比仍较高,经判断认为原因是电极暂时不下、炉温突然降低、炉料在反应区反应不正常、有多余的焦炭积存在反应区,这时加点副石灰可以扭转这种不正常的现象。

总之,在炉子不正常的情况下,经过正确的判断之后,稍微添加一些副石灰来调整炉况是有必要的。如果是为了多出电石而采用副石灰,则会降低电石质量和炉温,对电石炉操作是有害无益的。

近年来由于采取了改进措施,电石质量普遍提高,炉子操作也较稳定,在这种情况下副石灰就很少用甚至不用了。所以说,在生产条件良好的情况下不主张使用副石灰。

6.3.4 炉料配比的计算

炉料的配比通常是以 100kg 石灰配合的炭素原料量来表示。

电石生成反应为：

$$CaO + 3C \Longrightarrow CaC_2 + CO$$

按照上式计算，理论上制得 1t 纯电石需要消耗纯氧化钙 875kg 和纯碳 563kg，即：

$$1t\ 纯电石所需的纯氧化钙量 = \frac{1000}{64} \times 56 = 875kg$$

$$1t\ 纯电石所需的纯碳量 = \frac{1000}{64} \times 36 = 563kg$$

$$纯炉料配比 = \frac{563}{875} \times 100\% = 64.3\%$$

上式说明生产纯电石的炉料配比是：100kg 纯石灰需要纯碳 64.3kg。实际上工业电石炉不可能采用纯原料，也不可能生产纯电石。因此，工厂中计算炉料配比的方法必须考虑原料中的杂质含量以及生产过程中物料的损失数量等因素。下列计算公式是我国电石生产者经过较长时间的生产实践所积累起来的经验公式：

$$X = \frac{\dfrac{3M(C)}{M(CaC_2)} \times 100/C \cdot B + F}{\dfrac{M(CaO)}{M(CaC_2)} \times 100/A \cdot B + D + E} \times 100\%$$

将碳、氧化钙和碳化钙的摩尔质量代入上式，则得到：

$$X = \frac{56.3/C \cdot B + F}{87.5/A \cdot B + D + E} \times 100\%$$

式中　X——炉料配比，%；

　　　A——石灰中氧化钙的含量，%；

　　　B——电石成分，%；

　　　C——炭素原料中固定碳的含量，%；

　　　D——电石中游离氧化钙的含量（见表 6-5），%；

　　　E——投炉石灰的损失量，kg；

　　　F——投炉炭素原料的损失量，kg。

据测定，投炉石灰的损失量为 7%，投炉炭素原料的损失量为 4%，故取 $E = 7kg$，$F = 4kg$。电石中游离氧化钙的含量随电石发气量的变化而变化。

上式的配比计算为炭素原料中无水分的配比，称为干基配比。实际上，有一些工厂的炭素原料未经过干燥处理，其中含有一部分水分，所以还要把这个因素计算进去，采用下式计算：

$$炉料配比（湿） = \frac{干基配比}{1 - 水分含量}$$

【例 6-1】　假设石灰中氧化钙的含量为 92%，焦炭中固定碳的含量为 84%、水分含量为 5%，现在要生产发气量为 300L/kg 的电石，求炉料配比。

从表 6-5 查到，发气量为 300L/kg 的电石含 CaC_2 80.60%，即 $B = 80.60\%$；游离氧化钙的含量为 12%，即 $D = 12\%$。已知：$A = 92\%$，$E = 7kg$，$F = 4kg$，$C = 84\%$，代入公式得到：

$$X = \frac{56.3/84\% \times 80.60\% + 4}{87.5/92\% \times 80.60\% + 12\% + 7} \times 100\% = 69.25\%$$

表 6-5 游离氧化钙与电石成分和发气量的关系

发气量/L·kg^{-1}	CaC$_2$/%	游离 CaO/%	发气量/L·kg^{-1}	CaC$_2$/%	游离 CaO/%
230	61.79	26	280	76.23	16
240	64.48	24	290	77.91	14
250	67.17	22	300	80.60	12
260	69.86	20	310	81.36	10
270	72.54	18	320	83.99	8

以上计算结果为，100 份石灰需要干基焦炭 69.25 份，即石灰量：焦炭量 = 100：69.25。又知焦炭量：水分量 = 0.05，代入公式得：

$$炉料配比（湿） = \frac{69.25\%}{1 - 0.05} = 72.89\%$$

即当焦炭水分含量为 5% 时，应该使用的实物配比是：石灰量：焦炭（湿）量 = 100：72.89。还需要说明的是，在电石生产过程中有一部分电极中的碳要参加反应，这里测定投炉炭素原料损失时已经把它考虑进去了。

6.4 电石炉操作

电石炉生产是连续不断进行的，而炉内的状况也不是永恒不变的。欲使电石炉操作正常运行并达到高产、优质的目的，除了要求有良好的矿热炉参数、无患的设备和精良的原料之外，操作方法的好坏也是十分重要的。

6.4.1 电石炉投料方法

在电石炉的操作过程中，合理的投料方法对料层结构、电极在炉内的稳定性和热能的充分利用起着主导作用。在我国电石工厂中，由于炉型、炉容和所采用的原料特性有所不同，投料方法也各不相同。

6.4.1.1 分次投料法

分次投料法一般是将每炉定量的炉料分 2~3 批投入炉内，炉料配比大多要求能生产一级品电石。

这种投料方法料层结构比较稳定（见图 6-20），电极上下波动幅度小，加料后电极能继续插入料层内；料层结构好，在出炉前，电极周围的炉料沉下去而生成大量的半成品，有利于均匀地生成电石；电流也很稳定，基本上没有大的波动，加料后电流逐渐下降，说明电极已插下去。出炉前几分钟电流稍增加一些，明弧就自然消失了。若发现有红料产生支路电流，出完炉后稍干烧一下即可切断支路电流，同时红料也可吃下去。因此，这种方法能使电极适当地插入料层内，因为半成品先进入熔池（生料要变成半成品后才能进入熔池的深部），所以生料不易直接进入熔池，电石的冶炼过程得到合理安排，热量的利用率高。此投料方法电耗低，而电石发气量大部分都可达到 300L/kg 左右。由于干烧与埋弧操作相结合，炉龄也较长。

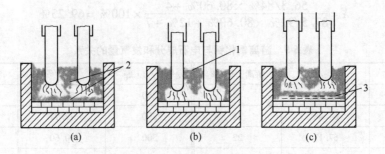

图6-20　分次投料法

(a) 出炉后；(b) 加料后；(c) 出炉前5min

1—生料；2—半成品；3—电石

分次投料方法适用于中等容量的敞口炉。如果电石炉的电气和几何参数选择得比较好，原料加工处理得好一些，采用这种投料方法就可以得到较好的生产成绩。

6.4.1.2　多次投料法

多次投料法即为勤加少加法，是指哪里出现明弧就在哪里少量投料，保持料面有一定高度。该法炉料配比较低，投料不分炉次，不管出炉不出炉，只要有明弧就投料，按规定时间定时出炉。多次投料方法乍看起来很像连续投料法，但其实并非连续投料法，因为在不出现明弧时可以不投料，只是投料次数多一些而无法记录次数，所以这种投料方法仍属于间断投料。多次投料法的料层结构如图6-21所示。

这种投料方法虽然不出现明弧操作，但由于电极周围经常出现红料和半成品，支路电流较大，电极不容易适当插入料层内。在

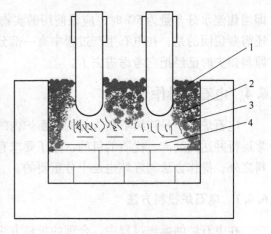

图6-21　多次投料法

1—生料；2—红料；3—半成品；4—电石

电极位置较高的情况下，熔池显得直又长，吃料速度较快。多次投料方法也可降低一些电耗，电极糊消耗较少，电石产量较高，但产品质量不易提高。此法适用于大容量半密闭炉，由于其在炉内放置抽吸炉气的罩子，不允许明弧操作。

6.4.1.3　连续投料法

连续投料法是指密闭电石炉的投料法。在密闭炉的炉盖上，围绕电极周围设置投料管，投料管的位置恰好在熔池圆周上，管内充满炉料。当电极附近的炉料下沉时，投料管内的炉料就自动流出来补充。投料管的下端是活动的，可以上下移动，以调节料面的高度。投料管平时是不需要移动的，当电石炉操作一个相当长的时期以后，如果发现料面位置不合适，这时可以进行调整。

由于密闭炉料面没有氧气，CO气体在料面不燃烧，没有火焰，所以料面吃料口总是疏松的，炉料可以自由下落，不需用人工耙料。敞口炉和半密闭炉的料面都有燃烧的火焰，有时候需要用耙子推一下炉料，使炉料疏松些，以减少红料的产生。这就是敞口炉与

密闭炉在投料方法上的最大区别。

6.4.2　电石炉埋弧操作及运行工艺指标

6.4.2.1　埋弧操作要求的条件

电石生产是在电石炉内将电能转换成热能，然后用热能直接加热物料而产生化学反应的过程。所以，电石炉内的电气特性是非常重要的。最初的电石炉也为电弧炉，即为电极在料面上放电的生产方式。后来发现，在电石的反应过程中，埋弧操作要比明弧操作好得多。于是便将电极适当地插入炉料中，以半熔融原料为阻抗体，在电极和熔融原料之间产生一部分电弧，从而成为现在的电石炉，这种电石炉就称为埋弧电弧炉或电阻电弧炉。

在电石生产操作中，要想做到埋弧操作，首先就要考虑投料方法。前述的三种投料方法基本上都可以做到埋弧操作。除了选择适当的投料方法外，还要做好以下几项工作：

（1）要选择合适的电气参数，使电极能适当地插入料层。

（2）要想办法增加炉料电阻率。

（3）尽可能筛去炉料中的粉末，增加炉料的透气性，从而可减少红料的产生。

6.4.2.2　埋弧操作的优点

电石炉即是埋弧电弧炉，按其生产工艺特性，应该进行埋弧操作，弧光不能外露。埋弧操作的优点是：

（1）料层结构能按图6-5所示形成一个完整的体系。炉料能比较有秩序地依次下沉，有条不紊地进行反应过程，始终保持稳固而完整的料层结构。

（2）弧光不外露，料面上辐射热损失大大减少，保持高炉温，提高热效率，从而能增加产量、提高产品质量和降低电耗。

（3）能使电极按正常秩序进行焙烧，并能做到焙烧量与消耗量达到平衡，避免发生电极折断事故，从而做到安全、文明生产。

（4）由于料面上没有弧光，料面的温度比较低，因此料面上设备受到的热腐蚀较轻，延长了设备的寿命，提高了矿热炉设备利用率。

（5）由于料面上温度较低、粉尘较少，可使料面操作工有一个较好的操作环境。

6.4.2.3　埋弧操作的运行工艺指标

电石炉正常运行时，由于炉子容量不同，其工艺控制指标也不相同。以16.5MV·A三相圆形密闭炉为例，其工艺控制指标如下：

产　量	100 ~ 120t/d
质　量	大于300L/kg（热样）
操作负荷	14000 ~ 15000kV·A
二次电流	60kA
二次电压	158V
出炉次数	8次/班
焦炭粒度	5 ~ 18mm
焦炭水分含量	小于1%
石灰粒度	5 ~ 40mm
炉料配比	60% ~ 65%

电极工作长度	$1000 \sim 1100mm$
电极下放长度	小于 $20mm/$次
放电极间隔时间	大于 $30min$
炉气成分	$\varphi(H_2) < 12\%$
	$\varphi(O_2) < 1\%$
炉内压力	$\pm 9.8Pa$（$1mmH_2O$）
炉气温度	低于 $700℃$
炉盖温度	$400 \sim 600℃$

6.4.3　明弧与干烧操作的应用

6.4.3.1　明弧操作的危害

当电极工作长度不够、电极飘浮在料层上面、炉料配比不高、炉内半成品较少时，电弧使浅层料中的石灰分解而冲出料面，形成明亮的光柱，这就称为明弧操作。明弧操作对生产的危害性相当大，现主要分述如下：

（1）破坏料层结构。明弧操作的出现会破坏料层的结构，使料层不能按秩序下沉，打乱了反应全过程。如图 6-22 所示，由于电极附近的炉料均被弧光烧下去了，新投入的炉料很容易进入熔融区，使炉料随电石带出，降低了产品质量。

（2）损失热能。明弧操作会损失大量的热能，增加产品单位电耗。因为 1mol 石灰（摩尔质量为56g/mol）分解需要 632kJ 热量，那么 1kg 纯石灰（100% CaO）分解就需要 11286kJ 热量，相当于增加电耗 3.13kW·h。

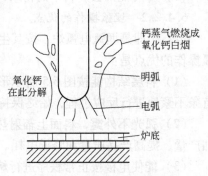

图 6-22　明弧操作示意图

在电石炉里，某些测定结果表明有 5% ~7% 的石灰分解逸出，在明弧操作时将远远超过此值。假如仍以 7% 计，则每吨电石投入 900kg 石灰，将有 63kg 石灰在分解后逸出，需额外耗电 197kW·h。

如果还考虑到辐射热的损失，以 9MV·A 矿热炉一相电极四周明弧的辐射面积为1.36m² 计，粗略估算三相电极每炉明弧操作 20min 时，明弧热量损失为 1527kW·h。若每炉每小时生产 2500kg 电石，则每吨电石要损失能量 611kW·h。上述估算虽然未必准确，但是从明弧转向埋弧后，在生产上反映出来的效果是极显著的。

（3）操作困难。明弧操作的时间过长，电极长时间在料面上工作，这就说明热能大量逃逸，而炉底温度降低。此时熔池不但缩小而且上移，液体电石就有可能从料面喷出来，与炉料黏结在一起，给操作者带来困难，出炉也不会顺利。

（4）电极消耗过大。由于电极长时间在料面上工作，电极端部经常处在混有大量空气的弧光下燃烧，这就出现了电极消耗过大的现象。这种现象在小矿热炉上经常遇到，每吨电石所耗用的电极糊数量都在 100kg 以上。因为电极消耗过大，电极焙烧速度跟不上，随之而来的就是电极折断事故的发生，这在小矿热炉上很常见。

（5）引发事故。在大型半密闭炉上如果采用明弧操作，还会出现大喷料、大塌料等现象，打乱了正常生产秩序。严重时，甚至抽气系统进入空气而引起爆炸事故，损坏设备，造成人身事故。在密闭炉上进行明弧操作会引起炉盖温度过高，严重时可能喷出炉料或烧坏炉盖，威胁生产和人身安全。所以在半密闭炉和密闭炉上，明弧操作是绝对不允许的。

6.4.3.2 明弧操作的应用

只有在新开炉时，为了创造一个层次分明的料层结构，使熔池内和熔池内壁有大量半成品存在，形成稳固的熔池，才可适当地采取一个时期的明弧操作，这是完全必要的。曾有一座小矿热炉建成后才开工5天，电极就上升至料面以上，炉眼也上移到炉门内最高的位置，导致30多个小时无法出炉。据分析，这是因为在新开炉时就执行埋弧操作，要求出300L/kg的电石，一切按照正常操作方法进行操作，炉内还未形成稳固的熔池，才会出现这种情况。开炉时盲目地要求埋弧操作，不了解炉子的情况就要求生产高质量电石，欲速则不达，这应引起小矿热炉管理人员的重视。

6.4.3.3 干烧操作的应用

干烧与明弧不同，干烧操作一般在出炉后电极移动不明显、炉内有不少半成品而出炉后炉底温度有下降趋势时进行。这时，生料尚未投入，电弧作用于半成品，使之形成高质量电石，同时切断部分支路电流，以提高炉底温度。此时还没有出现明弧，只有当周围半成品逐渐熔化后明弧才会出现，出现明弧时应停止干烧并投料。干烧后进行投料的矿热炉，一般电极插入较深。

干烧是一种提高炉温的操作方法。当电极能始终稳定在料层之中、料面高度和形状稳定、炉温可以一直保持很高时，一般不需要干烧；反之，当电极、炉料配比、料面发生波动以及炉温有下降趋势时，有目的地干烧几炉，切断电极周围的支路电流，同时增加一些炭分，可使电极深插、炉温提高，这也是很有必要的。

干烧要多消耗一些电能，如果原材料和操作很稳定，就没有必要进行干烧。如果原材料和操作已造成了一些问题，干烧则很有必要，这时如怕多消耗电能而不干烧，那将因小失大，不仅出炉出不好，炉子操作状况也会越来越糟，反而要损耗更多的电能。所以说，干烧是处理炉子的一种手段。

根据一些电石厂的经验，采取干烧和分批投料相结合的操作方法，不仅可以生产优质、高产、低耗的电石，而且可使小容量矿热炉的炉底升高得慢一些，延长炉子使用寿命。

现代化的大容量电石炉因电极稳定，一般很少采用干烧操作。密闭大容量电石炉采用连续投料法，则不允许采用干烧方法。

6.4.4 调炉操作

6.4.4.1 调整炉料电阻

炉料电阻的大小对于电极的稳定起着十分重要的作用，调整炉料电阻是矿热炉操作者必须具备的能力。

在正常情况下，当炉料电阻适当时，电极能够深插到适当的位置，使炉底温度提高，保证矿热炉的正常运行。但是当炉料电阻不当或由于其他原因使电极不能深插时，就难以保证矿热炉的正常运行。一般调整炉料电阻的方法有以下几种：

（1）保持正常的料面温度。通常采用埋弧操作的矿热炉在正常运行时，料面温度为

500~600℃，其三角区温度可达700℃左右；在不正常运行的情况下，温度可超过1000℃。从现象来看，料面温度高时有红料，严重时还有红料黏结成分。产生红料的原因是：电极下插不深入而产生支路电流，它又使炉料温度升高，焦炭和石灰在高温情况下电阻就会降低，导电性能良好，支路电流更容易通过，因此又反过来影响电极不能深插。

调整炉料电阻的方法是：采用馒头形料面和分批投料法进行操作，避免其料面温度升高。当发现有过多的红料时，应该设法处理掉。处理红料的方法为：出炉后进行必要的干烧，恢复出炉时所损失的一部分热能还可以切断支路电流。干烧后在电极周围加入适量的副石灰，然后把红料推至电极四周，使其随着矿热炉的继续运行而熔化。在推掉红料的地方补上冷炉料，冷料的电阻比热料大。因为电极周围已加入副石灰，电极易深插，红料推进后不影响配比，电极不会上升，质量也不会降低。红料被处理后，炉料电阻有显著改善，以后几炉的电极就能稳定了。

（2）使用符合规格的原材料。原材料的粒度是非常重要的。例如，某厂过去对原料的粒度控制不严格，破碎设备没跟上，石灰粒度大的达到70~80mm，焦炭达到50~60mm，生产停留在明弧操作，产品质量为三级品到四级品。后来把焦炭粒度调整到下限大于3mm、上限为12~20mm（小炉12~14mm，中炉14~18mm，大炉18~20mm），石灰粒度调整到下限为3~5mm、上限为25~40mm（小炉25~30mm，中炉30~35mm，大炉35~40mm），炉子的情况就有了明显的好转。

炉料粒度大，电阻就小，支路电流大，电极不易深插。在有条件的地方，在炉料内可掺用20%~30%的石油焦或优质无烟煤，也可提高炉料电阻。

（3）保证炉料透气性。往往会碰到这种情况，由于原料破碎工序存在问题，炉料中粉末多，料层孔隙率小，透气性不良，一氧化碳不易排出，造成塌料和结块，炉料电阻小，支路电流增加，电极上升。调整方法为：粉末过多的原材料应该更换，如透气性不好，可以用铁棒松动。在松动时要注意：一般是铁棒斜插，稍许松动，使一氧化碳气体能够排出。如果猛撬一下则会破坏料层，因此一般不采用猛撬的办法。如料层结构本来就很差，再加上透气性不好，也可以猛撬一下，猛撬后应进行干烧，并注意重新培养良好的料层。猛撬后，有大量红料、热料沉入熔池区，炉料应适当降低配比。还有一种调整方法是：增加投料次数，采用少量多次投料法，因为投料量少也可提高炉料透气性，便于电极深插。

如果在停炉检修或避开负荷高峰后进行开炉，为了增加炉料电阻，可以采用明弧烧一炉，把粉末多的原料烧光，然后把冷炉料投入，这样也可以增加炉料电阻，使电极深插。调整炉料的方法应与合理的操作方法结合起来，这样才能收到良好的效果。

6.4.4.2　副石灰调炉操作

在电石生产操作过程中，除了采用上述调整炉料电阻的方法来调整电石炉外，有时还采用单加石灰的方法。

在操作过程中往往会出现出炉困难的现象，此时在炉内投入适量的副石灰就能使电石顺利出炉。出现这种现象可能有两个原因：一个原因是炉料配比太高，电石质量太高且黏度大，这时加入一些副石灰是有好处的，但要适量；另一个原因是电极下不去，造成炉内热损失大，这时加入适量副石灰可断绝其电极周围的部分支路电流，使电极插下去，下一炉出炉的情况会有好转。

当三相不通或者电石出不来时，加些副石灰能使三相畅通，但这种方法不是根本的解决方法，三相不通的根本原因是炉温不高。

还有一种情况，本来电石质量不高，加副石灰后反而高产、优质了。这有两个原因：一个原因是配比太低，不能生产高质量电石；另一个原因是电极在上面，造成下面的炉温低，因此质量不高，此时应加入适量的副石灰切断支路电流，使电极下去，电弧对半成品及炉底的电石起作用，出来的电石质量当然会高。但出炉后就应该采取其他措施，如干烧等，以保证此后电石炉恢复正常。

如果炉子很稳定，料层结构良好，原料粒度也稳定，但发现出来的电石量稍有减少，此时盲目加副石灰对炉子是没有好处的，有的小容量电石炉由于加副石灰太多、太频繁，三相电极经常不通。欲使炉子运行正常，其根本要求是保持高炉温，使高质量电石连续生成，这样才能真正实现三相电极连通。近年来由于采取了提高电流电压比、缩小原料粒度等措施，电极能适当插下去，可进行埋弧操作，电石质量提高了，炉温也升高了，这时即使不加副石灰，三相也照样畅通。这就证明，只有采用根本措施——提高炉温，对电石炉的正常运行才是真正有益的。

加入过量的副石灰会破坏正常良好的料层，稀释电石，使熔池内半成品减少，出炉后电极容易插下去；但加料后熔炼一段时间，生料下落，电石上涨，电极很快就会上升。电石稀薄后易在电极四周结硬块，增加支路电流，电极会很快升上来，反而造成电极不下。

总之，在电石生产过程中不能过量地使用副石灰。但当电石炉发生不正常的情况时，如电石质量过高、电极上浮严重等，结合其他方法，使用适量的副石灰，也可以收到较好的效果。

6.4.4.3 调整料面操作

调整料面操作是指电石炉正常操作时，使料面经常处于某种状态下以能得到稳固的料层结构，从而使矿热炉在良好的条件下进行有节奏的生产。

A 料面形状

在电石生产过程中常见的料面形状有两种：一种是凸形（馒头形）料面，它是由于埋弧操作而出现的；另一种是凹形（锅底形）料面，它是由于明弧操作而出现的。

凸形料面的特点是中间料面比四周料面高出 200~300mm。加完料以后，整个料面凸起，很像一个馒头。约 10min 后，炉料下沉，能清楚地看出电极周围三个圆形熔池的吃料口。此时，在吃料口投入冷炉料，它又凸起而呈馒头形。冷炉料投入后调整了炉料电阻，促使电极稳定，料层结构良好，热损失较少。

反之，凹形料面的三角区炉料沉下去后，因受高温而出现红料，造成炉料电阻小；更主要的是凹形料面的料层浅，造成吃料口大、弧光易外露，再次投料时必然有不少炉料直接投入熔池，影响电极位置的稳定，使热损失增大。

当电石炉经常处于馒头形料面状态下进行操作时，就能得到良好的料层结构。而良好的料层结构又是稳定电极、消灭明弧、保持高炉温、提高电石产量及质量的极其重要的条件。

B 料层结构

图 6-23 是良好的料层结构示意图，最上层是生料；其下是红料，即料已发红，但温度还不高（大约为 1000℃），

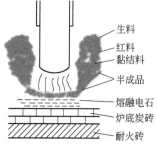

生料
红料
黏结料
半成品
熔融电石
炉底炭砖
耐火砖

图 6-23　良好的料层结构

化学反应还未大量发生；红料下层是黏结料，在这里开始产生电石，主要是钙蒸气与炽热的焦炭发生气-固相反应，使炉料呈黏液状态；再下层是半成品，即焦炭分散在电石-石灰共熔液中的混合体，半成品的成分是不均一、不固定的，在半成品的上部电石成分少、焦炭成分多，在下部则电石成分多、焦炭成分少，在最下面则形成少量电石，而焦炭成分更少；在半成品下面的熔池内是熔融电石，半成品和焦炭均比电石轻，所以是浮在电石上面的。

整个料层自上而下有秩序地移动，即在操作中按时补加生料，生料不断向下移动，变成红料；红料不断往下移动，变成黏结料；黏结料不断往下移动，变成半成品；半成品不断往下移动，熔化反应成为电石。所以整个料层是活动的，特别是三角区的料层移动速度更快。只有矿热炉周边的炉料才是很少活动的。

将图 6-23 与图 6-5 进行对比，则生料、红料层与炉料层相似，黏结料层与相互扩散层相似，半成品层与反应层相似，电石层就是熔融层。

C　料层结构判断

料层结构是否良好可根据以下情况进行判断：

(1) 根据控制室电流表的活动情况判断。若料层结构良好、半成品足够多，则出炉时，三根电极的电流都缓慢下降，每次下降的幅度差不多；干烧时，电流也很稳定；加料后，电流逐步下降，之后又趋于稳定；在出炉前，电流稍有上升，表示熔池内液体电石上涨。若料层结构不良、半成品不够、炉内较空，则出炉时，炉口的电极电流大幅度下降，其余两相电极的电流下降得不均匀；干烧时，电流波动；加料后，电流波动剧烈，反应时电流不断上升；出炉前，电流波动很大。

(2) 根据出炉前后的火光情况判断。当料层结构良好、半成品足够多时，出炉前没有明弧，出炉后电极周围尚有相当一部分黏结料，炉内有半成品，因此仍没有明弧，只有黄色火焰，如图 6-24(a) 所示；反之，则出炉前开始出现明弧，出炉后明弧更多，如图 6-24(b) 所示。

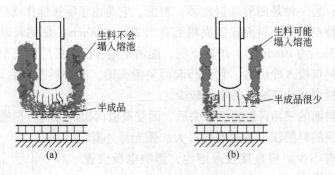

图 6-24　出炉时炉内情况

(a) 料层结构良好；(b) 料层结构不好

(3) 根据电极上下移动情况判断。当料层结构良好时，每炉次电极上下波动小；反之，电极上下波动大。由于料层结构良好，出炉后电极端附近有黏结料，它的下面还有半成品，半成品下面是三相畅通的电石液，因此出炉时电流下降缓慢且均匀。出炉后干烧时，电弧作用在半成品上，使半成品逐步熔化成电石，上面生料不会立即塌落到熔池内，所以电极是稳定的，不出现明弧。直到电极端附近黏结料一部分化掉后，黄光开始消失，开始出现明弧。加料后，切断支路电流，电极逐渐插下去。由于电弧始终作用在半成品上，电石比较黏稠，所以电极上下波动小。若料层结构不好（见图6-24（b））、半成品少，则电弧直接作用于液体电石，电石翻腾剧烈，于是电流波动剧烈，电极上下移动频繁；而且炉料不是一层层有秩序地下沉，而是有生料塌落到熔池中，使电极上升和波动更加厉害。

D 破坏料层结构的原因与预防

破坏料层结构的主要原因有三个：

（1）加副石灰较多或炉料配比较低；

（2）明弧操作；

（3）出炉量大于投料量。

加副石灰较多或炉料配比低，则炉料电阻减小，虽然能使电极下插，但电石质量低，电石稀薄、翻腾，使半成品无法积累，而且容易喷到电极附近的料层上结成硬块，电极反而不易下插。

明弧操作也会使电极四周炉料烧结成硬块，加之电石翻腾，更加促使炉料结块，料层结"死"，增加支路电流，电极便不易下插。

所以，当发现料层结构不好、半成品太少、有硬块以致电极不稳定时，应当保持适当高的炉料配比，并撬掉电极四周硬块；然后把料加足，不等产生明弧就加第二次料、第三次料，直到出炉都不出现明弧，暂时减少一点出炉量。这样几炉以后料层结构培养好了，半成品就多了，电石炉就会稳定、正常运行。

6.4.5 进出料平衡操作

进出料平衡操作是指使加料量与电石出炉量平衡的操作，其对电极位置和炉内温度起着相当重要的作用。在电石生产过程中，对炉子管理不当往往导致炉子操作情况失常，一会儿出不来电石，一会儿又出得过多，造成加料量和出炉量不平衡。只有当加料量和出炉量达到平衡时，电石炉才易操作。

如前所述，欲获得高产、优质的电石，电石炉运行必须围绕高炉温进行。如果违背了高炉温原则，则达不到预期效果。而加料量和出炉量不平衡是违背高炉温原则的，它不仅造成低炉温，而且使电极不稳定。

电流由变压器输出，通过导电线路输至电极，在炉膛内一定位置产生电弧，电弧的热能使炉料熔化并生成电石。一般来说，电极的位置适当，炉温就高；而电极位置过高，则热量散失大，炉温就下降。通常电极在炉内有如下三种情况：

（1）电极与炉底距离过近，则电极周围的坩埚壳吃料口小，炉料不易进去，这样热效率就低。同时，反应区的一氧化碳不易排出，易引起喷料而带出热量。

（2）电极与炉底距离适当，炉料可以经过一定的预热和熔融等过程，热量得到充分利用，可达到高炉温的目的。

（3）电极与炉底距离过大，硬壳延长到近于炉底，出炉时炉眼很难打开；同时料面与电极端的距离短，炉料预热不够，还有大量生料落入熔池，电极插入炉内很浅，因而热损失大。

从上面三种情况可以看出，电极控制在适当的位置是十分重要的。平时操作时，若发现电极位置过高，就要设法让电极插下去；若发现电极位置过深，也要设法纠正。

当炉内的电石量生成过多时，电石液位会上升，液体电石沸腾，必然使电流波动，电极位置难以稳定。如果出炉时把电石全部掏空，就会使炉温降低，此时电极插得很深。炉温低的电石炉电极波动频繁且剧烈，造成操作上的困难，有时往往会在下一炉出现电石出不来或三相不通的现象，此时电极的位置比原来还要高得多。

如果电极位置经常插得过深，则出来的电石质量不好。此时可以适当增加一些配比、提高炉温，使电极保持适当的位置。

当加入副石灰过多，出现出炉过多的现象以后，料层结构即被破坏，炉温也会下降，因此，副石灰加入量必须控制。

若连续几炉出不好，出炉时电石发黏，即使用圆钢捅也无法捅出电石，则电极位置也会上升。当电极在高位置的时间过长时，也要降低炉内温度，适当降低一些配比，调整炉内积存电石的质量，使电石易于流出。电石出来后，为了稳定电极和提高炉温，可适当干烧并延长熔炼时间。为了保持电石质量平稳，出炉量一定要控制。

正常操作投料量的多少应根据炉子的容量进行计算。如果正常操作投料过多，则烧不透，易降低炉温，炉底也容易上升；反之，投料过少则浪费电能。

由上述可见，出炉量与投料量一定要控制。如控制适当，则电极位置稳定，炉温也高；如控制不当，则电极位置不稳定，炉温提不高。

6.4.6　出炉操作

在电石生产过程中，出炉操作也是很重要的。在捅炉眼的时候，通过圆钢捅入炉内的手感就可以判断炉内是否畅通、炉温高低以及是否有塌料等情况。现简述如下：

（1）当圆钢捅入炉内感觉炉内很疏松、圆钢上粘有较厚的电石时，说明炉温高，电石质量高，炉内畅通。

（2）如炉内疏松而圆钢粘有较薄的电石，则说明电石质量不太高，但炉内还是畅通。

（3）如炉内坚硬甚至夹住圆钢，圆钢上粘的电石较薄或夹杂生料，则说明炉温低，炉内不畅通，有塌料现象。

（4）如圆钢捅不到深处，则说明炉内产生隔墙，这种隔墙可能是由于生料夹杂电石而凝结在炉底或其他杂质黏结在炉底。

（5）如炉眼捅不进去，但可从上面捅进去，俗称打吊眼，则说明炉底温度低或积渣多，有时也可能是由于炉眼烧得不好。

从以上情况可以看出，要想把生产搞好，除了正确掌握炉上操作外，出炉操作也很重要。例如，炉眼烧得不好、打不开炉眼、找不到正炉眼、有时把炉眼内口烧得很大、不好堵炉眼等，都会导致出炉不正常。尤其是在密闭电石炉上，如果出炉不好，会导致炉子不畅通或局部积存电石过多，最后出现翻电石现象，而密闭炉又最忌翻电石。所以说出炉操作不可忽视，生产指挥者一定要把炉上和炉下操作结合起来认真管理，才可保证生产。

电石炉在正常运行时，炉内的反应是连续不断的，因为电石炉熔融层积存的电石有一定的限度。出炉时，使其集中流出来，这样可以减少炉内热量的损失。所以，要间隔相当长的时间才出一次炉。

通常出炉时间应依照电石炉的容量来确定，大容量电石炉有的采用 40min 出一次炉，中等容量电石炉大多为 1h 出一次炉，小容量电石炉为 1.5 ~ 2.5h 出一次炉。到目前为止，多大容量的电石炉应多少时间出一次炉还没有肯定的数据，但多年来按照上述时间进行操作已经成为习惯，这基本上是符合实际情况的。除了控制出炉间隔时间外，还应控制电石流出时间，最好是结合实际情况来确定。一般中小型电石炉多在电石流终断时堵眼，而大容量电石炉多在电石流还没有终断时就需要堵眼。因此，在大容量电石炉上应该严格限制电石流出时间。

　　总之，正确掌握出炉间隔时间和电石流出时间是为了保持电石质量和炉温，此外还要考虑操作，所以应该规定时间并加以适当的控制。

6.4.7　处理故障操作

　　在电石生产过程中，由于操作不当往往会出现一些故障和不正常现象，需要加以处理，使其恢复正常生产秩序。现择要简述如下：

　　（1）电极不下，吃料很慢。电石炉电极不下，吃料很慢，会造成产量下降。产生这种现象的原因大多是炉温较低，熔池较小，投料量多而超过了出炉量。发现这种情况后，通常采取的措施是减少投料量，降低料面高度，勤捅炉，多出电石；在电石质量不太低的情况下，适当干烧一下，加入少量副石灰，使电极深插下去，以提高炉温、切断支路电流。

　　（2）加料后突然塌料、喷料。这主要是因为原料粉末多、粒度过小、透气性差。当这种炉料加至投料口时，产生棚料现象，阻碍炉气排出；当一氧化碳气体的压力大于炉料的封闭阻力时就会冲开炉料而喷出，即出现喷料现象；喷料的同时，部分炉料会随之塌下去。出现这种现象时应检查原料，尽可能筛去原料中的粉末，增加投料次数，当透气性改善之后，电极稳定了，这种不正常的现象也就随之消失了。

　　（3）料面逐渐下降。这是由于多出电石、少加料而引起的。应尽可能做到投料量与出炉量平衡，保持一定的料面高度，提高炉温，稳定电极。

　　（4）熔池忽大忽小，炉底忽高忽低，炉眼上下移动。在正常生产中出现这些情况的原因是：

　　1）原料粒度过大或过小，引起炉料电阻大幅度波动；

　　2）矿热炉操作负荷忽高忽低，引起熔池的变化；

　　3）炉料配比不正确，忽高忽低，使炉料电阻和电石质量都发生较大的变化；

　　4）投料量不均，有时料面过高，支路电流较大，电极不下，引起炉底上涨；

　　5）没有很好地掌握电极长度，忽长忽短；

　　6）石灰质量不稳定，有时生烧多，有时过烧多，打乱了正常生产秩序；

　　7）停炉次数多、时间长，送电后处理炉眼不及时；

　　8）出炉不均衡，忽多忽少。

　　如果不及时处理上述现象，就会造成生产不正常、生产成绩下降、炉龄缩短等不良后果。在出现上述情况之后，应及时检查原料，按规定供给合格的原料。从生产实际出发，应严格掌握操作制度，统一三班操作，及时调整计量仪表，更换损坏的部件；适当干烧，调整炉料，增加电阻，稳定电极和炉温。

　　（5）没有出炉，电极周围多焰光或明弧。其原因是出炉量过多，炉内生料多，配比低，电极波动大且插入炉内不深。应该控制出炉量并防止半成品出炉，控制电极深入炉内，提高炉温和配比，适当增加干烧时间。处理好之后，投料量与出炉量达到平衡，产品质量稳定，电石炉才能正常运行。

（6）电极四周出现红料，料层积块。这是由明弧操作时间长、炉料粉末多且透气性差、料面高、炉温低所引起的。应尽量压制明弧操作，严格控制炉料粉末，少加料，多出炉，稳定炉面，提高炉料电阻，稳定电极。

（7）加料后，电极上下波动大。这种情况可能是由炉料配比低、炉温低、熔池较小所致。应提高炉料配比，延长干烧时间，提高炉温，扩大熔池，稳定电极。

（8）出炉时电石流出速度较快且呈现红色。在正常生产情况下，应该保持高配比、高质量、高炉温。出炉时，电石应以一定的速度向外流出，发出耀眼的白光，操作台上温度较高。但有时流出电石的速度过快并呈现红色，操作台温度不高，这是由于配比低、质量低、炉温不高。当出现这种情况时，应立即提高炉料配比，这样才能提高电石质量和炉温。

（9）刚加完料，电极反而上升。在正常生产情况下，通常加完冷炉料以后电极是会下降的，但有时候恰恰会上升。其原因一般是炉温低，电极短，电极周围有大量红料，支路电流较大。出现这种情况时，应增加电极长度，适当干烧一下，减少投料量，多出电石，在条件允许时将红料撬松。当电极已能深入炉内、电石质量已经提高、炉温上升时，就可以扭转这种不正常的现象。

（10）出炉时电石黏、质量过高。这是由炉料配比高、冶炼时间过长、电极上抬引起的。此时应该立即适当降低炉料配比或提高料面，控制好冶炼时间，这样处理以后电石质量才能稳定。

（11）出炉时电石流速过慢、黏稠、呈现白光并带有生料。出现这种现象的原因是炉料配比高，炉温低，炉内碳量过多，电阻小，电极上升。处理方法是：适当降低炉料配比或加副石灰调炉，控制好电极位置和反应时间。

（12）干烧时间较长，但仍无弧光。这种情况是由料面过高、外来电压低、吃料慢、电极插入过深而引起的。此时应适当延长干烧时间，减少投料量，扩大熔池，稳定炉温。

6.5　电石炉开炉、停炉与清炉

6.5.1　新炉开炉

电石炉开炉分为新炉开炉和旧炉大修后开炉两种。这两种开炉方法的主要不同点是新炉开炉需烘炉焙烧电极，而后续的装炉、送电开炉、出炉等操作步骤基本相同。第5章对于开炉的一般方法已有介绍，现叙述大容量电石炉新炉的开炉方法。

大容量电石炉可采用一步法开炉，即烘炉焙烧电极与开炉同时进行。其优点是：不仅节省时间，而且焙烧的电极碳化程度好，对于新开炉十分有利。下面介绍一座40MV·A大型密闭电石炉新炉开炉的具体操作方法。

6.5.1.1　电极筒制作

电极筒的制作步骤如下：

（1）按照图6-25所示的尺寸制作三个电极筒，直径为ϕ1300mm，筒高3600mm，钢板厚3.2mm。从距离端头400mm处起钻直径为ϕ4mm的小孔，间距为200mm，一直向上钻到距离端头2000mm处。

（2）从导电铜瓦下端算起，将电极筒下放2600mm。

（3）装入电极糊25.5t，即每根电极装入电极糊8.5t，使电极糊填充高度达到4~4.5m。

6.5.1.2　装料

装料方法如图6-26所示，具体步骤如下：

（1）在炉门内用红砖砌筑一个假炉门，高和宽略大于炉门，伸入炉内的长度约为750mm。炉门内放置一根直径为φ150mm、长4m的圆木棒，用黄泥封住。

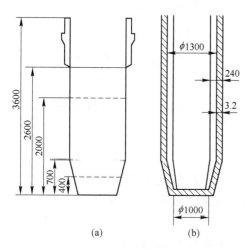
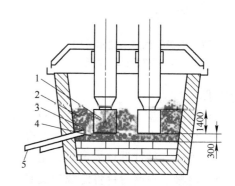

图6-25　新炉开炉电极筒的制作尺寸

图6-26　电石炉装料示意图
1—导电柱；2—炉料；3—假炉门；
4—焦炭；5—圆木棒

（2）在炉底铺一层焦炭，厚约300mm。

（3）在焦炭层上电极的正下方放置三个直径为φ1300mm、高1400mm的铁桶，桶内装满焦炭。这三个装满焦炭的铁桶称为导电柱。

（4）在焦炭层上面和导电柱周围直至炉壁处填充混合炉料，石灰与焦炭的配比为100∶55，填充高度不超过导电柱。

6.5.1.3　电极糊预熔

电极糊预熔的具体步骤如下：

（1）将电极下放，使其端头与导电柱紧密接触。

（2）在炉料上面按图6-27所示装配煤气管及喷嘴。

（3）点火后，开启炉盖的事故水封，由第一烟囱放空。开启炉温测温装置，适当打开操作孔，按照图6-28所示的升温曲线控制温度。

（4）定时测量电极糊料面高度，当料面不再下降时表明熔化得比较完全。此时再装入电极糊，其高度达到导电铜瓦以上4m左右。

（5）原计划电极糊预熔时间为72h，实际加热约48h后电极糊即已全部熔化。应立即停火，并取出煤气管及喷嘴。

如果电石炉车间装有电极糊加热混捏锅，则可将电极糊在混捏锅内加热并搅拌均匀，趁热装入电极壳内，这样就可省去以上预熔操作。

6.5.1.4　设备检查与电石炉空投

（1）送电开炉之前，要全面检查电石炉所有设备的性能、技术条件、工艺条件等是否

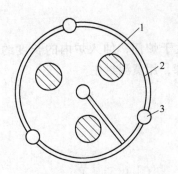

图 6-27 电极糊预熔装置示意图
1—电极；2—煤气管；3—喷嘴

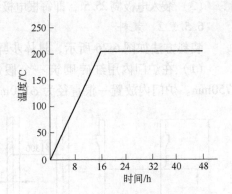

图 6-28 电极糊预熔升温曲线

符合要求。

（2）清除炉盖上异物，检查电极压放、升降和把持系统有无问题。

（3）检查生产用水和氮气是否符合要求、是否畅通以及有无滴漏现象。

（4）确认各种计器仪表灵活好用。

（5）电极、短网等部件绝缘要良好，消除一切可能发生短路的因素。

（6）变压器接线应为星形接线，电压切换至 49 级。

（7）进行空投试验，确认设备没有问题后才能正式送电开炉。

6.5.1.5 送电开炉

送电后，按照图 6-29 所示的曲线提升负荷。

（1）送电后 2~4h，当操作孔冒出大量黑烟时，应立即盖上操作孔。8~10h 后，可根据情况适当投入少量炉料。

（2）在开炉期间，电极未碳化前不允许提升电极，只允许用切换电压的方式来升降负荷。电极电流不允许超过 43kA，电极端头不允许产生电弧。

（3）送电后 24h 左右，停炉检查电极焙烧情况。如无异常现象，一般来说电极能够焙烧好。

（4）送电后大约 48h 可出第一炉，此时电石炉运行负荷大约为 8000kW·h。

（5）出第一炉时一般不用烧眼，等到电石在炉内积存到一定数量时，用圆钢捅开炉眼，电石就能流出来。由于新炉开炉时炉内熔池不易稳定、波动频繁，大型炉需要 10~15 天的时间才能达到正常生产。

6.5.2 正常停炉与开炉

6.5.2.1 密闭炉正常停炉与开炉

A 停炉

停炉前必须将电压切换至最低一级，如无电压切换装置，则需将负荷降至 40% 以下，然后停电。

停炉后，如氮气压力在 0.6MPa 左右，则进行炉内置换至规定指标；如氮气压力不足，可从一烟道放空，将炉内抽成真空，分析合格后才能打开操作孔。

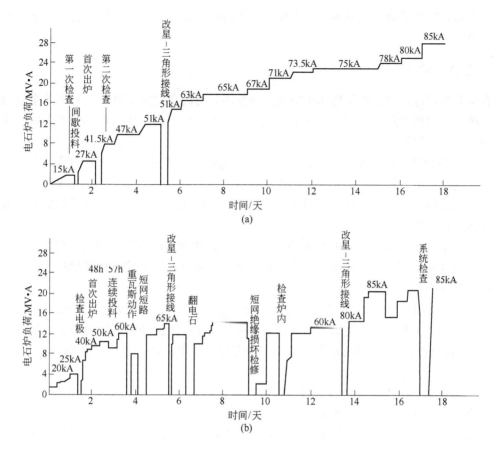

图 6-29　40MV·A 密闭电石炉开炉计划和实际提升负荷曲线

（a）开炉计划负荷曲线；（b）实际提升负荷曲线

如果有炉气净化系统，则应先停洗气机或风机。

B　开炉

打开氮气进行系统置换，至符合安全规定后才能送电。送电前，将电极提起 20～30cm。

发出信号电铃，通知非操作人员迅速离开现场，岗位操作人员就位，观察送电后有无异常现象。

送电后，关闭氮气阀门。

6.5.2.2　大容量半密闭炉正常停炉与开炉

A　停炉

停炉前要根据情况处理料面。如果需要更换集气罩，则需在停炉之前将料面烧低，直至露出集气罩时为止；若不需要更换集气罩，则可保持原来的料面高度。

停炉前要将电压切换至最低一级，先停洗气机，由双水封放空。停炉后，封闭泥水槽，然后用氮气置换集气箱系统的一氧化碳气体。

B　开炉

送电前要封闭集气箱和进行砂封，仔细检查导电系统，清除异物。然后操作人员各就各位，注意观察送电后有无异常现象，认为没有问题时才允许送电。

送电后，将泥水槽水位降至工作水位，慢慢增加负荷，出完第一炉后就可以逐渐转入正常生产。

6.5.3　事故停炉与开炉

在电石生产过程中，由于操作不慎或其他原因，有时会发生事故。一旦出了事故就要抓紧解决，尽快恢复正常生产。电石炉发生的事故类别比较多，现将常见的事故和对应的停、开炉程序简述如下：

（1）电极硬断。电极硬断的原因很多，电极过硬、烧结不均，电极糊分层，电极过长以致拉力过大，电流过大，所受负荷不均，客观条件的突然冲击以及其他操作不当等，均会引起电极硬断。电极硬断后应立即停炉，迅速将电极断头扒掉，然后将新电极再压放下来，进行送电焙烧。

（2）电极软断。发现电极软断时应立即停炉，迅速将电极下降深插入炉内，立即松开铜瓦使电极和断头相连接，并设法不使电极糊外溢。将电极周围的电极糊撬松、扒掉，然后送电，逐渐升负荷进行焙烧。

（3）电极漏糊。有时由于电极电流过大或某种原因，电极壳受力不均而引起局部破裂，造成大量或少量地漏出电极糊。此时要紧张而有秩序地工作，立即停炉，把铜瓦松开并下放至超过漏糊处，将铜瓦轧紧，使其不再漏糊。送电后适当降低一些负荷进行焙烧，铜瓦的水管阀门可适当关小一些。

（4）导电管路漏电。当电石炉内电器导电管路螺丝松动、发红而导致漏电、短路时，必须立即停炉，修理完毕后才可开炉。铜瓦打弧时可适当降低负荷，并拧紧支头螺栓，直至不打弧为止。必要时停炉将铜瓦松开，用石墨粉和水柏油混合后，灌进打弧的铜瓦与电极的缝隙内，然后夹紧铜瓦开炉。

（5）电炉设备漏水。电炉设备漏水较严重时，要迅速停炉，否则会引起爆炸，检修后才可以继续生产。如漏水过多，则应把湿料扒出，以便通电后迅速恢复正常生产。

（6）炉眼堵不住。出炉后若炉眼堵不住，应适当降低一些负荷，必要时应采取停炉处理措施，堵住后即可继续生产。

（7）冷却水管不通。当电石炉所属冷却水管的主要部位不通水或出现水蒸气时，应迅速停电，否则会烧坏设备；并应检查不通水的原因，迅速排除故障，然后才可通电继续生产。

（8）出炉口积水。因自然条件或其他客观条件造成出炉口有大量积水时，应迅速排除积水后才可出料。如一时无法排出积水，对安全有威胁，则应立即停炉处理。

（9）变压器油温过高。当变压器的油温超过规定值时，必须立即降低负荷并检查原因，必要时停炉检查。

（10）密闭炉生产事故。密闭炉的设备比敞口炉更为复杂，在生产事故处理上，除了某些与敞口炉有共同之处外，还有一些是密闭炉所特有的。

1）炉内氢气含量超过规定范围。此时应考虑是否由炉内设备漏水所引起，应停炉进行检查。如确属漏水所致，则进行检修后才可通电运行；如检查结果尚未发现异常情况，即可通电运行。

2）炉内温度增高或炉气出口温度过高。温度上升超过600℃时，可以短时间内观察一下；如继续上升到900～1000℃，则应立即停电检查。如炉面翻电石，应将电石硬块撬掉；如某根投料管不下料，应设法使其下料后再开炉。

3）炉盖漏气严重。此时必须停炉，做好气密性措施后方可开炉。

4）一氧化碳净化系统发生故障，管道气体无法排出，造成炉盖有大量一氧化碳逸出。此时应将一氧化碳放空蝶阀打开，不必停电处理；如果一氧化碳放空蝶阀也有故障，则必须停炉，修复后才可开炉。

5）因油压系统故障引起电极把持器压紧失灵。此时必须立即停炉处理。

6.5.4 清炉

6.5.4.1 清炉和炉龄

电石炉从新炉开炉以后，由于各种杂质不断地积存于炉底，炉底就会逐渐抬高，炉底越高就越不好操作。若炉底升高到一定程度，炉子非常不好操作，各项生产技术指标差，此时就需要把炉子停下来，清理炉底上积存的残渣，这个工作称为清炉。从新炉开炉到清炉这一段时间称为炉龄。

炉龄长短取决于炉子的容量、电石炉的几何参数和电气参数、原料的纯度和电石质量、操作条件等。在正常生产情况下，大型炉的炉龄为 3～4 年，中型炉为 1～2 年，小型炉为 1 年。最小的电石炉如原料和操作条件较差，只能维持 0.5 年左右。如果采取适当的措施，可使炉龄延长一些。

炉底上涨的原因有以下几种：

（1）操作不当和设备维护不好会造成经常停炉，这样开开停停会使炉温变化频繁，炉渣易沉积于炉底，炉底就会上涨。

（2）操作制度紊乱，电极忽上忽下，会造成出炉困难，炉底易积渣。出炉时捅炉捅得不深，炉内的氧化物和硅铁不能随电石流出来，也会造成炉底上涨。

（3）使用了含杂质较多的原料，若没有及时采取措施，原料中的杂质就会积存于炉底，造成炉底上涨。

（4）电石炉的电气参数和几何参数不合理，会造成电极不能适当深插于炉内，使炉底上涨。

延长炉龄的措施如下：

（1）细心操作，遵守各项操作制度和工艺条件，做到电石炉满载运行。应少停炉，提高设备利用率，保持高配比、高质量、高炉温，使炉内经常畅通。

（2）提高电流电压比，使电极能适当地插入料层中，做到埋弧操作。

（3）在敞口炉上要采用分批加料法，必要时也可以采用适当的干烧，使电极适当地插入料层内，防止炉底升高；还应正确掌握炉料配比，保持配比与质量平衡。

（4）出炉时要勤捅炉、深捅炉，把炉眼保持在最低位置，以防止炉底上涨，达到延长炉龄的目的。

6.5.4.2 清炉操作

（1）在停炉之前先将炉料烧下去，必要时可以加点副石灰，尽可能将炉内电石排出。

（2）停炉后将电极落至最低位置，并将电石炉上的设备用压缩空气吹去灰尘，打扫干净。

（3）待电极附近的炉料呈暗红色时，即可向炉内喷洒冷水直至料面有积水时停止，待积水干涸后并无乙炔时，方可用人工将泥渣挖出，如此反复操作。

（4）当挖到炉底硅铁等杂质时，若加水不起作用，则应用钢钎开凿，直至露出炭砖层为止。如果炭砖与耐火砖层都被硅铁粘连成一整块，则需将全部砌体清出。清除硅铁时也有采取爆破方法的，这就需要请有经验的爆破工作者到现场指导，采取必要的安全措施，并办好审批手续。

（5）在整个清炉过程中，绝对禁止向白热电石浇水，以防发生爆炸事故。

6.6　密闭电石炉尾气干法净化系统及操作

6.6.1　密闭电石炉尾气干法净化系统的工艺流程

密闭电石炉尾气干法净化系统的任务是将电石炉产生的尾气经过净化装置净化除尘后，送到气烧窑燃烧生产石灰。其工作原理是：利用水冷沉降器、两级旋风空冷除尘器和布袋除尘器，将电石炉炉气中的粉尘含量（标态）由 $50 \sim 150 g/m^3$ 降至 $50 mg/m^3$ 以内。此工艺的特点是占地面积小，不产生二次污染，节约工业用水。

图 6-30 为密闭电石炉尾气干法净化系统的工艺流程。电石炉产生的尾气在到达水冷沉降器之前为 $550 \sim 650℃$，经过水冷沉降器、两级旋风空冷除尘器将气体冷却至 $200 \sim 280℃$，同时将气体中大颗粒的粉尘捕集下来。温度控制在 $200 \sim 280℃$ 的主要原因是：

（1）防止焦油在低于 $200℃$ 时析出并堵塞管路；

（2）防止温度过高而损坏过滤器及风机设备等。

电石炉尾气经旋风空冷除尘器冷却后进入布袋除尘器过滤，过滤后的气体经净气风机输送至增压站，再经增压风机将气体增压至气烧窑所需压力后，进入气烧窑燃烧，过剩气体可通过泄放烟囱排出。经旋风空冷除尘器和布袋除尘器滤下的粉尘，均由密闭型链板式输送机输送至粉尘总仓。整个系统的泄压防爆均采用计算机自动控制，系统设有几个切换点，如有过滤器入口温度过高、过滤器压差过高、气体中氧含量过高等危及设备和人身安全的信号，计算机立即将净化系统切断，将气体从原气管道释放出来。

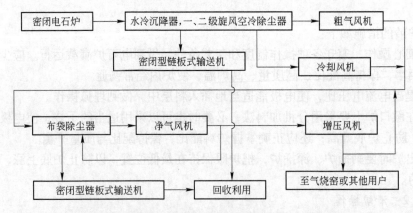

图 6-30　密闭电石炉尾气干法净化系统的工艺流程

密闭电石炉尾气干法净化系统的工艺指标说明如下：

（1）炉压：设定值为 $0 \sim 10 Pa$；

（2）过滤器入口温度：不低于 $265℃$ 时报警，不低于 $280℃$ 时联锁；

（3）过滤器入口压力：设定值为 1.0kPa，不低于 2.5kPa 时报警；

（4）净气中氧的含量：$\varphi(O_2) > 1\%$ 和 $\varphi(CO) > 5\%$ 或 $\varphi(H_2) > 5\%$ 时报警，$\varphi(O_2) > 5\%$ 和 $\varphi(CO) > 5\%$ 或 $\varphi(H_2) > 20\%$ 时联锁；

（5）净气中氢的含量：$\varphi(H_2) > 5\%$ 时报警，$H_2 > 20\%$ 时联锁；

（6）过滤器出口温度：不高于 200℃ 时报警；

（7）用户供气温度：不高于 200℃ 时报警；

（8）用户供气压力：设定值为 15kPa，不低于 18kPa 时报警，不低于 5kPa 时联锁；

（9）粉尘总仓料位：不高于 20% 或不低于 80% 时报警，不低于 90% 时联锁；

（10）粉尘总仓温度：不低于 200℃ 时报警；

（11）氮气压力：不小于 0.4MPa；

（12）冷却水供应压力：不小于 0.3MPa；

（13）压缩站空气压力：不小于 0.6MPa；

（14）电石炉尾气温度：不低于 800℃ 时报警。

6.6.2　净化系统置换方案

6.6.2.1　置换前的准备工作

（1）净化系统设备安装结束以后必须进行全系统检查并做气密实验，无泄漏即为合格。

（2）净化系统各运转设备单体试车应合格。

（3）净化系统联动试车应运行无异常，控制程序调试正常。

6.6.2.2　置换步骤

（1）关闭电石炉副烟道水冷蝶阀、截止阀 PIV116A、PIV116B 以及净气排放烟囱阀 PCV104B、PCV116。

（2）净气排放烟囱阀 PCV104A 开 30%，PCV101A 开 30%。

（3）打开 1 号空冷器进口氮气阀，氮气沿流程通过 1 号、2 号空冷器，同时启动星形排灰阀，开启污氮过滤器。

（4）逐步缓慢打开粗气风机进口阀、PCV101A，氮气则沿流程一路通过各布袋除尘器、净气风机，至净气排放烟囱旁路处放空，同时启动星形排灰阀。

（5）关闭净气排放烟囱阀。

（6）开启粉尘输送系统各处的氮气进口阀门，对 1 号、2 号空冷器排灰处以及各过滤器排灰处、粉尘总仓排灰处进行氮气密封，对粉尘输送系统（包括各大小链板机）进行氮气置换，氮气通过污氮过滤器排除。

（7）打开泄压排放烟囱旁路阀、PCV104B、PIV116A，氮气则继续沿流程对净气排放烟囱后至泄压排放烟囱之间的管路进行置换，通过泄压排放烟囱旁路放空。

（8）分别在净化系统设置的各取样点取样分析，当氧含量不大于 0.8% 时为置换合格。

（9）关闭泄压排放烟囱旁路阀。

（10）关闭净化系统中除各过滤器进出口阀、反吹阀以外的所有阀门，全部系统置换结束。

6.6.3 净化系统开停车操作

6.6.3.1 开车前的准备工作

(1) 把炉压控制器 PIC101 打到"自动"位置，调整定点达 1~5Pa。

(2) 把粗气温度控制器 TIC103 打到"自动"位置，调整定点达 280℃。

(3) 把过滤器压力控制器 PIC104 打到"自动"位置，调整定点达 1kPa。

(4) 把净气压力控制器 PIC116 打到"自动"位置，调整定点达 15kPa。

(5) 对各过滤器按要求进行检查，保证完好。

(6) 对各风机（包括粗气风机、净气风机、增压风机、冷却风机）进行详细的检查，保证完好。

(7) 检查各仪表连接、控制系统无误。

(8) 对其他设备进行检查，保证完好。

(9) 检查水压、氮气压力、空气压力，保证符合要求。

6.6.3.2 开车步骤

(1) 按系统置换方案对全系统进行置换，保证合格。

(2) 在主烟道取样点进行取样，分析尾气，保证合格。炉气净化系统总是在电石炉敞口的情况下启动，即先将 6 个观察门对称打开 3 个后启动，主要目的是将炉内的 CO 完全燃烧成 CO_2。逐步关闭炉门后，再用 CO 代替 CO_2。

(3) 关闭 PIV116A 和 PIV116B。

(4) 将"净气烟囱/用户"按钮选择器选择至"净气烟囱"位置。

(5) 启动过滤器按钮，自动控制系统按以下步骤控制操作：启动过滤器粉尘输送系统；启动过滤器净化循环系统；启动污氮过滤器；启动净气风机，延时 10s 后启动粗气风机；延时 10s 后开启 PCV101A，中控操作工根据炉压关闭 PCV101B；PIC104 联锁调节 PCV104A 开启的大小，从而控制过滤器入口压力；当炉气温度达到 210℃ 时，1 号、2 号冷却风机启动，同时启动空冷器粉尘输送系统。

(6) 当尾气通过净气排放烟囱放空、运行正常后，即准备将尾气输送至气烧窑。

(7) 将"净气烟囱/用户"按钮选择器选择至"用户"位置，然后自动控制系统按以下步骤控制操作：启动增压风机；打开 PIV116A；PCV104A 慢慢闭合；PCV104B 打开，控制过滤器入口压力；当压力达到 18kPa 时，联锁开启 PCV116 将尾气放空，观察其压力不得低于 5kPa。

(8) 在 PCV116 前取样分析合格后联系气烧窑工段，当其下达送气指令后，关闭 PCV116，打开 PIV116B，气体输送至气烧窑。

(9) 若增压风机跳闸，尾气则从用户到净气烟囱进行自动转换，自动控制系统按以下步骤控制操作：关闭 PIV116A，关闭增压风机；PIC104 接通净化烟囱中的 PCV104A，同时逐渐关闭 PCV104B；关闭 PIV116B；PIC116 关闭 PCV116；当各控制器关闭后，尾气输送管道用氮气吹洗。

(10) 当气烧窑尾气压力低于 5kPa 时，关闭 PIV116B，开启 PCV116，尾气通过泄压烟囱放空。

6.6.3.3 停车步骤

按动过滤器停止按钮，然后自动控制系统按以下步骤控制操作：关闭 PCV101A，根据炉压开启 PCV101B；1 号、2 号冷却风机停止，粗气风机停止，延时 10s 后停净气风机、增压风机；关闭 PIV116A、PIV116B；然后停过滤器反吹、粉尘输送小链板机、过滤器排灰装置，过 15min 后污氮风机与大链板机一起停止；关闭所有的控制阀；当所有阀门关闭后，开始进行氮气吹洗。

6.6.4 净化系统报警及联锁说明

（1）炉压控制联锁。粗气烟道的压力调节阀 PCV101B 用于控制炉压（可自动控制，也可手动控制），其打开或关闭不与 PCV101A 联锁，同时，PCV101A 与粗气风机联锁，当粗气风机开启时 PCV101A 打开，当 PCV101A 关闭时 PCV101B 自动打开（联锁关系）。

（2）炉气压力调节阀与系统控制之间的联锁。PCV101A 与粗气风机互为联锁，当 PCV101A 关闭时，粗气风机和增压风机停止工作（PCV104B、PCV116、PIV116A、PIV116B 关闭）；粗气风机和增压风机停止后，延时 10s，依次停净气风机、过滤器反吹（过滤器压力控制器 PIC104 将关闭正在控制的控制阀，过滤器反吹电机）、叶轮排灰机；延时 5min 后，停大链板机和污氮风机。

（3）过滤器进口温度与冷却风机之间的联锁。粗气风机后、过滤器前的温度测点 TIC103 与两台冷却风机联锁，当温度不低于 210℃ 时联锁启动 1 号、2 号冷却风机；当过滤器入口炉气温度不高于 200℃ 时，两台冷却风机同时停止运行。

（4）过滤器入口温度与粗气风机之间的联锁。

1）温度低报警：当过滤器入口温度不高于 200℃ 时报警；

2）温度高报警：当过滤器入口温度不低于 265℃ 时报警；

3）温度高联锁：当过滤器入口温度不低于 280℃ 时，联锁粗气风机停止运行。

（5）过滤器入口压力和压力降的报警。过滤器入口压力设定值为 1.0kPa，不低于 2.5kPa 时报警；过滤器入口压力降不小于 1.2kPa 时报警。

（6）净气系统中氢气、氧气含量高的报警与联锁。当净气系统中 $\varphi(H_2) > 5\%$ 或 $\varphi(O_2) > 1$ 任意出现一个时就报警；当净气系统中 $\varphi(H_2) > 20\%$ 或 $\varphi(O_2) > 5\%$ 任意出现一个时，联锁系统就停车（实际生产中氢气含量可能达到 10% 以上，应根据实际情况修改）。

（7）过滤器出口至用户温度的报警与联锁。此温度不高于 200℃ 时报警，同时联锁加热电缆自动投入；此温度不低于 250℃ 时报警，同时联锁加热电缆自动断电。

（8）加热电缆对地的报警与联锁。当加热电缆出现对地短路时报警，自动联锁切断该电缆电源。

（9）净气至用户压力低（高）的报警与联锁。PIC116 设定值为 15kPa，当压力达到 18kPa 时报警，同时联锁 PCV116 泄压。当压力不大于 2kPa 时报警，同时联锁 PIV116B 关闭，此时 PIC104 联锁 PCV104B 控制过滤器进口压力不大于 1kPa。

（10）各风机启停的相关联锁。当净气系统单独运行而用户系统停止时，PIC104 联锁 PCV104A 控制过滤器进口压力为 1~3kPa。当净气风机停止运行时，联锁净化系统停止运行，程序如下：净气风机停联锁粗气风机停→粗气风机停联锁 PCV101A 关闭→PCV101A

关闭联锁 PCV101B 打开。当净气系统与用户系统同时参与运行时，净气风机停止运行则出现下列联锁：净气风机停联锁粗气风机停→粗气风机停联锁 PCV101A 关闭→PCV 101A 关闭联锁 PCV101B 打开，增压风机同时停→增压风机停联锁 PIV116B、PIV116A、PCV104B、PCV116 关闭。当增压风机停止运行时，出现如下联锁：过滤器进口压力由 PCV104B 控制→增压风机停联锁 PIV116B 关闭。

（11）公用系统的联锁。氮气压力不大于4MPa或仪用压缩空气压力不大于4MPa任意出现一个时，联锁系统将停止运行。

（12）粉尘仓料位的报警与联锁。当料位不高于20%或不低于80%任意出现一个时报警。当料位不低于90%报警后延时15min，联锁停止整个净化系统。

（13）电石炉与净化系统之间的联锁。电石炉停止运行时，将联锁整个净化系统停止运行。

6.6.5　净化系统易出现的问题及故障处理

我国引进的干法净化及气烧石灰技术投入运行后，出现管道、冷却器及其灰斗、卸料阀严重堵灰的现象，致使净化系统流程无法打通。该系统的关键技术在于以下三个方面。

6.6.5.1　降温系统及其温度控制系统

密闭电石炉的炉气必须经过净化才能直接作为燃料使用，且炉气中存在的焦油气一旦达到冷凝温度就极易变成冷凝物。该冷凝物十分细微，粒度为 $0.1 \sim 1 \mu m$，最小的可达 $0.01 \mu m$，加之焦油微粒黏而不易润湿，所以很难从气体中清除。炉气采用两级降温措施，先采用水冷套管将烟气温度降至450℃以下，然后进入强制风冷器降至 $240 \sim 280$℃。通过调节强制风冷器上轴流风机的运转台数来控制冷风量，从而实现温度控制。烟气温度要低于280℃，以保护滤袋；炉气温度要高于240℃（根据某电石厂的使用经验，焦油析出温度为220℃左右），以避免焦油析出。一旦烟气超温，就可以掺入氮气辅助降温；若温度仍然超限，则可进行放散处理。炉气除尘后输送管道要采取保温措施，避免温度降低析出焦油而导致管道阻塞。

每次开机运行时，应尽可能将系统温度提上来。炉气流量大时，系统温度可适当低控；流量小时，可适当高控。总之，应以系统卸灰顺畅、满足设备能力为原则。

6.6.5.2　系统密封及其保护、控制系统

管道系统增设水封，所有法兰之间增设氮气密封。利用一级高温风机克服除尘前管道阻力后，将炉气送入反吹玻璃纤维袋式除尘器，然后利用二级高温风机克服除尘器的阻力。除尘后的尾气利用增压风机送入气烧窑的喷嘴燃烧。采用微正压输送，以避免炉气的泄漏和外界氧气的进入。

为避免焦油糊袋，在除尘器入口增设喷石灰保护，一旦温度降低，就利用氮气作为高压风机的气源，使储灰罐中的石灰随炉气进入除尘器，在滤袋表面形成保护膜，使焦油与粉尘混合后被清除而进入灰斗。

除尘器反吹清灰气源采用净化炉气，同时用氮气作为备用清灰气源。对冷却器及其灰斗、除尘器及其灰斗进行保温，同时对灰斗进行加热，以防止结垢。增设用氮气作气源的空气炮，对除尘器及其灰斗、冷却器及其灰斗进行清堵，在冷却器灰斗和除尘器灰斗处增设仓壁振动器以防止蓬松堵料。灰斗采用双层卸灰阀，以保证密封。

在一些易堵部位（包括水平管、管路及设备底部）增设清灰孔，以解决运行中粉尘沉积过多的问题。

控制系统对温度进行实时记录并显示，采用数据模块控制。一旦超限，则进行预先报警并提示启动自动或手动措施，以保护整个系统。

为适应炉气工况的波动，系统风机采用变频调速，以满足工艺系统的要求。

6.6.5.3 除尘器的选择

为了既得到较洁净的炉气，又避免焦油的析出，除尘器（尤其是滤袋）必须能够承受240℃以上的高温。高温滤袋主要采用两种清灰方式：一种是利用风机进行反吹弱清灰，这种设备选用玻璃纤维制作滤袋，过滤风速低，但容易实现；另一种是采用脉冲阀喷吹进行清灰，也可以采用玻璃纤维针刺毡制作滤袋，但其最高只能承受280℃的温度，而采用陶瓷纤维或不锈钢纤维制作的滤袋则可承受800℃的高温，过滤风速也可适当提高。由于脉冲阀不能承受高温，清灰气源只能采用氮气，会使系统负荷增加，并可能导致烟气温度降低。另外，设计中为避免高温辐射，将脉冲阀远离除尘器，但这样也会对脉冲阀的使用寿命产生很大影响，而且其与除尘器接触部位的密封也存在一定难度。采用前一种除尘方式，造价低且可行性高，但炉气允许波动范围小；后一种方式造价高，实现起来不确定因素多，但进入除尘器的炉气温度控制难度小，除尘后炉气温度也可适当提高。

6.7 20MV·A密闭电石炉的物料平衡及热平衡计算

6.7.1 工况测定及体系模型

6.7.1.1 工况测定

A 操作情况

平均功率：14500 ~ 15000kV·A；

平均二次电压：146V；

平均操作电流：64400A；

电极工作长度：1000mm；

平均投料配比：68%（加副石灰后为63%）；

平均出炉时间：60min/炉；

出炉电石量：3.983t/h，191.195t/48h（相当标准电石186.096t/48h）；

测定时间：48h；

环境温度（作基准温度）：21℃。

B 物料分析

（1）石灰的总投入量为174734kg，其组成见表6-6。

表6-6 石灰组成 （%）

物质名称	CaO	CO$_2$	H$_2$O	SiO$_2$	R$_2$O$_3$	MgO	其他	合计
质量分数	88.64	5.85	2.3	0.81	0.59	0.5	1.31	100

注：R$_2$O$_3$表示其他氧化物。

（2）焦炭的总投入量为110982kg，其组成见表6-7。

表6-7　焦炭组成　　　　　　　　　　（%）

物质名称	C	H_2O	CaO	V_m	S	P	SiO_2	R_2O_3	MgO	合计
质量分数	84.81	0.42	0.686	0.93	0.63	0.23	6.37	5.66	0.26	100

注：V_m 表示挥发分。

（3）电极糊的总投入量为4129kg，其组成见表6-8。

表6-8　电极糊组成　　　　　　　　　（%）

物质名称	C	H_2O	CaO	V_m	SiO_2	R_2O_3	MgO	其他	合计
质量分数	82.37	0.75	0.58	3.85	5.98	5.89	0.29	0.29	100

（4）电石总产量为191195kg，其组成见表6-9。

表6-9　电石组成　　　　　　　　　　（%）

物质名称	CaC_2	CaO	C	S	P	SiO_2	R_2O_3	MgO	其他	合计
质量分数	78.16	10.52	3.31	0.18	0.07	2.73	3.35	0.42	1.24	100

（5）炉气量为103653kg，组成见表6-10。

表6-10　炉气组成　　　　　　　　　（%）

物质名称	CO	CO_2	H_2O	S	O_2	H_2	N_2	其他	合计
质量分数	76.58	3.98	2.61	0.34	0.33	0.24	15.80	0.12	100

（6）炉气粉尘量为11976kg，组成见表6-11。

表6-11　炉气粉尘组成　　　　　　　（%）

物质名称	C	CaO	V_m	P	SiO_2	R_2O_3	MgO	其他	合计
质量分数	26.61	37.59	3.47	0.99	7.28	11.96	3.01	9.09	100

6.7.1.2　体系的划分及模型

（1）供入体系的能量：

1）电力供入热量 Q_0；

2）炉内 CO 与漏入空气中的 O_2 燃烧生成热量 Q_{CO}。

所有物料均在环境温度下投入，因此无显热供入。

（2）排出体系的能量，共五项：

1）电石生成消耗热 $Q_生$；

2）电石出炉带出热 Q_1；

3）电石相变热 Q_2；

4）副反应耗热 Q_3；

5）各项热损失 $Q_4 \sim Q_8$。

（3）体系的模型，见图6-31。

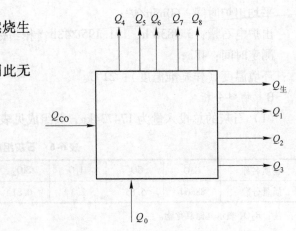

图6-31　电石炉热电平衡的体系模型图

6.7.2　物料平衡计算

6.7.2.1　碳的平衡

（1）C元素总收入量。计算如下：

$$110982 \times 0.8481 + 4129 \times 0.8237 = 97525 \text{kg}$$

（2）C元素总支出量。

生成电石消耗（按反应式计算）：　　　　　$\dfrac{36}{64} \times 191195 \times 0.7816 = 84059 \text{kg}$

随炉气逸出损失（由炉气粉尘量计算）：　　$11976 \times 0.2661 = 3187 \text{kg}$

其他副反应消耗（收支相抵后，见后文中计算）：$1203 + 1876 + 1584 - 727 = 3936 \text{kg}$

料仓除尘带走（由一周卸灰量推算）：　　　14kg

电石中含游离碳：　　　　　　　　　　　　$191195 \times 3.31\% = 6329 \text{kg}$

合计：　　　　　　　　　　　　　　　　　97525kg

副产CO气体：　　　　　　　　　　　　　　$\dfrac{28}{64} \times 191195 \times 0.7816 = 65379 \text{kg}$

6.7.2.2　CaO的平衡

（1）CaO的收入量。

由焦炭中收入：　　　　　　　　　　　　　$110982 \times 0.00686 = 761 \text{kg}$

由电极糊中收入：　　　　　　　　　　　　$4129 \times 0.0058 = 24 \text{kg}$

由石灰中收入：　　　　　　　　　　　　　$174734 \times 0.8864 = 154884 \text{kg}$

合计：　　　　　　　　　　　　　　　　　155674kg

（2）CaO的支出量。实测料仓除尘量为314kg，含CaO 95.5%。

生成电石消耗：　　　　　　　　　　　　　$\dfrac{56}{64} \times 191195 \times 0.7816 = 130758 \text{kg}$

随炉气逸出损失：　　　　　　　　　　　　$11976 \times 0.3759 = 4502 \text{kg}$

料仓除尘带走：　　　　　　　　　　　　　$314 \times 0.955 = 300 \text{kg}$

电石中残余CaO：　　　　　　　　　　　　$191195 \times 0.1052 = 20114 \text{kg}$

合计：　　　　　　　　　　　　　　　　　155674kg

6.7.2.3　$CaCO_3$的分解

由石灰分析值可知烧损量为8.15%，设其中2.3%为H_2O（参考有关资料），则分解产生CO_2的含量为5.85%，折算成石灰中$CaCO_3$的含量为：

$$\frac{5.85}{44} \times 100\% = 13.29\%$$

则$CaCO_3$总量为：

$$174734 \times 0.1329 = 23223 \text{kg}$$

$CaCO_3$的分解反应有：

$$CaCO_3 + C = CaO + 2CO \tag{1}$$

$$CaCO_3 = CaO + CO_2 \tag{2}$$

A　由炉气中CO_2含量计算反应式（2）

用试差法计算，设炉气流量（标态）为1600m³/h（400m³/t），炉子密封不严，漏入空气（标态）共 36.6m³/h（2.3%）。干炉气中 CO_2 含量的实测值为 2.72%，CO_2 密度为 1.977kg/m³，则在 48h 测试时段内炉气中 CO_2 总量为：

$$1600 \times 2.72\% \times 1.977 \times 48 = 4130kg$$

漏入空气（标态）有 20m³/h（55%）气体中的 O_2 与 CO 燃烧生成 CO_2，即：

$$CO + \frac{1}{2}O_2 = CO_2$$

O_2 密度为 1.429kg/m³，则 48h 测试时段内燃烧反应的 O_2 量为：

$$20 \times 0.21 \times 1.429 \times 48 = 288kg$$

燃烧生成 CO_2 的量为：
$$\frac{288}{16} \times 44 = 792kg$$

由 $CaCO_3$ 分解而得的 CO_2 量为：
$$4130 - 792 = 3338kg$$

消耗 $CaCO_3$ 的量为：
$$\frac{3338}{44} \times 100 = 7586kg$$

B 计算反应式（1）

反应（1）也可以认为是由反应（2）形成的 CO_2 被 C 还原成 CO，即：

$$CO_2 + C = 2CO$$

由前面计算知，被 C 还原的 CO_2 量有：

$$\frac{23223 \times 44}{100} - 3338 = 6880kg（占 CO_2 总量的 67.3\%）$$

生成 CO 量为：
$$\frac{6880}{44} \times (2 \times 28) = 8756kg$$

多消耗的 C 量为：
$$\frac{6880}{44} \times 12 = 1876kg$$

反应（1）消耗的 $CaCO_3$ 量为：
$$\frac{8756}{56} \times 100 = 15635kg$$

反应（1）与反应（2）共消耗 $CaCO_3$ 量为： $15635 + 7586 = 23221kg$

由以上计算可得 CO_2 的收支平衡，具体为：收入 10218kg，支出 $3338 + 6880 = 10218kg$。

6.7.2.4 水分的蒸发和分解

物料收入 H_2O 4513kg，设有 60%（2708kg）直接由炉气排入大气，40%（1805kg）按下式反应（此比例先按炉气中 H_2 含量粗算）：

$$H_2O + C = H_2 + CO$$

生成 CO 量为：
$$\frac{1805}{18} \times 28 = 2807kg$$

生成 H_2 量为：
$$\frac{1805}{18} \times 2 = 200kg$$

消耗 C 量为：
$$\frac{1805}{18} \times 12 = 1203kg$$

由以上计算可得水的收支平衡，具体为：收入 4513kg，支出 $2708 + 1805 = 4513kg$。

6.7.2.5 挥发分的分解

（1）挥发分收入。由焦炭和电极糊带入挥发分 1193kg。

（2）挥发分支出。炉气粉尘中带走 415kg，余下 778kg 按以下反应式分解：

$$C_{12}H_{10} \!=\!\!= 12C + 5H_2$$

生成 H_2 量为：
$$\frac{778}{154} \times 10 = 51kg$$

生成 C 量为：
$$\frac{778}{154} \times 12 \times 12 = 727kg$$

6.7.2.6　二氧化硅的还原

二氧化硅共收入 8732kg。电石中带出 5220kg，炉气粉尘带出 872kg，余下 2640kg。设余下这部分二氧化硅被 C 还原，按如下反应进行：

$$SiO_2 + 3C \!=\!\!= SiC + 2CO$$

生成 CO 量为：
$$\frac{2640}{60} \times 56 = 2464kg$$

生成 SiC 量为：
$$\frac{2640}{60} \times 40 = 1760kg$$

消耗 C 量为：
$$\frac{2640}{60} \times 36 = 1584kg$$

6.7.2.7　炉气流量

先将上述物料反应形成的各种气体汇总于表 6-12。

表 6-12　反应形成的各种气体汇总表

气体类型	反应来源	总质量/kg	体积/m³	流量/m³·h⁻¹	单位产品流量/m³·t⁻¹
	$CaCO_3$ 分解生成	8756	7005	146	38
	生成电石产生	65379	52303	1090	281
CO 汇总	$H_2O + C$	2807	2245	47	12
	SiO_2 还原生成	2464	1971	41	10
	小　计	79406	63525	1324	341
	$H_2O + C$	200	2222	46	12
H_2 汇总	挥发分分解生成	51	567	12	3
	小　计	251	2789	58	15
	CO 燃烧生成	792	401	8	2
CO_2 汇总	$CaCO_3$ 分解生成	3338	1688	35	9
	小　计	4130	2089	43	11

然后计算炉气中气体 O_2 及 N_2 的流量，按炉气色谱分析，CO 平均含量为 77.7%，可计算出炉气总流量（标态）为：

$$Q_{\text{总}} = \frac{1323}{77.7} \times 100 = 1702 m^3/h$$

扣除炉气中 CO、H_2、CO_2 后，O_2 和 N_2 的总流量（标态）计算如下：

（1）由干炉气中 O_2 含量为 0.3% 得 O_2 流量为：$1702 \times 0.003 = 5 m^3/h$

（2）N_2 流量为：$1702 - (1324 + 58 + 43 + 5) = 272 m^3/h$

干炉气组成数据处理后汇总于表 6-13。

表 6-13 干炉气组成数据处理后汇总表

炉气组成	CO	H₂	CO₂	N₂	O₂	合计
实测含量(体积分数)/%	77.7	2.98	2.72	16.3	0.3	100
由物料平衡测得流量(标态)/m³·h⁻¹	1324	58	43	272	5	1702
计算后含量(体积分数)/%	77.73	3.4	2.53	16.04	0.3	100
计算误差(绝对误差)/%	+0.03	+0.42	-0.19	-0.26	0	
单位产品流量/m³·t⁻¹	341	15	11.1	70.4	1.29	438.8

经数据处理后的炉气流量与由孔板实测的流量(标态)1504m³/h 相比较,有 9.5% 的相对误差。但从实际情况来看,实测时由于炉气放散、蝶阀关不死,流量波动较大,指示值总是偏低的,因此 1702m³/h(标态)的数据尚为可信。

6.7.2.8 物料收支平衡表

20MV·A 密闭电石炉物料收支平衡表见表 6-14。

表 6-14 20MV·A 密闭电石炉物料收支平衡表 （kg）

项目	收入物料						支出物料				物料平衡时物料流向					
	石灰	焦炭	电极糊	钢材	漏入空气	合计	电石	炉气粉尘	料仓除尘	炉气带走	生成电石消耗	H₂O还原消耗	挥发分还原消耗	CaCO₃分解消耗	氧化物还原消耗	合计
CO₂	10218					10218				3338				6880		10218
H₂O	4019	463	31			4513				2708		1805				4513
C		94124	3401			97525	6329	3187	14		84059	1203	-727	1876	1584	97525
CaO	154889	761	24			155674	20114	4502	300		130758					155674
CaC₂							149438									149438
挥发分		1034	159			1193		415					778			1193
灰分		6008	538													
S		699				699	344			355						699
P		253				253	134	119								253
SiO₂	1415	7070	247			8732	5220	872							2640	8732
R₂O₃	1030	6282	243	282		7837	6405	1432								7837
MgO	874	296	12			1182	822	360								1182
CO										79368						79368
O₂					631	631				343					288	631
H₂										251						251
N₂					16380	16380				16380						16380
其他	2289		12			2301	2389	1089		119						3597
总计	174734	110982	4129	282	17011	307138	191195	11976	314	103653						307138

6.7.3 热平衡数据处理及计算

为便于热平衡计算,以环境温度作为基准温度,将各数据平均为小时值计算。遵循习惯，计算以"kW·h"为基本单位(1kW·h = 3600kJ)。在物料平衡基础上进行热平衡计算。

6.7.3.1 供入体系的热量

(1) 电力供入热量 Q_0。以供电局电度表计量为准，系统精度为 0.5 级，48h 用电总量为 623424kW·h，平均为：

$$Q_0 = 623424/48 = 12988 \text{kW} \cdot \text{h/h}$$

(2) 炉内 CO 与漏入空气中的 O_2 燃烧生成热量 Q_{CO}。有 792kg 的 CO_2 由 CO 生成，即：

$$CO + \frac{1}{2}O_2 \longrightarrow CO_2 \qquad \Delta H^{\ominus} = -10104.6 \text{J/mol}$$

则燃烧生成热量为：

$$Q_{CO} = \frac{792}{44} \times 28 \times 10104.6 / 48 = 106098.3 \text{kJ/h} = 29.47 \text{kW} \cdot \text{h/h} \approx 30 \text{kW} \cdot \text{h/h}$$

供入体系的热量总计： $\quad Q_供 = Q_0 + Q_{CO} = 12988 + 30 = 13018 \text{kW} \cdot \text{h/h}$

6.7.3.2 有效利用热

(1) 电石生成消耗热 $Q_生$。电石生成反应及反应热为：

$$CaO + 3C \longrightarrow CaC_2 + CO \qquad \Delta H^{\ominus} = 465.69 \text{kJ/mol}$$

测定期共生成 CaC_2 量为： $\qquad 191195 \times 78.16\% = 149438 \text{kg}$

则： $\qquad Q_生 = \frac{149438}{64} \times 465.69 \times 10^3 / 48 = 22.653 \times 10^6 \text{kJ/h} = 6292 \text{kW} \cdot \text{h/h}$

(2) 电石出炉带出热 Q_1。电石比定压热容按物料加权平均值为 $c_p = 1.1715 \text{kJ/}$ (kg·℃)。出炉电石实测温度为 1950~2000℃，环境温度为 23℃，以 $\Delta t = 1950℃$ 计，则：

$$Q_1 = mc_p\Delta t/48 = 191195 \times 1.1715 \times 1950/48 = 9.1 \times 10^6 \text{kJ/h} = 2528 \text{kW} \cdot \text{h/h}$$

(3) 电石相变热 Q_2。电石生成热按 298K 时计算，而实际生成的电石呈液态，所以需加相变热。电石相变热平均值为 $\Delta H = 5.6 \times 10^5 \text{kJ/t}$，则：

$$Q_2 = m\Delta H = 3.983 \times 5.6 \times 10^5 = 22.305 \times 10^5 \text{kJ/h} = 620 \text{kW} \cdot \text{h/h}$$

(4) 副反应耗热 Q_3。

1) 生烧石灰耗热 Q_3^1。生烧石灰按下式反应：

$$CaCO_3 + C \longrightarrow CaO + 2CO \qquad \Delta H^{\ominus} = 349.9 \text{kJ/mol}$$

$$CaCO_3 \longrightarrow CaO + 2CO_2 \qquad \Delta H^{\ominus} = 177.8 \text{kJ/mol}$$

由消耗碳 1876kg 计算生成 CO 反应耗热为：

$$\frac{1876}{12} \times 349.9 \times 10^3 / 48 = 1.139 \times 10^6 \text{kJ/h} = 316 \text{kW} \cdot \text{h/h}$$

由生成 CO_2 3338kg 计算 $CaCO_3$ 分解反应耗热为：

$$\frac{3338}{44} \times 177.8 \times 10^3 / 48 = 2.81 \times 10^5 \text{kJ/h} = 78 \text{kW} \cdot \text{h/h}$$

生烧石灰耗热合计为：　　　　$Q_3^1 = 316 + 78 = 394 \text{kW} \cdot \text{h/h}$

2）入炉水分耗热 Q_3^2。

① 水汽化耗热。共有 2708kg 水汽化，相变热为 2255.2kJ/kg，则水汽化耗热为：

$$2708 \times 2255.2/48 = 127230.9 \text{kJ/h} = 35 \text{kW} \cdot \text{h/h}$$

② 水显热。以比热容为 2.09kJ/(kg·℃)、温升 $\Delta t = 715$℃计，则水显热为：

$$2708 \times 2.09 \times 715/48 = 84306.2 \text{kJ/h} = 23 \text{kW} \cdot \text{h/h}$$

③ H_2O 与 C 反应耗热。1kgH_2O 反应热为 7292.9kJ，共有 1805kgH_2O 被 C 还原，则耗热为：

$$1805 \times 7292.9/48 = 274243.4 \text{kJ/h} = 76 \text{kW} \cdot \text{h/h}$$

入炉水分耗热合计为：$Q_3^2 = 35 + 23 + 76 = 134 \text{kW} \cdot \text{h/h}$

3）挥发分分解耗热 Q_3^3。共有 778kg 挥发分分解，设平均的分解反应式为：

$$C_{12}H_{10} \Longrightarrow 12C + 5H_2 \qquad \Delta H^{\ominus} = 665.3 \text{J/kg}$$

则挥发分分解耗热为：　　　　$Q_3^3 = 778 \times 665.3/48 = 10783 \text{kJ/h} = 3 \text{kW} \cdot \text{h/h}$

4）硅铁生成耗热 Q_3^4。按物料平衡，有 2640kg 的 SiO_2 被 C 还原，反应式为：

$$SiO_2 + 3C \Longrightarrow SiC + 2CO \qquad \Delta H^{\ominus} = 615.5 \text{kJ/mol}$$

则硅铁生成耗热为：

$$Q_3^4 = \frac{2640}{60} \times 615.5 \times 10^3/48 = 5.64 \times 10^5 \text{kJ/h} = 157 \text{kW} \cdot \text{h/h}$$

5）造渣放热 Q_3^5。电石炉内造渣反应较复杂，缺少分析测定手段，引用的有关数据为每吨电石造渣放热 19kW·h，则：

$$Q_3^5 = 19 \times 3.983 = 75.7 \text{kW} \cdot \text{h/h} \approx 76 \text{kW} \cdot \text{h/h}$$

以上五项主要副反应耗热为：

$$Q_3 = Q_3^1 + Q_3^2 + Q_3^3 + Q_3^4 - Q_3^5 = 394 + 134 + 3 + 157 - 76 = 612 \text{kW} \cdot \text{h/h}$$

（5）有效利用热 $Q_{有效}$。以上各项有效利用热合计为：

$$Q_{有效} = Q_生 + Q_1 + Q_2 + Q_3 = 6292 + 2528 + 620 + 612 = 10052 \text{kW} \cdot \text{h/h}$$

6.7.3.3　热损失

（1）电气损失 Q_4。

1）供电线路损失 Q_4^1。线路电阻 $R = 0.0123\Omega$，电流 $I = 240$A，则供电线路损失为：

$$Q_4^1 = 3 \times I^2 R = 3 \times 240^2 \times 0.0123/10^3 = 2.125 \text{kW} \cdot \text{h/h}$$

2）主变压器损耗 Q_4^2。主变压器损耗可以按变压器出厂试验数据计算。

铭牌损耗：短路损耗 $P_短 = 192.9$kW，空载损耗 $P_空 = 31.9$kW。

运行损耗：有功功率为 14000kW，功率因数为 0.85，则变压器视在功率为：

$$S = 14000/0.85 = 16470 \text{kV} \cdot \text{A}$$

变压器实际铜损为（S_0 为变压器拟定视在功率，取值为 $S_0 = 1.2S$）：

$$\Delta P_K = P_{短}(S/S_0)^2 = 192.9 \times (16470/20000)^2 = 130kW$$

变压器铁损可以认为是空载损耗部分数据，由此可知主变压器损耗为：

$$Q_4^2 = \Delta P_K + \Delta P_0 = 130 + 31.9 \approx 162kW \cdot h/h$$

3）短网损耗 Q_4^3。短网测定较复杂，根据降压法、理论计算、测冷却水带走热量三种方法所得数据，经过综合平衡后，短网损耗情况见表6-15。

表6-15 短网损耗

短网名称	压降/V	电流/A	cosφ	有效功率/kW
a	1.0	35600	0.44	25
x	3.7	35600	0.20	26
b	3.7	36400	0.20	27
y	4.0	36400	0.20	29
c	5.3	36400	0.27	52
z	3.8	36400	0.27	37
合 计				196

4）集电环损耗 Q_4^4。由于集电环单独用一路冷却水，可以通过水的温升和流量测定其近似损耗值。取测定的平均值列入表6-16中。

表6-16 集电环损耗

测定次数	A 相电极集电环		B 相电极集电环		C 相电极集电环	
	kJ/h	kW·h/h	kJ/h	kW·h/h	kJ/h	kW·h/h
1	56485	15.7	169707	47.0	96653	26.8
2	44184	12.2	108954	30.2	112971	31.3
平 均	50335	14	139330	38.7	104812	29.1

合计平均损耗为： $Q_4^4 = 14 + 38.7 + 29.1 \approx 82kW \cdot h/h$

5）铜瓦上的热损失 Q_4^5。铜瓦上的热损失采用测定冷却水温升及流量的方法来计算，这部分损失不完全属于电气损失，还包括由于炉料、电极等辐射传导而导入的热量。为了处理简单，设平均每路铜瓦上的热损失为139330.5kJ/h，共有12路（24块），则：

$$Q_4^5 = 139330.5 \times 12 = 16.72 \times 10^5 kJ/h = 465kW \cdot h/h$$

综合以上各项可得电气损失为：

$$Q_4 = Q_4^1 + Q_4^2 + Q_4^3 + Q_4^4 + Q_4^5 = 2.125 + 162 + 196 + 82 + 465 \approx 907kW \cdot h/h$$

（2）炉面散热 Q_5。由于炉盖受热辐射的构件均用冷却水冷却，因此，炉面冷却水带走的热量可以认为是炉面的散热量，测定方法也采用测定冷却水温升及流量的方法。炉面冷却水带走热量的数据较多，仅将汇总结果罗列于下。

第一次：$4.37 \times 10^6 kJ/h = 1214kW \cdot h/h$

第二次：$5.24 \times 10^6 kJ/h = 1456kW \cdot h/h$

平均： $Q_5 = 4.81 \times 10^6 kJ/h = 1336kW \cdot h/h$

（3）炉体散热 Q_6。

1）炉壁散热 Q_6^1。炉壁按温度分布划分为四段，分别测出平均温度后再计算，见表6-17。

表 6-17　炉壁散热

数 据 名 称	第一段	第二段	第三段	第四段
平均温度 t_w/℃	88	100	138	159
温度差 ΔT/K	55	75	108	127
传热系数 α/W·(m²·K)$^{-1}$	5.425	5.519	5.950	6.275
散热面积 F/m²	29.9	29.9	29.9	29.1
对流散热量/kJ·h^{-1}	29456	43096	66946	80753
辐射散热量/kJ·h^{-1}	23849	35816	62762	70711
合计散热量/kJ·h^{-1}	53305	78912	129708	151464
炉壁散热 Q_6^1		4.13×10^5 kJ/h = 115kW·h/h		

其中，传热系数 α 采用流体自由流动换热公式计算，计算步骤为：

① 计算定性温度 T_m。

$$T_m = \frac{1}{2}(T_f + T_w)$$

式中　T_f——环境温度；

　　　T_w——平均温度。

② 由定性温度查表算 Nu_m。

$$Nu_m = Gr_m Pr_m = \frac{\beta_m g L^3 \Delta T}{v_m^2} Pr_m$$

式中　Nu_m——定性温度下的努塞尔数，表示对流传热系数与传导传热系数之比；

　　　Gr_m——定性温度下的格拉晓夫数，表示流体受热或冷却时因为各部分密度不同而引起的流动特性；

　　　Pr_m——定性温度下的普朗特准数，表示流体的物性特征，该值越大，分子扩散越困难，温度分布越不均匀；

　　β_m, v_m——分别为定性温度下的气体体积膨胀系数、气体运动黏度，其值可查气体物性参数表；

　　　　g——重力加速度；

　　　　L——定形尺度（壁高）；

　　　ΔT——温度差。

③ 由计算的 Nu_m 计算 α。

$$\alpha = \frac{\lambda_m}{L} C Nu_m^n$$

式中　λ_m——定性温度下空气的导热系数，其值可查表；

　　　C, n——实验常数，$C=0.12$，$n=1/3$。

辐射散热量 Q_i 可用以下公式计算：

$$Q_i = \varepsilon_{12} F_1 \psi_{12} C_0 \left[\left(\frac{T_w}{100}\right)^4 - \left(\frac{T_f}{100}\right)^4\right]$$

式中　ε_{12}——系统黑度，$\varepsilon_{12}=\varepsilon_1\varepsilon_2$，钢材黑度 $\varepsilon_1=0.68$，环境杂散物黑度 $\varepsilon_2=0.85$；

　　　　F_1——辐射壁面积；

　　　　ψ_{12}——系统角系数，因有肋片，故 $\psi_{12}=0.9$；

　　　　C_0——黑体辐射系数，$C_0=5.76\mathrm{W}/(\mathrm{m}^2\cdot\mathrm{K}^4)$。

　　2）炉体肋片散热量 Q_6^2。炉壁加强用的直肋和环肋相当于炉体的散热片。肋片计算较复杂，可采用肋片散热公式计算：

$$Q=\lambda f\,\theta_0 m\,\mathrm{th}(mL')$$

$$m=\sqrt{\frac{\alpha U}{\lambda f}}$$

$$L'=L+\delta/2$$

$$\theta_0=T-T_0$$

式中　α——对流传热系数，$\mathrm{W}/(\mathrm{m}^2\cdot\mathrm{K})$；

　　　　L——肋高，m；

　　　　δ——肋厚，m；

　　　　λ——材料导热系数，$\mathrm{W}/(\mathrm{m}\cdot\mathrm{K})$；

　　　　U——肋截面周边长度，m；

　　　　f——肋片截面积，m^2；

　　　　θ_0——肋基处的过余温度，K；

　　　　T——肋基温度，K；

　　　　T_0——环境温度，K；

$\mathrm{th}(mL')$——双曲函数，可查双曲函数表或由函数计算机求出。

　　计算时，同样分成相应的四段分别计算。先计算每片肋片（1.15m × 0.16m × 0.016m）散热量，计算结果列于表6-18。

表6-18　炉体肋片散热量

项　目	直　肋			环　肋		
	片数	散热功率/kW·片$^{-1}$	总散热功率/kW	等效米数/m	散热量/kW·m^{-1}	散热功率/kW
第一段	36	0.0858	3.1	50	0.106	5.3
第二段	30	0.117	3.5	50	0.145	7.3
第三段	36	0.168	6.0	50	0.209	10.5
第四段	36	0.150	5.4			
小　计	18kW			23kW		
合　计	$Q_6^2=18+23=41\mathrm{kW\cdot h/h}$					

　　3）炉底散热 Q_6^3。炉底由于通风条件各异，温度分布不均匀，相差悬殊。根据实测情况，以下列比例加权求平均温度：220℃占20%，200℃占20%，150℃占30%，90℃占30%。可得平均温度为156℃。

　　周围平均温度为60℃，传热系数 α 按下列公式计算（l 为炉底计算尺寸，取炉底直径为 $\phi8.4\mathrm{m}$，因传热面向下，计算结果减少10%）：

$$\alpha = 1.36 \ (\Delta t/l)^{1/4} = 1.36 \times \left(\frac{156-60}{0.9 \times 8.4}\right)^{1/4} = 1.36 \times 1.88 = 2.56 \text{W/}(\text{m}^2 \cdot \text{K})$$

散热面积为：$F = 55.4$（圆底面面积）$+ 10$（支撑工字钢面积）$= 65.4 \text{m}^2$

则：
$$Q_6^3 = \alpha F \Delta t = 2.56 \times 65.4 \times (156-60) = 16 \text{kW} \cdot \text{h/h}$$

4）炉眼辐射散热 Q_6^4。炉眼热工数据为：2 号炉眼温度 1300℃，辐射面积 $F_1 = 0.049 \text{m}^2$（直径为 $\phi 250 \text{mm}$）；3 号炉眼温度 1000℃，辐射面积 $F_2 = 0.031 \text{m}^2$（直径为 $\phi 250 \text{mm}$）；1 号炉眼长期不用，温度较低，略去不计。

取角系数 $\psi_{12} = 0.75$，系统黑度 $\varepsilon_{12} = 0.8$。

2 号炉眼辐射散热为：

$$0.75 \times 0.8 \times 5.76 \times 0.049 \times \left[\left(\frac{1300+273}{100}\right)^4 - \left(\frac{273+30}{100}\right)^4\right] = 10353 \text{W} \cdot \text{h/h}$$

3 号炉眼辐射散热为：

$$0.75 \times 0.8 \times 5.76 \times 0.031 \times \left[\left(\frac{1000+273}{100}\right)^4 - \left(\frac{273+30}{100}\right)^4\right] = 2808 \text{W/h}$$

炉眼对流散热量可以略去不计，则炉眼辐射散热为：
$$Q_6^4 = 10.35 + 2.8 = 13 \text{kW} \cdot \text{h/h}$$

以上各项合计可求得炉体散热 Q_6 为：
$$Q_6 = Q_6^1 + Q_6^2 + Q_6^3 + Q_6^4 = 115 + 41 + 16 + 13 = 185 \text{kW} \cdot \text{h/h}$$

（4）开炉门用电 Q_7。开炉门耗电测定数据为：开炉门电弧电流 $I_e = 4500 \text{A}$（4000 ～ 5000A），开炉门电弧电压 $V_e = 80 \text{V}$（17 ～ 19 级），开炉门 $\cos\varphi = 0.85$，开炉门平均时间 $t = 90 \text{s}$，则：

$$Q_7 = IV\cos\varphi t = 4500 \times 80 \times 0.85 \times 90 \times \frac{1}{1000} \times \frac{1}{3600}$$

$$= 7.65 \text{kW} \cdot \text{h/h} \approx 8 \text{kW} \cdot \text{h/h}$$

（5）由炉气带走热量 Q_8。

1）由炉气中气体带走热量 Q_8^1。炉气平均温度为 633℃，平均温度差为 $\Delta t = t - t_0 = 633 - 25 = 608℃$。根据物料平衡，炉气的组成、比热容及单位热损失列于表 6-19。

表 6-19 炉气的组成、比热容及单位热损失

炉气组成	质量流量 /kg · h⁻¹	物质的量流量 G_m/kmol · h⁻¹	平均比热容 c_p(298 ~ 1200K) /kJ · (kmol · K)⁻¹	单位热损失 $Q_1 = G_m c_p$ /kJ · (h · K)⁻¹
CO	1654	59.07	31.38	1854
N₂	272.50	9.632	31.05	302
H₂	5.23	2.615	29.71	78
O₂	5.00	0.1563	32.97	5
CO₂	86.04	1.955	49.53	95
合 计	2022.77	73.43		2333

由炉气中气体带走热量为：$Q_8^1 = 2333 \times 608 = 1.42 \times 10^6 \text{kJ/h} = 394 \text{kW} \cdot \text{h/h}$

2）由炉气中粉尘带走热量 Q_8^2。炉气粉尘的组成、比热容及单位热损失如表6-20所示。

表6-20 炉气粉尘的组成、比热容及单位热损失

炉气粉尘组成	质量流量/kg·h⁻¹	平均比热容/kJ·(kg·K)⁻¹	单位热损失/kJ·(h·K)⁻¹
C	66.4	1.205	79.92
CaO	93.8	1.050	99.33
SiO₂	19.2	1.084	19.66
其 他	71.1	1.255	89.12
合 计	249.5		287

由炉气中粉尘带走热量为： $Q_8^2 = 287 \times 608 = 1.745 \times 10^5 \text{kJ/h} = 48.5 \text{kW} \cdot \text{h/h}$

综上，由炉气带走总热量为： $Q_8 = Q_8^1 + Q_8^2 = 394 + 48.5 = 442.5 \text{kW} \cdot \text{h/h}$

（6）热损失。按上述计算结果，将热量损失汇总后，合计热损失为：

$$Q_损 = Q_4 + Q_5 + Q_6 + Q_7 + Q_8 = 907 + 1336 + 185 + 8 + 442.5 = 2878.5 \text{kW} \cdot \text{h/h}$$

6.7.3.4 密闭炉热收支平衡表及热效率

根据物料平衡数据取得热平衡数据后，热效率计算如下：

（1）正平衡效率。由上述计算知，收入总热量 $Q_供 = 13018 \text{kW} \cdot \text{h/h}$，有效利用热量 $Q_有效 = 10056 \text{kW} \cdot \text{h/h}$。则正平衡效率为：

$$\eta_正 = \frac{Q_有效}{Q_供} \times 100\% = \frac{10056}{13018} \times 100\% = 77.25\%$$

（2）反平衡效率。由上述计算知，热损失 $Q_损 = 2878.5 \text{kW} \cdot \text{h/h}$，则反平衡效率为：

$$\eta_反 = \left(1 - \frac{Q_损}{Q_供}\right) \times 100\% = \left(1 - \frac{2878.5}{13018}\right) \times 100\% = 77.89\%$$

（3）密闭电石炉热平衡表及热流图。由正、反平衡效率可见，仅存在 0.64% 的误差。此误差主要来自原始数据的精度误差，同时还有一些热损失，例如通过电极系统导出的热量（电极烧结热）、炉面设备表面散热等，因数量不大，所以在热平衡表中将此误差列入其他项中。20MV·A 密闭电石炉的热平衡表见表6-21，热流图见图6-32。

表6-21 20MV·A 密闭电石炉热平衡表

收入能量				
符 号	项 目	热量/kW·h·h⁻¹	单耗/kW·h·t⁻¹	所占百分比/%
Q_0	电力供入热量	12988	3350	99.76
Q_{CO}	炉内 CO 燃烧生成热量	30	8	0.24
总 计		13018	3358	100

支出能量				
符 号	项 目	热量/kW·h·h⁻¹	单耗/kW·h·t⁻¹	所占百分比/%
$Q_生$	电石生成消耗热	6292	1623.7	49.35
Q_1	电石出炉带出热	2528	652	19.42

支 出 能 量

符 号	项 目	热量/kW·h·h⁻¹	单耗/kW·h·t⁻¹	所占百分比/%
Q_2	电石相变热	620	160	4.76
Q_3	副反应耗热	(612)	(157.9)	(4.70)
Q_3^1	生烧石灰耗热	394	101.6	3.03
Q_3^2	入炉水分耗热	134	34.6	1.03
Q_3^3	挥发分分解耗热	3	0.8	0.02
Q_3^4	硅铁生成耗热	157	40.5	1.20
Q_3^5	造渣放热	-76	-19.6	-0.53
$Q_{有效}$	有效利用热	(10052)	(2593.6)	(77.24)
Q_4	电气损失	(907)	(233.9)	(6.97)
Q_4^1	供电线路损失	2.125	0.52	0.02
Q_4^2	主变压器损耗	162	41.78	1.24
Q_4^3	短网损耗	196	50.55	1.30
Q_4^4	集电环损耗	82	21.20	0.63
Q_4^5	铜瓦上的热损失	465	119.94	3.57
Q_5	炉面散热	1336	344.60	10.26
Q_6	炉体散热	(185)	(47.70)	(1.42)
Q_6^1	炉壁散热	115	29.66	0.88
Q_6^2	炉体肋片散热	41	10.57	0.31
Q_6^3	炉底散热	16	4.13	0.12
Q_6^4	炉眼辐射散热	13	3.35	0.09
Q_7	开炉门用电	8	2.10	0.06
Q_8	由炉气带走热量	(442.5)	(114.10)	(3.40)
Q_8^1	由炉气中气体带走热量	394	101.60	3.03
Q_8^2	由炉气中粉尘带走热量	48.5	12.50	0.37
$Q_损$	热损失	(2878.5)	(742.5)	(22.11)
$Q_{其他}$	其他热损失	87.5	19.6	0.58
总　计		13018	3358	100

注：括号中数据为由表内几种形式构成的某项热支出的和，合计时不计入该数据。

6.7.4　热平衡数据分析

为便于制订提高产量、降低消耗的措施，有必要对测定数据和汇总处理后的数据进行简要的分析。

6.7.4.1　热损失排列图

按测定计算的数据，电石炉的损耗热量及非工艺直接用热的排列图如图 6-33 所示。

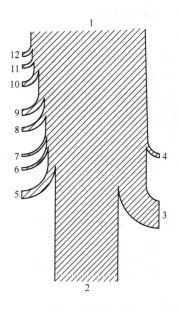

图 6-32 20MV·A 密闭电石炉热流图

1—供入体系的热量；2—电石生成消耗热；3—电石出炉带出热；4—副反应耗热；5—炉面散热；
6—炉体散热；7—开炉门用电；8—由炉气带走热量；9—铜瓦上的热损失；10—短网损耗；
11—主变压器及供电线路损耗；12—其他热损失

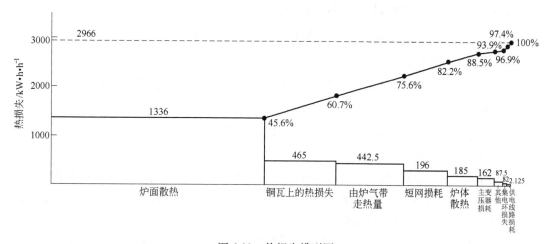

图 6-33 热损失排列图

排列图显示的热损耗次序是：炉面散热、铜瓦上的热损失、由炉气带走热量、短网损耗、炉体散热、主变压器损耗、其他。前四项的损耗占总损耗的 80% 以上，而其中炉面散热一项所占比例就大于 45%。

6.7.4.2 炉面散热分析

炉面散热数据是通过测定炉盖冷却水带走热量而计算得到的，方法比较可靠。

对于密闭炉生产，炉面的温度场比敞口炉均匀。经实测，料面的平均温度为 950 ~ 1100℃，电极周围料面和电极表面温度达 1200 ~ 1250℃，炉气温度达 850℃ 左右。

炉面温度与炉面散热量的关系经数据处理后，可用图 6-34 所示的曲线表示。

由图 6-34 可知，在 1000 ~ 900℃ 之间，料面温度降低 100℃，可降低电石电耗 131kW·h/t；在 900 ~ 800℃ 之间，料面温度降低 100℃，可降低电石电耗 96kW·h/t。

在炉面散热中，值得强调指出的是，电极有 400 ~ 600mm 的长度裸露在料面之外，温度高达 1100 ~ 1200℃，钢壳已完全熔化。这部分热损失也是相当可观的，占炉面散热量的较大比例，举例计算如下。

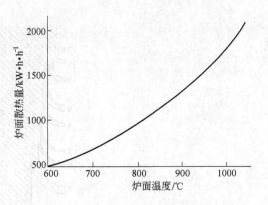

图 6-34   炉面温度与炉面散热量的关系

【例 6-2】 已知：电极直径 $D = 1030mm$，裸露电极长度 $L = 400mm$，电极温度 $t = 1000℃$，电极平均电阻率 $\rho_{20} = 79.8\Omega \cdot mm^2/m$ (20℃)，电极电流 $I = 68000A$，电阻温度系数 $\alpha = -0.0005$，电极附加损耗系数 $K = 1.30$（集肤效应及邻近效应，查资料可得）。

根据上述数据，可得到电极在 20℃ 时的电阻为：

$$R_{20} = 79.8 \times \frac{0.4}{\frac{1}{4}\pi \times 1030^2} = 3.83 \times 10^{-5}\Omega$$

电极在工作温度（1000℃）下的电阻为：

$$R = R_{20}[1 + (-0.0005 \times 1000)] = 1.915 \times 10^{-5}\Omega$$

每根电极电阻热为：

$$Q_i = KI^2R = 1.30 \times (68000)^2 \times 1.915 \times 10^{-5} = 115.1kW \cdot h/h$$

合计电阻热为：

$$Q = \Sigma Q_i = 3 \times 115.1 = 345.3kW \cdot h/h$$

折合电耗为：89kW·h/t。

电极上损失的这部分热量通过周围介质散失，其中一部分以辐射形式返回炉料。对于返回炉料的热量在工艺上是并不希望的，因为这样会提高料面的温度，使支路电流增加，电极上抬，引起更多的料面辐射热损失。

在工艺设备上进行改进，使裸露部分尽可能短，并用炉料覆盖，则这部分热量可减少。与敞口炉工艺设备状况相比，密闭炉由于电极工作端过长而引起的热损耗不容忽视。

影响炉面温度的因素是复杂的，有出炉电石量、炉料电阻、生（过）烧石灰量、出炉间隔时间、电流电压比、操作中料层的处理等，各种因素中哪个是主要的，还需要进一步积累数据进行研究。

6.7.4.3   由炉气带走热量分析

由炉气带走热量的计算表明，炉气引起的热损失为 0.728kW·h/(h·℃)，即炉气出口温度每增加 1℃，折合电耗增加 0.183kW·h/t。

从生产实际情况来看，由于工艺和操作不当，可使炉气温度至少变化约 250℃，由此引起电石电耗波动达46kW·h/t。但在炉内负压大时，漏入空气燃烧反应的热量也可使炉气温度升高，但难以定量。为简化计算，可参考炉面温度判别。

炉气温度高的原因归咎于料面温度高。因此从工艺来讲，应强调炉气出口温度的重要性，并将其作为重要的工艺控制指标。应该认为，所有降低料面温度的措施对于降低炉气热损失都是有效的。

6.7.4.4 短网损耗分析

短网损耗中，每个集电环的损耗平均为27kW·h/h。集电环在短网中不是十分显眼，但其损耗水平相当于整个短网的铜线部分损耗，这可能与集电环周围的铁磁介质结构材料较多有关，是值得考虑的薄弱环节。

在测试中还发现一些铁磁结构杆温升很大，例如锥心套油压装置的结构杆温度异常高。有许多冷却水管是白铁管，靠近短网，损耗虽未测定，但会使短网的附加损耗增大。

6.7.4.5 炉体散热分析

炉体上部温度较高，局部温度高于200℃，炉底温度局部高于250℃。在提高内壁材料耐火度的前提下，进一步降低保温材料导热系数（用超轻质保温砖）、提高保温效果、降低炉壁温度、节约电能将会有一些效果。

6.7.4.6 有效利用热的有关数据分析

按现有设备热平衡的标准，出炉电石的显热、相变热、副反应耗热均属于有效利用热。但实际上这些热量中有一些是属于热损失的，尤其是生烧石灰引起的副反应耗热。

按物料平衡及热平衡数据，生烧石灰为13.29%，共耗热101.6kW·h/t。由此，生烧量每增加1%，增加电耗101.6/13.29 = 7.6kW·h/t。

另外，由生烧石灰形成附加的炉气量增量也消耗热能，具体为：形成的CO带走热量52.72kJ/（K·t），形成的CO_2带走热量19.67kJ/（K·t），合计72.39kJ/（K·t）。

以温升608℃计，热损失为：72.39 × 608/3600 = 12.2kW·h/t

每1%生烧石灰增加的炉气热损失为：12.2/13.29 = 0.92kW·h/t

综合起来就是，生烧石灰每增加1%，电石电耗增加9.7kW·h/t。

生烧石灰还会引起工艺变态，造成电炉难操作，影响产品质量，使能耗更高。所以，降低入炉石灰的生烧量是降低能耗的又一个重要环节。

此外，生烧石灰形成CO还要消耗焦炭，按测定计算，生烧石灰每增加1%，焦耗增加0.75kg/t。关于其他副反应，从节电角度来讲也是越少越好，这与电石工业历来强调精选原料、减少杂质的原则是一致的。

6.7.4.7 电石炉节能措施

通过物料平衡及热平衡的测定和计算可以明显看出，降低石灰生烧、过烧数量，降低料面温度、炉气温度，加强原料管理、操作管理，是节能降耗的最重要方面，其他方面的热损失也不可忽视。

A 降低料面温度的措施

从热平衡可以看出，炉面热损失和炉气热损失之和约占整个热损失的60%，而占总电能的14%，这个数目相当可观。料面温度高的原因很多，主要是由于电极不能适当地插入炉内。长期操作电石炉的经验证明，欲把电极插入适当的深度，应采取以下措施：

（1）提高炉料的电阻率。提高炉料电阻率的方法很多，主要有两种：一是减小原料粒度；二是采用部分电阻率较大的炭素原料，如半焦、石油焦和优质无烟煤等。

（2）选用较合适的电气参数和电石炉几何参数。在设计新电石炉时，要选择适当的电气参数和电石炉几何参数。在旧电炉上，如原设计的参数不合适，则应利用大修的机会进行电石炉改造，使各项参数趋于合理。

（3）认真检修电石炉设备，使电石炉设备利用率达到94%以上。

（4）细心操作电石炉。定期撬一次料层，以减少红料，消除支路电流，增加吃料速度。敞口炉还可以采用分次投料与干烧相结合的操作方法。总之，要想尽一切办法使电极插下去。

B　加强气烧窑的操作管理

目前只有少数电石厂能够把石灰的生烧率控制在10%以下，大多数都超过10%，有的甚至达到20%。若按石灰生烧率为10%计算，仅此一项就直接增加电石电耗76kW·h/t。石灰生烧率过高不仅增加电耗，而且导致电石炉操作不稳定，出炉操作困难，破坏了生产平衡，使料面温度和炉气温度升高，同时影响电石质量。为此，必须采取下列措施：

（1）优选石灰石的块度和质量；

（2）选用块度合适的焦炭作燃料；

（3）加强气烧窑的操作管理。

C　改善电石炉设备结构

通过查定工作一定会发现有些设备不够理想，热电损失较大，这类问题应在大修时解决，如：

（1）电极系统与炉盖等部分因绝缘不良而发生损耗，此时应改变绝缘方法或更换绝缘材料。

（2）短网系统、由电石炉变压器出口到电极上各点的电压降较大、接触不良等，此时应增大接触面积，改变导线连接方法；或清除接口位置的污染物质，重新连接。

6.8　小结

（1）电石的主要成分为碳化钙（CaC_2），是重要的有机化工原料。在电石炉内，碳化钙反应速度和稀释速度的大小决定着冶炼进程和电石品质。

（2）影响电石炉操作的主要因素是石灰原料和碳质还原剂的品质、杂质含量、粒度、孔隙率等物理性质，以及炉料配比、组分和副石灰加入量等是否适当。

（3）密闭电石炉采用连续投料方法，电石炉的运行操作包括调炉操作、进出料平衡操作、出炉操作、处理故障操作等几个方面。

（4）大容量电石炉可采用一步法开炉，即烘炉焙烧电极与开炉同时进行，焙烧的电极碳化程度好，对于新炉开炉十分有利。正常停炉与开炉或事故停炉与开炉都必须按程序操作。电石炉由于炉底上涨，到达一个炉龄时需停炉后进行清炉操作。

（5）密闭电石炉尾气干法净化系统的工艺指标设置计算机自动监测和报警，开停车操作设置联锁保护，必须按照操作规程执行。

（6）通过对电石炉物料平衡和热平衡的测定和计算，可以分析节能潜力和途径，制订提高产量、降低消耗的措施。

复习思考题

6-1 简述电石的质量指标及生产方法、电石的性质和用途。

6-2 写出矿热炉内碳化钙的生成反应式。在坩埚区反应层发生哪些反应？

6-3 何为碳化钙的反应速度与稀释速度，影响稀释速度的因素有哪些？

6-4 影响电石炉操作的因素有哪些，是如何影响的？

6-5 假设石灰中的氧化钙含量为92%，焦炭中的固定碳含量为84%、水分含量为2%，欲生产发气量为300L/kg的电石，求炉料配比。

6-6 电石炉埋弧操作的优点有哪些，工艺运行指标有哪些？

6-7 电石炉调炉操作有哪些方法，各有何作用，如何进行？

6-8 进山料平衡情况、出炉情况、故障怎样判断，如何处理？

6-9 电石炉新炉开炉如何进行，事故停炉和开炉如何进行？

6-10 简述密闭电石炉尾气干法净化系统的工艺流程。

7 矿热炉生产硅系铁合金

┌───┐
【教学目标】 根据矿热炉冶炼硅铁的原理，能够进行冶炼生产操作以及物料平衡和热平衡计算；认识矿热炉生产工业硅和其他硅系铁合金的原理和操作方法。
└───┘

7.1 概述

7.1.1 硅铁的牌号和用途

硅铁分为普通硅铁和特种硅铁两类（特种硅铁是指采用炉外精炼法生产的硅铁），牌号分别以"FeSi××-×"和"TFeSi××-×"表示，其中，"FeSi××-×"表示普通硅铁；"TFeSi××-×"表示特种硅铁，"T"为"特"字汉语拼音中第一个字母，"××"表示主元素的质量百分数，"-×"用 A、B 区分表示杂质含量的不同。硅铁的牌号以硅含量的高低来划分，现行国家产品标准见表 7-1。近年来随着连铸技术的推广应用，对脱氧用硅铁中的铝、钙含量提出了严格的要求，各国都设立了一些低铝、低钙及生产电工钢等所用的硅铁品种。我国目前大量生产的仍是硅铁 75，也生产少量的硅铁 65 和硅铁 45。

表 7-1 硅铁牌号和化学成分 （GB/T 2272—2009）　　　　　（%）

牌　号	化学成分（≤）												
	Si	Al	Ca	Mn	Cr	P	S	C	Ti	Mg	Cu	V	Ni
FeSi90Al1.5	87.0~95.0	1.5	1.5	0.4	0.2	0.04	0.02	0.2	—	—	—	—	—
FeSi90Al3	87.0~95.0	3.0	1.5	0.4	0.2	0.04	0.02	0.2	—	—	—	—	—
FeSi75Al0.5-A	74.0~80.0	0.5	1.0	0.4	0.5	0.035	0.02	0.1	—	—	—	—	—
FeSi75Al0.5-B	72.0~80.0	0.5	1.0	0.5	0.5	0.04	0.02	0.2	—	—	—	—	—
FeSi75Al1.0-A	74.0~80.0	1.0	1.0	0.4	0.3	0.035	0.02	0.1	—	—	—	—	—
FeSi75Al1.0-B	72.0~80.0	1.0	1.0	0.5	0.5	0.04	0.02	0.2	—	—	—	—	—
FeSi75Al1.5-A	74.0~80.0	1.5	1.0	0.4	0.3	0.035	0.02	0.1	—	—	—	—	—
FeSi75Al1.5-B	72.0~80.0	1.5	1.0	0.5	0.5	0.04	0.02	0.2	—	—	—	—	—
FeSi75Al2.0-A	74.0~80.0	2.0	1.0	0.4	0.3	0.035	0.02	0.1	—	—	—	—	—
FeSi75Al2.0-B	72.0~80.0	2.0	—	0.5	0.5	0.04	0.02	0.2	—	—	—	—	—
FeSi75-A	74.0~80.0	—	—	0.4	0.5	0.035	0.02	0.1	—	—	—	—	—
FeSi75-B	72.0~80.0	—	—	0.5	0.5	0.04	0.02	0.2	—	—	—	—	—
FeSi65	65.0~72.0	—	—	0.6	0.5	0.04	0.02	—	—	—	—	—	—
FeSi45	40.0~47.0	—	—	0.7	0.5	0.04	0.02	—	—	—	—	—	—
TFeSi75-A	74.0~80.0	0.03	0.03	0.1	0.1	0.02	0.004	0.02	0.015	—	—	—	—

牌 号	化学成分（≤）												
	Si	Al	Ca	Mn	Cr	P	S	C	Ti	Mg	Cu	V	Ni
TFeSi75-B	74.0~80.0	0.1	0.03	0.1	0.03	0.03	0.004	0.02	0.04	—	—	—	—
TFeSi75-C	74.0~80.0	0.1	0.1	0.1	0.1	0.04	0.005	0.03	0.05	0.1	0.1	0.05	0.4
TFeSi75-D	74.0~80.0	0.2	0.05	0.2	0.1	0.04	0.01	0.02	0.04	0.02	0.1	0.01	0.04
TFeSi75-E	74.0~80.0	0.5	0.5	0.4	0.1	0.04	0.02	0.05	0.05				
TFeSi75-F	74.0~80.0	0.5	0.5	0.4	0.1	0.03	0.005	0.01	0.02	—	0.1	—	0.1
TFeSi75-G	74.0~80.0	1.0	0.05	0.15	0.1	0.04	0.003	0.015	0.04				

硅铁是铁合金工业最早、最主要的产品之一，硅铁在炼钢工业、铸铁工业、铁合金工业以及其他工业部门有着相当广泛的应用。

（1）在炼钢工业中用作脱氧剂和合金剂。为了获得化学成分合格的钢和保证钢的质量，在炼钢的最后阶段必须进行脱氧，硅与氧之间的化学亲和力很大，因而硅铁是炼钢工业中不可或缺的脱氧剂。炼钢生产中除部分沸腾钢外，几乎所有的钢种都把硅铁作为较强的脱氧剂，用于沉淀脱氧和扩散脱氧。硅铁的消耗量（折算成硅铁 75）约是钢产量的 0.01%。在钢中添加一定数量的硅能显著提高钢的强度、硬度和塑性，因而在冶炼结构钢（含硅 0.4%~1.75%）、工具钢（含硅 0.3%~1.8%）、弹簧钢（含硅 0.4%~2.8%）等钢种时，必须添加一定数量的硅铁作合金剂使用。硅还具有电阻率较大、导热性较差和导磁性较强的特点。钢中含有一定量的硅能提高钢的磁导率，降低磁滞损耗，减少涡流损失，因而在冶炼硅钢，例如冶炼电机用低硅钢（含硅 0.8%~2.8%）和变压器用硅钢（含硅 2.81%~4.8%）时，也把硅铁作为合金剂使用。此外，在炼钢工业中，利用硅铁粉在高温下燃烧能放出大量热这一特点，常将其作为钢锭帽发热剂使用，以提高钢锭的质量和回收率。

（2）在铸铁工业中用作孕育剂和球化剂。铸铁是现代工业中一种重要的金属材料，它比钢便宜，容易熔化冶炼，具有优良的铸造性能和比钢好得多的抗震能力，特别是球墨铸铁，其力学性能达到或接近钢的力学性能指标。在铸铁中加入一定量的硅铁能阻止铁中形成碳化物，促进石墨的析出和球化，因而在球墨铸铁生产中，硅铁是一种重要的孕育剂（帮助析出石墨）和球化剂。

（3）在铁合金生产中用作还原剂。硅与氧之间的化学亲和力很大，而且高硅硅铁的碳含量很低。因此，高硅硅铁（或硅质合金）是铁合金工业中生产低碳铁合金时比较常用的一种还原剂。

（4）在其他方面的用途。磨细或雾化处理过的硅铁粉在选矿工业中可作为悬浮相，在焊条制造业中可作为焊条的涂料。高硅硅铁在化学工业中可用于制造硅酮等产品。

在上述这些用途中，炼钢工业、铸造工业和铁合金工业是硅铁的最大用户，它们共消耗 90% 以上的硅铁。在各种不同牌号的硅铁中，目前应用最广的是硅铁 75。国外硅铁 65 的产量逐年增加，因为它可使生产率提高 3%~5%，单位电耗下降 3%，合金中铝、钙等杂质含量低，且易实现炉子密闭、回收煤气。但硅铁 65 长期存放易粉化。硅铁 45 在炼钢沉淀脱氧及铸造工业中使用时，比硅铁 75 烧损少、回收率高。从冶炼原理分析，冶炼硅铁 45 比冶炼硅铁 75 的单位电耗低 10% ~ 15% 。从节能角度来看，应在一切可用硅铁 45 的场合尽量用硅铁 45 代替硅铁 75 。

7.1.2 硅及其化合物的物理化学性质

纯硅是一种深灰色、不透明、有金属光泽的晶体物质，是一种良好的半导体材料，其主要物理性质为：相对原子质量 28.086，密度 2.34g/cm³，熔点 1413℃，沸点 2613℃，熔化热 50626J/mol，比热容（25℃）20.46J/（K · mol）。

硅在常温下不活泼，在高温下易与氧、硫、氮、卤素及许多金属化合成相应的化合物。

7.1.2.1 二氧化硅

二氧化硅在自然界有两种存在形式，即结晶态和无定形态。结晶态 SiO_2 主要以简单氧化物和复杂氧化物硅酸盐形式存在，冶炼硅铁用的硅石就是以简单氧化物形式广泛存在的结晶态 SiO_2。结晶态 SiO_2 在自然界中存在三种状态，即石英、鳞石英和方石英，同时它们又有高温型和低温型两种变体。因此，结晶态 SiO_2 实际上有六种不同的晶型，各种不同晶型的存在条件及转化情况如图 7-1 所示。

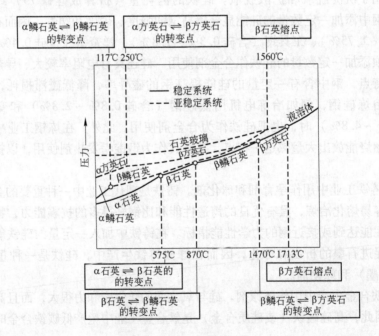

图 7-1　SiO_2 的晶型转化

冶炼过程中，随炉内温度升高，SiO_2 晶型发生变化，同时体积也发生变化。当 β 石英转化成 β 鳞石英时，体积明显膨胀，这是硅石冶炼过程发生爆裂的主要原因。硅石爆裂，颗粒变细，炉料的透气性降低，对硅铁生产不利，因此要求硅石的抗爆性好。

结晶态 SiO_2 是一种坚硬、较脆、难熔的固体。SiO_2 的熔点为 1713℃，沸点为 2590℃，是一种稳定的氧化物。在低温下 SiO_2 电阻率很高，随着温度升高，其电阻率急剧降低。电阻率高对冶炼硅铁有利。

7.1.2.2　一氧化硅

将硅和二氧化硅混合物加热到 1500℃ 以上，或将碳和过量的二氧化硅混合物加热到 2000℃ 左右，可获得气态 SiO。SiO 的高挥发性在硅石还原过程中起重要作用，可促进还原反应的加速进行。

7.1.2.3　碳化硅

硅与碳可以形成碳化硅。碳化硅是一种无色、透明、极硬的晶体物质。工业纯 SiC 因含硅、碳和二氧化硅等物质，呈黑色或黑绿色。SiC 的活性差，但在高温时能与某些氧化物或氧化性强的气体作用而分解，如：

$$SiC + 2SiO_2 \Longrightarrow 3SiO + CO$$

SiC 的产生和积存是硅铁炉炉底上涨的主要原因，尤其是小型炉，由于炉内温度低，破坏 SiC 的反应不易进行，炉底上涨严重。为防止炉底上涨，必须保持炉膛有较高的温度。一旦发生炉底上涨，就要尽快洗炉以消除 SiC。

7.1.2.4　硅化铁

硅与铁可形成 Fe_2Si、Fe_5Si_3、$FeSi$、$FeSi_2$ 等硅化物，是硅铁的主要成分。图 7-2 为 Fe-Si 状态图，由图可以看出：

（1）硅铁中的硅主要以 FeSi 和 $FeSi_2$ 的形式存在，特别是 FeSi 更为稳定。

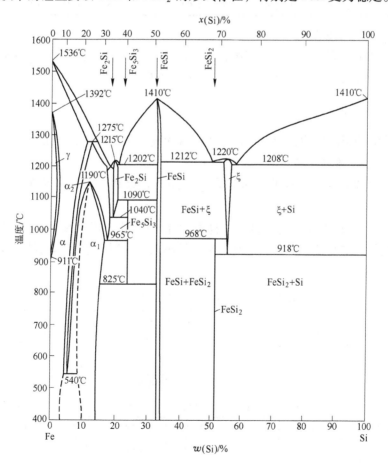

图 7-2　Fe-Si 状态图

（2）硅铁成分不同，熔点也不同。例如，硅铁 45 的熔点为 1260℃，硅铁 75 为 1340℃，工业硅为 1410℃ 左右。一般出炉温度比熔点高 300℃ 左右。

（3）在硅铁相图中有 ξ 相存在，成分在 ξ 相区附近的硅铁较易粉化。

（4）硅铁的密度随硅含量的增加而减小，如图 7-3 所示。工厂常用密度法或重量法来快速测定硅含量，以供炉前作为确定合金硅含量的依据。密度法测定硅含量，使用校正后的误差为1%。对精确度要求高的分析可采用重量法，重量法的误差对硅铁 45 为 ±0.2%，对硅铁 75 为±0.25%，对硅铁 90 为 ±0.3%。硅铁密度与硅含量的关系也可参见表 7-2。

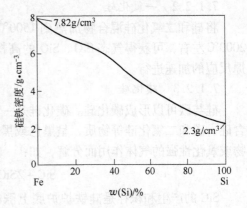

图 7-3　硅铁密度与硅含量的关系

表 7-2　硅铁密度与硅含量的关系

硅含量/%	40	45	50	55	60	65	70	75	80	85	90
硅铁密度/$g \cdot cm^{-3}$	7.61	7.15	4.75	4.37	4.00	3.76	3.51	3.27	3.03	2.78	2.55

7.1.2.5　其他化合物

在 1200～1300℃ 温度范围内，将细粉状硅在氮气气氛中加热时，能形成极为坚固的氮化硅 Si_3N_2。另外，硅与钙可形成一系列硅化钙，如 Ca_2Si、$CaSi$、$CaSi_2$ 等。

7.1.3　冶炼硅铁的原料

冶炼硅铁的原料除碳质还原剂外，主要还有含硅原料、含铁原料及熔剂等。

7.1.3.1　含硅原料及其要求

冶炼硅铁合金的含硅原料采用 SiO_2 含量很高的石英和石英岩，统称为硅石。其要求如下：

（1）硅石中 SiO_2 含量要大于 98%。硅石中除 SiO_2 外，还含有少量的 Al_2O_3、CaO 等化合物，它们是成渣物质，其含量越高，则渣量越大，炉况越差。国内外主要产地硅石的化学成分见表 7-3。

表 7-3　国内外主要产地硅石的化学成分

产　地	化学成分/%						密度/$g \cdot cm^{-3}$
	SiO_2	Al_2O_3	FeO	P_2O_5	CaO	MgO	
一般要求	>97	<1.5	不限	<0.02	<1.0	<1.0	
中国北京平谷	98.12	1.49	0.19	0.0081	0.23	0.04	2.6
中国本溪寒岭	98.41	0.13	0.043	0.009	0.057	0.16	2.71
中国南京江浦	99.21	0.47	0.11	0.018	0.2	0.011	2.7
中国江苏江阴	97.8	0.8	0.50	0.03	0.03	0.10	2.48
中国陕西眉县	98.24	0.15	0.26	0.009	0.2		

产 地	化学成分/%						密度/g·cm⁻³
	SiO₂	Al₂O₃	FeO	P₂O₅	CaO	MgO	
中国内蒙古四子王旗	99.69	0.20	微	0.001	0.11	微	2.5
中国河北隆化	99.30	0.10	0.16	0.001	0.11	0.081	
中国山东莱阳	98.48	0.051	0.24	0.006	0.50	微	2.6
中国辽宁大石桥	97.54	0.78	0.17	0.009	0.36	1.24	2.7
中国新疆哈密	98.13	0.728	0.66	0.007	0.17	0.046	
中国陕西汉中	98.5	0.40	0.40	0.5	0.40	0.5	2.65
中国贵州惠水	98.12	0.53	0.86	0.009	0.20	0.07	
中国新疆柳园	97.62	0.47	0.35	0.008	0.40		
俄罗斯奥尔金诺	97.9	0.86	0.32		0.24	0.14	2.8
美国田纳西州	98.4	0.60	0.45		0.005	0.03	2.65
挪威	90.5	0.80	0.15		0.25	0.10	

（2）硅石中有害杂质含量要低。硅石中主要杂质有 Al_2O_3、MgO、CaO、P_2O_5 和 Fe_2O_3，除 Fe_2O_3 外，其余均为有害杂质。除冶炼工业硅外，一般对硅石中 Fe_2O_3 的数量没有限制。硫和磷是高级优质钢的有害元素。硫易形成挥发性强的 SiS 和 SiS_2 而除去，因此硅石中硫含量一般不限制。磷在冶炼过程中约有 80% 被还原进入铁合金，加剧硅铁粉化，因此要求硅石中 P_2O_5 含量小于 0.02%。硅石中铝、钙的还原都会污染合金，尤以 Al_2O_3 的影响最大。硅石黏附泥土是其 Al_2O_3 含量升高的重要原因，因此使用硅石前最好进行水洗。一般要求硅石中 Al_2O_3 含量小于 1%，CaO 和 MgO 的含量之和小于 1%。

（3）硅石要有良好的抗爆性。SiO_2 有多种变体，通常使用的硅石属于低温石英，在 573~870℃ 区间，硅石发生晶型转变，体积变化 2.4%，出现爆裂现象。硅石的抗爆性又称热稳定性（见图 7-4），其对硅铁和高硅合金的冶炼过程影响很大。大型矿热炉要求使用抗爆性好的硅石，因为高温下硅石爆裂会使料层透气性变坏。

硅石的抗爆性可以硅石爆裂率作为计量指标。爆裂率的测量方法是：称取一定量的硅石，在 1773K 温度下入烘炉加热，恒温 15min 后出炉冷却至室温，以经筛分小于 20mm 的硅石质量与爆炸前硅石质量之比的百分数来表示爆裂率，即：

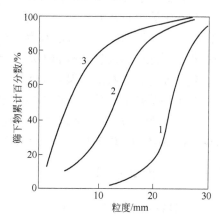

图 7-4 硅石的抗爆性曲线
1—抗爆性好；2—抗爆性中等；3—抗爆性差

$$爆裂率 = \frac{物料中粒度小于 20mm 的硅石质量}{试样质量} \times 100\%$$

（4）硅石入炉要有一定的粒度。矿热炉对炉料的粒度组成和透气性有严格的要求。炉料的透气性对炉子的热效率以及炉料的干燥、预热和预还原有重大影响。在实际生产中，可以用逸出料面的气体温度和 CO_2 含量来衡量矿热炉的热效率。一般大型炉合适的粒度为 $40 \sim 120mm$，小型炉合适的粒度为 $25 \sim 80mm$，最好由实践确定。细小颗粒的矿石和大颗粒的矿石混合会减小炉料的孔隙率，使料层的透气性变差。解决的方法是：将焦炭筛分成两种粒度，分层向炉内加入不同粒度的焦炭，使料层维持较好的透气性。炉料透气性指标 K 可由下式计算：

$$K = 0.57 \times \frac{\varepsilon^2 d_m \Phi}{1 - \varepsilon}$$

式中 ε——孔隙率；

     d_m——当量粒径；

     Φ——形状因子。

7.1.3.2   含铁原料及其要求

生产硅铁时一般均采用钢屑作为含铁原料，也可利用铁鳞和钢锭火焰精整时产生的铁粒作为铁料。

钢屑不可太长，以防混料不均匀和堵塞下料管；同时，考虑到自动化配料，钢屑长度不宜超过 $150mm$，最好利用切碎的车屑。

不能使用合金钢钢屑和有色金属车屑，只能使用碳素钢钢屑。钢屑不应夹带外来杂质，生锈严重和粘有油污的钢屑不能入炉。钢屑铁含量应大于 95%。

7.1.3.3   熔剂及其要求

常用的熔剂有石灰、萤石、白云石等。

石灰是铁合金生产中使用较多的熔剂。在有渣法冶炼中，石灰不仅能调节炉渣的成分和熔点，而且能提高金属的回收率。

生产中要求石灰 CaO 含量大于 85%，Al_2O_3 含量小于 1.0%，Fe_2O_3 含量小于 0.6%，S 含量不大于 0.03%；不可混有生灰和老灰；石灰入炉粒度为 $10 \sim 100mm$；应使用刚烧好的石灰，不能使用没有烧透的生灰，因为它将增加电能和还原剂的消耗，降低炉子的生产率，使炉况恶化。石灰应保持干燥，防止吸水粉化，这对密闭炉尤为重要。

为了调节炉渣成分，也有用白云石代替部分石灰的。一般白云石加入量为 7% 左右。

萤石可调节炉渣的流动性，可在料批中配加少量萤石。萤石成分为：$w(CaF_2) > 72\%$，$w(Al_2O_3) < 0.61\%$，$w(CaCO_3) < 0.55\%$，$w(SiO_2) < 26\%$。

7.2   硅铁冶炼原理

7.2.1   硅铁冶炼的炉内反应

碳还原 SiO_2 时有中间产物 SiC 和 SiO 产生，而且 SiC 和 SiO 的生成及分解（破坏）在 SiO_2 的还原过程中起重要作用。碳还原 SiO_2 的总反应式为：

$$SiO_2 + 2C \Longrightarrow Si + 2CO \qquad \Delta G = 707987 - 363.83T \quad (J/mol)$$

实际上 SiO_2 的还原反应很多，这里只讨论对炉子产生重要影响的主要反应。炉内的主要反应区可以简单概括为 SiC 的生成区及 SiC 的分解区，如图 7-5 所示。

7.2.1.1   SiC 的生成区

SiC 的生成温度范围为 $1000 \sim 2100K$，在此区域内也同时生成 Si。此区域内的主要反

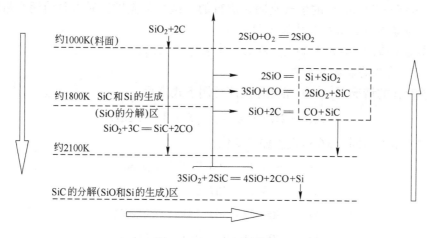

图 7-5　SiO_2 还原反应区

应是 SiO 的分解和吸附, 并生成 SiC。

　　炉内 1800K 以下区域为炉料预热和 SiC 的生成区。SiO 从炉内高温区上升到低温区后,与碳作用生成 SiC, 反应为:

$$SiO_{(g)} + 2C_{(g)} = SiC_{(s)} + CO_{(g)} \qquad \Delta G = -75572 - 0.54T \quad (J/mol)$$

SiO 和 CO 作用生成 SiC, 反应为:

$$3SiO + CO = 2SiO_2 + SiC \qquad \Delta G = -1260227 - 581.13T \quad (J/mol)$$

SiO 在低温区分解成 Si 和 SiO_2, 反应为:

$$2SiO = Si + SiO_2 \qquad \Delta G = -630113 + 290.56T \quad (J/mol)$$

分解出来的硅随着炉料的下降沉积于炉底硅液中。生产中得到的硅约 30% 以上是按此反应进行的。

　　从热力学角度分析, 上述各反应式在任何温度下都能进行。温度越低, 平衡常数越大。在此区域内, SiO 通过上层炉料按不同反应变成 SiC、Si 和 SiO_2, 并沉积于炉料中,随着炉料的下沉和温度的升高, 碳还原 SiO_2 生成 SiC 的热力学条件成熟, SiO_2 被还原生成 SiC, 反应为:

$$SiO_2 + 3C = SiC + 2CO \qquad \Delta G = 609849 - 336.58T \quad (J/mol)$$

7.2.1.2　SiC 的分解区

　　当温度超过 2100K 时, 进入下部高温区 (SiC 的分解区)。SiC 的分解区亦即 SiO 和 Si的生成区, 此区内的主要反应如下:

$$2SiO_{2(l)} + SiC_{(s)} = 3SiO_{(g)} + CO_{(g)} \quad \Delta G = 1260227 - 581.13T \quad (J/mol) \quad T_{开} = 2169K$$

$$SiO_{2(l)} + 2SiC_{(s)} = 3Si_{(l)} + 2CO_{(g)} \quad \Delta G = 937006 - 438.19T \quad (J/mol) \quad T_{开} = 2138K$$

　　上述两式的综合式为:

$$3SiO_{2(l)} + 2SiC_{(s)} = Si_{(l)} + 4SiO_{(g)} + 2CO_{(g)} \quad \Delta G = 1992636 - 920.89T (J/mol) \quad T_{开} = 2164K$$

　　气态的 SiO 与 SiC 相互作用, 其反应式为:

$$SiO_{(g)} + SiC_{(s)} = 2Si_{(l)} + CO \qquad \Delta G = 306892 - 147.63T \quad (J/mol) \quad T_{开} = 2079K$$

SiC 的分解与 SiO 和 Si 的生成是同时进行的，这些反应进行时需要消耗大量的热能，而且只有当温度高于 2100K 时才能顺利进行。

没有参加反应的 SiO 离开炉料，在大气中氧化成 SiO_2。

7.2.1.3　有铁存在时的反应

在有铁存在的情况下，SiO_2 的还原反应可用下式表示：

$$SiO_2 + 2C + n\text{Fe} = [Si]\text{Fe}_n + 2CO$$

随着硅含量的不同，ΔG 也发生如下变化：

$$\Delta G_{18} = 625089 - 366.97T \quad (\text{J/mol})$$

$$\Delta G_{45} = 683495 - 367.55T \quad (\text{J/mol})$$

$$\Delta G_{75} = 700033 - 367.13T \quad (\text{J/mol})$$

$$\Delta G_{90} = 700535 - 362.95T \quad (\text{J/mol})$$

用试验方法测得的 SiO_2 开始还原温度与按自由能方程式计算的 SiO_2 开始还原温度，如表 7-4 所示。

表 7-4　SiO_2 开始还原温度　　　　　　　　　　（K）

种　类	硅铁 18	硅铁 45	硅铁 75	硅铁 90	结晶硅
计算温度	1703	1860	1917	1930	1946
实测温度	1723	1873	1964	1958	1963

铁还能破坏二氧化硅还原过程中生成的中间产物（碳化硅），从而使反应向生成硅的方向移动。铁与碳化硅作用的反应式是：

$$\text{Fe} + n\text{SiC} = \text{FeSi}_n + nC$$

此反应在 1400K 时开始进行，在 1500～1600K 时激烈进行，反应产物是硅铁和石墨。计算表明，在 1400～2300K 范围内，有铁存在时碳化硅是不稳定的，因为铁破坏碳化硅反应的自由能变化值是负的，见表 7-5。

表 7-5　铁破坏碳化硅反应的自由能变化值

T/K	1400	1500	1600	1700	1800	1900	2000	2100	2200	2300
$\Delta G/\text{kJ} \cdot \text{mol}^{-1}$	-12.14	-17.95	-17.67	-23.61	-27.63	-31.26	-37.09	-38.91	-42.99	-46.57

7.2.2　硅铁炉内的温度分布和反应区

图 7-6 所示为硅铁炉内的温度分布和反应区。根据多年生产经验、对炉体熔料的解剖以及对炉膛不同深度的温度估测，硅铁冶炼时炉内可分为以下几个区域：

（1）预热区。预热区在炉料最上层，其厚度随炉子容量大小和集中加料后时间长短的变化而变化，一般为 150～400mm。该区域炉料一方面受上升的高温气流加热，另一方面被电极传导热及炉料中分电路电流产生的电阻热预热，炉料温度达 500～1300℃。此区域炉料中的水分被蒸发，硅石晶型转变，体积膨胀，产生裂缝或炸裂，使炉料透气性变差，对大型炉影响更大。在透气性良好的条件下，该区排气均匀，炉气中 SiO、Si 蒸气会被焦炭吸附，进行下列反应：

$$SiO_{(g)} + 2C_{(s)} === SiC_{(s)} + CO_{(g)}$$
$$SiO_{(g)} + C_{(s)} === Si_{(l)} + CO_{(g)}$$

生成的液态硅与铁生成硅铁，滴落进入熔池。如果该区料层薄或透气性差，温度又过高，炉气中的 SiO、Si 等则不能被炉料吸附，将穿过料层逸出，增加硅的损失；另外，高温炉气未经充分热交换冲出料层，增加热损失。解剖炉子熔料时，在该区下部可见到 SiO 和小铁珠。

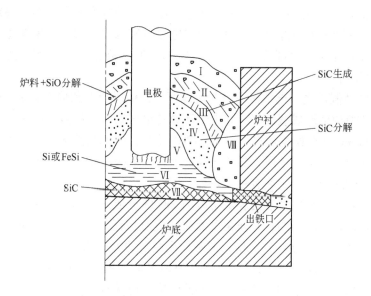

图 7-6 硅铁炉内的温度分布和反应区

Ⅰ—新料（预热区，温度低于 1300℃）；Ⅱ—预热炉料（预热区，温度低于 1300℃）；
Ⅲ—烧结区（坩埚壳，温度 1300～1750℃）；Ⅳ—还原区（坩埚区，温度 1750～2000℃）；
Ⅴ—电弧空腔区（温度 2000～6000℃）；Ⅵ—合金及炉渣（熔池区）；Ⅶ—假炉底；Ⅷ—死料区

（2）烧结区。烧结区即坩埚壳，处于预热区下部，温度在 1300～1750℃ 之间，它延伸到炉缸边缘与死料区衔接，厚度为 400mm 左右。其厚度随炉温的变化而变化，炉温低时坩埚区小，坩埚壳厚；炉温高时坩埚区大，坩埚壳薄。坩埚壳是硅石中杂质烧结黏在一起形成的；或者是在透气性好、加料均匀、高温气流通过多时将硅石的石英粒熔化，而在透气性不好、炉况较差、高温气流通过少而带来的热量少时，已熔化部分由于温度下降又凝成"硬壳"，进一步影响炉料的透气性和坩埚的扩大。

随着温度升高，SiO_2 能与硅石中 Al_2O_3、CaO 等杂质形成低熔点化合物，使硅石成为黏度极大的半熔态石英玻璃。由于 SiO_2 半熔，将焦炭或炉气等浸润而紧密接触，分子扩散速度比低温固相接触时加快，可进行较多的物理化学反应，该区的主要反应是生成 SiC。在坩埚壳内，生成的金属下沉进入坩埚。

此区内炉料烧结，透气性差，应打碎结块料，恢复气体通道，同时增加炉料电阻，这就是冶炼过程中定期扎眼和捣炉的原因。此区域主要组成物质为：大量细小的 SiC，半熔石英玻璃基体，少量炉渣，SiO、C 及 CO，硅铁小液滴和焦炭。

（3）还原区。该区域是炉膛内进行大量激烈的物理化学反应的区域，即坩埚区，温度为 1750～2000℃，其上部边缘为坩埚壳，而下部与电弧空腔区相连。由于该区炉料中存在一定数量的 SiC 和焦炭粒，热量高度集中，且与上升的高温高压气流相遇，因此许多化学反应都能进行，其中主要发生 SiC 分解，硅与铁生成硅铁，液态 SiO_2 与 C 、Si 的反应等。该区域有许多硅、硅化铁及 SiO_2 含量高的炉渣和 SiC。

（4）电弧空腔区。该区在电极底部空腔内，温度很高，温度为 2000 ~ 6000℃。在此温度下 SiC、SiO_2 很容易分解，Fe 、Si 明显蒸发气化，形成一股充满许多元素的蒸气流。这股温度极高的蒸气流是维持熔炼过程的重要因素，而蒸气流的成分随上升过程参加的反应而变化，并维持坩埚中连锁反应所需的热量。电弧空腔区实际是由温度决定的区域。还原区底部的物质逐渐溶入下部合金熔池，通过电弧空腔区部分气化、参加化学反应或流下成渣，气化后再上升参加上部化学反应。在电弧空腔区高温条件下 SiC 被破坏，生成的 SiO 上升，合金下降。

（5）熔池区及假炉底。电弧区下方为熔池区，是熔融合金和炉渣聚集的区域。在熔池下部，通常在开炉初期形成假炉底，其由未还原的熔融 SiO_2、MgO、Al_2O_3，未排出的炉渣以及未被破坏的 SiC 逐渐积聚而成。当电极插入浅时，炉内高温区上移，炉底温度低，熔渣排出少，会逐渐使假炉底增厚，导致出铁口上移，电极上抬，出铁困难，炉况恶化。但有一定厚度的假炉底对保护炉底有一定好处。

由以上分析可知，炉内预热区和烧结区为 SiC 的形成区，坩埚区为 SiC 的分解区。这个有限的区域对保证炉况的顺行是非常重要的，应避免任何干扰，力求使新产生的 SiC 在高反应性阶段时就完全（破坏）分解，避免形成稳定的大块 SiC。

产生的 SiO 和 CO 通过炉料上升时，SiO 要尽可能多地与碳反应，使分解反应能得到充分发展，这些反应对炉子的生产率、硅的回收率和电耗有显著影响。

为使 SiC 连续形成和分解，同时使 SiO 在料层内高度分解，减少 SiO 的挥发损失，必须创造下列条件：

（1）电极深而稳地插在炉料内，高温区集中在炉子的底部，炉料上部的冷料层要厚。

（2）炉料透气性要好，炉气应从整个料面均匀逸出。

（3）SiC 形成和分解的时间间隔要短，避免形成稳定的大块 SiC，要保证炉内的温度分布不被破坏。

7.3 硅铁冶炼操作

冶炼硅铁及其合金时采用埋弧操作，电极分别插在由炉料和冶炼产物形成的坩埚里，大部分能量都在这里放出。炉内的冶炼过程主要是在电极附近的坩埚中进行的。在坩埚的上部是由炉料形成的坩埚盖，坩埚壁和坩埚盖不断熔化，并在炉料重力的作用下被上面的新料所代替。坩埚在电极端部快速形成一个高温反应区，当炉内温度较高时，三个坩埚的底连成一片，形成统一的炉料坩埚，下部是气体空腔。电极与熔体（坩埚底）之间的距离大约是 200mm。

7.3.1 硅铁冶炼的加料方法

为使炉料混合均匀，每次只允许称量一批料，每个料斗的存料量不得超过两批料。称好的炉料倒入料斗，经皮带或斜桥料车送到炉顶料仓中。根据炉料需求情况，炉料可以从料仓下面的投料管直接加到炉内（或用加料机加到炉内），小炉子则通常将炉料送到操作平台上，用人工加到炉内。

7.3.1.1 加料要求

正确的加料方法是获得良好炉况以及达到高产量、低消耗的关键环节之一。应注意以下几个问题：

（1）每批料必须混合均匀后加入炉内，不许偏加料。称量要准确，若称量不准，则炉况不易掌握，甚至可能出现废品。要按规定的顺序进行配料，炉料应按焦炭、硅石、钢屑的次序配料。焦炭的密度为 $500 \sim 600 kg/m^3$，硅石的堆积密度为 $1.5 \sim 1.6t/m^3$，钢屑的堆积密度为 $1.8 \sim 2.2t/m^3$，原料的密度相差较大，采用这样的配料次序，炉料由投料管下降后能较均匀地混合。

（2）炉料要连续地、一小批一小批地加入炉内。这样易于控制料面高度，使炉料的组成及分布比较均匀。

（3）必须适当控制料面高度。料面过高则电极上升，料面过低则易塌料，这两种情况都不能充分利用热量。

（4）加料时要随时观察炉况，如料面透气性和电极动态等。

（5）应使炉料从与电极垂直的方向加入，但要防止炉料碰撞电极。

7.3.1.2 料批大小

料批大小以每批料中的硅石数量为准。目前冶炼硅铁时，一般每批料中有 200kg 或 300kg 硅石，前者称为小料批，后者称为大料批。从炉料混合均匀角度来说，料批越小，炉料混合得越均匀；料批越大，炉料越难混合均匀。因此，要尽量采用小料批，以使炉料混合均匀，但是小料批给配料操作带来一定的困难。

以下是较大容量的硅铁炉冶炼硅铁 45 时不同料批的单位电耗示例：

每批料中硅石量/kg	单位电耗/kW·h·t^{-1}
300	4885
200	4835

可见，料批大则电耗较高，料批小则电耗较低，故采用小料批较好。根据实践经验，冶炼硅铁 45 时，每批料中以采用 200kg 硅石为宜；冶炼硅铁 75 时，对于较大容量的矿热炉，每批料中以采用 300kg 硅石较为合适。

7.3.1.3 加料操作

向炉内加料的方法一般有两种：一种是少加勤加料法，即根据料面和塌料情况随时向炉内加料；另一种是分批集中加料法，在两次出铁时间内集中加几批料。这两种方法各有特点。

加料时要保持正常的炉面状况，要及时加料，避免炉内缺料或下料过快，要按炉子容量和与输入炉内功率相匹配的原则加料。小型炉熔炼硅铁时炉料不能自动下沉，当炉料化空时，电流波动大，电弧声大，炉口火焰加长。此时要由人工用铁制工具（圆钢、丁字耙）把炉料砸下，从熔化区边缘开始向下压料，先将熔化料和半熔料砸下，再把周围热料推向电极附近，盖上新料继续闷烧。大中型炉炉料可自行下沉，需保持一定的料面高度。

加入炉内的每批炉料都应混合均匀，严禁偏加料。

当加入过多的硅石时，初期电极可能插得深，时间过长就会造成电极周围缺炭、坩埚缩小、电极容易上抬、料面透气性差并有刺火现象，甚至给不足负荷，炉况恶化。尤其是当出铁口相电极出现这种情况时后果更为严重，使出铁操作不易顺利进行。

当加入焦炭过多时，电极易上升，同时其他的部位必有缺炭现象，料面会有烧结，透气性差，不利于炉况的正常运行。

炉料在炉内分布不均匀会使化学反应不能充分进行，尤其是偏加硅石过多时，使二氧化硅的还原速度大为减慢，而钢屑较快地熔化，从而使合金中的硅含量较低，甚至可能产生废品。

7.3.2 料面形状及高度控制

在硅铁冶炼过程中，炉内会产生大量灼热的炉气，为了充分利用炉气的能量，保持炉料有良好的透气性，加速炉内化学反应的进行，料面应呈现宽而平的锥体形状。

控制合适的料面高度，特别是控制大料面的高度和保持宽而平的锥体形状，是实际操作中必须经常注意的问题。若锥体过高，不仅炉料中的硅不容易滚到锥体底部，周围炉料透气性不良，而且电极插入深度减小，高温区上移，热损失剧增，炉底温度降低，坩埚缩小，排渣困难，炉况恶化。若锥体过低，当炉心料面控制得较低且呈平凹形状时，一方面炉心处高度集中的热量得不到充分利用，热损失增加；另一方面，炉面受高温作用会出现红料现象，从而使炉料电阻大大降低，电极插入深度显著减小，坩埚缩小，炉况恶化，操作条件恶劣。

料面的高度与冶炼品种、矿热炉容量和原料条件有关。冶炼硅铁 45 时，炉料中钢屑数量较多，其导电性较强，电极不易较深地插入炉料内，料面应较低，要低于炉衬上部边缘 300 ~ 500mm。冶炼硅铁 75 时，料面高度以低于炉衬上部边缘 100 ~ 300mm 较为合适。小容量硅铁炉的料面高度应取下限，较大容量硅铁炉的料面高度应取上限。若相同容量的矿热炉所用原料的产地不同，其性质有显著差异，应适当地调整料面高度。

应注意较大容量硅铁炉"大面"的料面高度，通常说的大面是指两相电极间宽敞区域的料面。当大面的料面高度合适时，炉气便从整个料面均匀地逸出，炉料得到充分的预热，进而扩大坩埚。炉内的热气流是由坩埚反应区产生的，距电极较近的炉料受热气流的预热较多，距电极较远的炉料受热气流的预热较少。大面的炉料距电极较远，此处温度低，炉料预热差。如果大面的料面过高、压得过厚，透气性就会变差，导致大面不透气，对于扩大坩埚和加速炉内反应速度势必产生不利的影响。所以，大面的料面要保持一定的高度，以低于锥体 200 ~ 300mm 为宜。

靠近电极周围的地方由于弧光作用和电流密度较大，温度高；远离电极的地方，温度低。炉料的熔化和 SiO_2 的还原需要很高的温度，因此硅铁炉中主要的反应集中在电极附近的坩埚区。坩埚壳和顶部有黏稠的熔融炉料不断熔化和还原进入炉底，新的炉料又不断补充到坩埚壳和顶部上来。坩埚的大小对硅铁生产指标影响很大。坩埚大，电极插入深，热损失小，料面透气性好，炉内温度高，反应区域就大，从而产量高，热效率高，电耗低，生产指标就好；相反，坩埚缩小，产量就低，电耗也高。冶炼时采取各种措施扩大坩埚，才能获得好的生产指标。扩大坩埚，保持炉气沿炉口表面均匀逸出，除选用透气性良好的炉料外，关键在于加强料面的管理。

由于炉气自电极周围逸出的道路最短，同时电极周围的炉料下降迅速而处于较疏松状态，所以炉气有沿着该处大量逸出的趋势。为此，要根据炉料的熔化情况，把炉料加在各相电极的周围并保持均匀的锥体形状，其锥体高度约为200mm。

7.3.3 扎透气眼及捣炉

7.3.3.1 刺火现象及危害

炉料透气性是影响炉内坩埚大小的一个非常重要的因素。炉料透气性良好时，不仅能充分利用高温炉气的热能预热炉料和减少硅的挥发损失，而且有利于缩小炉内温度梯度，改善电流分布状况，保证电极深插、稳插，从而提高炉温、扩大炉内坩埚。但是始终保持炉料具有良好的透气性是困难的，例如远离电极处的炉料由于接收的热量较少，炉料很容易烧结成块；此外，当炉内或局部出现还原剂不足时，也会在料层形成黏料或硬料块。在形成黏料和结块处，透气性急剧下降，此时反应产生的大量高温炉气必然以很大压力从电极周围喷出，形成刺火。

冶炼过程中由于种种原因，如料批波动和偏加料等造成炉况不正常、炉料黏、料面透气性不好或电极工作端短，会在某些部位出现刺火。刺火不仅使硅大量挥发，而且造成大量的热损失，严重时烧坏铜瓦，造成热停炉。由于刺火，炉口温度急剧上升，远离电极处的炉料温度更低、透气性更差，更容易烧结成块，由此下去，必然使炉内温度梯度扩大，电极上抬，坩埚更加缩小。此时，应该在透气性较差（即冒火较弱）的料面以及刺火严重的区域扎眼，并根据炉况在大面和锥体下部的发黑区域或刺火区捣炉。扎眼和捣炉是硅铁冶炼中必需而又十分繁重的操作环节。

7.3.3.2 扎眼

扎透气眼（扎眼）是用圆钢扎入料面不透气之处，不要挑开，只需松动炉料，引出炉气，这是硅铁冶炼经常采用的增加透气性的一种操作。扎透气眼的部位有锥体底部或料面的大面等透气性较差之处以及刺火部位的周围。

扎透气眼可达到如下目的：

（1）使反应所产生的大量一氧化碳气体较快逸出，这样不仅可以增加炉料预热面，而且可以增加料面的透气性，扩大坩埚，促进炉内化学反应加快进行。

（2）减弱刺火现象，减少热量损失。

7.3.3.3 捣炉

捣炉的目的是挑翻炉内黏结成大块的炉料和料面的烧结区，以增加料面的透气性，扩大坩埚，促进炉内化学反应加快进行。硅铁冶炼时，硅石在高温下仍具有很大的黏性，如果不及时捣炉，就会影响透气性、产生刺火、缩小坩埚、使炉内反应速度和降料速度均减慢等。显而易见，捣炉是一项增加料面透气性和扩大坩埚容积的重要操作。通常在出完铁之后，原则上要捣一次炉。如果炉况很好，则不必每炉都捣，可采用扎透气眼的方法改善料面的透气性。

捣炉的要求如下：

（1）捣炉速度要快，力求减少热量损失；

（2）边捣炉、边加料或附加焦炭；

（3）捣炉时应将透气性不好的区域全挑开，注意力求少破坏坩埚，捣炉机的圆钢不许碰撞电极和铜瓦；

（4）将捣出的大块黏料推向中心并盖上炉料，较小容量矿热炉的捣炉操作应灵活掌握；

（5）捣炉完毕应及时加料，使电极较深地插入炉料。

7.3.4　异常炉况的处理

硅铁是一种难以冶炼的铁合金品种，操作要求严格，炉况波动大、难控制。因此，正确判断炉况和及时处理炉况是相当重要的。

7.3.4.1　炉况判断

硅铁炉炉况正常的主要特征是：负荷稳定，三相电流基本保持平衡；电极深而稳地插在炉料中；料层松软，透气性好；炉心冒火大，全炉均匀地冒浅黄色火焰；料面高度适中，锥体宽；很少有刺火、塌料现象；电极周围料面略有烧结，捣炉时块料呈黏团状；炉料均匀地自行下沉，炉口温度低；炉眼易开，出铁均匀，出铁、出渣顺利；出铁后期从出铁口喷出的炉气压力不大，自然逸出，温度正常；炉眼易堵；合金成分稳定，产量高。

实际生产中往往由于原料称量不准，原料成分、粒度、水分含量发生变化或波动，操作处理不当，电压波动，热停炉等原因，造成炉况不正常。其中，还原剂波动大是造成炉况不正常的主要原因。

7.3.4.2　还原剂不足及处理

炉内还原剂不足、料面透气性不好的情况称为"炉况发黏"或"炉况黑"，即料面光泽较暗。还原剂不足时，硅石得不到充分还原而产生硅石过剩，炉内生成的一氧化硅逸出，造成硅损失；一部分过剩的二氧化硅成为液体与原料中的杂质一起渣化，使炉况变差。此时主要炉况特征是：电极工作不稳定，负荷波动较大，仪表不好操作，电流表指针摇摆频繁，有时还出现给不足负荷的现象；炉子吃料慢，炉料发黏，透气性不好；捣炉时黏料多，刺火严重并难以消除，炉口温度高；料面冒火少，火焰短小且微弱无力，炉内死气沉沉，有的地方发黑、不冒火；炉料粘在电极上，抬电极可见拉长的玻璃丝状物；出铁时炉眼难开、难堵，出铁口粘渣，排渣困难；炉内气体压力大，出铁口有喷火现象；合金硅含量低，出铁量少。如果确定是由还原剂不足所导致的炉况变差，应稳住电极，加强操作管理，勤扎眼，彻底捣炉。在捣炉时根据实际情况附加一定量的焦炭，并在料批中增加焦炭用量。

较大容量的矿热炉炉况发黏时，可采取以下两个措施：

（1）若炉况发黏，炉渣排不出去，出铁口不畅通，则在出铁前应向出铁口相电极附近加萤石 100 ~ 200kg，以稀释炉渣。

（2）若炉况过黏，电极插得浅，炉底温度低，炉渣不易排除，则可加石灰 300 ~ 1000kg，以稀释炉渣、扩大坩埚和提高炉温，逐渐消除炉况发黏的现象。

较小容量的矿热炉炉况发黏，捣炉时可将黏料挑出，并且附加些焦炭；出铁口不好开时，可用氧气烧眼，扩大出铁口，以利于炉渣排出。

炉况发黏是炉况不正常的现象之一，处理也比较困难，处理后需 8 ~ 16h 或更长的时间才能恢复正常。因此，操作人员要经常观察炉况，及时调整不正常的炉况，从而减少炉况发黏现象的发生。

7.3.4.3 还原剂过剩及处理

还原剂过剩就是加入炉内的焦炭多于还原二氧化硅所需的焦炭数量，这种情况又称为"碳大"或"炉况白"。当还原剂过剩时，炉内会产生碳化硅。碳化硅既悬浮在金属相中，又悬浮在氧化物中，因而提高了熔体的黏度，导致炉渣难以从炉中排出。还原剂过多还会提高炉料的低温导电性和降低炉子的电阻，此时电极自动调节装置就会使电极向上提升，从而减小了电极插入深度，增加了电极端部至出铁口的距离，加剧了由于生成碳化硅而造成的出炉困难程度。还原剂过剩的主要特征是：炉料导电性好，电流大而稳定，电极上抬；炉料松散，火焰长，刺火、塌料严重，刺火时大面发黑，塌料后电极表面无黏料，捣炉时料层松，像生料；后期电极插入浅，能清楚地听到电弧响声，炉料难以遮住弧光；锥体边缘炉料结成硬块；出铁口难开、难堵，出铁量少，铁水温度较低，排渣困难。当发现还原剂过剩时，应在料批中减少焦炭用量，但切勿处理过急，若碳化硅生成过多，可加少许钢屑破坏。还原剂过剩严重时，可在电极周围适当补加一些硅石。

7.3.5 电极控制

7.3.5.1 电极插入深度及判断

电极在炉料中应有一定的插入深度。当电极插入炉料较深时，热量损失少，炉温高，坩埚大，炉内化学反应速度快，出铁量多，单位电耗低；当电极在炉料中插入浅时，刺火、塌料频繁，炉口温度高，热损失大，炉温低，坩埚小，指标也差。在实际操作中为了保证坩埚扩大，必须设法地下插电极，使电极在炉料中有适宜的插入深度。电极插入深度主要与冶炼品种和矿热炉容量有关，一般为电极直径的 1.5 倍，电极端部距炉底距离为电极直径的 0.67 倍。根据实践经验，冶炼硅铁 75 时，较大容量矿热炉的电极插入深度为 1000 ~ 1200mm，小容量矿热炉为 700 ~ 1000mm；冶炼硅铁 45 时，大容量矿热炉的电极插入深度为 800 ~ 1000mm，较小容量矿热炉以 500 ~ 800mm 较为合适。

根据实践经验，可以通过以下五个方面判断电极插入深度：

（1）电弧响声。矿热炉冶炼过程中，如果电弧响声很大，说明电极插入炉料过浅。一般来说，电极插入深度超过 800mm 时电弧响声较小。

（2）塌料和刺火情况。正常配料情况下，如果塌料和刺火现象频繁，说明电极插入炉料太浅。

（3）坩埚区域大小。正常配料情况下，如果炉料下降慢，说明电极插入过浅。由于电极插得浅，高温区上移，热量损失大，因此坩埚区较小。

（4）炉口料面温度。炉口料面温度高，操作条件差，说明电极插入浅。

（5）出铁情况。在正常配料情况下，如果出铁口不易打开，铁水流速慢、温度较低，炉渣发稠、流动性不好、不易排出，说明电极插入较浅。

电极插入炉料深度不够往往是由于焦炭加入量过多或电极工作端过短，此时就要相应地减少焦炭加入量或酌情下放电极。

7.3.5.2 根据电气仪表工作情况判断炉况和设备的运行状况

控制电极、正确维护有关电极的电气设备、根据供电制度合理调整电极的插入深度以使其深而稳地插入炉料、维持正常炉况是电极操作工作的基本任务。在操作时应注意：

（1）如果电流表的指针波动较大，预示炉况较黏，如进一步给不足负荷，则证实炉况过黏。电流表指示电流增大，这是碳量大的趋势，如果电极进一步提升电流仍不下降，甚至三相电极均接近于上限，则说明炉内碳含量过高。

（2）如果炉况较好，电流表指针比较平稳，但却给不足负荷，说明电极工作端过短，应配合冶炼人员做好下放电极的工作。

（3）如果炉况较好，而电极向上或向下的操作无效，说明抱闸失灵或线路发生故障，应立即处理。

（4）应特别注意出铁口相电极的控制，总的原则是该相电极不要轻易上抬，以免影响出铁操作。如出铁口相电极的电流较大，可用其他两相电极调整，如仍无效则可提升该相电极。

（5）冶炼中要求各相电极插入深度大致平衡、耗电量大致相近，力求少调整电极。一般情况下，调整电极时要缓慢地下降或上升，不要急降或猛抬，更不要频繁地调整。在操作中可以根据各相电极的工作情况和下插深度互相调整，当某相电极的电流较大时，应适当控制一会再提升。

7.3.5.3 出铁前后电极的调整

出铁前后电极的调整操作应注意以下几点：

（1）出铁前 20~30min，炉内已积存较多的铁水，电极容易波动，这是必然现象。此时电极不应过深地插入炉料，尤其是避免出铁口相电极波动较大，应尽量少调整，可用减少其他两相电极电流的方法来平衡，此时操作人员要集中精力，以防跳闸。

（2）一般情况下，出铁时随着炉内铁水流出，电流明显下降，尤其是出铁口相电极的电流下降最为显著。出铁前期不要忙于下降出铁口相电极，应在出铁后期缓慢下降此相电极。出铁期随着铁水外流，应下降其他两相电极并给足负荷，但要注意防止跳闸。

（3）出铁完毕，给足负荷。

7.3.5.4 常见事故

电极常见事故如下：

（1）若未打开出铁口，而出铁口相电极的电流突然下降，随后其他两相电极的电流也下降，说明出铁口没有堵牢固而跑眼。

（2）若炉况正常，某相电极的电流突然增大，立即上升电极时电流仍不降低，说明电极可能下滑，应立即停电处理。

（3）若炉况正常，某相电极的电流突然增大并听到打弧响声，说明可能是电极硬断，应停电处理。

（4）若冶炼过程中，尤其是在下放电极后不久，某相电极的电流突然增大并有大量浓烟冒出，说明电极产生流糊或软断，应停电处理；如果是软断，则不要提升该相电极。

（5）发现铜瓦打弧时应立即停电或降低负荷，以防烧坏铜瓦。

（6）修出铁口时利用烧穿器烧出铁口，电流波动较大，如果瞬时电流剧增，很快会恢复到原负荷，此时可不必立即提升电极。

7.3.6 密闭炉操作

7.3.6.1 炉缸旋转速度

用旋转炉冶炼硅铁有很多工艺特点，如炉缸同炉料一同旋转时，电极对炉料做相对运动，坩埚位置随时都在变化，使反应面积扩大一倍；炉子下料顺畅，同时有65%的炉料都加到电极趋向的那一面。实践证明，对于旋转炉，还原剂的过剩量要比相同条件的固定炉低30%，用于均衡炉料电流而附加的焦炭大部分应加在电极离去的那一面。由于旋转炉电极插得深，炉底加热良好，碳化硅破坏彻底，硅的挥发损失减少，排渣顺利，从而有利于改善炉况和延长炉衬寿命，技术经济指标得到改善。

正确选择炉缸旋转速度是很重要的。转速过大，则电极不稳，炉口操作困难，出铁口不好维护，技术经济指标变差；转速过低，则旋转效果不明显。合理的旋转速度可根据下式计算确定，此公式是根据电极周围炉料的熔化速度而确定的。炉缸转动一周所需要的时间$t(h)$为：

$$t = \frac{\pi D_心 kDh\rho c}{Ng}$$

式中　$D_心$——电极极心圆直径，m；

　　　k——炉缸内被电极熔化了的炉料截面积与炉料内电极投影面积之比，由所炼合金决定，对硅铁45 $k = 1.2$，对硅铁65、硅铁70、硅铁75 $k = 1.4$；

　　　D——电极直径，m；

　　　h——电极插入料中的深度，m；

　　　ρ——熔化区炉料的密度，取$2.25t/m^3$；

　　　c——两电极间熔化区炉料中主要元素的含量，冶炼硅铁及其合金时为$0.55 \sim 0.7$；

　　　N——每相电极1h耗电量，kW·h；

　　　g——单位电耗时合金中被还原元素的质量，t/(kW·h)。

按照上式计算出来的速度与生产实践基本相符。对容量为21MV·A的矿热炉，冶炼硅铁75时每转一周需要90h，冶炼硅铁45时每转一周需要70h。

单方向旋转的炉缸会使电极一面严重烧损，生产操作十分困难，技术经济指标变差。因此，炉缸的旋转应当是可逆的，转动角为70°～90°，这样才能保证碳化物得以破坏，炉料得到疏松，出铁口作业稳定，出铁、出渣顺利，电极工作条件得到改善。

7.3.6.2　炉内压力

保证密闭炉顺利运行的主要工作在于：保持炉盖下的压力（应为0～4.9Pa），不允许出现负压；保证投料管内的炉料均匀下降，防止气体从投料管喷出以及灰尘堵塞炉盖下面的空间和炉子烟道。

为了保证密闭炉内还原过程的顺利进行，在其他条件相同时，必须限制能够产生冷凝物的气体进入炉盖下面的空间。为此，投料管及料嘴必须用炉料封住，炉上料斗中的炉料不能少于料斗容积的1/3。

炉盖下气体温度应在500～600℃之间，不能超过700℃，烟道内的温度低于200℃。斜烟道进口处的负压应为49～196Pa，洗涤塔为196～392Pa，文氏管的负压大于15690Pa。

7.3.6.3　密闭炉异常炉况及处理

密闭炉常见的不正常炉况除敞口炉上常见的以外，还有下列几种：

（1）投料管悬料。其特征是：在此区域炉内气体温度升高，炉盖和投料管冷却水的温度升高，悬料的地方气体逸出困难。这有可能导致料面开裂、弧光外露、炉盖和投料管严重过热、炉盖下面的空间被堵，甚至把炉盖和投料管烧坏。为了扭转炉况，需要把该投料管的料疏通，把悬挂的料通下去，再往投料管里加几小批焦炭。

（2）还原剂不足。其特征是：炉盖下气体的含尘量增加，温度上升。若长期缺炭操作，则烟道口被堵塞，炉盖下气体压力升高，结果炉盖下面的空间也被堵塞。为了扭转这种情况，必须增加还原剂的配入量。

（3）烟道口或炉盖下面的空间被堵塞。其特征是炉盖下面的气体压力升高。为了降低压力，必须清理烟道口和炉盖下面的空间。

（4）炉盖下两点之间的压差若大于19.6Pa，说明炉盖下面的空间被堵塞或者出现了隔墙。炉盖下面任何地方都不允许出现负压，否则空气将进入炉内，气体在烟道燃烧，炉盖下和烟道的温度升高。若造成两点间压差增大的原因被消除后压力仍大于正常压力，则需要清理炉盖下面的空间。

（5）炉盖下气体中氢含量升高时，说明原料湿度增加或投料管发生漏水事故。若氢含量超过20%，则必须停炉消除漏水事故。

当任何不正常炉况出现后，必须及时查明原因，排除引起事故的根源，同时还需检查还原剂的配比和称量设备的准确性。

7.3.7　出铁及浇注

7.3.7.1　出铁

随着冶炼的不断进行，炉内积存的铁水增加，大量导电性强的铁水在炉内积存，将使电极上抬，操作困难。因此，每隔一定时间应该打开出铁口出铁。出铁次数多，有利于电极下插；但出铁次数过多，则热损失大，浇注损失也大。应根据炉子容量、冶炼牌号来确定适当的出铁次数。一般来说，7~30MV·A矿热炉冶炼硅铁75时，8h出4~5炉；对于1.8~9MV·A矿热炉，8h出3~4炉。

出铁时铁水温度视硅铁硅含量的不同，在1500~1800℃之间波动。出铁前，应准备好开、堵炉眼的工具及泥球，并检查铁水包是否符合要求。出铁时，应先用圆钢清除出铁口附近的残渣、残铁，捣掉炉眼外部的泥球，清扫干净出铁槽，然后在炉眼中心线上部用圆钢捅开炉眼。炉眼难开时，可用烧穿器打开；炉眼实在打不开时，用氧气烧开。开炉眼时，严禁乱捣乱烧，否则会给堵眼造成困难。为延长炉体的使用寿命，出铁口要维持通畅、大小合适，出铁口的位置要正确、对准一相电极，必须正确使用和维护出铁口。

炉眼开得不宜过大，以免冲破铁水包。当铁水铺满包底或达到铁水包的1/3时，再用圆钢扩大炉眼，使铁水畅流。出铁时为防止铁水包内表层铁水凝固，可加炭粉保温。

炉眼打开后，根据铁水外流和负荷情况逐步下插电极。必须在额定电流范围内下降电极，不准超负荷地强下，以防跳闸和损坏电气设备。出铁口相电极在出铁前期应尽量保持不动；整个出铁期严禁提升该相电极，以防塌料和影响出铁；出铁后期可以缓慢地下降该相电极。

在出铁过程中应力求多排渣，硅铁炉渣量可达合金重量的2%~4%。炉况良好时，部分炉渣随铁水流出。但为了多排渣，在出铁后期应用圆钢拉渣。出铁时间不宜过长，通常为15min左右。出铁结束的标志是淡白色炽热炉气从炉眼自由外逸，这是由于一氧化硅在出铁口处氧化成二氧化硅而产生的。

出铁后期要用圆钢把出铁口修圆，保持出铁口为内小外大的形状，并清除黏结于炉眼的炉渣，为堵眼做准备。堵眼材料是掺有焦炭粉或电极糊的黏土，应做成锥形泥球。要选择与出铁口相适应的堵耙和泥球。第一个泥球应经过烘干，将泥球托到出铁口前端，用堵耙小心地推至出铁口深处，然后再堵其他泥球。堵眼时送泥球要快而准，为防止跑眼和烧穿出铁口，泥球应堵实，其深度要达到炉衬内壁。如堵上几个泥球后仍有铁水流出，则必须扒开重新堵。出铁口不应堵满，要留有 50~100mm 的余量。开、堵出铁口时，操作人员应穿戴好保护品以防铁水喷溅烧伤。堵眼后应将炉眼和流槽内的渣铁清除掉，以利于下次开眼。

7.3.7.2 浇注

盛铁水用的铁水包内衬用黏土砖砌筑，并用耐火泥和焦粉混成的泥浆涂抹，以便清渣。铁水包必须经烘烤升温后使用。浇注前，先用 200~300mm 粒度的同品种成品垫好锭模（应放在锭模被侵蚀较严重的部位），以减轻锭模被侵蚀的程度。要做好铁水保温、挡渣和扒渣工作。在出铁过程中，为防止铁水包内铁水表面凝结和减少硅铁在铁水包内的凝结（即挂包铁）数量，应不断地加盖焦炭粉保温。为确保质量，最好在浇注前将上层炉渣扒掉，以减少和防止炉渣进入铁水。

出完铁后，铁水在铁水包里镇静短时间，然后扒除少量浮渣，加入一根石墨棒挡渣，将铁水分层浇入生铁锭模。浇注温度比硅铁熔点高 100~200℃，要避免降温，减少铁水包内铁水的凝固数量，提高铁水包的使用期。浇注温度也不宜过高，否则会造成铁水粘模，致使成品表面不平；同时，浇注温度高对锭模的侵蚀较为严重。为了减少硅铁的偏析和加速冷却，使其表面光滑，采用两次浇注。但是如果渣量较多，加上挡渣和扒渣操作不当，两次浇注中间可能有微弱夹渣，因此应予以充分注意。

浇注速度不要过快，否则铁水会喷溅，并会影响铁锭厚度的均匀性。不可固定在一处浇注，应不断地反复移动位置浇注，以防止粘模，减少偏析现象。浇注第一遍时，包内铁水较满，浇注时应稳、准，力求缓慢并注意安全。成品脱模后，立即用石灰浆或石墨粉溶液涂模，适量地用水冷却，以备下次浇注使用。

浇注完毕后，应立即彻底扒除铁水包内的挂渣，并检查它的冲损程度，以决定能否继续使用。如果冲损不太严重，则可以继续使用，并且摆正铁水包在小车上的位置，将它推至出铁口下。

硅铁冷凝时硅先结晶，其因密度小而上浮，密度大的硅化铁下沉。即在凝固后的硅铁锭中，锭的上层硅含量较高，锭的下层硅含量较低，产生偏析。偏析使合金成分测定不准，给用户带来困难，严重的偏析还会增加合金锭的分裂倾向。为了减少偏析，可降低铁水浇注温度，减少铁锭厚度，加快铁锭冷却速度。通常浇注硅铁 75 时，采用深度低于 100mm 的浅锭模浇注。硅铁 45 中硅含量较低，偏析现象少，同时它的脆裂性大，如果用浅锭模浇注，则冷却后易碎块，脱模和入库损失大，所以硅铁 45 采用深锭模浇注。

合金冷凝后，清理与铁锭牢固粘在一起的炉渣是很困难的，因为炉渣比硅铁先冷凝，所以应该在硅铁冷凝前将渣从锭模中清理出来。

浇注结束后，当合金锭冷凝成樱桃红色时，用吊车把合金从锭模中吊出，放到冷却台冷却。这是因为若继续在模中冷却，合金锭就会分裂成几块，给吊运造成困难。冷却后的合金锭破碎成块，清除残余的炉渣和砂子，再送往成品库。

7.3.7.3 冒瘤及预防

浇注硅铁75之后，在凝固过程中，尤其是在铁水温度高的情况下，铁锭内部未凝固的液体从表面层冒出，这种现象称为"冒瘤"。冒瘤铁凝结在硅铁锭的表面上，一般呈褐色，其硅含量多数较低，为60%~70%。

硅铁在浇注后冷凝时，由于液体合金表面和模壁、模底散热较快，先由合金表面和模壁、模底开始向内部凝固。合金凝固后体积缩小，此时对锭内未凝固的液体产生压力，当压力达到一定程度时，内部的液体合金便由表面凝固层的薄弱部位冒出，产生冒瘤铁。

有关资料表明，硅铁75是由硅化铁和自由硅所组成的合金。硅的熔点较高，冷凝时先凝固；硅化铁的熔点较低，后凝固，所以硅化铁容易冒出。因此，冒瘤铁硅含量较低，与空气接触会被氧化，呈褐色。冒瘤铁中硅含量较低会使合金成分不均匀，偏析度较大，影响炼钢的质量。此外，由于冒瘤铁铁含量高，长期储存容易被氧化和粉化，造成合金损失。因此，硅铁产生冒瘤现象时应将其清理掉才准入库。防止产生冒瘤现象的方法如下：

（1）尽量少用石灰处理炉况，防止铁水温度高，可减少产生冒瘤现象的几率。

（2）尽量不用石灰浆涂锭模，因为石灰遇高温产生氢气，会助长冒瘤的形成。采用石墨粉铺模较好。

（3）浇注结束后立即冲水进行强制冷却，使合金表面加快凝固，减少冒瘤现象。

（4）采用二次或多次浇注法，浇注时注意保持较薄的厚度，均有利于减少冒瘤现象。

7.3.7.4 硅铁粉化及预防

硅铁在存放及运输过程中会出现粉化现象，粉化时产生具有大葱和臭鸡蛋气味的气体。当硅铁存放于潮湿空气中时，粉化趋势更为强烈。硅铁粉化是严重的质量问题，粉化的原因是含硅53.5%~56.5%的 ξ 相在冷却时共析转变为 $FeSi_2$，这种转变使体积显著膨胀而引起硅铁的粉化。

硅铁中铝、磷含量对粉化的影响如图7-7所示。硅铁中由于含有铝、钙、磷、砷等杂质，这些杂质多以磷化物的形态存在于晶界，在硅铁粉化时空气中水分渗入，与晶界的磷化物反

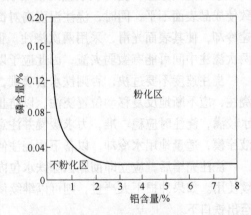

图 7-7 硅铁中铝、磷含量对粉化的影响

应生成有毒和可燃烧的 PH_3、P_2H_4 和 AsH_3 气体，使晶界彻底破坏；当有 P_2H_4 存在时，能自燃。当硅铁中硫含量超过0.01%且有钙存在时，硅铁的粉化和气体的生成也是由硫化物和碳化物引起的。

为避免硅铁粉化，应避免生产含硅50%~60%的硅铁，并减少铁锭的厚度以加速硅铁浇注后的冷却，避免因硅的偏析而引起硅铁粉化。硅铁45上部硅含量的增高和硅铁75下部硅含量的降低，均可使硅含量达到引起粉化的临界值，可用过冷的办法阻止 ξ 相变。

磷、铝、钙、砷对硅铁粉化影响极大，其中以磷和铝的影响最大。因此，硅铁应在通风良好的条件下储存及运输，且要防止受潮。

7.3.7.5 硅铁取样

硅铁标准规定了硅含量的波动范围。硅铁的取样方法正确与否，即取样的代表性如

何，直接关系着产品质量的判定。实践表明，硅铁应当在浇注过程中取样，其硅含量具有代表性且偏析度较小，不能从出铁口接样或从铁水包中取样。

较大容量矿热炉冶炼硅铁 75 时，一般为两次浇注。第一次浇注，在中间两个模各取一个样；第二次浇注，也在中间两个模各取一个样。将这些样混合在一起作为本炉的总试样。这样取样其成分具有代表性，因为第一次样正好是铁水包上半部中间位置的铁水，第二次样正好是在铁水包下半部中间位置的铁水。

冶炼硅铁 45 采取一次浇注，在中间锭模取液体样即可。

取样时应采用碳质的样勺和样模，以免液体硅铁熔化样勺，影响分析准确度。如果无法取液体样，可在硅锭对角线三或四等分线的中点取固体试样，每点的重量要大体相等，混合在一起作为本炉硅铁的总试样。

7.3.8　出铁口维护

出铁时由于高温铁水的冲刷和空气的氧化烧蚀，出铁口很容易损坏。实践证明，炉体的使用寿命往往取决于出铁口的使用寿命，生产中必须正确使用和维护出铁口。

7.3.8.1　出铁口烧穿

出铁口烧穿即指铁水从出铁口周围某一缝隙处穿出，往往会烧坏炉壳和出铁设备，并且需要停电进行处理。所以，必须防止这种事故发生。出铁口烧穿的原因如下：

（1）忽视出铁口附近砌体的砌筑质量，尤其是炭砖砖缝间的电极糊不饱满、打结质量较差。

（2）出铁口长期堵得深度不够或经常加入石灰处理炉况，使出铁口附近的炭砖被严重侵蚀。

（3）修理出铁口时电极糊未灌满，铁水从电极糊和炭砖缝穿出。

（4）出铁口维护不好，下部产生凹陷，使出铁口不易堵牢，铁水便从该处经炉底与流槽炭砖间的接触地方漏出，从而烧穿出铁口。

针对以上原因采取对应措施可预防出铁口烧穿。出铁口烧穿后必须立即处理，方法如下：

（1）立即打开出铁口。

（2）将烧穿部位的金属和炉渣清除后，再用电极糊灌满捣实。

（3）根据出铁口损坏情况进行修理，必要时应停电，更换出铁口附近的炭砖并及时处理。

7.3.8.2　跑眼

由于某种原因出铁口尚未打开铁水就自动流出，这种事故称为"跑眼"。产生跑眼的原因如下：

（1）出铁口堵得不够深或没有堵实。

（2）出铁口相电极插入炉料过深，出铁口附近的温度过高，使堵出铁口的材料熔化或被侵蚀掉。

（3）出铁口附近炉衬的炭砖侵蚀严重、厚度减薄，尤其是经常加入石灰处理炉况，对出铁口的侵蚀更为严重。

（4）堵出铁口泥球中的电极糊配入数量过少。

（5）堵出铁口前，出铁口中铁水和炉渣没有清除干净，造成高温后软化。

（6）冶炼时间长，未能按时出铁，堵出铁口的材料经受不住长时间的高温作用。

针对上述产生跑眼的原因分别采取相应的措施，就可以防止跑眼事故。

堵出铁口时外部应留有余量，炉前人员应经常检查出铁口发红情况，发现有跑眼迹象时应补堵一两个泥球，同时通知冶炼人员并说明情况，以便于处理。

暂不使用的出铁口下面应放置铁水包，浇注铁水后立即将铁水包推到出铁口下面，以防止跑眼时铁水流入坑内和烧坏钢轨。

7.3.8.3　出铁口修理

为了使出铁口经常处于正常状态，出铁口在使用一定时期后（较大容量矿热炉的出铁口通常使用 2~3 周）需要进行修理，修理方法如下：

（1）封出铁口。出完铁水后用较大的干泥球尽量堵深，再用电极糊或配有较多电极糊的泥球堵牢。

（2）封好出铁口后，经过 15~25h 开始用烧穿器烧大出铁口。应将前次修理时所填灌的电极糊全部烧掉，然后烧深、烧大。

（3）烧好出铁口后，首先用电极糊铺好流槽，再将一根与炉眼直径相等的钢管放在出铁口正常位置上，如图 7-8 所示。

（4）灌电极糊并且捣实。可在出铁口外部先砌 2~3 层黏土砖层，即出铁口拱砖，然后边砌黏土砖、边加电极糊并捣实，直至灌满为止。待电极糊经烧结下陷后再补灌电极糊，使其与出铁口炭砖结成一体。

（5）出铁口流槽炭砖一般都在修出铁口前或正在维修时更换，更换炭砖时要特别注意出铁口炭砖与炉底炭砖间缝隙处电极糊的打结情况。如果出铁口炭砖能够继续使用，则不必更换，可在其

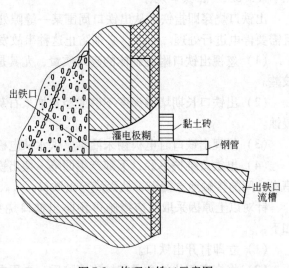

图 7-8　修理出铁口示意图

上铺一层加热过的电极糊，经木柴（或热渣）烘烤焦化后再铺一层砂子。

在修出铁口过程中及使用之前的一段时间内，出铁口下面要一直放置铁水包，以预防跑眼。

7.3.9　改变冶炼品种操作

根据生产计划，改变冶炼品种时必须依照操作规程进行。

矿热炉由冶炼硅铁 45 改炼硅铁 75 时，在改炼前 2~3 班开始下放电极，保证电极有足够长的工作端，且能深插入炉料中。在改炼前 8h 内降低料面 300~400mm。在加完硅铁 45 炉料后，加入不带钢屑的炉料 3~4 批；彻底出完最后一炉硅铁 45 后，继续加入不带钢屑的炉料，其加入批数直至铁水成分符合硅铁 75 规格为止。最后一炉硅铁 45 出完

后，经 2~3h 进行过渡出铁。出铁时可根据试样分析结果，往铁水包里加入废钢以调整硅量，并确定以后往炉内加入不带钢屑炉料的批数。

由硅铁 75 改炼硅铁 45 时，8h 内降低料面 300~400mm。在最后一炉硅铁 75 出炉后，根据炉子容量沿电极周围和整个炉口冒火区加入钢屑（12.5MV·A 硅铁炉加入的钢屑量为 2.5~3t），再加入冶炼硅铁 45 的炉料。由于炉内死料区的熔化，开始改炼时，料批中钢屑的数量宜比正常配料时稍高。往炉内加完钢屑 1~1.5h 后可出第一炉硅铁 45。改炼硅铁 45 时，炉内积存的黏稠渣会大量排出，因此要检查出铁口和准备较多的铁水包。

冶炼硅铁 45 的特点如下：

（1）炉料中钢屑数量较多、导电性强，电极插入深度比冶炼硅铁 75 时浅。较大容量矿热炉的电极插入深度为 800~1000mm，较小容量矿热炉的电极插入深度为 500~800mm。因此，料面高度应该低些，较大容量矿热炉的料面应低于炉衬上部边缘 400~500mm，较小容量矿热炉则为 300~400mm。由于电极插入炉料浅，不宜采用较高电压冶炼，应采用较低的二次电压冶炼。如采用较高的二次电压冶炼，则热量损失较大，而且可能因铁含量高而造成废品。

（2）炉料中钢屑数量较多，冶炼反应速度快，加料速度一定要适应，要勤加、少加，保持炉内不缺料，尤其是炉心不许缺料，以使稳定电极和减少热量损失。

（3）炉料中钢屑数量较多，坩埚中钢屑较少，塌料和大刺火现象较少，出现的多是小刺火，料面均匀且较快地下沉。料面的透气性好，而且比较宽松。透气眼不要扎得过勤，防止电极波动。捣炉次数不宜过多，每 8h 捣 1~2 次即可。冶炼硅铁 45 时炉口温度要低，以便于操作。

（4）炉料导电性强，电极容易上升，所以电极工作端不要过长，防止电极升至上限而引起跳闸。

（5）炉料中钢屑数量较多，冶炼反应消耗热量少。因此，冶炼硅铁 45 的单位电耗低、产量高，其产量比冶炼硅铁 75 时约多 80%。冶炼硅铁 45 时，每 8h 出炉 5 次。

此外，硅铁 45 流动性较好，对出铁口冲刷比较大，其使用期比冶炼硅铁 75 时短。

7.3.10 降低电耗措施

冶炼硅铁 75 的单位电耗占生产成本的 60%~65%，冶炼硅铁 45 的单位电耗占生产成本的 50%~55%，因此，降低电耗是降低硅铁生产成本的关键之一。

根据初步计算，冶炼硅铁 75 的理论电耗为 6850~7050kW·h/t，可是实际生产中的电耗为 8200~9000kW·h/t，热量损失为 16%~18%（包括电损失在内），可见热量和电量的损失很大。这与操作水平、设备维护、原料条件、供电制度和矿热炉设计均有很大的关系。与生产有关的一些降低电耗的措施介绍如下：

（1）精心维护炉况，使电极深而稳地插入炉料，从而扩大坩埚和提高炉温，保持料面有良好的透气性，力争减少刺火和塌料现象，减少热量损失。

（2）加强对设备和电极的维护，减少热停炉时间。硅铁冶炼是连续性生产，若热停炉的时间较长或次数较多，则恢复正常炉况的时间较长。如热停炉 1h，则约用 2h 提高炉温使之达到正常炉况，这样将少出一炉铁；若热停炉 2h，将少出两炉铁，而硅铁的单位电耗势必增加。

（3）提高原料条件。精料对降低硅铁的单位电耗具有重要的意义。冶炼硅铁用的焦炭要求粒度合适，在高温下具有高的电阻，以便于电极深插；冶炼用硅石则要求具有较好的热稳定性，防止高温下过早碎裂而破坏料面透气性。如果条件允许，硅石应水洗，各种原料的化学成分应合格。

（4）选用合适的供电制度。应严格按照矿热炉供电制度送电。送电前将电极适当提起后方准送电，三相电流表应保持平衡，最大波动不许超过25%。正常冶炼时，每小时用电量不得低于负荷的5%。另外，电气制度也很重要。从加大输入功率、降低电损失、提高电效率的角度来看，应选用较高的二次电压。但二次电压过高，则高温区上移，热损失大，热效率低；二次电压过低，则热效率高，电效率低。因此，选择二次电压要综合考虑，力求达到最好的总效率。合适的二次电压要根据原料、操作条件和设备特性，经过试验确定。矿热炉容量越大，二次电压越高；容量越小，二次电压越低。例如，1.8MV·A 矿热炉的二次电压为82V左右，12.5MV·A 矿热炉的二次电压为140V左右。

（5）加强回炉铁的回收工作，杜绝浪费现象，提高产量，降低电耗。

7.3.11 物料平衡和简易配料计算

研究物料平衡数据对于铁合金冶炼有重要的意义，如可以估算原料的需要量及经济上的合理性；采用某种原料冶炼时，可估算可能得到的合金成分；已知合金成分，可提出对原料成分的要求；物料平衡是计算热平衡和能量平衡的基础，从能量平衡中能看出矿热炉结构是否合理以及工艺的好坏，确定降低单位电耗和利用废气的可能性。评价一个矿热炉，需要的原料成分等数据至少应有半个月的统计数据。

7.3.11.1 已知条件

（1）原材料化学成分的配平，如硅石化学成分为：CaO 0.2%，SiO_2 98.6%，Fe_2O_3 0.5%，Al_2O_3 0.5%，MgO 0.2%，合计100%。

（2）氧化物的分配，见表7-6。

表7-6 氧化物的分配

氧化物	SiO_2	Fe_2O_3	Al_2O_3	CaO	P_2O_5	MgO
被还原/%	98	99	50	40	100	0
进入渣中/%	2	1	50	60	0	100

（3）元素的分配，见表7-7。

表7-7 元素的分配

元 素	Fe	Si	Al	Ca	P	S	SiO
进入合金/%	95	98	85	85	50	—	—
挥发/%	5	2	15	15	50	100	100

（4）已知100kg焦炭含固定碳83kg，还原焦炭灰分中氧化物耗碳3.61kg，设有10%的焦炭在炉口处燃烧及用于合金增碳。

7.3.11.2 炉料计算

（1）还原剂用量计算（以100kg为基础）。还原剂用量包括还原硅石、焦炭灰分以及电极糊灰分中氧化物所需要的碳量。如 SiO_2 还原为 Si（其中有 7% SiO_2 还原为 SiO），从 100kg 硅石中还原的硅量计算如下：

$$100 \times 98.6\% \times (98\% - 7\%) = 89.726kg$$

所需碳量为：

$$89.726 \times 24/60 = 35.89kg$$

进一步计算所需焦炭量，见如下公式：

$$所需焦炭量 = \frac{还原硅石所需碳量 \times 100}{(焦炭碳含量 - 还原焦炭灰分中氧化物耗碳量) \times (1 - 过剩碳含量(\%))} -$$

电极糊带入的相当碳量

则：

$$所需焦炭量 = \frac{35.89 \times 100}{(83 - 3.61) \times (1 - 10\%)} - 1.24 = 48.99kg$$

（2）合金成分计算。以 Si 为例，从 100kg 硅石中还原出 89.726kg，从 48.99kg 焦炭中还原出 5.678kg，从 2.5kg 电极糊中还原出 0.091kg，则合计还原出硅量：

$$(89.726 + 5.678 + 0.091) \times 28/60 = 44.56kg$$

进入合金的数量为：

$$44.56 \times 0.98 = 43.67kg$$

同样可以计算出 Al、Fe、Ca、P、S 等元素进入合金的量，最后确定出合金的成分。

（3）炉渣成分计算。炉渣成分的计算与上面的计算相同。

7.3.11.3　物料平衡计算

根据炉料计算的数据，可以编制冶炼硅铁 75 的物料平衡表。平衡的收入部分为硅石、焦炭、钢屑、电极以及燃烧焦炭和电极所用的空气量，支出部分包括合金、炉渣、气体、挥发物，误差不超过 1%。

7.3.11.4　简易配料计算

以 100kg 硅石为计算基础，以硅铁 75 为例。

（1）焦炭需要量计算：

$$100 \times 0.98 \times \frac{24}{0.83 \times 0.9 \times 60} \approx 52kg$$

（2）钢屑加入量计算：

$$合金铁含量 = 100 \times 0.98 \times 92\% \times \frac{28}{60} \times \frac{23}{75} = 13kg$$

炉料中的钢屑量为：

$$13/0.95 = 13.7kg$$

因此，冶炼硅铁 75 的炉料组成为：硅石 100kg，焦炭 52kg，钢屑 13.7kg。

7.4　工业硅

7.4.1　工业硅的牌号和用途

我国工业硅的国家标准列于表 7-8 中。国内外工业硅标准中硅含量大于 96%，其他杂质含量越低越好。

表 7-8　工业硅的牌号和化学成分（GB/T 2881—2008）　　　　（%）

类　别	牌　号	化学成分（质量分数）			
		Si（≥）	杂质（≤）		
			Fe	Al	Ca
化学用硅	Si-A	99.60	0.20	0.10	0.01
	Si-B	99.20	0.20	0.20	0.02
	Si-C	99.00	0.30	0.30	0.03
	Si-D	98.70	0.40	0.10	0.05
冶金用硅	Si-1	99.60	0.20	—	0.05
	Si-2	99.30	0.30	—	0.10
	Si-3	99.30	0.50	—	0.20

注：化学用硅是指经化学处理后用于制取有机硅等所用的工业硅，冶金用硅是指冶金方面用于配制铝硅等各种合金所用的工业硅。

工业硅属于轻金属，又称金属硅或结晶硅，是现代工业生产的重要材料之一。工业硅广泛应用于冶金、化工、机械制造、电器、航空、船舶制造、能源开发等各种工业领域，具体用途举例如下：

（1）作为有色金属合金的添加剂和脱氧剂。工业硅的主要用途是作为有色金属合金的添加剂。将硅加入到某些有色金属中时，能起到提高基体金属强度、硬度和耐磨性的作用，有时还能改善基体的铸造性能和焊接性能。例如，用于制造铸造轴承和轴套的硅铅黄铜中，含硅 3%；用于制造弹簧和焊接零件的硅锰青铜中，含硅 3%；用于制造船用发动机零件、内燃机汽缸及汽缸头等的硅铝明中，含硅 10%～13%。在有色金属合金中，工业硅的最大用户是作为铝合金（硅铝合金、铝镁合金、硬铝等）的添加剂，用于铝合金添加剂的工业硅占工业硅总产量的 70% 以上。冶炼有色金属合金时，还采用工业硅作为脱氧剂。

（2）作为硅钢的合金剂。对于一些要求特别严格的硅钢片，应采用工业硅作为硅钢的合金剂，用于生产高级硅钢片的工业硅应严格控制铝含量。

（3）作为某些氧化物的还原剂。基于硅与氧之间有较强的化学亲和力，利用工业硅还可还原某些与氧亲和力较弱（如氧化锰、氧化钒等）或与氧亲和力较强，但金属本身易挥发的金属氧化物（如氧化钙、氧化镁等）。上述氧化物均可在常压或真空条件下用工业硅还原。

（4）半导体材料。高纯硅具有明显的半导体性质，是一种优良的半导体材料。工业硅经一系列工业处理后可拉成单晶硅，制成硅晶体管，供电子工业使用，可制成多晶硅和太阳电池。

（5）其他用途。利用工业硅可制成各种有机硅等化工产品。

7.4.2　工业硅的原料及要求

冶炼工业硅的主要原料有高纯硅石、石油焦、木炭（或木块）和烟煤。

7.4.2.1　高纯硅石

一般要求工业硅中 Al、Ca、Fe 的含量很低，因而必须采用杂质含量比冶炼硅铁时更低的硅石。一般要求硅石中 SiO_2 含量大于 98.5%、Al_2O_3 含量小于 0.8%、Fe_2O_3 含量小于 0.4%、CaO 含量小于 0.2%、MgO 含量小于 0.15%，粒度为 25~80mm。

我国福建、湖北、陕西、内蒙古、贵州等地均有高纯硅石供应。

7.4.2.2　还原剂

为了减少工业硅中 Ca、Al、Fe 的含量，必须采用低灰分的石油焦或沥青焦作还原剂，但是由于这种焦炭电阻率小、反应能力差，必须配用灰分低、电阻率高和反应能力强的木炭代替部分石油焦。此外，为使炉料烧结，还应配入部分低灰分烟煤。碳质还原剂水分含量要低且稳定。碳质还原剂的成分、粒度要求如表 7-9 所示。

表 7-9　碳质还原剂的成分、粒度要求

名　称	挥发分含量/%	灰分含量/%	固定碳含量/%	粒度/mm
木　炭	25~30	<2	65~75	3~100
木　块	26~45	<3	46~65	<150
石油焦	12~16	<0.8	82~86	0~13
烟　煤	<30	<8	>70	0~13

各种还原剂的配比应根据还原剂来源和操作情况而定。目前国内外冶炼工业硅碳质还原剂的配比有两种：一种是石油焦:木炭:烟煤 = 5:3:2，另一种三者配比为 3:5:2。它们各自的经济指标都较好。

必须指出，过多或全部配用木炭不但会提高产品成本，还会使炉况紊乱。例如，由于炉料面烧结性差而引起刺火、塌料，难以形成高温反应区（坩埚），炉底易形成 SiC 层以及出铁困难等。

7.4.3　工业硅的冶炼原理

在工业硅的生产中，一般认为硅被还原的反应式为：

$$SiO_{2(l)} + 2C_{(s)} = Si_{(l)} + 2CO_{(g)} \quad T_{开} = 1933K$$

实际生产中硅的还原比较复杂，图 7-9 所示为冷却后的炉况。下面从冷却状态下炉内情况出发，对实际生产中炉内的物理化学反应进行讨论。

炉料入炉后不断下降，受上升炉气的作用，炉料温度不断升高，上升的 SiO 发生如下反应：

$$2SiO = Si + SiO_2$$

此产物大部分沉积在还原剂的孔隙中，有些逸出炉外。

炉料继续下降，当炉料降到温度为 1500℃ 以上的区域时，发生下列反应：

$$SiO_{(g)} + 2C_{(s)} = SiC_{(s)} + CO_{(g)}$$

$$SiO + C = Si + CO$$

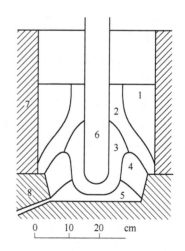

图 7-9　冷却后的炉况（炉子在刚停炉前出铁，电极位置和出铁前一样）

1—松散的炉料；2—炉料黏结在一起，内部有含金属滴的釉状层；3—空的区间；4—主要是粗晶粒的多孔状 SiC；5—粗晶粒的多孔状 SiC，在空隙中充满金属；6—石墨电极；7—氧化性碱性耐火材料；8—碳质炉衬

$$SiO_2 + C \rightleftharpoons SiO + CO$$

当温度再升高时，发生以下反应：

$$2SiO_2 + SiC \rightleftharpoons 3SiO + CO$$

在电极下发生以下反应：

$$SiO_2 + 2SiC \rightleftharpoons 3Si + 2CO$$

$$SiO_2 + SiC \rightleftharpoons Si + SiO + CO$$

炉料在下降的过程中还发生反应：

$$SiO + CO \rightleftharpoons SiO_2 + C$$

$$3SiO + CO \rightleftharpoons 2SiO_2 + SiC$$

在图 7-9 中的 1 区主要是上升的一氧化硅分解，生成硅和二氧化硅；在 2、3、4 区主要是碳化硅生成和分解；在 5 区由于各种原因，碳化硅来不及分解而沉积在炉底。

总之，碳还原二氧化硅的反应过程并不像主反应式所表示的那样简单，而是中间还有一系列复杂的反应。由于在中间过程形成 SiO 和 SiC，增大了冶炼过程的难度。SiO 在炉膛内的高温下呈气体状态，如处理不当则极易挥发逸出，造成物料损失，降低硅的回收率，增大能耗。碳化硅生成容易，破坏难。用 SiO₂ 来破坏 SiC 时要求温度高、反应快，否则碳化硅沉积到炉底，所以必须保持温度的稳定性。

7.4.4　工业硅的生产设备

工业硅是在碳质炉衬的矿热炉内，用低灰分碳质还原剂还原高纯硅石而制得的。

由于工业硅对铁含量要求严格，因而工业硅矿热炉不宜使用铁壳自焙电极，而应采用石墨电极或炭素电极。

工业硅炉受石墨电极或炭素电极直径的限制，一般容量较小。世界上工业硅炉的最大容量是 45MV·A（六电极），我国一般为 5~12.5MV·A。

冶炼工业硅与冶炼硅铁 75 相比，要求炉膛保持更高的反应温度，过程要消耗更多的能量，相应地，炉内能量的集中程度也应该更高。使用单相炉时，由于出铁口离电极较远，出铁时间较长，大型炉一般应使用三相炉。

冶炼工业硅时炉料容易结壳，炉内容易积存 SiC，炉况也比冶炼硅铁 75 时难控制。对于大型工业硅炉来说，采用旋转炉体是有必要的。使用旋转炉体可使炉膛内能量分布比较均匀，增加炉料透气性，坩埚区发展较好，能防止或减少 SiC 结瘤，延长炉龄，提高硅的回收率，降低电耗。对于冶炼工业硅人工操作的小炉子来说，要求维持料面呈锥体形状，保证炉料有良好的透气性，电极深而稳地插入炉料中，保存能量，获得高温熔池。

炉型尺寸一般是根据变压器容量、二次电流和允许的电极电流密度，先确定电极直径，进而确定炉膛内径和炉膛深度。

合适的炉膛尺寸对工业硅的节能降耗也很重要。炉膛直径过大，则炉底功率密度减小，而炉子散热表面增大，因而增加热损失，使死料区扩大，炉底和出铁口温度降低，出铁口不易打开，出铁困难；炉膛直径过小，则使电极-炉料-炉衬回路电流增加，因而导致反应区偏离，造成所谓的"坩埚转移"，这种现象既不利于电极深插，还会造成对炉衬的烧损破坏。我国工业硅炉的炉膛直径一般取极心圆直径的 2.2 ~ 2.4 倍。

炉膛深度要合适。炉膛深有利于平顶形料面操作,降低炉口温度,改进生产现场的劳动环境,减少 SiO 的挥发损失,并使热量集中于炉内,减少热损失。但如果炉膛过深,操作稍有不慎就会造成料层过厚、料面上升,使炉内高温区上移,最终导致电极上抬,炉底温度降低,使炉况恶化;而炉膛过浅则使料层减薄,SiO 的挥发损失增大,影响 Si 的还原,产量降低,能耗增加,特别是使炉口热损失增大,炉口温度过高,生产劳动环境明显变差,易发生塌料、刺火,使冶炼过程不能顺行。我国工业硅炉的炉膛深度一般取电极直径的 3.5 ~ 4.5 倍。容量较大的炉子取下限,容量小的炉子则取上限。

生产工业硅时,炉用电气参数和设备参数的选择原则基本上与生产硅铁 75 时相同。一般来说,工业硅炉与同容量的硅铁炉相比,具有较高的二次电压和较小的电极极心圆直径。例如,容量为 9MV·A 的硅铁炉冶炼硅铁 75 时,采用 140V 的二次电压;而容量为 6.3MV·A 的工业硅炉冶炼工业硅时,则需要采用 145V 的二次电压。

7.4.5 工业硅的冶炼操作

7.4.5.1 高温冶炼

冶炼工业硅与冶炼硅铁相比,需要更高的炉温。生产硅含量大于95%的工业硅时,液相线温度在 1410℃ 以上,需要在 1800℃ 以上的高温条件下进行冶炼。此外,由于炉料不配加钢屑,SiO_2 还原反应的热力学条件恶化,破坏 SiC 的条件也变得更加不利。由此产生三个结果:一是炉料更易烧结;二是上层炉料中生成的片状 SiC 积存后容易促使炉底上涨;三是 Si 和 SiO 高温挥发的现象更加显著。为此,在冶炼过程中必须做到:

(1) 控制较高的炉膛温度,减少热损失。

(2) 控制 Si 和 SiO 的挥发。

(3) 使 SiC 的形成和破坏保持相对平衡。为了提高炉温,减少 Si、SiO 的挥发损失,基本上保持 SiC 在炉内平衡,在具体操作中必须千方百计地减少热损失、扩大坩埚。

在工业硅生产中采用烧结性良好的石油焦有利于炉内热量集中,但料面难以自动下沉。与小型炉生产硅铁 75 相似,可采用一定时间的闷烧和定期集中加料的操作方法。

7.4.5.2 正确配加料

正确配加料是保证炉况稳定的先决条件,对于小型炉生产工业硅来说,更应强调这一点。正确配比应根据炉料化学成分、粒度、水分含量及炉况等因素确定,其中应该特别注意还原剂的使用比例和使用数量。正确的配比应使料面既松软又不塌料,透气性良好,能保证规定的闷烧时间。炉料配比确定后,炉料应进行准确的称量,误差不应超过 ±0.5%,均匀混合后入炉。

炉料配比不准或炉料混合不匀都会在炉内造成还原剂过多或缺少的现象,影响电极下插,缩小坩埚,破坏正常的冶炼生产。

7.4.5.3 沉料捣炉

在工业硅生产中采用烧结性良好的石油焦,炉料中不配加钢屑,因而炉料更易烧结,所以冶炼工业硅的炉料难以自动下沉,一般需要强制沉料。当炉内炉料闷烧到规定时间时,料面料壳下面的炉料基本化清烧空,料面也开始发白、发亮,火焰短而黄,局部地区出现刺火、塌料,此时应该立刻进行强制沉料操作。沉料时,先用捣炉机从锥体外缘开始将料壳向下压,使料层下塌。而后用捣炉机捣松锥体下角,捣松的热料就地推在下塌的料壳上,捣出的大块黏料和死料推向炉心,同时铲净电极上的黏料。沉料时高温区外露,热损失很大,因而沉料捣炉操作必须快速进行。

7.4.5.4 炉料形状和闷烧提温

沉料捣炉操作完毕后,应将混匀的炉料迅速集中加于电极周围及炉心区域,使炉料在炉内形成平顶锥体,并保持一定的料面高度。不许偏加料,一次加入新料的数量相当于1h左右的用料量。

新料加完后进行闷烧,闷烧时间控制在1h左右。闷烧和定期沉料的操作方法有利于减少热损失、提高炉温和扩大坩埚。

7.4.5.5 扎眼透气

集中加料时大量生料加入炉内,可能使反应区温度略有下降,因而在加料前期炉温较低,反应进行得缓慢,气体生成量不会太多。在闷烧一段时间后,炉温迅速上升,反应趋于激烈,气体生成量也急剧增加。此时为了帮助炉气均匀外逸,有必要在锥体下角扎眼透气。

石油焦具有良好的烧结性能,集中加料闷烧一段时间后,容易在料面形成一层硬壳,炉内也容易出现块料。为了改善炉料的透气性,调节炉内电流分布,扩大坩埚,除扎眼透气外,还应用捣炉机或钢棒松动锥体下角和炉内烧结严重部位的炉料。至于透彻的捣炉,则在沉料时进行。

7.4.5.6 炉况正常的标志及不正常炉况的处理

矿热炉生产工业硅时炉况容易波动,较难控制,因此必须正确判断炉况并及时处理。与生产硅铁75一样,影响炉况的因素有很多,但是在实际生产中,影响炉况最主要的因素还是还原剂的用量,还原剂用量不当会使炉况发生急剧变化。一般来说,炉况变化通常反映在电极插入深度、电流稳定程度、炉子表面冒火情况、出铁情况及产品质量波动情况等方面。

A 炉况正常的标志

炉况正常的标志是:电极深而稳地插入炉料,电流、电压稳定,炉内电弧声响稳而低,料面冒火区域广而均匀,炉料透气性好,各处炉料烧结程度相差不大,闷烧时间稳定,基本上无刺火、塌料现象;出铁时炉眼好开,流头开始时较大,而后均匀地变小,产品的产量、质量稳定。

B 不正常炉况的处理

原料水分含量波动、还原剂质量变化、称量准确程度较差、操作不当等各种因素,均会影响实际耗碳量,使炉子出现还原剂过剩或不足现象。

炉子还原剂过剩的表现是:料层松散,火焰变长,火头大多集中于电极周围,电极周围下料快,炉料不烧结,刺火、塌料严重,电极消耗慢,炉内显著生成SiC,锥体边缘发硬,电流上涨,电极上抬。当还原剂过剩严重时,仅在电极周围的窄小区域内频繁刺火、塌料,其他区域的料层发硬、不吃料;坩埚大大缩小,热量高度集中于电极周围,电极抬高,热损失严重,电弧声很响,炉底温度严重下降,假炉底很快上涨,铁水温度低,炉眼缩小,有时甚至烧不开炉眼,被迫停炉。

为消除还原剂过剩现象和及时扭转炉况,在还原剂过剩不严重时,可在料批中减少一部分还原剂，同时配以积极的炉况维护，即可使炉子恢复正常；在还原剂过剩严重时，应估计炉内还原剂的过剩程度，而后采取集中添加硅石或在炉料中添加硅石的方法处理。作为临时措施，硅石添加量必须严格把握，以防形成大量炉渣。集中添加硅石可在较短时间内破坏 SiC 和增大炉料电阻，促使电极稳定下插，逐渐扩大坩埚，逐步扭转炉况。

炉子还原剂不足的征兆是：料面烧结严重，料层透气性差，吃料慢，火焰短小而无力，刺火严重。缺碳前期，电极插入深度有所增加，炉内温度有所提高，铁水量反而增多，打开炉眼时炉眼冒白火，铁水有过热现象。缺碳严重时，料面发红、变黏、变硬，电流波动，电极难插，刺火呈亮白色火舌，"呼呼"有声，难以消除，电极消耗显著增加，炉眼发黏难开，铁水量显著下降。

为消除还原剂不足现象，一般应追加还原剂。在还原剂不足不严重时，为迅速改善料层透气性，可在料批中添加一部分木炭；在还原剂不足严重时，除在料批中添加木炭外，在沉料或捣炉时应适量添加不易烧损的石油焦，以有效消除还原剂不足现象。此外，为保持炉况稳定，减少热停炉是必要的。

7.4.5.7 出硅和浇注

（1）出硅。炉内积存一定量的硅液后，为防止影响炉况，应及时打开炉眼出硅。出硅时热量损失大，故出硅次数不宜过多，6MV·A 左右的炉子，每 2 ~ 3h 出一次硅；2MV·A 左右的炉子，每 3 ~ 4h 出一次硅。炉眼用石墨棒烧开，在正常情况下，出硅过程只需 20min 左右即可完成。在双电极单相矿热炉中，利用石墨棒将炉眼烧穿时，首先流出来的是积存在出铁口附近空洞内的硅液。坩埚底部的硅液由于距离炉眼较远，在外流过程中很容易封住炉口。为顺利完成出硅任务，石墨棒烧穿器必须一边烧、一边出硅，或者用木杆或竹竿捅扩炉眼，以利于硅液顺利流净。

（2）堵炉眼。出硅完毕后，用烧穿器或木杆把炉眼烧圆，然后迅速堵眼。堵眼材料是由焦炭粉、水和少量石墨粉调和而成的锥形泥球。堵眼应迅速、准确，泥球应填实。堵眼要保持一定深度，一般到达炉墙内壁，炉眼堵好后外口余量为 200 ~ 300mm。还可先用块状工业硅及夹渣硅填入炉眼空洞，而后用碎工业硅堆成斜坡将炉眼封住。

（3）浇注。工业硅的渣、硅密度相差不大，为了防止硅液夹渣而影响质量和造成浪费，在硅液冲击处应放置一个由石墨棒堆成的挡渣框，以利于硅液和炉渣分离。

（4）氯化除钙。对钙含量要求严格的工业硅，可以在熔体中吹入一定数量的氯气来除钙。

7.4.6 工业硅的配料计算

按照冶炼工业硅的主要反应式 $SiO_2 + 2C = Si + 2CO$，以工业准确度估算出每批炉料的原料用量比例。在工业生产中为简化计算，可以认为：

（1）炉内只发生上述反应；

（2）硅石中 SiO_2 含量为 100%；

（3）碳质还原剂中，灰分氧化物还原所需的碳量与电极反应的碳量相当，忽略不计。

在这种情况下，还原 100kg 硅石所需的固定碳为：

$$100 \times \frac{2 \times C \text{ 的相对原子质量}}{SiO_2 \text{ 的相对分子质量}} = 100 \times \frac{2 \times 12}{28 + 32} = 40kg$$

根据冶炼工业硅的主要反应式，还可计算出 1kg 硅所需的固定碳量为：

$$1 \times \frac{2 \times C\ 的相对原子质量}{Si\ 的相对原子质量} = 1 \times \frac{2 \times 12}{28} = 0.857 kg$$

生产 1kg 硅需要的硅石量为：

$$1 \times \frac{SiO_2\ 的相对分子质量}{Si\ 的相对原子质量} = 1 \times \frac{60}{28} = 2.14 kg$$

一般情况下，取木炭的水分含量为 7%、挥发分含量为 20%、灰分含量为 3%，石油焦的水分含量为 3%、挥发分含量为 12%、灰分含量为 0.5%，则木炭的固定碳量为：

$$w(C)_{木固} = 100\% - (w(水分) + w(挥发分) + w(灰分))$$
$$= 100\% - (7\% + 20\% + 3\%) = 70\%$$

石油焦的固定碳量为：

$$w(C)_{焦固} = 100\% - (w(水分) + w(挥发分) + w(灰分))$$
$$= 100\% - (3\% + 12\% + 0.5\%) = 84.5\%$$

当确定还原剂组分的使用比例（固定碳比）为 $w(C)_{木固} : w(C)_{焦固} = 70 : 30$ 时，还应考虑还原剂在炉面有烧损和飞扬损失。木炭和石油焦的损失系数 $K_木$、$K_焦$ 都设为 10%，则可计算出原料的用量比例为：

$$m(硅石) : m(木炭) : m(石油焦) = 100 : \frac{40 \times 70\%}{w(C)_{木固}(1 - K_木)} : \frac{40 \times 30\%}{w(C)_{焦固}(1 - K_焦)}$$

$$= 100 : \frac{40 \times 70\%}{70\% \times (1 - 10\%)} : \frac{40 \times 30\%}{84.5\% \times (1 - 10\%)}$$

$$= 100 : 44 : 16$$

计算的原料比例可在一定程度上表示出矿热炉熔炼所要求的较准确的配料比例，可作为生产中实际配料的依据。但在实际生产中，由于各种碳质原料的水分含量波动很大（尤其是木炭，有时水分含量可达 46%）以及炉子的电气参数、操作情况、出炉和交接班前后各种因素的变化，致使矿热炉熔炼在某段时间内实际需要的用料比例与计算所得的原料比例有一定差异。在实际生产中是通过还原剂增减某种碳质原料（通常是石油焦）来调整这种差异的。也就是说，对计算配料比进行生产调整，得到实际采用的配料比。

生产 1t 工业硅的原料和电能消耗如下：

	硅石/kg	木炭/kg	木块/kg	石油焦/kg	烟煤/kg	石墨电极/kg	电耗/kW·h
A 厂	2500	910		610	320	100	11000 ~ 13080
B 厂	2400 ~ 2600	500	350 ~ 450	900 ~ 1000	200 ~ 300	90 ~ 105	12000 ~ 13500
C 厂	2500	500	526.5	937.5	250	100	12000 ~ 14000
D 厂	2500	937.5		500	250	100	12000 ~ 14000

7.5　硅钙合金

7.5.1　硅钙合金的牌号和用途

表 7-10 所示为我国硅钙合金的牌号和成分。

表 7-10　硅钙合金的牌号和成分（YB/T 5051—2007）　　　　　（%）

牌　号	化学成分					
	Ca	Si	C	Al	P	S
	不小于		不大于			
Ca31Si60	31	50 ~ 65	1.2	2.4	0.04	0.06
Ca28Si60	28	50 ~ 65	1.2	2.4	0.04	0.06
Ca24Si60	24	55 ~ 65	1.0	2.5	0.04	0.04
Ca20Si55	20	50 ~ 60	1.0	2.5	0.04	0.04
Ca16Si55	16	50 ~ 60	1.0	2.5	0.04	0.04

　　硅钙合金在炼钢工业中用作脱氧剂和脱硫剂。硅和钙与氧的亲和力很大，钙与硫的亲和力也很大，脱氧、脱硫产物很容易上浮排除，可改善钢的性能，提高钢的塑性和冲击韧性。因此，硅钙合金是一种很理想的复合脱氧剂。目前，硅钙合金可以代替铝终脱氧，用于优质钢生产，连铸也需要硅钙合金脱氧。

　　硅钙合金还是一种有效的增温剂。把硅钙合金粉粒加于钢锭头部作为发热剂，可提高钢的质量和成材率。

　　在铸铁生产中，硅钙合金用作脱氧剂、脱硫剂和孕育剂。在实际使用过程中，为了更有效地发挥硅钙合金的作用，合金的粒度应在 2mm 左右，并将它直接加在流铁槽、混铁炉或铁水包中。

　　此外，硅钙合金粉剂在喷粉冶金和包芯线中也得到了广泛应用。

7.5.2　钙及其化合物的物理化学性质

　　钙是碱土金属元素，在自然界中的分布占第六位，在地壳中的含量为 3.6%。钙是银白色、有金属光泽的轻金属，性软而有延展性。钙的主要物理性质为：相对原子质量 40.08，密度 1.55g/cm³，熔点 850℃，沸点 1492℃，熔化热 8660J/mol，比热容（25℃）21.38J/(K·mol)，固相转变温度 440℃。

　　钙非常活泼，在空气中氧化很快，在表面形成一层疏松的氧化膜。

　　钙与氧能形成一种硬度较大、熔点很高（2600℃）、十分稳定的固体氧化物 CaO。氧化钙是一种碱性氧化物，呈白色，俗称石灰或生石灰。在自然界中不存在纯的氧化钙，它主要以碳酸盐和硅酸盐的形式存在。工业上使用的氧化钙绝大多数由碳酸钙（石灰石）经 1000℃ 高温煅烧制得，反应为：

$$CaCO_3 \!=\!\!=\!\! CaO + CO_2$$

　　氧化钙是一种十分稳定的氧化物，但是遇水或置于潮湿空气中时会因如下反应而迅速潮解粉化：

$$CaO + H_2O \!=\!\!=\!\! Ca(OH)_2$$

　　石灰必须置于干燥处，入炉时严禁与不干燥的炉料相混。

　　钙与碳形成稳定的碳化物 CaC_2。碳化钙俗称电石，其熔点高达 2300℃。碳化钙遇水后会激烈分解并放出乙炔气体。

　　钙与铁不形成化合物，也互不相溶，钙在铁液中的溶解度很小。

　　钙与硅能形成三种硅化物，即 Ca_2Si、$CaSi$ 和 $CaSi_2$，见图7-10，其中 $CaSi$ 最稳定。工业用硅钙合金的熔化温度相当低，一般只有 $980\sim1200℃$，因而在正常的出炉过程中，合金的过热度是很大的，合金的流动性也很好。

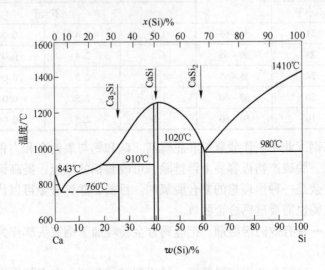

图7-10　Si-Ca 状态图

7.5.3　硅钙合金的生产方法及原料

　　硅钙合金的生产方法有混合加料法、分层加料法和两步法等。

　　（1）混合加料法。混合加料法又称为一步法，就是用碳质还原剂同时还原二氧化硅和氧化钙，也就是把所有的原料混合均匀后分小批加入炉内。此工艺的特点是：操作简便，炉况较容易控制。我国 $1.8MV\cdot A$ 以上的硅钙炉多采用此法生产。其缺点是炉底沉积上涨速度快、生产周期短，我国中小型硅钙炉为 $15\sim30$ 天，国外大型硅钙炉为 3 个月，采用旋转炉体可达 6 个月。

　　（2）分层加料法。分层加料法就是先把石灰和还原剂组成的混合料加入炉内，炉料熔化下沉后再盖上硅石和还原剂的混合料。此工艺的特点是：从配料及操作上减少了氧化钙与二氧化硅在炉内的接触，减少了低熔点硅酸钙渣的生成；可以不采用向炉内加入过量碳的操作，以减少 SiC 的形成，减缓了炉底碳化物的沉积和炉底上涨，使冶炼周期可长达一年以上；由于炉温较高，能生产高牌号的硅钙合金。目前，分层加料法生产工艺已被我国 $1MV\cdot A$ 以下的硅钙合金矿热炉普遍采用。

　　（3）两步法。两步法需两台矿热炉，在一台矿热炉里先生产碳化钙；在另一台矿热炉里用碳还原二氧化硅，再加碳化钙生产合金。此工艺的特点是：避开了氧化钙与二氧化硅直接接触，从而克服了成渣温度低的问题，基本上避免了炉内碳化物的积存和炉底上涨，可使矿热炉连续生产；但是需要用两套冶炼设备，热能利用率不合理，综合电耗高。

　　生产硅钙合金的原料有硅石、石灰、焦炭、木炭和烟煤等。

　　要求硅石中 SiO_2 含量大于 98%，Al_2O_3 含量不大于 0.8%，P_2O_5 含量不大于 0.02%，其他杂质总含量小于 1%。硅石表面不能粘有泥土等杂质，水分含量要小于 5%。硅石的入炉粒度，$0.4MV\cdot A$ 矿热炉为 $15\sim35mm$，$1MV\cdot A$ 矿热炉为 $25\sim45mm$。

要求石灰中 CaO 含量大于 85%，Al_2O_3 含量不大于 0.8%，P_2O_5 含量不大于 0.02%，MgO 含量不大于 2%，Fe_2O_3 含量不大于 0.6%，S 含量不大于 0.03%。石灰必须烧透，不许混入生烧、过烧、粉状石灰及其他杂物。石灰的入炉粒度为 20~50mm。

要求焦炭中固定碳含量大于 80%，灰分含量小于 16%，挥发分含量不大于 2%，硫含量不大于 0.6%。焦炭的入炉粒度为 1~8mm，其中 1~4mm 粒级比例不大于 20%，水分含量应小于 5%。

要求木炭中固定碳含量大于 75%，灰分含量小于 16%，挥发分含量小于 21%，水分含量小于 10%。木炭应烧透，不得混入生烧木炭及其他杂质。木炭块度不宜大于 10mm。采用普通的松杂木时，树皮、木块厚度要求大于 20mm，长度要求小于 200mm，其余厚度小于 20mm 的要求所占比例小于 5%。

要求烟煤中灰分含量小于 8%，水分含量小于 10%，并有良好的烧结性能。烟煤的入炉粒度为 0~13mm。

7.5.4　硅钙合金冶炼的基本反应

对于混合加料法，将称量好的石灰、硅石、焦炭等一同加入还原炉中，其主要化学反应为：

$$\frac{1}{5}CaO + \frac{2}{5}SiO_2 + C = \frac{1}{5}CaSi_2 + CO \quad \Delta G = 97517 - 49.37T \quad (J/mol)$$

此反应的理论开始还原温度为 1702℃，但是由于炉料中 CaO 和 SiO_2 反应生成 $2CaO \cdot SiO_2$ 等大量低熔点炉渣，降低了上式中 CaO 和 SiO_2 的活度以及反应区的温度，使反应难以进行。为创造反应区的高温，必须提高炉渣的熔点。

在还原剂配入量较多时，可按下式生成 SiC、CaC_2：

$$\frac{1}{2}SiO_2 + \frac{3}{2}C = \frac{1}{2}SiC + CO \quad \Delta G = 67035 - 43.86T \quad (J/mol)$$

$$CaO + 3C = CaC_2 + CO \quad \Delta G = 111315 - 56.87T \quad (J/mol)$$

上述反应的理论开始还原温度较低，分别为 1255℃ 和 1684℃，可以多配入些还原剂，促使生成碳化物熔入炉渣，提高炉渣熔点，保证获得反应所需的高温，一般配碳量为理论还原剂量的 1.2~1.3 倍。但这些碳化物又容易在炉底等低温区结晶出来，造成炉底上涨。高温时碳化物被破坏，可控制炉底上涨，并生成所需的硅钙合金：

$$\frac{1}{2}SiO_2 + \frac{1}{2}CaC_2 = \frac{1}{2}CaSi + CO \quad \Delta G = 74505 - 43.29T \quad (J/mol)$$

$$\frac{1}{4}SiC + \frac{3}{8}SiO_2 + \frac{3}{4}C + \frac{1}{4}CaO = \frac{1}{4}CaSi + \frac{3}{8}Si + CO \quad \Delta G = 107568 - 50.06T \quad (J/mol)$$

7.5.5　混合加料法操作

混合加料法的操作方法与小型炉生产硅铁 75 的操作方法相似。不同的是，生产硅钙合金时根据硅钙合金生产过程固有的特点，炉料并非全部以混匀的状态入炉，有一部分炉料是以偏加料的形式入炉的，其中 2/3 的硅石与石灰、碳质还原剂混合后入炉，其余的硅石则在塌料时加于电极周围，其操作工艺基本上采用连续或定期下料闷烧法。混合加料法的操作步骤如下：

（1）出铁后堵好出铁口，下放电极，送电提温。

（2）扒除浮料，在电极周围加入附加硅石，再加木块，以使硅石熔化破坏炉底碳化物。硅石、木块导电性差、电阻大，可使电极下插。

（3）加完木块后，立即加入配碳量超过 20% ~ 30% 的混合料（硅石、焦炭、烟煤、石灰）盖住木块，进行闷烧提温。

（4）闷烧过程中，逐次在火焰较多处补加新料并撒些烟煤，帮助料面烧结，延长闷烧时间。一次加料后可闷烧 1h 左右。

（5）一直闷烧到料面化净为止，即将塌料前再在电极旁加回炉渣，推平料面后加混合料闷烧。

（6）当料面化净后再捣炉，加硅石，推平炉料，然后加木块或在木炭上面盖混合料，堆成锥体，进行闷烧直至出铁。一般 3.5 ~ 4h 出一炉。

其炉况判断方法基本与冶炼硅铁 75 时相似，但混合加料法生产实践证明，还原剂用量对炉况起决定性作用，因此，判断炉况主要是确定炉子用碳量是否合适。

还原剂不足时，开始电极易下插，但后期电极难插，而且电流波动，难以满负荷操作；电极周围易冒白光，料面和锥体下角发死、发黏、透气性差，炉口火焰不均匀，黄火多；炉渣稀，渣量大；炉渣发气量少，电石气味淡，渣呈青色；合金钙含量低、硅含量较高，渣、铁不易分离；严重缺碳时炉口响声大。发现还原剂不足时，可在炉料中适当增加焦炭或在电极周围附加些焦炭。

还原剂过剩时，电极难插，电流开始较稳，但很快上涨，电极上抬；电极周围易刺火、塌料，料面松散，火苗长且呈蓝色；渣量少，易凝固，炉渣电石味重；合金钙含量高，合金和炉渣易分离。还原剂过剩时，要在炉料中适当增加硅石量或在电极周围附加些硅石。

7.5.6　分层加料法操作

分层加料法的操作步骤为：先加入由石灰和过量还原剂组成的混合料，待料化清后再加入余下的还原剂和硅石的混合料，利用第二次入炉料中的硅石破坏第一次炉料生成的 CaC_2，得到硅钙合金。分层加料法在形式上与两步法相似，但冶炼过程是在同一个炉子中进行的。其操作过程分为如下三个阶段：

（1）提温阶段。出铁后，由于渣铁带走一定的热量，而且塌料时坩埚缩小、炉温下降，因此必须提温，重新培养和扩大坩埚，给加入石灰生成 CaC_2 创造条件。此阶段的主要操作是：出铁后下放电极，捣炉，将硬块料打碎，整理料面，扎透气眼，加强料面维护，给满负荷，深插电极，利用高温直接加热炉底积存的高熔点碳化物，分解破坏 SiC，控制炉底上涨速度。提温阶段时间一般为 80min。

（2）CaC_2 生成阶段。当炉内温度提高后，扒开电极周围浮料，挑开黏料，迅速将所需石灰及相应的还原剂混匀，全部加到电极周围的坩埚中。为加速 CaC_2 的生成，此时必须给满负荷，争取早盖料。此阶段时间一般为 30 ~ 40min。若时间过短，CaC_2 生成不充分，未参与反应的 CaO 与后加入的 SiO_2 生成低熔点化合物，使炉温降低；若时间过长，钙元素挥发和热量损失增加，使合金钙含量降低，单位电耗增加。

（3）用硅石破坏 CaC_2，生成硅钙合金。当 CaC_2 生成后加入硅石和还原剂的混合料，利

用混合料中的 SiO_2 破坏 CaC_2 而生成硅钙合金。加完料后进行闷烧，直至出铁。此阶段的操作要求是：加料应均匀，并精心维护炉况，增加料面透气性，保证电极深而稳地插入炉料中，防止塌料、刺火，以减少钙的挥发和热能损失。第三阶段熔炼时间一般为 2.5～3.0h。时间过长，则合金容易过热，钙的挥发和热量损失增加；时间过短，则 CaC_2 破坏不充分，大量 CaC_2 与 SiO_2 未反应，造成炉渣量增大，合金钙含量低，生成的 CaSi 合金产量少。

与混合加料法一样，分层加料法为保证炉内反应高温和创造破坏碳化物的条件，也要控制合适的闷烧时间。

分层加料法的特点是：冶炼周期长，工艺过程难控制，电耗高。

实践证明，还原剂用量对炉况起决定性作用，因此必须确定炉子用碳量是否合适。还原剂过多时，电极难下插，电流开始稳定，但很快上涨；电极周围易刺火；高温区上移，料面温度高；火苗长，料面松，易塌料；炉底温度低，出铁口难开；炉渣电石味浓，冷凝时很脆，但在炉内时发黏，炉眼易堵，造成出铁、出渣困难，炉底上涨快；产量低，合金钙含量高。这种情况下应适当减少石灰料中的焦炭量。

还原剂不足时，开始电极易下插，后期下插困难，电流波动大，负荷送不足；电极周围冒白火，易沉料；料面和锥体下角发黏、发硬，火苗短而无力；炉渣稀，渣量大电石味淡，冷凝后发青、发硬、难打碎，在炉内易形成团粒状，但不发黏；铁水钙含量低，炉渣流动性差、数量较多，出铁口难堵。此时应针对缺碳程度适当增加焦炭用量。

7.5.7 出铁及浇注

为了保证炉况正常，合金要定时出炉，一般小型炉每 3～4h 出一次，大中型炉每 2～3h 出一次。

出合金时，撇渣器（又名中间包）置于流铁槽下，使渣和合金直接流入包内。出铁终了的标志是火焰能从出铁口自动冒出。

堵眼前应将渣拉净。堵口泥球尽量向里堵，直至达到或超过炉墙内壁为止。堵眼材料为焦炭粉、石灰粉（或炉渣粉），用水混合成锥形泥球，干燥后待用。

由于氧化物还原不充分，原料中含有一定数量的杂质，在硅钙合金生产中产生一些炉渣。硅钙合金的密度与炉渣的密度比较接近，渣与合金较难分离。为防止渣与合金混杂，在出炉时采用特殊的能绕水平轴前后倾动的长口锅形中间包。一般镇静 3～5min，然后缓慢倾倒中间包，要求"慢倒、快回"。

7.5.8 硅钙合金的简易配料计算

以 100kg 硅石为计算基础，炉内主要反应为：

$$SiO_2 + 2C \rule[0.5ex]{2em}{0.4pt} Si + 2CO$$
$$CaO + C \rule[0.5ex]{2em}{0.4pt} Ca + CO$$

配料时各参数的选定方法为：合金成分一般选择含 Ca31%、Si60% 的合金；元素回收率随炉子操作水平的变化而变化，凭生产现场多年统计经验确定，例如取钙的回收率为 38.5%、硅的回收率为 52%。当硅石的 SiO_2 含量为 98% 时，100kg 硅石能生成的合金量 Q 为：

$$Q = \frac{100 \times 98\% \times 52\% \times 28}{60 \times 60\%} = 40kg$$

当石灰的 CaO 含量为 85% 时，每 100kg 硅石需配入的石灰量 G 为：

$$G = \frac{40 \times 31\% \times 56}{40 \times 85\% \times 38.5\%} = 54kg$$

设焦炭中固定碳含量为 85%、水分含量为 10%、焦炭烧损率为 8%，则料批中用于直接还原 100kg 硅石和 54kg 石灰所需的焦炭量 Z 为：

$$Z = \frac{100 \times 98\% \times 24/60 + 54 \times 85\% \times 12/56}{85\% \times (1 - 8\%) \times (1 - 10\%)} = 70kg$$

若过剩碳系数取 1.08 时，则 $Z = 1.08 \times 70 = 76kg$。

若批料硅石为 260kg，配入木炭 25kg，则石灰配入量为 $54 \times 2.6 = 141kg$，焦炭配入量为 $76 \times 2.6 - 25 \times 0.78 = 178kg$。其中，0.78 为 1kg 木炭折合为焦炭的经验数据，即 1kg 木炭等于 0.78kg 焦炭。

配比、料批与某厂实际开炉混合料的配比比较如下（kg）：

	硅石	焦炭	石灰	木炭
计算配比	100	76	54	0
计算料批	260	178	141	25
某厂实际开炉	260	175	150	20

电热法生产 1t 硅钙合金消耗硅石 1875～2400kg、石灰 710～1200kg、焦炭 650～1200kg、烟煤 600～800kg、木块 380～500kg，电耗为 14000～16000kW·h/t。

7.6 硅铝合金

7.6.1 硅铝合金的牌号和用途

硅铝合金是近年来发展较快的复合铁合金。俄罗斯、德国、日本、美国、法国、意大利、加拿大都在生产这种合金，其中德国每年生产硅铝合金约 1 万吨。硅铝合金按硅、铝含量不同分为 8 个牌号，其化学成分应符合表 7-11 所示的规定。

表 7-11 硅铝合金的牌号和化学成分（YB/T 065—2008）　　　　（%）

牌号	化学成分（质量分数）								
	Si	Al	Mn	C		P		S	Ca
				I	II	I	II		
	不小于			不大于					
FeAl50Si5	5.0	50.0	0.20	0.20		0.020		0.02	0.05
FeAl45Si5	5.0	45.0	0.20	0.20		0.020		0.02	0.05
FeAl40Si15	15.0	40.0	0.20	0.20		0.020		0.02	0.05
FeAl35Si15	15.0	35.0	0.20	0.20		0.020		0.02	0.05
FeAl30Si25	25.0	30.0	0.20	0.20	1.20	0.020	0.040	0.02	—
FeAl25Si25	25.0	25.0	0.40	0.20	1.20	0.020	0.040	0.03	—
FeAl20Si35	35.0	20.0	0.40	0.40	0.80	0.030	0.060	0.03	—
FeAl15Si35	35.0	15.0	0.40	0.40	0.80	0.030	0.060	0.03	—
FeAl10Si40	40.0	10.0	0.40	0.40		0.030	0.080	0.03	—

硅铝合金的主要用途是生产硅铝明合金，其含 Si 10% ~ 13%、Al 86% ~ 89%，用于制造船用发动机零件、内燃机及汽缸头等。硅铝合金在钢铁冶金中用作脱氧剂和合金剂，也是生产其他金属合金的还原剂，它还用于铝热焊、制造发热剂和爆炸物等。

7.6.2　铝及其化合物的物理化学性质

铝是自然界中分布最广的元素之一，相对原子质量为 26.98，在地壳中的含量是 8.8%。铝是银白色的轻金属，具有面心立方晶格，晶格常数为 0.404nm，矿物等级硬度为 2.75。金属铝的熔点为 660℃，沸点为 2348℃，密度为 2.7g/cm³。

铝与氧生成一系列化合物。最主要的氧化物是氧化铝（Al_2O_3），为银白色粉末，熔点为 2050℃，沸点为 2980℃，结晶成 α Al_2O_3 时称为刚玉。其他氧化物可能有氧化亚铝（Al_2O）、一氧化铝（AlO）等。

铝和碳能生成碳化物 Al_4C_3，为黄色粉末，在 2100℃ 时分解。Al_4C_3 能溶解在氧化铝和金属铝中，因此用碳还原氧化铝时必然会生成碳化物。在有铁和硅存在时，Al_4C_3 不稳定。

铝与硅能有限互溶，图 7-11 为 Al-Si 状态图。硅铝合金中硅含量一般为 20% ~ 43%，铝含量为 25% ~ 62%。

铝和铁可以生成金属间化合物 Al_3Fe、Al_5Fe_2、AlFe、$AlFe_3$ 等。

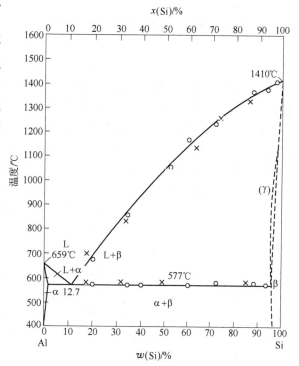

图 7-11　Al-Si 状态图

7.6.3　硅铝合金的原料及要求

冶炼硅铝合金用的原料主要有高岭土和铝矾土，其化学成分如表 7-12 所示。近年来我国成功开发用火电厂粉煤灰冶炼硅铝合金的新技术，碳质还原剂为气精煤和石油焦。

表 7-12　高岭土和铝矾土的化学成分　（%）

原　料	SiO_2	Al_2O_3	Fe_2O_3	TiO_2	CaO	Na_2O	其　他
高岭土	48.4	37.4	0.47	0.37	0.36		12.8
	46.1	38.5	0.74	0.76	0.44		13.6
铝矾土	0.03	98.80	0.028			0.32	0.5
	0.02	99.25	0.023			0.38	0.4

这些原料的粒度很细，使用前必须造块。常用的黏结剂有亚硫酸盐纸浆废液和亚硫酸酵母酒糟。

炉料的准备工序为破碎、碾磨、干燥、准备黏结剂，然后进行配料、混料、加黏结剂、压块和干燥团矿。

制得的团矿平均含高岭土 48%、氧化铝 17%、还原剂 33% 和黏结剂 2%，强度是 17.5MPa。团矿应具有很大的反应速率，为此，必须细磨原料并仔细混料，选择反应性能好、孔隙率大的还原剂。

在制造团矿的其他方法中，有将高岭土富集的，有用煤焦油作黏结剂的，有用过剩还原剂制造团矿的。应根据本地区原料条件选择原料造块方法。

7.6.4　硅铝合金冶炼的基本反应

在矿热炉中同时用碳还原硅和铝制得硅铝合金，冶炼硅铝合金的基本反应是：

$$Al_2O_3 + 3C = 2Al + 3CO$$
$$SiO_2 + 2C = Si + 2CO$$

硅和铝能互溶形成硅铝合金。但是由于 Al_2O_3 还原需要很高的温度，理论开始还原温度为 2040℃，因此还原反应是比较困难的。

在硅铝合金冶炼过程中形成许多中间化合物，这些化合物在冶炼硅铝合金时起着极为重要的促进作用。许多学者分析了碳还原 Al_2O_3 时可能存在的反应的热力学，并指出：当碳与氧化铝相互作用时，在 1700℃ 左右时很可能首先生成铝氧碳化物，这些中间碳化物的生成促进了还原反应的进行：

$$Al_2O_3 + 3C = Al_2OC + 2CO$$
$$2Al_2O_3 + 3C = Al_4O_4C + 2CO$$

在较高温度下，生成碳化铝（Al_4C_3）：

$$2Al_2O_3 + 9C = Al_4C_3 + 6CO$$

在更高温度下，生成的碳化铝 Al_4C_3 分解成铝和碳。

有些文献指出，还原过程具有阶段性，在 1400～1600℃ 时，主要生成 SiC；当温度高于 1800℃ 时，主要生成气态的 Al_2O 和 AlO，气态的 Al_2O 在 1500～1700℃ 时能把 SiO 还原成 Si，并与 SiC 生成硅铝合金。

7.6.5　硅铝合金冶炼的操作特点

硅铝合金的冶炼操作特点为：

（1）高温冶炼。由于 Al_2O_3 的理论开始还原温度较高，冶炼硅铝合金时的温度应比冶炼硅铁时高。

（2）定期加料。冶炼硅铝合金过程的特点是：形成大量的碳化物和部分氧化物，其不能被还原而进入炉渣，炉内电极下的空腔缩小，大部分电流在炉料中通过，即在炉料中形成大的电流，高温热源的功率下降。造成这种问题的主要原因是炉料的导电性强，其中包括还原剂过剩。为了降低炉料的导电性，应定期停加团矿，并向炉内加入硅石和还原剂（1:1）的混合料。

（3）电极插入较深。电极应深深地插在炉料中且比较稳定，气体从整个料面均匀逸出，电极周围保持锥体形状。当还原剂的用量是理论用碳量的 93%～95% 时，效果最好。这些碳中 75%～96% 是由煤气焦带入的，4%～25% 是由石油焦带入的。

（4）补加小批气煤。还原剂不足，则电极负荷不稳，炉内积渣增多，出铁口被炉渣堵塞，电极上抬。为了扭转这种炉况，可往电极周围加小块气煤。

（5）出铁。硅铝合金经过出铁口不断流入有衬的包内，为了把炉渣排尽，可用电弧或氧气烧通出铁口。

（6）精炼和浇注。出铁后，精炼去除合金中的非金属夹杂，即用熔剂吸附除去合金中的非金属夹杂。精炼是在出炉过程中于包中进行的，出铁时不断往包中加熔剂。熔剂由80% NaCl 和 20% Na_3AlF_6 组成，熔点为 770℃。精炼后的合金以液态形式送入硅铝明合金生产车间或浇注成锭。

（7）料批和经济指标。生产 1t 经过精炼的合金需消耗的原料为高岭土 2100kg、铝矾土 800kg、气煤 1200kg、石油焦 280kg，电耗 14500kW·h。

7.7 硅钡合金

7.7.1 硅钡合金的牌号和用途

碱土元素钡（Ba）等表面活性大，与钢中有害元素 O、S 有较强的亲和力，在高温条件下与氮、氢、碳等生成化合物。人们早已重视其脱氧、脱硫和改变夹杂物形态的作用，同时也关注它们在铸造行业中的孕育作用。国内外近年来将硅钡合金应用于钢铁生产和铸造行业后，已取得明显的效果。

钡元素在不同条件下能与其他元素形成各种硅钡合金，主要硅钡合金的牌号和化学成分如表 7-13 所示。

表 7-13　硅钡合金的牌号和化学成分　　　　　　　　　　（%）

牌　号	化学成分						
	Ba	Si	Al	Mn	C	P	S
	不小于		不大于				
FeBa30Si35	30.0	35.0	3.0	0.40	0.30	0.04	0.04
FeBa25Si40	25.0	40.0	3.0	0.40	0.30	0.04	0.04
FeBa20Si45	20.0	45.0	3.0	0.40	0.30	0.04	0.04
FeBa15Si50	15.0	50.0	3.0	0.40	0.30	0.04	0.04
FeBa10Si55	10.0	55.0	3.0	0.40	0.20	0.04	0.04
FeBa5Si60	5.0	60.0	3.0	0.40	0.20	0.04	0.04
FeBa2Si65	2.0	65.0	3.0	0.40	0.20	0.04	0.04

硅钡合金呈块状交货，根据用户需要和协议可以袋装或散装。

硅钡合金在炼钢和铸造行业中发挥了显著的作用，其已逐步发展成为一种广泛使用的新型复合脱氧剂和脱硫剂，而且应用效果远远超过原脱氧制度所用的各种铁合金。含钡铁合金应用于铸造行业中效果更大，生产实践表明，硅钡铁合金可保证较高的变形稳定性，使变形效应的持续时间增长 1～2 倍。

近年来，硅钡合金等又应用于连续铸钢中，由于该项工艺过程需要脱氧与保温同时兼顾，硅钡系列合金的用量不断增加。

高钡硅钡合金在中频感应炉中熔化配铝后，可以制得代替纯铝终脱氧使用的硅铝钡铁合金，从而降低了炼钢生产成本，增加了钢铁企业的经济效益。

7.7.2　硅钡合金的生产方法及原料要求

硅钡合金的生产方法主要有三种：第一种是混合加料法，即将所需的原料按配比计量，混合均匀后加入炉内；第二种是重晶石分炉集中加入法，即将冶炼所需料批中的重晶石单独计量堆放，出炉后一次性均匀地加在三相电极周围，然后再加硅石、焦炭、钢屑的混合料进行冶炼；第三种是抽加重晶石法，即将一炉料中重晶石用量的 1/3 单独堆放于炉台上，根据料批和需要加到电极周围沉料时的凹坑处，特别是上抬的一相电极要多加些，余下的重晶石和其他炉料（硅石、焦炭、钢屑）混合均匀，分期、分批地加入炉内。通常采用第三种生产方法。

冶炼硅钡合金的主要原料是硅石、钡矿和钢屑。还原剂使用焦炭，也可配加少量烟煤。根据炉况和处理炉况需要，可以补加少量石灰石、白云石、萤石或铁鳞等熔剂。钡矿（重晶石）是冶炼硅钡合金的含钡原料，其成分和粒度要求如表 7-14 所示，湖北松兹、宁夏中卫、甘肃文县、广西德保、山东潍坊等地均有储产。

表 7-14　钡矿的化学成分和粒度要求

化学成分/%						粒度/mm
$BaSO_4$	SiO_2	Al_2O_3	Fe_2O_3	CaO	其他	
>92	<10	<1.0	<2.0	<2.0	<1.0	25~80

7.7.3　硅钡合金冶炼的基本反应

在炉内低温区（700~1000℃）内，部分 $BaSO_4$ 与 C 或 CO 反应生成 BaS，其反应为：

$$BaSO_4 + 4C == BaS + 4CO$$

$$\frac{1}{2}BaSO_4 + 2C == \frac{1}{2}BaS + 2CO$$

$$BaSO_4 + 2C == BaS + 2CO_2$$

在低温区还有大部分 $BaSO_4$ 进行分解反应，生成 BaO，反应为：

$$BaSO_4 == BaO + SO_3$$

$$BaSO_4 == BaO_2 + SO_2$$

随着炉料下降，温度升高，生成的 BaO 能与 SiO 和 C 相互作用，生成硅酸钡和碳化钡，其反应为：

$$BaO_2 + SiO == BaSiO_3$$

$$BaO + SiO_2 == BaSiO_3$$

$$BaO + 3C == BaC_2 + CO$$

$$BaO + 2C == BaC + CO$$

当温度高于1800℃时，即在坩埚区内进行下列反应，生成硅钡合金：

$$BaO + SiC == BaSi + CO$$

$$BaO + \frac{1}{2}SiC == \frac{1}{4}BaSi + \frac{1}{4}BaSiO_4 + \frac{1}{2}BaC$$

$$\frac{1}{2}BaC_2 + \frac{1}{2}SiO_2 = \frac{1}{2}BaSi + CO$$

$$2BaSiO_4 + 5SiC = 2BaSi_2 + 3SiO + 5CO$$

$$BaO + SiO_2 = BaSiO_3$$

$$BaO + C = Ba + CO$$

$$\frac{1}{3}BaSiO_3 + \frac{2}{3}SiC = \frac{1}{3}BaSi_2 + \frac{1}{3}SiO + \frac{2}{3}CO$$

$$BaC_2 + 2SiO_2 = BaSi_2 + 2CO_2$$

$$BaO + \frac{3}{4}Si = \frac{1}{2}BaSi + \frac{1}{4}Ba_2SiO_4$$

7.7.4　硅钡合金的冶炼操作要求

硅钡合金的冶炼操作要求如下：

（1）正确配料。正确的配料是保证炉况稳定的先决条件，对于中小型矿热炉生产硅钡合金来说更为重要。炉料正确的配比应根据炉料化学成分、粒度、水分含量及炉况等因素确定，其中应该特别注意还原剂的使用比例和使用数量。正确的配比应使料面既松软又不塌料，料层透气性良好，能保证规定的闷烧时间。炉料必须按规定配比准确称量，误差要小于±0.5kg。炉料上炉台后要混匀并平坦、均匀地入炉。炉料配比不准或炉料混合不匀都会在炉内造成还原剂过多或缺少现象，影响电极下插，缩小坩埚，破坏冶炼正常进行。

（2）炉前合理供电。硅钡合金一般是在矿热炉内采用连续作业法进行生产的，由变压器输入的强大电流通过电极进入装满炉料的炉膛，在整个冶炼过程中，电极总是深而稳地插入炉料之中，不外露电弧，冶炼过程依靠电极端部的电弧热和电阻热得以继续进行。配电操作应严格按矿热炉供电制度送电。送电前先将三相电极适当抬起后方准送电，三相电流表应保持平衡，最大波动不超过25%。各种不同容量的矿热炉正常冶炼时使用的电压、电流不同，对于2.4MV·A矿热炉来说，选用的二次电压以76V或80V为宜，开炉时选用76V电压，因为电压低有利于电极深插。要满负荷送电，不能低负荷送电或过长时间超负荷送电。

（3）出完铁和下放电极后操作。每班下放电极以120mm为宜，正常生产时要求电极深插在900~1000mm范围内。因为电极过浅，则炉底温度低，炉内容易沉积大量的SiC和BaC，提早形成炉底升高，出铁困难。在出铁和下放电极后应迅速进行大捣炉，捣炉操作要快、要彻底，不宜大翻膛。大捣炉有利于扩大坩埚，延长闷烧时间，减少刺火现象，也有利于电极深插。捣炉可用人工或捣炉机进行，插杠方法和角度要掌握好，钢钎要对准三个大面深深地插入，不要对着电极捣，以免撞断电极，造成钢钎熔化而影响质量。钢钎插入后应立即挑松，捣出的黏料块应捣碎并就地推入凹坑中，然后把电极周围的熟料拨到电极根部，再加新料，使料面呈平顶锥体形状，进行闷烧。

（4）保证正常操作程序。正常操作程序为：沉料→攒热料→加新料→闷→扎→盖。当炉内炉料闷烧到规定时间30~40min时，料面料壳下面的炉料基本化清烧空，料面也开始发白、发亮，火焰短而黄，料面温度升高。局部地区刚要出现刺火、塌料现象时，应立刻进行强制沉料操作，即用大铲或丁字耙用力把电极周围的炉料向下压、拉，沉料要沉实，两面同时沉料，使料层下塌。沉料时高温区外露，热损失很大，因此沉料操作必须快速进行，顺便用大铲或铁锹把炉边的熟料推向电极周围凹坑处，另一个人用铁锹把新料加到电极周围。加料要垂直电极加，不要切线加料，炉料落点要在距离电极100mm处，不要加到电极上。然后进行闷烧，提温30min左右，其间要用钢钎扎眼透气，在刺火处盖一大铲料压死。

（5）补加重晶石、石灰石和萤石。单独堆在平台上的重晶石、石灰石和萤石，在沉料后分批加入电极根部的凹坑里。要上抬的电极就多加点萤石等，然后再加新料，这样做有利于电极深插，可以保证电极始终深而稳地插入炉料中。此外，石灰还有脱磷作用，形成$CaO、P_2O_5$上浮。炉况正常时，（4）和（5）项操作每炉要进行3~4次。

（6）出铁前维护炉况。出铁前的沉料和集中加料时间宜控制在25~30min内，一是因为炉内铁水过多，负荷难以送进，电流表指针波动较大；二是因为炉料熔化烧空过多，可能引起塌料，阻塞流道，使出铁困难。因此，在出铁前30min左右要把三相电极料沉实，加入大批新料呈平顶锥体形状，闷烧待出铁。即使出铁口开得不及时，其中一相塌料了，也不要沉料、加料和动电极，以防引起大塌料而影响出铁顺利进行。

（7）炉料的形状和分布。在硅钡合金冶炼过程中炉内会产生大量灼热的炉气，为了充分利用灼热气体的能量预热炉料，保持炉料有良好的透气性，加速炉内化学反应的进行，提高炉温，扩大坩埚，料面应呈现宽而平的锥体形状分布。控制合适的料面高度，特别是控制大料面的高度和保持宽而平的锥体形状，是实际操作中必须经常注意的问题。料面过高或过低对冶炼操作都是不利的，因此要控制适当的料面高度。一般料面高度应接近炉衬上缘，最高不超过炉口200mm，锥体高度为200~300mm。

（8）保持炉料透气性。炉料透气性是影响炉内坩埚大小的一个非常重要的因素。炉料透气性良好时，不仅能充分利用高温炉气的热量预热炉料和减少硅的挥发损失，而且有利于缩小炉内温度梯度，改善电流分布状况，保证电极深插、稳插，从而扩大坩埚。但是如果炉内温度梯度和炉料不均匀，炉料的透气性就会急剧下降，反应产生的大量高温炉气必然以很大的压力从电极周围喷出，形成刺火。这时就应该在透气性较差的地区以及刺火严重的地区进行扎眼透气。扎眼和捣炉是硅钡合金生产中十分繁重的操作环节，扎眼要根据炉况随时进行；在捣炉过程中，为了减少热量损失和防止火烤，应边捣、边加新料或加撒一部分焦炭。

（9）出铁和浇注。炉况正常时，每班出铁3~4次。出铁时间安排在上一次集中加料后25min左右进行，这样既可保证炉内熔化还原温度较高，又不至于使炉料烧得过空，造成塌料，使出铁困难和跑料。为了防止合金锭偏析、粉化，锭的厚度应小于60mm。

7.7.5 硅钡合金的配料计算

7.7.5.1 计算条件
计算含Si 55%、Ba 24%的硅钡合金配料，已知：

（1）以100kg硅石为单位进行计算，硅石中SiO_2含量为98%，重晶石中硫酸钡含量为91%。

（2）假设还原硅石中其他元素以及还原焦炭灰分所消耗的还原剂、还原重晶石中其他氧化物的还原剂，与电极消耗增加的碳量相抵消。

（3）还原剂在炉口的烧损为 10%，即 90% 有效利用。

（4）还原剂焦炭中固定碳含量为 77%，水分含量为 6%。

（5）钢屑铁含量为 95%，合金中各种杂质含量总和为 3%。

（6）硅的回收率为 85%，钡的回收率为 75%。

7.7.5.2 重晶石需要量的计算

（1）以 100kg 硅石为基础计算生成的合金量。

硅石中 SiO_2 还原的硅量为： $100 \times 98\% \times \dfrac{28}{60} \times 85\% = 38.87\text{kg}$

折算成含硅 55% 的合金量为： $38.87/55\% = 70.67\text{kg}$

（2）合金中钡量为： $70.67 \times 24\% = 16.96\text{kg}$

（3）折算成 BaO 量为： $16.96/75\% \times \dfrac{153}{137} = 25.25\text{kg}$

（4）折算成 $BaSO_4$ 量为： $16.96/75\% \times \dfrac{233}{137} = 38.46\text{kg}$

（5）折算成重晶石量为： $38.46/91\% = 42.26\text{kg}$

7.7.5.3 钢屑需要量的计算

计算过程如下：

$$(70.67 - 16.96 - 38.46 - 70.67 \times 3\%) /95\% = 13.8\text{kg}$$

为了增加合金中钡含量，一般取钢屑加入量为 7kg。

7.7.5.4 还原剂需要量的计算

（1）计算还原硅石、重晶石中氧化物的耗碳量。

还原硅石中 SiO_2 的耗碳量为： $100 \times 98\% \times \dfrac{24}{60} = 39.2\text{kg}$

还原 BaO 的耗碳量为： $25.25 \times \dfrac{12}{153} = 1.98\text{kg}$

共需碳量为： $39.2 + 1.98 = 41.2\text{kg}$

（2）折合成干焦炭量为： $41.2/77\%/90\% = 59.5\text{kg}$

（3）折合成湿焦炭量为： $59.5/(1 - 6\%) = 63.3\text{kg}$

因焦炭中粉末太多，故实取 65kg。

由计算结果和经验，实际取料批组成为：硅石 100kg，重晶石 42kg，钢屑 7kg，湿焦炭 65kg。另外，根据炉况和处理炉况需要，每批料可补加石灰石或白云石 4kg、铁鳞 1kg、萤石 1kg。

7.8 硅铝钡合金

7.8.1 硅铝钡合金的牌号和用途

硅铝钡合金（FeSiAlBa）是由元素硅、铝、钡及铁组成的多元素复合铁合金品种，属于复合脱氧剂系列产品。硅铝钡合金按硅、钡、铝含量不同分为 5 个牌号，其化学成分应符合表 7-15 所示的规定。

表 7-15　硅铝钡合金的牌号和化学成分　　　　　（%）

牌　号	化 学 成 分						
	Si	Ba	Al	Mn	C	P	S
	不小于			不大于			
FeAl34Ba6Si20	20.0	6.0	34.0	0.30	0.20	0.03	0.02
FeAl30Ba6Si25	25.0	6.0	30.0	0.30	0.20	0.03	0.02
FeAl26Ba9Si30	30.0	9.0	26.0	0.30	0.20	0.03	0.02
FeAl16Ba12Si35	35.0	12.0	16.0	0.30	0.20	0.04	0.03
FeAl12Ba15Si40	40.0	15.0	12.0	0.30	0.20	0.04	0.03

注：Si、Al 为必测元素。

　　硅铝钡合金是近年来国内开始普遍采用的一种新型复合脱氧剂、脱硫剂，它可以代替价格昂贵的金属铝脱氧和代替硅钙合金脱硫，提高铝在钢液中的吸收率，降低钢中硫含量，改善钢的性质，降低炼钢的脱氧成本。由于硅和铝的脱氧产物形成复合的夹杂物，容易从钢液中排除，从而可以生产出纯度较高、质量较好的优质钢材。因此，硅铝钡合金在炼钢工业中将得到大量的应用。

　　最近几年，硅铝钡合金在连续铸钢工艺中应用效果良好，由于该项工艺要求脱氧和保温同时兼顾，随着连铸比的增加，硅铝钡合金在连铸工艺中的用量也会增加。

　　含钡铁合金在铸造工业中应用效果更大，硅铝钡合金可以保证较高的变形稳定性，同样可使铸件中夹杂物数量减少，并使残留在铸件中的夹杂物变为细小弥散分布。

7.8.2　硅铝钡合金的生产方法及原料要求

　　目前国内多采用热兑法生产硅铝钡合金，即用纯铝、硅铁及铁屑（或废铁），在感应炉内炼制而成；或者用高钡的硅钡铁合金，在中频感应炉内配铝炼制而成。这种工艺方法虽然简单，但由于采用纯铝和硅铁为原料，价格较高。以碳热法直接冶炼硅铝钡合金可大幅度降低生产成本，并为我国低品位铝土矿资源的综合利用开辟了一条新途径。

　　碳热法生产硅铝钡合金的原料有硅石、铝矾土矿、重晶石、焦炭、烟煤、钢屑等。

　　铝土矿是冶炼硅铝钡合金铝元素的来源，其化学成分和粒度要求如表 7-16 所示。

表 7-16　铝土矿的化学成分和粒度要求

原　料	化学成分/%					粒度/mm
	Al₂O₃	SiO₂	CaO	MgO	Fe₂O₃	
铝矾土	75 ~ 85	5 ~ 10	< 1.5	< 1.5	3 ~ 5	20 ~ 60
铁矾土	55 ~ 65	15 ~ 35	< 3.0	< 2.0	15 ~ 20	20 ~ 60

　　陕西铜川、河南巩义、宁夏、广西平果、青海、四川、贵州等地均有铝土矿储产。

　　碳热法直接冶炼硅铝钡合金可供选用的含铝原料有铝土矿、煤矸石、粉煤灰等。用铁矾土矿生产硅铝钡合金的结果表明：工艺过程好控制，炉子可操纵性好，可以替代富铝土矿，同时还可减少硅石和铁屑的配入量，较好地利用了低品位铁矾土矿资源，为我国铁矾土矿的综合开发利用开辟了一条新路。

采用铁矾土冶炼含 Al 30%、Si 30% ~35% 的硅铝钡合金时,铁矾土中 $w(Al_2O_3)/w(SiO_2)$ 的值应不小于 1,并且要求 CaO、MgO 等碱性氧化物的含量越低越好。由于铁矾土的熔点比硅石高,还原难度大,其粒度要比硅石小一些,生产中以 20 ~40mm 为宜。

选择适当的还原剂,并把不同性质的还原剂按一定的比例搭配使用,是冶炼硅铝钡合金降低电耗和抑制炉底上涨的主要手段。在众多的煤种中,气煤挥发分含量高、结焦性好、电阻率高、化学活性好,因此采用焦炭和气煤并用,其比例以 3:4 为宜。采用这种还原剂,冶炼过程中料面烧结好,闷烧时间长,一般为 30min,比瘦煤和焦炭并用的闷烧时间延长 1/3。

如果能适当地使用部分木屑或木炭与气煤和焦炭并用作为还原剂,可进一步改善料面透气性和还原剂活性,冶炼效果会更好。

产品中的铁除了来自原料、工具及电极壳外,尚需补充一部分。一般可选用钢屑、氧化铁等。在冶炼中采用氧化铁皮更为合理,可在出完铁后直接加在坩埚内,能有效地破坏假炉底,抑制炉底上涨。

7.8.3 硅铝钡合金冶炼的基本反应

碳热法冶炼硅铝钡合金的反应机理比较复杂,一般认为具有阶段性。

在低温条件下,$BaSO_4$ 首先分解成较稳定的氧化物和硫化物,氧化铁被还原,反应为:

$$BaSO_4 + 4C = BaS + 4CO \quad \Delta G = 478342 - 639.69T \quad (J/mol)$$

$$BaSO_4 + C = BaO + SO_2 + CO \quad \Delta G = 438190 - 328.25T \quad (J/mol)$$

$$BaSO_4 + CO = BaO + SO_2 + CO_2 \quad \Delta G = 291514 - 157.13T \quad (J/mol)$$

$$\frac{1}{3}Fe_2O_3 + C = \frac{2}{3}Fe + CO \quad \Delta G = 140551 - 161.44T \quad (J/mol)$$

随着温度的升高,二氧化硅被还原,反应为:

$$\frac{1}{2}SiO_2 + C = \frac{1}{2}Si + CO \quad \Delta G = 333332 - 182.38T \quad (J/mol)$$

在二氧化硅被还原的同时,不可避免地生成中间产物 SiC、BaC_2、Al_4C_3 等碳化物,SiC 等碳化物破坏得不彻底,会造成炉底上涨。一氧化硅的生成造成硅的挥发损失,降低硅的回收率,并且造成能量的损失。

$$SiO_2 + 3C = SiC + 2CO \quad \Delta G = 157300 - 86.14T \quad (J/mol)$$

$$BaO + 3C = BaC_2 + CO \quad \Delta G = 353492 - 186.48T \quad (J/mol)$$

在更高的温度下,BaC_2、SiC 被 SiO_2 破坏,Al_2O_3 被还原,反应为:

$$SiO_2 + BaC_2 = BaSi + 2CO \quad \Delta G = -869100 - 420.60T \quad (J/mol)$$

$$Al_2O_3 + 3C = 2Al + 3CO \quad \Delta G = -204100 - 86.20T \quad (J/mol)$$

在碳还原 Al_2O_3 的过程中生成大量的中间化合物,主要有铝氧碳化物 Al_2OC 和 Al_4C_3 等。这些中间产物破坏得不彻底,积存在炉内会加速形成假炉底,降低元素的回收率。

在冶炼硅铝钡合金时,由于铁的存在加速中间产物的分解,促进了铝、硅的还原,从而降低了铝、硅的还原温度。

7.8.4 硅铝钡合金冶炼的操作要点

硅铝钡合金属于难冶炼品种之一，采用碳热法冶炼，开始反应温度在1800℃以上，用碳作还原剂必然导致高熔点碳化物及铝氧碳化物的大量生成，经常出现的问题是炉底上涨。因此，防止生成和破坏过量碳化物及铝氧碳化物是冶炼工艺的主要任务。采用较低的工作电压、合理的还原剂用量、尽量长的闷烧时间和正确的出铁操作，是冶炼工艺的关键环节。

7.8.4.1 工作电压

工作电压过高，则电极弧长，高温区上移，炉底温度偏低，对破坏碳化物不利，会造成炉底过快上涨，因此需要选择较低的工作电压。在某企业试炼中选用72V，能满足工艺要求。三相电极要均衡送电，尽量少动电极，特别是在出铁前30min。8h用电量控制在13300~13700kW·h。

7.8.4.2 配料

以100kg硅石为一批基础料，焦炭、烟煤、铝土矿、铁屑等按顺序称量配料。炉料在炉台上混合均匀（料中可少量洒水）以备加料。

还原剂是硅铝钡合金冶炼的核心问题，正确掌握还原剂用量是保证炉况正常运行的先决条件。由于炉料熔点高、烧结性能差，还原剂的多少在下料时不易分辨，因此，判断炉内还原剂的多少成为冶炼过程中的第一个难点。判断炉内还原剂的多少一般可根据负荷的稳定程度、合金成分及闷烧、出铁等情况来判断。

配料计量不准和原料成分变化是造成还原剂用量不当的原因，因此，应经常检查计量器具的准确性，定期化验原料成分。冶炼中还原剂的配入量应按理论值的90%~95%掌握。

7.8.4.3 闷烧

能否解决闷烧问题是硅铝钡合金冶炼工艺的关键。在冶炼过程中，由于铁矾土熔点高，料面烧结性差，易刺火、塌料，会增加热损失和元素损失。应使炉料熔化和还原协调进行，因此要保证足够的闷烧时间和合理的料层结构。

采用气煤代替部分焦炭作还原剂，可延长闷烧时间。煤的配入量由闷烧时间而定，闷烧时间以炉料熔化与还原速度相匹配为标准。按照常用的焦煤比，闷烧时间控制为30min。为减少煤的烧损，炉料中可少量淋水。

采用周期性加料操作进行闷烧。分散加料与周期强制下料相结合，出炉后用丁字耙或大铲将电极周围的热料下压，攒热料后加新料，然后进行透气操作、整理料面、闷烧。当料面发白、电流不易控制时，说明坩埚内料已熔化，可以进行强制下料，闷料时间以保持在30min为宜，出铁前30min要避免塌料。每8h用料量为20批左右。

7.8.4.4 出铁操作

硅铝钡合金需要的还原温度比硅铁高，在相同的冶炼功率下，其坩埚会小一些，因此可相应缩小出铁口一侧炉壁与电极间的距离，否则出铁口不好开。根据炉底变化情况，要及时调整出铁口位置。一般情况下，每8h出炉2~3次。

用铁矾土冶炼含Al 28%~33%、Si 30%~35%、Ba 8%~15%的硅铝钡合金的结果为：平均日产达4.06t，单位冶炼电耗为9976kW·h/t，硅、铝、钡元素的回收率分别为87.59%、82.44%和80%，炉况易掌握，闷烧时间达30min以上，电极插入深度为800mm，炉底没有出现上涨现象。

降低合金中硅含量，增加铝或铁含量，则炉料中二氧化硅含量降低，碳化硅的生成量减少，这对抑制炉底上涨有利。同时，由于硅含量降低，还可减少冶炼电耗。

7.8.5　硅铝钡合金的配料计算

7.8.5.1　计算条件

已知：

（1）冶炼牌号为 FeSi40Al12Ba15 的硅铝钡合金，其中 Si 含量大于 40%，Al 含量大于 12%，Ba 含量大于 15%。实际按含 Si 45%、Al 13%、Ba 16% 计算。

（2）以 100kg 硅石为单位进行计算。硅石中 SiO_2 含量为 98%，重晶石中 $BaSO_4$ 含量为 94%，铝矾土矿中 Al_2O_3 含量为 80%。重晶石的纯度为 94%。

（3）假设还原硅石中其他氧化物、重晶石和铝矾土矿中其他氧化物所消耗的碳量，与电极消耗增加的碳量相抵消。

（4）还原剂在炉口的烧损为 10%，即 90% 被有效利用。

（5）还原剂焦炭和蓝炭中的固定碳含量为 78%。

（6）钢屑中铁含量为 95%，合金中其他杂质含量总和为 3%。

（7）硅的回收率为 85%，钡的回收率为 80%，铝的回收率为 30%。

7.8.5.2　重晶石需要量的计算

（1）以 100kg 硅石为基础计算生成的合金量。

合金中硅含量为：　　　　　　　　　　$100 \times 98\% \times 28/60 \times 85\% = 38.87\text{kg}$

折算成含硅 45% 时生成的合金量为：　　$38.87/45\% = 86.38\text{kg}$

（2）合金中钡含量为：　　　　　　　　$86.38 \times 16\% = 13.82\text{kg}$

（3）折算成 BaO 量为：　　　　　　　　$13.82/80\% \times 153/137 = 19.29\text{kg}$

（4）折算成 $BaSO_4$ 量为：　　　　　　$13.82/80\% \times 233/137 = 29.38\text{kg}$

（5）折算成重晶石量为：　　　　　　　$29.38/94\% = 31.26\text{kg}$

7.8.5.3　铝矾土矿需要量的计算

（1）以 100kg 硅石量为基础，由上面计算可得生成的合金量为 86.38kg。

（2）合金中铝含量：　　　　　　　　　$86.38 \times 13\% = 11.23\text{kg}$

（3）折算成 Al_2O_3 量为：　　　　　　$11.23/80\% \times 102/54 = 26.52\text{kg}$

（4）折算成铝矾土矿量为：　　　　　　$26.52/80\% = 33.15\text{kg}$

7.8.5.4　还原剂需要量的计算

（1）还原硅石中 SiO_2 需要碳量为：　$100 \times 98\% \times 24/60 = 39.20\text{kg}$

（2）还原重晶石中 BaO 需要碳量为：　$19.29 \times 12/153 = 1.52\text{kg}$

（3）还原铝矾土矿中 Al_2O_3 需要碳量为：$26.52 \times 12/102 = 3.12\text{kg}$

共需碳量为：　　　　　　　　　　　　$39.20 + 1.52 + 3.12 = 43.84\text{kg}$

折算成干焦炭量为：　　　　　　　　　$43.84/78\%/90\% = 62.45\text{kg}$

折算成湿焦炭量为：　　　　　　　　　$62.45/94\% = 66.44\text{kg}$

7.8.5.5　钢屑需要量的计算

钢屑需要量计算如下：

　　　　$(86.38 - 38.87 - 13.82 - 11.23 - 86.38 \times 3\%)/95\% = 20.91\text{kg}$

根据计算结果和经验，料批组成为（kg）：

	硅石	重晶石	铝矾土矿	焦炭	钢屑	烟煤
计算配比	100	31	33	66	20	
实际料批 I	100	31	33	60	15	9
实际料批 II	200	62	66	120	30	18

7.9　硅钙钡合金

7.9.1　硅钙钡合金的牌号和用途

硅钙钡合金是由元素硅、钙、钡溶合在一起形成的复合铁合金品种，具有较强的脱氧和脱硫能力。这三种元素溶合在一起形成的合金可以发挥它们各自的优势和特点，提高钢材和铸件质量，使产品创名牌、上档次。因此，硅钙钡合金在铁合金行业中将得到大力的发展和生产，在钢铁企业和铸造行业中将得到广泛的应用。根据用户要求并结合国内外产品标准，硅钙钡合金的牌号和化学成分见表 7-17。

表 7-17　硅钙钡合金的牌号和化学成分　　　　　　　　　　　　　　（%）

牌　号	化学成分						
	Si	Ca	Ba	Al	P	S	Fe
	不小于			不大于			
Si55Ca16Ba16	50 ~ 65	16	16	2.5	0.05	0.04	余量
Si55Ca14Ba14	50 ~ 65	14	14	2.5	0.05	0.04	余量
Si55Ca12Ba12	50 ~ 65	12	12	2.5	0.05	0.04	余量
Si55Ca10Ba10	50 ~ 65	10	10	2.5	0.05	0.04	余量
Si72Ca2Ba2	72 ~ 80	0.8 ~ 4	0.8 ~ 4	2.5	0.05	0.04	余量

7.9.2　硅钙钡合金冶炼的基本反应

在混合加料法生产硅钙钡合金中，由于硅石、石灰、重晶石、焦炭、烟煤等各种物料是混合加入的，炉料中含有各种物质，因而还原过程主要视为硅、钙和钡的还原过程。同时，各种物质相互作用，形成各种复杂反应。可以把冶炼炉内分为三个区域，即 $BaSO_4$ 分解区、碳化物形成区和碳化物分解区。

（1）$BaSO_4$ 分解区。该区是指温度较低的预热区。在此区域内，$BaSO_4$ 在碳和一氧化碳的作用下分解成比较稳定的氧化物和硫化物，其主要反应是：

$$BaSO_4 + 4C = BaS + 4CO \qquad \Delta G = 478342 - 639.69T \quad （J/mol） \quad T_开 = 750K$$

$$BaSO_4 + C = BaO + SO_2 + CO \qquad \Delta G = 438190 - 328.25T \quad （J/mol） \quad T_开 = 1335K$$

$$BaSO_4 + CO = BaO + SO_2 + CO_2 \qquad \Delta G = 271514 - 157.13T \quad （J/mol） \quad T_开 = 1728K$$

以上三个反应所需温度比较低，在炉料上部的预热区就可以发生。

（2）碳化物形成区。此区域主要指熔化区。在此区域内主要是生成硅、钙、钡的碳化物，因此其又称为碳化物形成区。在该区内，当混合炉料被加热时，炉料中的氧化物相互化合成复杂的氧化物（熔渣）。为了限制成渣反应的发展，加入大量过剩的碳，以促使氧化物与碳充分作用，生成碳化物，其反应为：

$$SiO_2 + 3C \Longrightarrow SiC + 2CO \qquad \Delta G = 605006 - 340.03T \quad (J/mol) \qquad T_{开} = 1779K$$

$$BaO + 3C \Longrightarrow BaC_2 + CO \qquad \Delta G = 353492 - 186.48T \quad (J/mol) \qquad T_{开} = 1896K$$

$$CaO + 3C \Longrightarrow CaC_2 + CO \qquad \Delta G = 455219 - 239.66T \quad (J/mol) \qquad T_{开} = 1899K$$

$$BaO + SiO_2 \Longrightarrow BaSiO_{3(熔渣)}$$

$$CaO + SiO_2 \Longrightarrow CaSiO_{3(熔渣)}$$

同时，炉料中的碳和高温区逸出的一氧化碳气体发生反应，生成碳化物：

$$SiO + 2C \Longrightarrow SiC + CO \qquad \Delta G = 822579 + 3.77T \quad (J/mol)$$

（3）碳化物分解区。随着炉料的下沉和温度的升高，进入坩埚区，各种碳化物在高温和其他物质作用下，逐步分解而进入合金。此区域温度高于2050K，其反应主要有：

$$SiO_2 + CaC_2 \Longrightarrow CaSi + 2CO \qquad \Delta G = 879184 - 427.52T \quad (J/mol) \qquad T_{开} = 2065K$$

$$2SiO_2 + SiC \Longrightarrow 3SiO + CO \qquad \Delta G = 869100 - 420.60T \quad (J/mol) \qquad T_{升} = 2109K$$

$$2SiO_2 + BaC_2 \Longrightarrow BaSi_2 + 2CO_2 \qquad \Delta G = 869100 - 420.60T \quad (J/mol) \qquad T_{开} = 2060K$$

$$BaSi + CaSi \Longrightarrow Si_2CaBa$$

除了以上主要反应外还有一些副反应，但它们处于相对次要地位。

7.9.3　硅钙钡合金冶炼的操作要点

硅钙钡合金冶炼的操作要点如下：

（1）二次电压要适当低些。对于1.8MV·A矿热炉，二次电压以72V为宜，有利于电极深插。在冶炼中尽量保持电极不动或少动，要求满负荷送电。

（2）掌握好配碳量。开炉时用碳量可以稍多些，但在正常冶炼时，操作过程中以稍微亏碳操作为好，翻渣时可适量补碳。计量要准确，雨天可适量调节料批中的碳量。料批中使用少量烟煤可增加炉料的烧结性，最好加在出铁相小面和炉心。

（3）控制沉料时间，加强闷烧提温。当料面下面的炉料已经烧空、硅石变白、炉口温度上升、快要刺火时，开始强制沉料操作，逐相电极沉，保证炉内能量平衡，攒热料，加新料，保证闷烧时间为30min左右。

（4）出铁前要将三相电极料下实。重晶石料可单加，沉攒料后加于电极根部，其他混合料加在上面呈三座小凸山形，或者混合在料中一起加入炉内。出炉前10min内不要下料，以免出炉时出现塌料现象，使炉底上涨或影响顺利出铁。硅石的补加量根据电极的下插情况和硅含量高低而定，补加硅石量一般为15(kg)×26(批料)=390kg(每班)。

（5）稳住电极，保证电极深而稳地插入炉中。必要时要在沉料后适当补加些硅石、石灰、萤石或$CaCl_2$，有利于电极深插。当某相有向上趋势时，就在该相电极根部加3~10kg氯化钙等。

（6）保证炉内炉料具有良好的透气性。随时扎眼透气有利于扩大坩埚，延长闷烧时间。为了增加炉料透气性，也可在大面加入木块或木炭。保证料面始终呈平顶锥体形状、料面高度与炉口相平，有利于扩大坩埚，使整个料面均匀地冒出黄色的火焰，以利于坩埚的培养。

（7）减少刺火现象。发现刺火时要及时处理，可用扎眼或盖硅石料等方法消除刺火现象，以提高 Si、Ca、Ba 的回收率和减少电能的消耗。

（8）如果出现塌料现象，应及时处理，防止炉底上涨。可采用烧炉底或适当补加石灰等方法及时处理。

（9）出现翻渣现象时，应及时处理。可补加或偏加焦炭于翻渣处，并应在该相电极扎眼透气。翻渣严重时，可补加萤石或石灰，进行闷烧后放渣处理。

（10）发现炉底上涨时，可在出铁后干烧炉底，采用亏碳操作。炉底上涨严重时，可以进行洗炉操作。

7.9.4 硅钙钡合金的配料计算

含 Si 50%、Ca 12%、Ba 12% 的硅钙钡铁合金，配料计算过程如下。

7.9.4.1 计算条件

已知：

（1）以 100kg 硅石为单位计算。硅石中 SiO_2 含量为 98%，重晶石中 $BaSO_4$ 含量为 87.8%，石灰中 CaO 含量为 85%。

（2）假设还原硅石中其他氧化物、重晶石和石灰中其他氧化物、焦炭灰分中各种氧化物所消耗的碳量，与电极消耗增加的碳量相抵消。

（3）还原剂焦炭在炉口的烧损为 10%，即 90% 被有效利用。

（4）还原剂焦炭和蓝炭中的固定碳含量为 80%。

（5）钢屑铁含量为 95%，合金中其他杂质含量总和为 3%。

（6）硅的回收率为 85%，钡的回收率为 75%，钙的回收率为 65%。

7.9.4.2 重晶石需要量的计算

（1）以 100kg 硅石为基础，计算生成的合金量。

合金中硅含量为：　　　　　　　　　　　$100 \times 98\% \times \dfrac{28}{60} \times 85\% = 38.87 \text{kg}$

折算成含硅 50% 时生成的合金量为：$38.87/50\% = 77.74 \text{kg}$

（2）合金中钡含量为：　　　　　　　　$77.74 \times 12\% = 9.33 \text{kg}$

（3）折算成 BaO 量为：　　　　　　　$9.33/75\% \times \dfrac{153}{137} = 13.89 \text{kg}$

（4）折算成 $BaSO_4$ 量为：　　　　　$9.33/75\% \times \dfrac{233}{137} = 21.16 \text{kg}$

（5）折算成重晶石量为：　　　　　　$21.16/87.8\% = 24.10 \text{kg} \approx 24 \text{kg}$

7.9.4.3 石灰需要量的计算

（1）以 100kg 硅石为基础，由上面计算可得生成的合金量为 77.74kg。

（2）合金中钙量为：　　　　　　　　$77.74 \times 12\% = 9.33 \text{kg}$

（3）折算成 CaO 量为：　　　　　　$9.33/65\% \times \dfrac{56}{40} = 20.10 \text{kg}$

（4）折算成石灰量为：　　　　　　　$20.10/85\% = 23.65 \text{kg} \approx 24 \text{kg}$

7.9.4.4 钢屑需要量的计算

钢屑需要量计算如下：

$$(77.74 - 38.87 - 9.33 - 9.33 - 77.74 \times 3\%)/95\% = 18.82kg$$

为了提高合金 Ba 和 Ca 的含量，一般可取 18kg。

7.9.4.5　还原剂需要量的计算

（1）还原硅石中 SiO_2 需要碳量为：　　$100 \times 98\% \times \dfrac{24}{60} = 39.2kg$

（2）还原重晶石中 BaO 需要碳量为：　$13.89 \times \dfrac{12}{153} = 1.09kg$

（3）还原石灰中 CaO 需要碳量为：　$20.10 \times \dfrac{12}{56} = 4.31kg$

共需碳量为：　　　　　　　　　　　$39.2 + 1.09 + 4.31 = 44.60kg$

设焦炭含水6%，折算成干焦炭量为：$44.60/80\%/90\% = 62kg$

折算成湿焦炭量为：　　　　　　　　$62/94\% = 66kg$

配料中焦炭和蓝炭各一半，各需33kg。

根据计算结果，料批组成为（kg）：

	硅石	重晶石	石灰	蓝炭	焦炭	烟煤
计算配比	100	24	24	33	33	
实际料批Ⅰ	100	25	25	31	31	6
实际料批Ⅱ	150	37	37	47	47	9
实际料批Ⅲ	200	50	50	62	62	16

7.10　冶炼硅铁75的物料平衡及热平衡计算

为了明确在矿热炉中冶炼硅铁的能量平衡，以分析节能潜力和途径，首先要进行所生产铁合金的物料平衡计算，然后进行热平衡计算。

物料平衡可以生产一定量合金为基准，或以一定量某种主要原料为基准来计算。一般在现场实测各项有关数据后，按步骤进行各项计算，得出其物料平衡。本例以一定量硅石为基础进行物料平衡计算，在半密闭炉情况下，视炉口 CO 全部燃烧成 CO_2。

7.10.1　炉料计算

7.10.1.1　已知条件

以100kg硅石为基础进行计算。

（1）原料化学成分见表7-18。

表 7-18　原料化学成分　　　　　　　　　　　　（%）

原料名称	SiO_2	Fe_2O_3	Al_2O_3	CaO	MgO	P_2O_5	Fe	Mn	Si	S	P	C	灰分	水分	挥发分
硅　石	98.6	0.5	0.5	0.2	0.2										
干焦炭									1			83	13		3
焦炭灰分	48	21	25	4.7	1	0.3									
钢　屑							98.8	0.5	0.34	0.03	0.03	0.3			
电极糊												83	8		9
电极糊灰分	50	13	26	7	4										

（2）计算参数。

1）设钢屑中的硫、磷进入合金，其他硫挥发。

2）设在冶炼过程中各氧化物的分配如表7-19所示。

表7-19　氧化物分配　　　　　　　　　　　（%）

氧化物	SiO_2	Fe_2O_3	Al_2O_3	CaO	P_2O_5	MgO
被还原	98	99	50	40	100	0
进入渣中	2	1	50	60	0	100

3）设还原出来的元素分配如表7-20所示。

表7-20　元素分配　　　　　　　　　　　（%）

元　素	Si	Fe	Al	Ca	P	S	SiO
进入合金	98	95	85	85	50	0	0
挥　发	2	5	15	15	50	100	100

7.10.1.2　炉料计算

A　还原剂用量计算

还原反应为：

$$SiO_2 + 2C = Si + 2CO$$

$$SiO_2 + C = SiO + CO$$

$$Fe_2O_3 + 3C = 2Fe + 3CO$$

$$Al_2O_3 + 3C = 2Al + 3CO$$

$$CaO + C = Ca + CO$$

$$P_2O_5 + 5C = 2P + 5CO$$

还原硅石中各种氧化物的需碳量见表7-21，其中SiO_2有7%还原为SiO。还原焦炭灰分中氧化物的需碳量见表7-22。

表7-21　还原硅石中氧化物的需碳量　　　　　　（kg）

氧　化　物	从100kg硅石中还原的数量	还原所需的碳量
SiO_2 还原为 Si	$100 \times 98.6\% \times (98\% - 7\%) = 89.726$	$89.726 \times \dfrac{24}{60} = 35.89$
SiO_2 还原为 SiO	$100 \times 98.6\% \times 7\% = 6.902$	$6.902 \times \dfrac{12}{60} = 1.38$
Fe_2O_3 还原为 Fe	$100 \times 0.5\% \times 99\% = 0.495$	$0.495 \times \dfrac{36}{160} = 0.11$
Al_2O_3 还原为 Al	$100 \times 0.5\% \times 50\% = 0.25$	$0.25 \times \dfrac{36}{102} = 0.09$
CaO 还原为 Ca	$100 \times 0.2\% \times 40\% = 0.08$	$0.08 \times \dfrac{12}{56} = 0.02$
合　计		37.49

表 7-22 还原焦炭灰分中氧化物的需碳量 （kg）

氧 化 物	从 100kg 焦炭中还原的数量	还原所需的碳量
SiO_2 还原为 Si	$13 \times 48\% \times (98\% - 7\%) = 5.678$	$5.678 \times \dfrac{24}{60} = 2.27$
SiO_2 还原为 SiO	$13 \times 48\% \times 7\% = 0.437$	$0.437 \times \dfrac{12}{60} = 0.09$
Fe_2O_3 还原为 Fe	$13 \times 21\% \times 99\% = 2.703$	$2.703 \times \dfrac{36}{160} = 0.61$
Al_2O_3 还原为 Al	$13 \times 25\% \times 50\% = 1.625$	$1.625 \times \dfrac{36}{102} = 0.58$
CaO 还原为 Ca	$13 \times 4.7\% \times 40\% = 0.244$	$0.244 \times \dfrac{12}{56} = 0.05$
P_2O_5 还原为 P	$13 \times 0.3\% \times 100\% = 0.039$	$0.039 \times \dfrac{60}{142} = 0.02$
合　计		3.62

由表 7-18 和表 7-22 可知，100kg 焦炭含固定碳 83kg，用来还原焦炭灰分中氧化物需要 3.62kg，则用来还原硅石中氧化物的固定碳有 $83 - 3.62 = 79.38$kg。

由表 7-21 可知，还原 100kg 硅石需固定碳 37.49kg，因此还原 100kg 硅石所需焦炭量为：

$$37.49/79.38\% = 47.23\text{kg}$$

设有 10% 的焦炭在炉口处燃烧及用于合金增碳，则该条件下所需焦炭量为：

$$47.23/90\% = 52.48\text{kg}$$

电极中的碳也参加还原反应，冶炼硅铁 75 时，还原 1t 硅石需电极糊 25kg。电极糊含有灰分，还原电极糊灰分中氧化物所需的碳量见表 7-23。

表 7-23 还原电极糊灰分的需碳量 （kg）

氧 化 物	从 2.5kg 电极糊中还原的数量	还原所需的碳量
SiO_2 还原为 Si	$2.5 \times 8\% \times 50\% \times (98\% - 7\%) = 0.091$	$0.091 \times \dfrac{24}{60} = 0.0364$
SiO_2 还原为 SiO	$2.5 \times 8\% \times 50\% \times 7\% = 0.007$	$0.007 \times \dfrac{12}{60} = 0.0014$
Fe_2O_3 还原为 Fe	$2.5 \times 8\% \times 13\% \times 99\% = 0.026$	$0.026 \times \dfrac{36}{160} = 0.0059$
Al_2O_3 还原为 Al	$2.5 \times 8\% \times 26\% \times 50\% = 0.026$	$0.026 \times \dfrac{36}{102} = 0.0092$
CaO 还原为 Ca	$2.5 \times 8\% \times 7\% \times 40\% = 0.006$	$0.006 \times \dfrac{12}{56} = 0.0013$
合　计		0.0542

电极糊带入碳量为：　　　　　　　$2.5 \times 83\% = 2.075kg$

电极糊中的碳约有一半用于还原氧化物，因而可减少焦炭用量：

$$(2.075/2 - 0.0542)/79.38\% = 1.24kg$$

因此，每一批料（100kg 硅石）所需焦炭量为：$52.48 - 1.24 = 51.24kg$。

B　合金成分及钢屑加入量计算

从 100kg 硅石、51.24kg 焦炭和 2.5kg 电极糊中还原出元素的数量见表 7-24，还原出来的元素分配见表 7-25。

表 7-24　从硅石、焦炭、电极糊中还原出元素的数量　　　　　　　　（kg）

元　素	从硅石中还原	从焦炭灰分中还原	从电极糊灰分中还原	合　计
Si	$89.726 \times \dfrac{28}{60} = 41.872$	$5.678 \times 0.51 \times \dfrac{28}{60} = 1.35$	$0.091 \times \dfrac{28}{60} = 0.0425$	43.27
Al	$0.25 \times \dfrac{54}{102} = 0.132$	$1.625 \times 0.51 \times \dfrac{54}{102} = 0.44$	$0.026 \times \dfrac{54}{102} = 0.014$	0.586
Fe	$0.495 \times \dfrac{112}{160} = 0.347$	$2.703 \times 0.51 \times \dfrac{112}{160} = 0.965$	$0.026 \times \dfrac{112}{160} = 0.018$	1.330
Ca	$0.08 \times \dfrac{40}{56} = 0.057$	$0.244 \times 0.51 \times \dfrac{40}{56} = 0.089$	$0.006 \times \dfrac{40}{56} = 0.004$	0.150
P		$0.039 \times 0.51 \times \dfrac{62}{142} = 0.009$		0.009

表 7-25　还原出来的元素分配　　　　　　　　（kg）

元　素	进入合金的数量	挥发损失
Si	$43.27 \times 0.98 = 42.4$	SiO：$(6.902 + 0.437 + 0.007) \times \dfrac{44}{60} = 5.39$
		Si：$43.27 \times 2\% = 0.87$
Al	$0.586 \times 0.85 = 0.50$	$0.586 - 0.50 = 0.086$
Fe	$1.330 \times 0.95 = 1.264$	$1.330 - 1.264 = 0.066$
Ca	$0.150 \times 0.85 = 0.128$	$0.150 - 0.128 = 0.022$
P	$0.009 \times 0.50 = 0.005$	$0.009 - 0.005 = 0.004$
合　计	44.3	6.44

冶炼硅铁 75 时，42.4kg 的硅应占合金质量的 75%，合金的总质量等于 $42.4/0.75 = 56.53kg$。除了被还原进入合金的元素外，自焙电极壳带入的铁，每 100kg 硅石约为 0.1kg，因此需要加入的钢屑量为：

$$(56.53 - 44.3 - 0.1)/0.988 = 12.28kg$$

合金的成分及质量见表 7-26。

表 7-26　合金的成分及质量

元　素	由硅石、焦炭、电极糊提供/kg	由钢屑提供/kg	合　计 数量/kg	合　计 比例/%
Si	42.4	$12.28 \times 0.0034 = 0.042$	42.442	74.985
Al	0.50		0.50	0.884

元　素	由硅石、焦炭、电极糊提供/kg	由钢屑提供/kg	合　计	
			数量/kg	比例/%
Fe	1.264	12.28×0.988=12.13	13.40	23.674
Ca	0.128		0.128	0.226
P	0.005	12.28×0.0003≈0.004	0.009	0.016
S		12.28×0.0003≈0.004	0.004	0.007
Mn		12.28×0.005≈0.061	0.061	0.108
C	0.020①	12.28×0.003≈0.037	0.057	0.100
合　计			56.601	100

①硅铁75含碳约0.1%，故56.53kg合金碳含量为56.53×0.1%≈0.057kg。钢屑带入碳量为0.037kg，则由焦炭
带入合金中的碳为0.057-0.037=0.020kg。

C　炉渣成分及数量计算

炉渣成分及数量计算列于表7-27。

表7-27　炉渣成分及数量计算

氧化物	由硅石带入的渣量/kg	由焦炭灰分带入的渣量/kg	由电极糊灰分带入的渣量/kg	合　计	
				数量/kg	比例/%
SiO_2	100×0.986×0.02=1.972	51.24×0.13×0.48 ×0.02=0.064	2.5×0.08×0.5×0.02=0.002	2.038	54.29
Al_2O_3	100×0.005×0.5=0.25	51.24×0.13×0.25 ×0.5=0.833	2.5×0.08×0.26×0.5=0.026	1.109	29.53
FeO	$100×0.005×0.01× \frac{144}{160}=0.0045$	$51.24×0.13×0.21× 0.01×\frac{144}{160}=0.0126$	$2.5×0.08×0.13×0.01× \frac{144}{160}=0.0002$	0.017	0.45
CaO	100×0.002×0.6=0.12	51.24×0.13×0.047 ×0.6=0.1878	2.5×0.08×0.07×0.6=0.008	0.316	8.41
MgO	100×0.002×1=0.2	51.24×0.13× 0.01×1=0.0666	2.5×0.08×0.04×1=0.008	0.275	7.32
合计				3.755	100

渣铁比为：　　　　　　　　　　　3.755/56.53=0.066

D　冶炼1t硅铁75所需炉料计算

冶炼1t硅铁75所需炉料见表7-28。

表7-28　冶炼1t硅铁75所需炉料　　　　　　　　　　　（kg）

项　目	计算值	实际值
硅　石	$100×\dfrac{1000}{56.53}=1769$	1750~1850
干焦炭	$51.24×\dfrac{1000}{56.53}=906$	1000~1050
钢　屑	$12.28×\dfrac{1000}{56.53}=217$	220~230

7.10.2 物料平衡计算

根据炉料的计算数据,编制硅铁 75 物料平衡表如下:

(1)焦炭及电极糊中的碳在炉口处燃烧所需的空气量。

在炉口燃烧的焦炭量为:$51.24 \times 0.83 + 2.5 \times 0.83 - 37.49 - 3.62 \times (51.24/100) - 0.0542 - 0.02 = 5.19$kg

燃烧这些焦炭所需要的氧量为: $5.19 \times 16/12 = 6.92$kg

与氧同时带入的氮气量为: $6.92 \times 0.79/0.21 = 26.03$kg

共用空气量为: $6.92 + 26.03 = 32.95$kg

(2)生成的一氧化碳气体量。

由空气中的氧将碳氧化生成的一氧化碳量为: $5.19 \times 28/12 = 12.11$kg

由硅石中的氧化物将碳氧化生成的一氧化碳量为: $37.49 \times 28/12 = 87.48$kg

由焦炭灰分中的氧化物将碳氧化生成的一氧化碳量为:

$$3.62 \times (51.24/100) \times 28/12 = 4.33\text{kg}$$

由电极糊灰分所含氧化物将碳氧化生成的一氧化碳量为: $0.0542 \times 28/12 = 0.13$kg

(3)焦炭和电极糊所含的挥发分量。

$$51.24 \times 3\% + 2.5 \times 9\% = 1.762\text{kg}$$

共排出气体量为: $26.03 + 12.11 + 87.48 + 4.33 + 0.13 + 1.762 = 131.84$kg

冶炼硅铁 75 的物料平衡表见表 7-29。

表 7-29 冶炼硅铁 75 的物料平衡表

收 入			支 出		
物料名称	数量/kg	比例/%	产品名称	数量/kg	比例/%
硅 石	100.0	50.25	合 金	56.53	28.41
焦 炭	51.24	25.75	炉 渣	3.755	1.89
钢 屑	12.28	6.17	气 体	131.84	66.26
电 极	2.5	1.26	挥发分	1.762	0.88
燃烧碳所需空气量	32.95	16.56	误 差	5.08	2.55
共 计	198.97	100.00	共 计	198.97	100.00

7.10.3 热平衡计算

7.10.3.1 热量收入

(1)碳氧化成 CO 时放出的热量 Q_1。

$$C + \frac{1}{2}O_2 \Longrightarrow CO \qquad \Delta H^{\ominus} = -109860.63\text{J/mol}$$

1kg 碳氧化为 CO 的放热量为 9155.05kJ。

氧化焦炭及电极中的碳时放出的热量为:

$$Q_1 = (51.24 \times 0.83 + 2.5 \times 0.83) \times 9155.05 = 408353.68\text{kJ}$$

（2）从放热反应获得的热量 Q_2。

1）生成硅化铁放热。

$$\text{Fe} + \text{Si} =\!=\!= \text{FeSi} \qquad \Delta H^{\ominus} = -79967.88\text{J/mol}$$

1kg 铁生成硅化铁放出的热量为 1428.0kJ。

设硅铁 75 中全部铁（13.40kg）均生成硅化铁，则放出热量：

$$13.40 \times 1428.0 = 19135.2\text{kJ}$$

2）Al_2O_3、CaO 与 SiO_2 生成硅酸盐放热。

$$\text{Al}_2\text{O}_3 + \text{SiO}_2 =\!=\!= \text{Al}_2\text{O}_3 \cdot \text{SiO}_2 \qquad \Delta H^{\ominus} = -192383.46\text{J/mol}$$

1kgAl_2O_3 生成硅酸铝放出热量为 1886.11kJ，因此 1.109kgAl_2O_3 放出热量为 2091.7kJ。

$$\text{CaO} + \text{SiO}_2 =\!=\!= \text{CaO} \cdot \text{SiO}_2 \qquad \Delta H^{\ominus} = -91062.9\text{J/mol}$$

1kgCaO 生成硅酸钙放出热量为 1626.12kJ，因此 0.316kgCaO 放出热量为 513.85kJ。

共计放热量： $\quad Q_2 = 19135.2 + 2091.7 + 513.85 = 21740.75\text{kJ}$

（3）炉料带入热量 Q_3。硅石、焦炭、钢屑的比热容分别为 0.703kJ/(kg·℃)、0.837kJ/(kg·℃)、0.699kJ/(kg·℃)，设炉料入炉温度为 25℃，则各炉料带入热量分别为：硅石 $100 \times 0.703 \times 25 = 1757.5\text{kJ}$，焦炭 $51.24 \times 0.837 \times 25 = 1072.2\text{kJ}$，钢屑 $12.28 \times 0.699 \times 25 = 214.6\text{kJ}$。炉料共带入热量：

$$Q_3 = 1757.5 + 1072.2 + 214.6 = 3044.3\text{kJ}$$

（4）电能带入热量 Q_4。根据国内单位电耗平均先进水平计算，取硅铁 75 产品单位电耗为 8450kW·h/t，则带入热量为：$8450 \times 3600 = 30420000\text{kJ}$。56.53kg 合金由电能供热：

$$Q_4 = (30420000/1000) \times 56.53 = 1719642.6\text{kJ}$$

综上，共计收入热量：

$$Q_{入} = Q_1 + Q_2 + Q_3 + Q_4$$
$$= 408353.68 + 21740.75 + 3044.3 + 1719642.6 = 2152781.33\text{kJ}$$

7.10.3.2　热量支出

（1）氧化物分解耗热 Q_1。

$$\text{SiO}_2 =\!=\!= \text{Si} + \text{O}_2 \qquad \Delta H^{\ominus} = 862480.8\text{J/mol}$$

1kg SiO_2 分解耗热 14374.68kJ。为简化计算，把分解为 SiO 的 SiO_2 也计算在内，则 SiO_2 分解耗热：

$$[89.726 + 6.902 + (5.678 + 0.437) \times 51.24/100 + 0.091 + 0.007] \times 14374.68 = 1435445.86\text{kJ}$$

$$\text{Al}_2\text{O}_3 =\!=\!= 2\text{Al} + \frac{3}{2}\text{O}_2 \qquad \Delta H^{\ominus} = 1646668.44\text{J/mol}$$

1kgAl_2O_3 分解耗热 16143.81kJ，则 Al_2O_3 分解耗热：

$$(0.25 + 1.625 \times 51.24/100 + 0.026) \times 16143.81 = 17897.83\text{kJ}$$

$$\text{CaO} =\!=\!= \text{Ca} + \frac{1}{2}\text{O}_2 \qquad \Delta H^{\ominus} = 635137.56\text{J/mol}$$

1kgCaO 分解耗热 11341.74kJ，则 CaO 分解耗热：

$$(0.08 + 0.244 \times 51.24/100 + 0.006) \times 11341.74 = 2393.40kJ$$

$$Fe_2O_3 \longrightarrow 2Fe + \frac{3}{2}O_2 \qquad \Delta H^{\ominus} = 817263.36J/mol$$

1kg Fe_2O_3 分解耗热 5107.9kJ，则 Fe_2O_3 分解耗热：

$$(0.495 + 2.703 \times 51.24/100 + 0.026) \times 5107.9 = 9735.75kJ$$

$$P_2O_5 \longrightarrow 2P + \frac{5}{2}O_2 \qquad \Delta H^{\ominus} = 1507248J/mol$$

1kgP_2O_5 分解耗热 10614.42kJ，则 P_2O_5 分解耗热：

$$0.039 \times 51.24/100 \times 10614.42 = 212.11kJ$$

综上，分解氧化物共耗热：

$$Q_1 = 1435445.86 + 17897.83 + 2393.40 + 9735.75 + 212.11 = 1465684.95kJ$$

（2）加热金属到 1800℃时所需热量 Q_2。要准确计算此项比较复杂，为了简化，假设合金仅由硅、铁两元素组成，且计算两元素在温度 t 时的含热量 q_i（kcal/kg）可用下列近似公式：

$$q_{Si} = (124.5 + 0.232t) \times 4.1868$$

$$q_{Fe} = (22.26 + 0.1942t) \times 4.1868$$

当 $t = 1800℃$ 时，代入得：

$$q_{Si} = 2269.66kJ/kg$$

$$q_{Fe} = 1556.74kJ/kg$$

则硅铁 75 在 1800℃时的含热量为：

$$q_{Si-Fe} = 2269.66 \times 74.985\% + 1556.74 \times 23.674\% = 2070.45kJ$$

$$Q_2 = 56.53 \times 2070.45 = 117042.54kJ$$

（3）加热炉渣到 1800℃时所需热量 Q_3。计算炉渣在温度 t 时的含热量可用以下公式：

$$q = 0.286t \times 4.1868 = 0.286 \times 1800 \times 4.1868 = 2155.36kJ$$

$$Q_3 = 3.755 \times 2155.36 = 8093.38kJ$$

（4）炉气带走热量 Q_4。设气体离开炉子时的平均温度为 600℃。为简化计算，设全部气体产物的热容等于气相中主要成分一氧化碳的热容，CO 的比热容为 7.27kcal/(mol·℃)，则炉气带走的热量为：

$$Q_4 = (131.84 + 1.762) \times 7.27 \times 600 \times 4.1868/28 = 87141.05kJ$$

（5）炉衬热损失 Q_5。炉壳平均温度为 130℃，环境温度为 25℃，单位热流量为 6698.88kJ/(m²·h)。9~10MV·A 矿热炉炉壳面积约为 100m²，且 1h 冶炼硅石 1761kg，则 100kg 硅石冶炼时间为 0.0568h。因此炉衬热损失为：

$$Q_5 = 6698.88 \times 100 \times 0.0568 = 38049.64kJ$$

（6）炉口热损失 Q_6。设冶炼硅铁 75 时该项损失为热量总支出的 8%~10%，取

8.5%。上述热量总支出为：

$$Q_{1\sim5} = 1465684.95 + 117042.54 + 8093.38 + 87141.05 + 38049.64 = 1716011.56kJ$$

含炉口热损失在内的热量总支出为：

$$Q_{1\sim6} = 1716011.56/91.5\% = 1875422.47kJ$$

$$Q_6 = 1875422.47 \times 8.5\% = 159410.91kJ$$

（7）冷却水带走热量 Q_7。1t 产品约消耗冷却水 3600kg，因此 56.53kg 产品消耗冷却水为 203.508kg。水的比热容为 4.1868kJ/（kg·℃），则冷却水带走热量为：

$$Q_7 = 203.508 \times 4.1868(t_{出} - t_{入}) = 203.508 \times 4.1868 \times （40 - 20） = 17040.95kJ$$

（8）烟尘带走热量 Q_8。冶炼 1t 硅铁 75 的烟尘量约为 250kg，烟尘平均比热容为 0.238kcal/（kg·℃），烟尘温度为 600℃，则烟尘带走热量为：

$$Q_8 = （250/1000） \times 56.53 \times 0.238 \times 4.1868 \times （600 - 25） = 8097.41kJ$$

（9）电损及其他 Q_9。以热收入与热支出之差表示：

$$Q_9 = Q_入 - Q_{1\sim8} = 2152781.33 - （1875422.47 + 17040.95 + 8097.41）$$

$$= 2152781.33 - 1900560.83 = 252220.50kJ$$

冶炼硅铁 75 热平衡表如表 7-30 所示。

表 7-30　冶炼硅铁 75 热平衡表

收　　入			支　　出		
项　目	热量/kJ	比例/%	项　目	热量/kJ	比例/%
电能带入热量	1719642.6	79.88	氧化物分解耗热	1465684.95	68.083
碳氧化成 CO 时放出的热量	408353.68	18.97	加热金属到 1800℃时所需热量	117042.54	5.437
从放热反应获得的热量	21740.75	1.01	加热炉渣到 1800℃时所需热量	8093.38	0.376
炉料带入热量	3044.3	0.14	炉气带走热量	87141.05	4.048
			炉衬热损失	38049.64	1.767
			炉口热损失	159410.91	7.405
			冷却水带走热量	17040.95	0.792
			烟尘带走热量	8097.41	0.376
			电损及其他	252220.50	11.716
共　计	2152781.33	100.00	共　计	2152781.33	100.00

7.11　小结

（1）硅及其化合物的物理化学性质对于硅铁冶炼过程都有一定影响，碳还原 SiO_2 时中间产物 SiC 和 SiO 的生成及分解起重要作用。硅铁炉内预热区和烧结区为 SiC 的形成区，坩埚区为 SiC 的分解区，SiC 分解产生的 SiO 要尽可能在料层内高度分解，以减少挥发损失。

（2）硅铁冶炼操作以形成和维护高温坩埚区为目标，包括加料方法、料面形状及高度控制、扎透气眼及捣炉、异常炉况处理、电极控制、出铁及浇注、出铁口维护、改变冶炼品种等方面的操作。密闭炉操作有其自身的特殊性。

（3）工业硅、硅钙、硅铝、硅钡以及硅铝钡、硅钙钡等铁合金的冶炼，在原料要求、冶炼反应和冶炼操作方面都有自身的特点。

复习思考题

7-1 简述硅铁的牌号和用途、硅及其化合物的物理化学性质、冶炼硅铁的原料。

7-2 硅铁炉内 SiC 的生成区及 SiC 的分解区各发生哪些反应，有铁存在时发生哪些反应？

7-3 硅铁冶炼时炉内分为哪几个区域，温度是如何分布的，各发生哪些反应？

7-4 硅铁冶炼操作涉及哪些方法，各有何要求？

7-5 简述工业硅的牌号、用途、冶炼原理、生产设备和冶炼操作特点。

7-6 简述硅钙合金的牌号、用途、冶炼原理、生产设备和冶炼操作特点。

7-7 简述硅铝合金的牌号、用途、冶炼原理、生产设备和冶炼操作特点。

7-8 简述硅钡合金的牌号、用途、冶炼原理、生产设备和冶炼操作特点。

7-9 简述硅铝钡合金的牌号、用途、冶炼原理、生产设备和冶炼操作特点。

7-10 简述硅钙钡合金的牌号、用途、冶炼原理、生产设备和冶炼操作特点。

8 矿热炉生产锰系铁合金

【教学目标】 根据矿热炉冶炼锰铁和锰硅合金的原理，能够进行冶炼生产操作以及物料平衡和热平衡计算；认知矿热炉生产工业硅和其他硅系铁合金的原理和操作方法。

8.1 概述

8.1.1 锰铁的牌号和用途

锰铁是锰与铁的合金，其中也含有碳、硅、磷等少量其他元素。锰铁的牌号主要是根据合金的碳含量来划分的，根据碳含量的不同，其分为高碳、中碳和低碳锰铁。我国电炉锰铁的牌号和化学成分见表8-1。

表 8-1 电炉锰铁的牌号和化学成分（GB/T 3795—2006） （%）

类 别	牌 号	化学成分						
		Mn	C	Si		P		S
				I	II	I	II	
				不大于				
低碳锰铁	FeMn88C0.2	85.0~92.0	0.2	1.0	2.0	0.10	0.30	0.02
	FeMn84C0.4	80.0~87.0	0.4	1.0	2.0	0.15	0.30	0.02
	FeMn84C0.7	80.0~87.0	0.7	1.0	2.0	0.20	0.30	0.02
中碳锰铁	FeMn82C1.0	78.0~85.0	1.0	1.5	2.0	0.20	0.35	0.03
	FeMn82C1.5	78.0~85.0	1.5	1.5	2.0	0.20	0.35	0.03
	FeMn78C2.0	75.0~82.0	2.0	1.5	2.5	0.20	0.40	0.03
高碳锰铁	FeMn78C8.0	75.0~82.0	8.0	1.5	2.5	0.20	0.33	0.03
	FeMn74C7.5	70.0~77.0	7.5	2.0	3.0	0.25	0.38	0.03
	FeMn68C7.0	65.0~72.0	7.0	2.5	4.5	0.25	0.40	0.03

在锰系合金中含有足够硅量的锰铁合金称为锰硅合金。锰硅合金的牌号是根据合金的硅含量来划分的，合金硅含量越高，则其碳含量和磷含量就越低。我国锰硅合金的牌号和化学成分见表8-2。

含有极少量的其他元素而其余均为锰的合金称为金属锰。我国电硅热法金属锰的牌号和化学成分见表8-3。

在锰系合金中还有一种硅、碳、磷含量与高碳锰铁相近，而锰含量仅为20%~30%，并且因其断面光亮如镜而得名的"镜铁"。

表8-2 锰硅合金的牌号和化学成分 （GB/T 4008—2008）　　　　　（％）

牌 号	化 学 成 分						
	Mn	Si	C	P			S
				I	II	III	
				不大于			
FeMn64Si27	60.0 ~ 67.0	25.0 ~ 28.0	0.5	0.10	0.15	0.25	0.04
FeMn67Si23	63.0 ~ 70.0	22.0 ~ 25.0	0.7	0.10	0.15	0.25	0.04
FeMn68Si22	65.0 ~ 72.0	20.0 ~ 23.0	1.2	0.10	0.15	0.25	0.04
FeMn62Si23 （FeMn64Si23）	60.0 ~ <65.0	20.0 ~ 25.0	1.2	0.10	0.15	0.25	0.04
FeMn68Si18	65.0 ~ 72.0	17.0 ~ 20.0	1.8	0.10	0.15	0.25	0.04
FeMn62Si18 （FeMn64Si18）	60.0 ~ <65.0	17.0 ~ 20.0	1.8	0.10	0.15	0.25	0.04
FeMn68Si16	65.0 ~ 72.0	14.0 ~ 17.0	2.5	0.10	0.15	0.25	0.04
FeMn62Si17 （FeMn64Si16）	60.0 ~ <65.0	14.0 ~ 20.0	2.5	0.20	0.25	0.30	0.05

注：括号中的牌号为旧牌号。

表8-3 电硅热法金属锰的牌号和化学成分 （GB/T 2774—2006）　　　　　（％）

牌 号	化学成分（质量分数）					
	Mn	C	Si	Fe	P	S
	不小于	不大于				
JMn98	98	0.05	0.3	1.5	0.03	0.02
JMn97-A	97	0.05	0.4	2.0	0.03	0.02
JMn97-B	97	0.08	0.6	2.0	0.04	0.03
JMn96-A	96.5	0.05	0.5	2.3	0.03	0.02
JMn96-B	96	0.10	0.8	2.3	0.04	0.03
JMn95-A	95	0.15	0.5	2.8	0.03	0.02
JMn95-B	95	0.15	0.8	3.0	0.04	0.03
JMn93	93.5	0.20	1.5	3.0	0.04	0.03

锰铁的主要用途如下：

（1）作为脱氧剂和脱硫剂。在炼钢过程中部分铁被氧化，生成的 FeO 部分溶于钢液中，使钢的性能降低，所以炼钢后期必须进行脱氧。由于锰与氧的亲和力大于铁与氧的亲和力，锰能夺取 FeO 的氧而形成不溶于钢液中的 MnO。几乎所有的钢种都必须用锰铁脱氧。在炼钢过程中，锰能还原 FeS 而生成稳定的 MnS，MnS 也不溶于钢液中，所以锰也是一种脱硫剂。

（2）作为合金剂。锰作为合金元素加入钢液中使钢合金化，从而改善钢的力学性能，增加钢的强度、硬度、延展性、韧性和耐磨性等。所以锰是钢铁生产中不可缺少的合金元素，几乎所有的钢中都含有一定数量的锰。

（3）改善铸铁的性能。铸铁中加入锰能改善铸件的物理性能和力学性能，例如增加铸件的强度、耐磨性等。

（4）其他用途。锰多以锰铁的形式应用于钢铁生产中。锰硅合金可以作为复合脱氧剂和合金剂，也可用来作为生产中碳、低碳锰铁和金属锰的原料。金属锰主要作为锰的合金剂生产不锈钢。氮化锰铁中的锰和氮可同时作为合金剂用于炼钢，氮能提高钢的强度和可塑性，用于生产铬锰氮不锈钢等。此外，锰铁还大量用于电焊条的生产；金属锰广泛用于生产锰青铜和铝合金，在化学工业中也得到利用。

8.1.2　锰及其化合物的主要物理化学性质

锰的相对原子质量为 54.93。金属锰断口呈银白色，密度为 $7.43g/cm^3$，熔点为 1232℃，沸点为 2065℃，熔化热为 7.37kJ/mol，蒸发热为 225kJ/mol，比热容（25℃）为 28.15J/(mol·K)，电阻率（0℃）为 39.2μΩ·cm。锰有多种固相转变形态。

锰在 1080℃时的蒸气压力为 133.322Pa，在 1828 K 时为 13332.2Pa，在 2093 K 时为 66.661kPa，在 2368 K 时为 101.325kPa。因此，冶炼金属锰及锰合金时经常发现锰挥发跑掉，若冶炼过程的温度和金属中的锰含量越高，则锰的挥发损失越大。

锰与氧形成一系列的氧化物，如 MnO_2、Mn_2O_3、Mn_3O_4 和 MnO。MnO_2 在空气中加热至 847℃以上转变成 Mn_2O_3，Mn_2O_3 加热至 1347℃以上得到 Mn_3O_4，Mn_3O_4 加热到 1590℃以上得到 MnO。也就是说，加热时高价氧化物逐级分解成低价氧化物并放出氧，然后再进行还原反应。因此，配料时按低价氧化物 MnO 进行计算。

锰与铁在液态和固态时完全互溶，不组成化合物，图 8-1 为 Fe-Mn 状态图。锰铁中锰含量一般为 52%～90%，熔点为 1020～1350℃。在碳含量相同的情况下，随着锰含量的增加，锰铁的熔点逐渐下降。

锰与碳组成的碳化物有 Mn_7C_3、Mn_3C 和 $Mn_{23}C_6$ 等，图 8-2 为 Mn-C 状态图。其中，Mn_3C 的生成热 $\Delta H^{\ominus} = -15072.5J/mol$。由于部分碳和锰以化合物形式存在于锰铁中，用

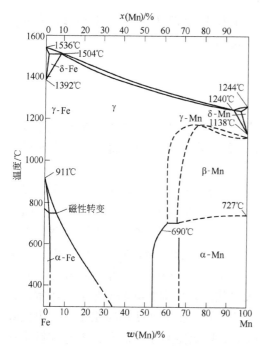

图 8-1　Fe-Mn 状态图

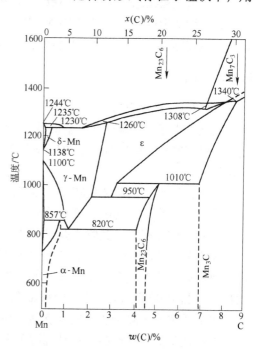

图 8-2　Mn-C 状态图

碳还原锰矿时得到的是高碳锰铁。

锰与硅形成硅化物 Mn_5Si_3、$MnSi$ 和 $MnSi_2$，图 8-3 为 Mn-Si 状态图。其中以 MnSi 最稳定，其生成热 $\Delta H^\ominus = -58615.2J/mol$。硅化锰是比碳化锰更稳定的化合物，因此当锰的碳素合金中硅含量增高时，会将其中的碳置换出来，并生成硅化物。在锰硅合金中硅含量越高，碳含量就越低，两者之间的关系如图 8-4 所示。锰硅合金的含量范围为 Mn 60% ~ 63%、Si 12% ~ 23%，熔点一般为 1040 ~ 1285℃，且随着硅含量的增加而升高。

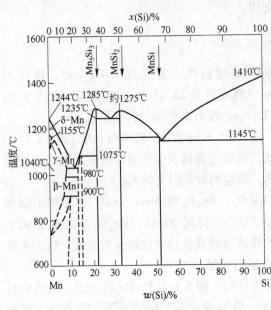

图 8-3　Mn-Si 状态图

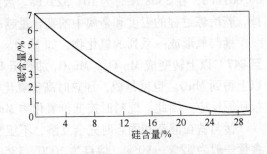

图 8-4　Mn-Si 合金中硅含量与碳含量的关系

锰与氮可生成 Mn_4N、Mn_5N_2、Mn_2N、Mn_3N_2 等氮化物，固溶体氮含量为 2.31% ~ 9.22%，这是氮在氮化锰铁中存在的形式和范围。

锰与磷能形成稳定的磷化物 Mn_3P、Mn_2P、Mn_3P_2 和 MnP 等，其中以 Mn_3P_2 最为稳定。所以在锰铁中，特别是高炉锰铁，一般磷含量较高。

8.1.3　锰矿

8.1.3.1　锰矿资源

自然界中锰矿资源丰富。全世界陆地锰矿储量大约为 154 亿吨，海底锰结核约为 1750 亿吨。已探明陆地锰矿石储量的 90% 分布在南非、俄罗斯、加蓬、澳大利亚、印度和巴西等国家。

我国是世界上锰矿储量较多的国家之一，大部分分布在中南和西南地区。我国陆地锰矿石储量约为 4.4 亿吨，其中含锰低于 25% 的锰矿石约占 95%。我国锰矿石与国外锰矿石相比质量很差，其特点是"一贫、二杂、三难选"。所谓贫，是指锰含量仅为国外锰矿石的 1/2；所谓杂，是指有些矿 SiO_2 含量高，有些矿磷含量高，有些矿铁含量高，有些矿还含有较多的铅、锌、铜、钴、镍、银等金属，小矿多（指 100 万吨以下），大矿少（指 1000 万吨以上）；所谓难选，是指大多数矿石为细粒结晶共生体，用常规方法很难通过选分去除杂质而提高含锰品位。多数矿区的矿石单独使用时很难生产出国际标准中所规定的锰铁产品，往往需要两种以上的矿石搭配使用才能满足锰铁比和锰磷比的要求。

锰矿床主要是沉积型和风化型两种。沉积型锰矿床储量多、规模大，一般地下开采，以碳酸锰矿为主。风化型锰矿床储量少、分散，常为露天开采，以氧化锰矿为主。可供工业提取锰或直接用于工业上的含锰矿物称为锰矿石。锰矿石是冶炼锰铁的主要原料，其中主要含锰矿物如表8-4所示。

表8-4　主要含锰矿物

矿物名称	化学式	锰含量/%	密度/g·cm⁻³	颜色
软锰矿	MnO_2	63.2	4.7~5	黑色
褐锰矿	Mn_2O_3	69.6	4.7~5	褐色至钢灰色
黑锰矿	Mn_3O_4	72.0	4.7~4.9	黑色
水锰矿	$Mn_2O_3 \cdot H_2O$	62.4	4.2~4.3	钢灰色及铁灰色
硬锰矿	$MnO \cdot mMnO_2 \cdot nH_2O$	45~60	4.4~4.7	钢灰色至黑色
菱锰矿	$MnCO_3$	47.8	3.3~3.7	玫瑰红色
锰方解石	$(Ca, Mn)CO_3$	20~25	2.7~3.1	白色、灰白色带微红色

锰矿中除含有锰矿物外，还含有一定数量的脉石，其组成为 SiO_2、Al_2O_3、CaO、MgO 等氧化物。

锰矿中通常含有较多的磷，磷在冶炼时大部分还原进入合金而使其质量变坏。硫在冶炼时几乎不进入合金，故矿中硫含量影响不大。

8.1.3.2　锰矿的分类

锰矿按其工业上的用途，可分为化工用锰矿和冶金用锰矿两种。冶金用锰矿按矿石类型、锰与铁含量之比（锰铁比）及锰含量高低分成三类：

（1）按锰矿类型，可分为氧化锰矿和碳酸锰矿。碳酸锰矿约占总储量的2/3。

（2）按锰矿中锰铁比，可分为锰矿石、铁锰矿石和含锰铁矿石。其中，锰矿石主要含锰，$w(Mn)/w(Fe) > 1$；铁锰矿石含有相当数量的锰和铁，但 $w(Mn)/w(Fe) < 1$；含锰铁矿石主要含铁，$w(Fe) > 35\%$，$w(Mn) = 5\% \sim 10\%$。

（3）按锰矿中锰含量高低，分为富锰矿和贫锰矿。各国根据其矿源条件不同，贫、富矿的划分标准也不同。我国锰矿富矿少，贫矿约占总储量的90%，目前把含锰30%的成品矿石称为富矿。

世界上某些产地的锰矿石化学成分列于表8-5。

表8-5　世界上某些产地的锰矿石化学成分　　　　　　　　（%）

产地		化学成分					
		Mn	Fe	SiO_2	P	CaO	MgO	Al_2O_3
要求		>30	5~8	<21.8	<0.1	<3.8	<4.0	
湖南	湘潭	34.26	3.7	24.8	0.162	10.4	4.33	5.1
	玛瑙山	24.1	37.8	1.7	0.018	0.3	0.43	4.35
	长沙	37.79	2.93	18.54	0.017	5.91	2.22	3.09

产 地		化 学 成 分						
		Mn	Fe	SiO_2	P	CaO	MgO	Al_2O_3
要 求		>30	5~8	<21.8	<0.1	<3.8	<4.0	
广西	武鸣	42.18	3.2	18.2	0.15	1.4	0.5	5.1
	龙头	38.3	1.47	22.22	0.082	0.99	0.65	0.64
	八一	24.23	13.74	18.68	0.075	0.32	0.14	12.82
贵州	遵义	39.73	9.4	3.04	0.011	2.26	0.32	10.76
吉林	桦甸	29.3	0.53	5.0	0.016	6.37	1.81	1.47
	浑江	34.54	2.40	33.72	0.015	4.38	2.06	9.56
辽宁	瓦房子	23.63	14.9	12.3	0.076	2.46	2.43	
	钢山(黑)	23.64	6.01	7.43	0.009	10.17	6.42	1.54
	建昌	30.61	19.68	10.50	0.056	5.20	2.68	1.99
	柴瓦(白)	24.27	6.28	19.10	0.016	9.10	3.98	2.38
河北	围昌	28.21	10.50	27.06	0.021	0.39	0.75	1.75
	鹿县	29.63	7.72	24.35	0.034	2.52	1.38	3.89
陕西	汉中	27.52	2.61	20.6	0.13	1.16	2.49	
新疆	艾叶归矿	25.43	1.24	14.94	0.05	17.18	2.68	
云南	观山县	36.20	3.96	21.1	0.053	1.33	1.09	6.17
广西	宜山	42.9	4.3	27.2	0.078		1.4	4.73
	大新	34.0	10.2	20.8	0.203	0.17	0.22	3.78
	黄砂河	35.1	12.5	11.6	0.30	0.60	0.07	6.43
	庙前	39.8	3.0	20.8	0.04	0.60	0.36	7.75
澳大利亚		48.5	3.5	7.0	0.103			5.0
加 蓬		49.5	4.0	3.0	0.15			6.0
加 纳		49.5	3.0	9.0	0.12			3.0
墨西哥		38.0	9.0	15	0.088			4.0
上沃尔特		54.0	0.97	1.39	0.14			6.0
新海布里地群岛		4.05	5.0	7.0	0.088			6.0

8.1.3.3 锰矿的处理

锰含量较高的氧化锰矿开采出来后（有的经水洗），可直接作为成品矿石。而碳酸锰矿开采出来后需进行焙烧，除去 CO_2 及其他挥发成分后方可作为成品矿石（焙烧矿）。

碳酸锰矿的焙烧一般采用竖窑，用无烟煤作燃料，焙烧温度为 1073~1273K，焙烧时碳酸锰矿中的主要碳酸盐按下式分解：

$$MnCO_3 = MnO + CO_2 \qquad \Delta H^\ominus = 118.6 kJ/mol$$

焙烧温度过高时，会使 MnO 再氧化，按下式反应：

$$3MnO + CO_2 = Mn_3O_4 + CO$$

$$2MnO + CO_2 \Longrightarrow Mn_2O_3 + CO$$

对于锰含量低、杂质含量高的贫矿，通过选矿（如洗选、重选、浮选、焙烧磁选等）可降低杂质含量，提高锰含量。除火法富集（富锰渣法）外，其他方法的选矿及焙烧等都在矿山进行。

8.1.4 冶炼锰铁合金对锰矿的要求

8.1.4.1 对锰矿的要求

锰矿是冶炼锰铁合金的主要原料，冶炼锰铁合金对锰矿的主要要求如下：

（1）矿石中锰含量要高。锰含量越高，则产量越高，消耗越低，各项技术经济指标越好。根据我国锰矿资源情况，为合理使用锰矿，获得较好的经济效果，一般把含锰大于40%的锰矿用于冶炼金属锰和中碳、低碳锰铁；把含锰大于30%的锰矿用于高炉生产碳素锰铁。

（2）为了使锰铁中的锰含量不低于规定含量，矿石中锰铁比必须有一定数值。由于生产锰合金的品种、牌号等不同，对锰矿中的锰铁比要求不一，一般为3.5~10。

（3）为了使锰铁中的磷含量控制在规格范围内，矿石中磷锰比必须有一定数值。由于生产的品种、牌号不同，对磷锰比的比值要求不一，一般为0.002~0.005。

（4）矿石中 SiO_2 含量要低。除冶炼锰硅合金外，矿石中 SiO_2 含量低可以减少渣量、降低电耗和提高锰的回收率。

（5）锰矿要有合适的块度。通常要求块度为5~75mm，小于3mm者不超过10%。因为粉末较多时，使炉料透气性变差，炉况恶化，冶炼技术经济指标下降。

（6）锰矿（指烧结矿和球团矿）应有足够的抗压强度。另外，要求入炉锰矿水分含量不大于8%。

8.1.4.2 锰矿的合理利用

我国锰矿资源丰富，如何合理利用我国的锰矿资源是个很重要的问题。我国锰矿的特点之一是锰铁比低的铁锰矿多，对于这类锰矿的合理利用有两个途径：

（1）与锰铁比高的锰矿搭配使用；

（2）应用冶金处理的方法。

冶金处理可在电炉中进行，即将锰矿与少量的还原剂在电炉内全部化清冶炼，这时几乎将全部的铁、磷和近9%的锰还原出来，结果得到低磷富锰渣和少量的含磷碳素锰铁，将得到的低磷富锰渣作为生产高锰合金的原料。某些工厂还采用小高炉生产低磷富锰渣，渣中锰含量为40%左右（原料中锰含量为28%~30%），磷含量为0.015%左右（原料磷含量为0.2%左右）。

提高入炉锰矿的品位对提高产量、降低电耗十分有利。据统计，用含 Mn 48%~50%的进口锰矿冶炼高碳锰铁，与使用含 Mn 30%~35%的国产锰矿相比，每吨产品可节电1800kW·h左右。但是由于近年来进口矿的价格越来越贵，使用进口锰矿生产高碳锰铁的成本反而高于国产锰矿。因此在选择锰矿品位时，应在节电和成本两方面做出综合考虑。

锰矿中含水分较多，直接入炉冶炼会导致炉料喷溅损失严重，影响炉况的稳定。锰矿入炉前要进行烘烤，起码要将大部分吸附水去除，目前主要采用回转窑进行烘烤。

8.1.4.3 烧结造块

为了满足矿热炉冶炼，特别是大型密闭矿热炉冶炼对炉料化学成分和粒度等方面的要求，目前发展了富选、干燥和粉矿造块（主要是烧结）以及炉料预热、预还原等处理工艺。

锰矿中约有一半是粉矿，在入炉冶炼前需要将粉矿筛分出来，为了使筛分下来的粉矿得到充分利用，多数厂家采用烧结的办法使粉矿成块。在入炉锰矿中配入一定比例的烧结矿，通常为30%～50%，则炉况顺行，有利于降低电耗和焦炭。冷压球团已在国内矿热炉入炉试用，各项指标与块矿基本相同。

经过长期使用认为，混合矿中配加一定比例的烧结矿生产锰铁合金有很多优越性，如：

（1）孔隙率大，透气性好，避免炉料喷火，实现安全操作。当配入65%烧结矿时，锰的回收率可达99%，烟气量是使用原矿的1/8～1/6，单位电耗降低5%～10%。

（2）电阻率高，电极插入较深，反应区扩大，功率大，生产率高。

（3）电极消耗少。

8.2 高碳锰铁

8.2.1 高碳锰铁的生产方法

高碳锰铁的生产方法有高炉法和矿热炉法两种。

8.2.1.1 高炉法

高碳锰铁最早是采用高炉生产的，其产量高、成本低，目前国内外还在广泛采用。高炉法是把锰矿、焦炭和石灰等原料分别加入高炉内进行冶炼，得到含锰52%～76%、含磷0.4%～0.6%的高炉锰铁。高炉与矿热炉冶炼高碳锰铁的区别是热源不同，所以两者的炉体结构、几何形状及操作方法不一样，但两种炉子冶炼高碳锰铁的原理是相同的。

两种炉子使用同一种锰矿冶炼时得到的产品磷含量不一样，高炉产品磷含量高于矿热炉产品0.07%～0.11%。这是由于高炉冶炼的炉料组成中，焦炭配量为矿热炉冶炼时的5～6倍，因而焦炭中有更多的磷转入合金内；而且高炉冶炼时的炉膛温度较低，因而冶炼过程中磷的挥发量比矿热炉低约10%。

8.2.1.2 矿热炉法

矿热炉冶炼高碳锰铁有如下三种方法：

（1）无熔剂法。对于氧化锰含量较高的富锰矿，可以用无熔剂法冶炼锰铁。冶炼时炉料中不配加石灰，设备和操作类似于硅铁，并且是在还原剂不足的条件下采用酸性渣操作，炉膛温度比熔剂法低，为1320～1400℃。用这种方法生产，既要获得合格的高碳锰铁，又要得到含锰大于35%、供冶炼锰硅合金用的低磷、低铁富锰渣。此时锰的分配为：入合金率为58%～60%，入渣率为30%～32%，挥发10%。显然，用无熔剂法冶炼高碳锰铁必须使用锰含量高的富锰矿，并且要求矿中有较低的磷含量。该法虽然锰的回收率低，但用富锰渣冶炼锰硅合金时还可以回收绝大部分的锰，锰的总回收率比熔剂法高。无熔剂法冶炼高碳锰铁的过程是连续的，炉料随着熔化过程不断加入炉内，料批可由300kg锰矿、60～70kg焦炭、15～20kg钢屑组成。无熔剂法冶炼时产品单位电耗很低，并且容易生产出低硅的高碳锰铁，这是因为大部分硅富集到渣中。

（2）熔剂法。熔剂法是冶炼高碳锰铁普遍采用的一种方法。炉料组成中除锰矿、焦炭外，还有石灰。冶炼时采用高碱度渣操作，$w(CaO)/w(SiO_2) = 1.3 \sim 1.4$，使用足够的还原剂，以尽量降低废渣中锰含量，提高锰的回收率。这种方法适用于以贫、富锰矿搭配冶炼高碳锰铁。

（3）少熔剂法。少熔剂法是采用介于熔剂法和无熔剂法之间的"弱酸性渣法"进行操作。该法是往炉料中配加适量的石灰或石灰石，把炉渣碱度 $w(CaO)/w(SiO_2)$ 或 $w(CaO+MgO)/w(SiO_2)$ 的值控制在 $0.6 \sim 0.8$ 之间，既能提高锰的回收率，又能获得锰含量为 $25\% \sim 30\%$、CaO 含量适宜的炉渣。把该渣配入冶炼锰硅合金的炉料中，既可节约石灰，又能减少因石灰潮解而增加的炉料粉尘量，从而改善炉料的透气性。

国外矿热炉冶炼高碳锰铁多采用无熔剂法和少熔剂法的酸性法。我国 20 世纪 50 年代也曾采用过无熔剂法冶炼，用含锰 $46\% \sim 47\%$ 的富锰矿生产出含锰 $76\% \sim 80\%$ 的碳锰铁，并同时获得含锰 $35\% \sim 40\%$ 的富锰渣。但因我国贫锰矿较多，所以目前多采用熔剂法或少熔剂法。

8.2.2 高碳锰铁冶炼的基本反应

冶炼高碳锰铁遵循逐级转化原则，即把锰矿加入炉内，随着温度的升高，锰的高价氧化物逐级分解成低价氧化物：

$$MnO_2 \xrightarrow{427℃} Mn_2O_3 \xrightarrow{900℃} Mn_3O_4 \xrightarrow{熔点} MnO$$

如果炉内处于 CO 还原气氛下，锰的高价氧化物也被 CO 逐级还原成低价氧化物：

$$MnO_2 \xrightarrow{CO} Mn_2O_3 \xrightarrow{CO} Mn_3O_4 \xrightarrow{CO} MnO$$

通过计算和测定可知，MnO 分解压很小，当温度约为 5000K 时，$p_{O_2} = 101.325kPa$。即 MnO 在高温条件下很稳定，它不易分解，也不能被 CO 还原。用固体碳可还原 MnO，从而得到固溶于铁液中的金属锰。用固体碳还原 MnO 的基本反应为：

$$MnO + C = Mn + CO \qquad \Delta G = 137400 - 81.15T \quad (J/mol)$$

这是用固体碳还原 MnO 冶炼锰铁的基本反应，这个反应的理论开始还原温度为 1420℃，这个还原温度是较低的。随着温度升高，反应的自由能变化负值变小，有利于反应向生成物的方向进行。

用固体碳还原 MnO 还有一个主要反应：

$$2MnO + \frac{8}{3}C = \frac{2}{3}Mn_3C + 2CO \qquad \Delta G = 510448 - 340.57T \quad (J/mol)$$

这个反应是生产高碳锰铁的主要反应，反应的理论开始还原温度只有 1226℃。

比较上述两个反应可知，MnO 被 C 还原成 Mn_3C 比还原成 Mn 优先进行，所以用碳还原 MnO 得到的不是 Mn 而主要是 Mn_3C，即得到的是高碳锰铁。

用碳还原锰矿时，其中有些被还原出来的 Mn 和 Fe 形成二元碳化物 $(Mn, Fe)_3C$，从而改善了 MnO 的还原条件，有利于锰铁的生产。

有些 MnO 在未还原之前与锰矿中的 SiO_2 形成硅酸锰，其反应为：

$$MnO + SiO_2 \Longrightarrow MnO \cdot SiO_2 \qquad \Delta H^\ominus = -24.6kJ/mol$$

$$2MnO + SiO_2 \Longrightarrow 2MnO \cdot SiO_2 \qquad \Delta H^\ominus = -49.4kJ/mol$$

这就限制了 Mn 的充分还原，为了提高锰的回收率并限制 Si 的还原，需要添加石灰，使 CaO 与 SiO$_2$ 形成比硅酸锰更为稳定的硅酸钙，并把 MnO 置换出来，其反应为：

$$MnO \cdot SiO_2 + CaO \Longrightarrow CaO \cdot SiO_2 + MnO \qquad \Delta H^\ominus = -65.3kJ/mol$$

$$2MnO \cdot SiO_2 + 2CaO \Longrightarrow 2CaO \cdot SiO_2 + 2MnO \qquad \Delta H^\ominus = -101.6kJ/mol$$

添加 CaO 越多，MnO 被置换得越充分，锰的回收率也越高。因此，冶炼高碳锰铁为有渣法冶炼，一般碱度控制在 1.2~1.4 之间。

8.2.3 高碳锰铁的冶炼操作

8.2.3.1 操作要求

A 配加料

炉料应按规定配比准确称量，按焦炭、锰矿、石灰的先后次序和规定的料批组成配好料后，经斜桥或皮带送到料仓中，料仓中的炉料通过接在料仓下面的投料管，按需要加入炉内。密闭炉投料管内要经常充满炉料，这样可以保证料面高度稳定。

炉料从配料间输送到炉内必须保证能得到充分混合。小型炉用人工加料时，把料堆在平台上，按需要均匀地加入炉内。

B 炉前供电

由于锰的还原所需温度不高且低沸点的锰易挥发，要求炉膛温度不能太高，这就要求采用比冶炼硅铁低的二次电压和电极电流密度。例如冶炼高碳锰铁，3.2MV·A 矿热炉二次电压为 75~90V，电极电流密度在 4~4.5A/cm^2 范围内。

操作应严格按矿热炉供电制度送电，送电前先将电极适当提起后才能送电。三相电流表应保持平衡，最大波动不许超过 25%。正常冶炼时用电量不许低于正常负荷的 5%，严禁超负荷使用。

C 炉料分布

炉料沿电极围成锥体并保持适当的料面高度，是保证正常冶炼所必需的条件。对于密闭炉料面的维护取决于布料状况，而布料的好坏又与投料管的数量、分布和料嘴的形状等有关。

D 炉料透气性

冶炼过程中，料层有良好的透气性才能扩大炉膛反应区，使反应产生的高热还原性气体能大面积均匀、缓慢地通过料层，且将其显热和化学热充分地交换给炉料，使炉料得到加热和还原。炉料太碎，则透气性差，会出现气体从料面局部冲出和棚料、塌料现象。塌料时炉料突然落入高温区，在高温下由于水分的蒸发和高价氧化锰的分解或还原，产生的气体压力很大，使炽热的炉料和液态炉料从炉内喷出，这就破坏了正常的冶炼过程。所以，要求炉料块度适当大些。

E　电极插入深度

应经常注意电极的插入深度。适当的电极插入深度是保持炉况正常运行的重要条件，冶炼人员必须从原料、操作等方面对电极插入深度加以控制。电极上抬而不易插入是操作中常遇到的现象。电极上抬的害处是：使高温区上移，炉缸温度降低，渣铁难以排出；料面温度高，热损失大，产量低；设备寿命缩短，恶化劳动条件；渣铁温度低还会使 MnO 还原困难，渣中跑锰增加，降低锰的回收率，严重时会出现不合格产品。

造成电极上抬的原因是：炉料中还原剂焦炭过剩，使炉料电阻率降低、导电性增加，为了保持额定的操作电流，必须被迫上抬电极。焦炭块度过大，增加了炉料的导电性，矿石太碎，使炉料的透气性不好，反应区缩小。炉料水分多，一方面使石灰粉化，导致原料透气性变坏；另一方面造成原料刺火、翻渣，引起电流大幅度波动，电极被迫上抬。出铁口不通或炉渣碱度不适当、过分黏稠，炉内渣铁排不净，炉内电阻率减小，则电极上抬。处理措施是：适当降低焦炭的配入比例，紧急处理时可单加几批锰矿，碱度高、炉渣稠、排渣困难时可适当减少石灰配入量；作为紧急措施，也可偏加几批矿石，适当降低料面，使炉料化空，让电极插下去；原料中水分要少、粉矿要少，选用电阻率大的焦炭；若因炉眼小或有断电极头堵塞炉口而使渣铁排流不畅，可适当扩大炉眼并及时设法疏通炉口，排出炉内积渣；若电压太高，可改用低一级电压。

8.2.3.2　金属及炉渣成分控制

由于锰铁炉炉膛温度不太高（约 1500℃），炉渣中的 SiO_2 又都结合成硅酸钙，所以硅的还原程度不太大。但是在生产含硅小于 1.0% 的特殊高碳锰铁时，仍需通过减少还原剂量来加以控制。采用 SiO_2 含量高的贫锰矿冶炼时，合金硅含量通常高达 3%~4%，如欲获得低硅产品，则锰的回收率将显著降低。一般来说，合金硅含量越高，渣中锰含量越低。在保证产品硅含量符合要求的条件下，为提高锰的回收率，合金硅含量通常控制为比允许含量高 2%；同样理由，合金磷含量控制为比最高允许含量低 0.05%。

炉渣成分控制主要是对碱度进行控制。图 8-5 所示为冶炼高碳锰铁时炉渣锰含量与其碱度的关系。从图中可以看出，渣中锰含量随碱度的提高而显著降低，可保证锰矿中的锰被充分还原进入锰铁。但是当碱度大于 1.4 时，随着碱度的提高，渣中锰含量缓慢降低，而这种降低多是由于渣量增大而使锰被冲淡的结果。因此在实际生产中，应把碱度控制在 1.2~1.4 范围内。当碱度大于 1.5 时，会增加炉渣的黏度和难熔性，这不但会使排渣发生困难，以致影响整个冶炼过程，而且由于炉渣熔点升高，还会导致挥发物的损失增加。此外，由于碱度升高，渣量增加，这不但增加了炉渣中锰的损失，而且还会增加电能消耗。高碱度炉渣的黏度大、电阻率小，会减少电极的插入深度，从而导致炉况紊乱。

炉渣碱度不是每炉都需要做分析，应根据炉况和炉渣状态判断碱度的高低，

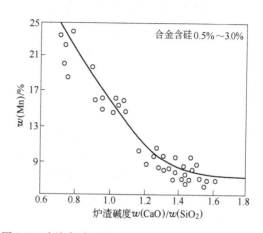

图 8-5　冶炼高碳锰铁时炉渣锰含量与其碱度的关系

并及时予以调整。炉渣碱度过高时，流动性差，发泡，容易挂包，渣面暗而粗糙，冷却后很快粉化；表现在炉况上是电极上抬，料面刺火、翻渣，出铁量少且渣中夹铁。碱度过低时，炉渣稀，渣面皱纹少，锰含量高。

在冶炼过程中，调整炉渣碱度可采取一次附加石灰或附加不带石灰料批的方法，也可在附加的同时增减料批中石灰用量。用白云石代替部分石灰把炉渣 MgO 含量提高到 4% ~ 7%，可以改善炉渣的流动性，并有助于降低炉渣的锰含量。高碳锰铁炉渣中 Al_2O_3 含量一般不超过 10%，当超过 10% 时，炉渣的黏度随 Al_2O_3 含量的提高而增大。

8.2.3.3　出铁及合金浇注

冶炼过程中要定时出铁，出铁次数根据炉容大小而定，通常，中小型炉每班出铁 2 次，大型炉每班出铁 4 ~ 6 次。

出铁口通常用铁钎捣开，渣铁同时流入砌有耐火砖衬并烘烤过的铁水包中，将铁水在包中进行静置，以提高锰的回收率。绝大部分炉渣经流渣嘴流入钢制渣罐内。出铁结束后，将炉渣送往渣池水淬，合金则经扒渣后直接注入锭模或用浇注机铸成小锭。

改进合金的浇注技术，是稳定合金成分、消除合金表面杂质、减少机械损失和降低电耗的重要措施。目前在高碳锰铁的生产中，合金浇注工艺主要有立式（锭模）浇注、过桥浇注、圆盘浇注和侧浇注。

立式浇注和过桥浇注能有效消除合金表面的杂质，但合金浇注时损失大，锰的回收率低。

圆盘浇注的特点是：浇注速度高，铁水冷却快，合金块度小，能减少合金内元素偏析，锰回收率高。

现在比较普遍采用的是侧浇注，其优点是能保证合金质量、铁液损失小、操作简便。具体方法是：在铁水包侧面靠底部挖出一个浇注孔，用盐卤镁砂与黄泥封好，外面用保险闸板盖好（插好铁销），在铁水包内均匀地铺一层干燥焦粉。浇注时打开浇注保险闸板，清除掉浇注孔外的黄泥和镁砂，用圆钢捣开浇注孔进行浇注。需要着重强调的是，浇注孔一定要认真检查，千万不能忘记此项工作。同时在做浇注孔时，一定要把镁砂和火泥堵结实。发现浇注孔过大时，要及时调换铁水包。

堵眼前的准备工作包括：炉前工与炉台冶炼工联系，使电极停止下插，以防炉内压力过大，造成堵眼时喷出渣铁伤人；先用堵耙探查炉眼内的情况，如炉眼底部是否有坑、坑的大小及位置，做到心中有数。堵眼时，操作者站的位置不可移动，并确定第一个泥球所放的位置，使堵眼后尽可能达到规定的炉眼深度；选择好大小合适的泥球，即比炉眼小但不过分小。堵眼泥球视炉眼大小而定，炉眼小、不易开时，泥球用 50% 焦粉掺耐火泥制成；炉眼大、易开时，应以 30% 焦粉、20% 电极糊碎块和 50% 耐火泥制成。

8.2.3.4　炉况的准确分析、判断和处理

保持正常的炉况是改善技术经济指标的重要条件。在实际生产中，原料、设备、操作等因素的变化经常使炉况产生异常波动。如果分析、判断不及时，处理不得当，常会导致炉况恶化，对生产指标造成不利的影响。为此，需要加强对炉况的分析、判断并及时采取措施，使异常炉况尽快得到恢复。

A　正常炉况的标志和维护

对于敞口炉而言，炉况正常的重要标志是料面透气性良好，冒火均匀，炉料均衡地大

面积下沉；对于密闭炉，炉内压力的选择及稳定是安全运行的重要条件，一般采用微正压（0～400Pa）操作，以保持炉气量和炉气成分稳定。炉气中氢含量要小于8%，氧含量要小于3%。过大的正压会破坏炉子的密封性，表现为炉顶冒烟喷火；如果在过低的负压下操作，将会吸入空气，使煤气中的氧含量增加，容易引起爆鸣甚至爆炸事故。

在高碳锰铁生产中，正常炉况的标志为：三相电流基本平衡，三相电极保持平衡深插，随冶炼时间的延长而缓慢上升；料面透气性好，均匀冒出短而黄的火焰，无塌料、刺火现象，炉料均匀下沉；出铁、出渣流动性好，渣铁温度高，并有少量的过剩碳排出；出铁后料面下沉好，炉内和炉墙边无积渣，熔化区大；合金成分稳定，炉渣碱度合适，对于密闭炉，炉内压力稳定。

为了维护好正常炉况，确保冶炼顺利进行，可采取下列措施：选用原料的化学成分和物理性能要符合入炉技术要求，并保持相对稳定，配比要准确，配料要准确；保证电极插入炉料足够深度；料面布置要合理，要保持高炉心、宽大锥体形状；控制炉渣碱度在0.6～0.8范围内，并保持炉渣有良好的流动性；选择合适的二次电压，送足负荷，维护好炉眼。

B 异常炉况的判断和处理

冶炼高碳锰铁时，由于原料、操作等方面的变化，会使炉况产生波动，甚至出现恶化现象，合金中硅含量高、碳含量低，渣铁温度低，炉渣流动性差，出铁、出渣困难。

（1）焦炭用量过多或粒度过大。焦炭用量过多或粒度过大会使电极下插困难，电流波动，料面温度高，刺火、塌料现象多；合金中硅含量高、碳含量低，渣铁温度低，炉渣流动性差，出铁、出渣困难。处理方法为：根据炉内多碳程度，可在料批中适当减少焦炭的配入量，也可在电极周围和炉心附加重料或者减小焦炭粒度。

（2）焦炭用量不足或粒度过小。焦炭用量不足或粒度过小会使电极插入过深，负荷送不足并有波动；炉渣中MnO含量高，合金中硅含量低、锰含量低、碳含量高，严重时炉口有翻渣现象。处理方法为：根据炉内缺碳程度，可以在料批中增加焦炭的配入量，也可在电极周围和炉心附加焦炭或者增大焦炭粒度。

（3）合金和炉渣成分的异常波动。在实际生产中，合金和炉渣成分的异常波动可以看成是炉况波动的先期预兆，要高度重视，一旦发现就应该及时分析、抓紧处理，使异常波动尽快变成正常波动。如果对异常波动不重视、不抓紧采取措施，就会导致炉况恶化，甚至造成产品出格。此外，合金成分和炉况的异常波动又是分析炉况的重要依据，有利于从经验判断变成科学判断，提高判断的准确性。为了加强对合金和炉渣成分异常波动的分析，首先要建立一套完整的化验分析制度，其中包括合金成分全分析制度和炉渣成分定期分析制度；其次可以借助全面质量管理的一些工具（例如控制图等）实行动态监视，并相应建立质量分析制度，正确指导炉况的处理。

8.2.3.5 各类冶炼事故的预防

常见的冶炼事故除电极事故外，还有跑眼、炉眼烧穿、开堵眼困难和锭模熔铁等事故。

A 跑眼事故

如果规定的出铁时间未到，渣铁就从炉眼自动跑出，则称为跑眼事故。发生跑眼事故不仅造成铁水损失，而且极容易烧坏设备，危及操作人员的安全，这是需要严格防止的事故。

产生跑眼事故的原因主要有堵眼深度不够、炉眼侵蚀严重、炉眼附近炉墙变薄且未及时调换炉眼。用料不准、渣型控制不当也是导致跑眼的一个主要原因。

跑眼事故的处理方法为：跑眼后，当渣铁流头较缓时，应设法堵牢；当渣铁流头较稳时，可将炉口该相电极抬起，减小炉内压力，再设法堵牢。如果跑眼离正常出铁时间较近，可做出铁处理。如遇特殊情况或短时间内无法堵牢时，应立即停电抬起电极，再设法堵牢。

为了防止跑眼，平时要加强观察，一旦发现炉眼火焰呈白色时，应立即添加堵眼材料。要保证堵眼深度和泥球厚度，使炉眼始终呈喇叭形，内小外大。炉眼用到数炉后或见到塌料时，应及时堵眼，可在料批中适当增加焦炭用量或一次性附加量，使电极上抬，高温区上移。

为了减少跑眼造成的安全事故，平时出铁口下面一定要放备包。

B 炉眼烧穿

由于砌筑炉衬时炉口炭砖与炉墙炭砖的打结不符合要求，炉温升高后，铁水就会从缝隙中渗透而烧穿出铁口。平时对炉眼维护不当和经常缺碳操作，也会引起炉眼烧穿。一般来说，炉眼维护不当的因素占较大比例。

炉眼烧穿后应立即停电，找出炉眼烧穿的确切部位，然后敲清烧穿部位的渣子，用电极糊或盐卤镁砂填实烧穿的部位。烧穿严重时，可在炉壳外打"背包"灌电极糊，即敲清炉眼（扩大外口），用软、硬电极糊相间的方法将炉眼封堵。可在炉膛内插入一块带有弧度的钢板至炉底，炉底的底部和两侧用耐火土封实（不让液糊流出），然后把炉眼外口至炉膛铁板内的渣子或杂质全部清理掉。应内外结合，外口砌筑好炉眼，铁板内加入块度小于100mm的碎电极糊（速度不宜快）并经常用细的钢钎捣实。送电时，铁板底部可附加一些石灰，防止电弧光击穿铁板，电流缓慢上升。这种方法称为灌炉眼，效果较好，但劳动强度大，停电时间长。

C 开眼、堵眼困难

堵眼困难往往是由炉眼内大外小、炉眼下面有沟槽、堵眼时流槽内的渣子未除掉、堵眼操之过急而引起的。处理方法是：清理流槽内和炉眼四周的渣铁，遇到内大外小的炉眼时，在堵眼前搭电扩大炉眼外口，将硬渣或夹渣铁塞到炉眼里面，以挡住炉膛内渣铁的流头，然后用硬度适中的泥球再堵眼。若还有少量渣外流，可借助水的冷却迫使液渣凝固，但在开眼前一定要清理掉渣铁。

开眼困难主要有三个原因：一是炉底温度低，高温区上移；二是炉眼开得偏移（过高或过低）；三是炉眼内残渣与泥球或炉眼四周熔为一体，硬度大，不导电。处理方法是：清理流槽与炉眼四周的积渣，必要时敲深炉眼余量。开眼要正，由炭砖逐步向正中移动，不可使圆钢熔化的铁水结在炉眼内、开成凹坑或使圆钢断在炉眼内。在没有其他方法的情况下，用氧气烧开。

D 锭模熔铁

造成锭模熔铁的主要原因是锭模冷却时间短或涂料少、涂刷不均匀。预防的方法是：涂料加入锭模内应用冷却水稀释，并用扫帚搅拌冷却水，使稀释的水溶液均匀地黏附在模壁上。应注意控制浇注速度，使行车不停地移动。

8.2.4 高碳锰铁的配料计算

8.2.4.1 原料条件
假设的原料条件如表8-6所示。

表8-6 假设的原料条件 （%）

原　料	化 学 成 分					
	Mn	Fe	P	SiO$_2$	CaO	C
锰矿甲	39	4	0.04	6	3	
锰矿乙	33	15.6	0.2	12	0.5	
焦　炭						84
石　灰				1.2	87	

8.2.4.2 计算依据
（1）产品成分为：Mn 67.0%，Si 2.0%，C 6.0%，P 0.3%，其他杂质（除 Fe 以外的其他杂质）0.5%；

（2）炉渣碱度：$w(CaO)/w(SiO_2) = 1.3$；

（3）焦炭在炉口的烧损为10%；

（4）锰矿中主要元素的分配见表8-7。

表8-7 锰矿中主要元素的分配 （%）

元　素	入合金	入渣	挥　发
Mn	按图8-3选取	余　量	10
Fe	95	5	
P	75	5	20

8.2.4.3 计算过程
（1）锰矿搭配比计算。按满足合金要求的锰含量计算，设需锰矿甲 $x$kg、锰矿乙 $y$kg，因为100kg碳素锰铁含锰67kg，故铁含量为：

$$100 - 67 - 2 - 6 - 0.3 - 0.5 = 24.2kg$$

选取锰矿甲的锰回收率为79.5%、锰矿乙的回收率为75.5%，列出二元方程式：

$$x \times 39\% \times 79.5\% + y \times 33\% \times 75.5\% = 67$$

$$x \times 4\% \times 95\% + y \times 15.6\% \times 95\% = 24.2$$

解得：$x = 108.1$kg，$y = 136.1$kg。

把两矿换算成百分数或千克数，得：

$$锰矿甲比 = \frac{108.1}{108.1 + 136.1} \times 100\% = 44.3\% （或44.3kg）$$

$$锰矿乙比 = 100\% - 44.3\% = 55.7\% （或55.7kg）$$

现以100kg混合矿（其中锰矿甲44.3kg，锰矿乙55.7kg）为基准进行计算。经计算，两矿混合后的化学成分为：Mn 35.66%，Fe 10.46%，P 0.129%，SiO$_2$ 9.34%，CaO

1.61%。选取冶炼时锰的回收率为77.6%，则100kg混合矿冶炼出的合金量为：

$$\frac{100 \times 0.3566 \times 0.776}{0.67} = 41.3kg$$

合金磷含量为：　　　$\frac{100 \times 0.00129 \times 0.75}{41.3} \times 100\% = 0.234\%$

因合金磷含量小于0.3%，故可用上述两种锰矿搭配冶炼。

（2）需碳量计算。需碳量包括合金渗碳量、MnO还原需碳量、FeO还原需碳量和SiO_2还原需碳量四部分。

1）合金渗碳量：　　　$41.3 \times 0.06 = 2.478kg$

2）MnO还原需碳量，按化学反应式$MnO + C = Mn + CO$，则为：

$$\frac{12 \times 100 \times 0.3566 \times (0.776 + 0.10)}{55} = 6.816kg$$

3）FeO还原需碳量，按化学反应式$FeO + C = Fe + CO$，则为：

$$\frac{12 \times 100 \times 0.1046 \times 0.95}{56} = 2.13kg$$

4）SiO_2还原需碳量，按化学反应式$SiO_2 + 2C = Si + 2CO$，则为：

$$\frac{24 \times 41.3 \times 0.02}{28} = 0.708kg$$

综上，共需纯碳量为：$2.478 + 6.816 + 2.13 + 0.708 = 12.13kg$。换算成干焦，并考虑到炉口烧损，则需干焦量为：

$$\frac{12.13}{0.84 \times 0.9} = 16kg$$

（3）石灰需要量计算。

被还原的SiO_2量为：　　　$\frac{60 \times 41.3 \times 0.02}{28} = 1.77kg$

100kg混合矿中含$SiO_2$9.34kg和CaO 1.61kg，则需补加的CaO量为：

$$(9.34 - 1.77) \times 1.3 - 1.61 = 8.23kg$$

石灰中的有效CaO含量为：

$$\frac{87 - 1.77 \times 1.3}{100} \times 100\% = 84.7\%$$

故石灰需要量为：　　　$8.23/0.847 = 9.7kg$

综上，料批组成为：混合矿100kg（其中锰矿甲44.3kg，锰矿乙55.7kg），干焦炭16kg，石灰9.7kg。

8.3　锰硅合金

锰硅合金是由锰、硅、铁及少量碳和其他元素组成的合金，是一种用途较广、产量较大的铁合金，其消耗量占矿热炉铁合金产品的第二位。

锰硅合金中锰和硅与氧的亲和力较强，在炼钢中使用锰硅合金，产生的脱氧产物

$MnSiO_3$ 和 $MnSi$ 的熔点分别为 1270℃ 和 1327℃，具有熔点低、颗粒大、容易上浮、脱氧效果好等优点。在相同条件下使用锰或硅单独脱氧，其烧损率分别为 46% 和 37%；而用锰硅合金脱氧，两者的烧损率都是 29%。因此，锰硅合金在炼钢中得到了广泛的应用，其产量增长速度高于铁合金的平均增长速度，更高于钢的增长速度，成为钢铁工业不可缺少的复合脱氧剂和加入合金。另外，碳含量在 1.9% 以下的锰硅合金还是用于生产中低碳锰铁和电硅热法生产金属锰的半成品。

锰硅合金可在大、中、小型矿热炉内采取连续式操作进行冶炼。鉴于锰硅合金的使用对象不同，通常把炼钢使用的锰硅合金称为商用锰硅合金，把生产中低碳锰铁使用的锰硅合金称为自用锰硅合金，把生产金属锰使用的锰硅合金称为高硅锰硅合金。

8.3.1 锰硅合金的原料

生产锰硅合金的原料有锰矿、富锰渣、硅石、焦炭、白云石（或石灰石）、萤石、石灰等。

（1）锰矿和富锰渣。生产锰硅合金可使用一种锰矿或几种锰矿（包括富锰渣）的混合矿。由于锰硅合金要求铁、磷含量比高碳锰铁低，入炉料中约 95% 的铁和约 75% 的磷进入产品，而入炉料中的铁和磷绝大部分是由锰矿带入的，因此，锰矿中的铁含量和磷含量直接影响到锰硅合金的质量，要求冶炼锰硅合金的锰矿有更高的锰铁比和锰磷比，见表8-8。对于入炉锰矿石、富锰渣的锰含量，一般要求混配后的入炉矿锰含量在 30% 以上。混合锰矿（渣）的锰含量是影响冶炼指标的决定因素，对锰的回收率和产品单位电耗具有很大的影响。图 8-6 所示为锰矿品位对锰硅合金技术经济指标的影响。

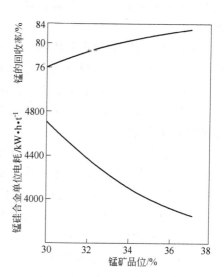

图 8-6 锰矿品位对锰硅合金技术经济指标的影响

表 8-8 某厂商用锰硅合金用矿的技术指标

生产牌号	要求		
	$w(Mn)(\geqslant)$/%	$w(Mn)/w(Fe)(\geqslant)$	$w(P)/w(Mn)(\leqslant)$
FeMn64Si27	35.0	7.5	0.0036
FeMn67Si23	35.0	7.8	0.0035
FeMn68Si22	34.0	8.0	0.0034
FeMn64Si23	33.0	5.8	0.0036
FeMn68Si18	32.0	7.0	0.0034
FeMn64Si18	32.0	5.0	0.0036
FeMn68Si16	31.0	6.3	0.0034
FeMn64Si16	30.0	4.3	0.0043

锰矿中二氧化硅含量通常不受限制，采用二氧化硅含量较高（SiO_2 30%~40%）的锰矿来冶炼锰硅合金，在技术上是允许的，在资源上是合理的。锰矿中 CaO 和 MgO 是生产锰硅

合金的有益成分。锰硅合金的生产是有渣冶炼，当炉渣三元碱度 $\frac{w(\mathrm{CaO})+w(\mathrm{MgO})}{w(\mathrm{SiO_2})}=0.6\sim$ 0.8 时，熔渣的流动性好，有利于反应区的扩大及锰、硅元素的还原，锰元素的回收率高，渣中的铁损失少，有利于排渣及炉况顺行。若混合锰矿中 CaO 和 MgO 含量较高，则可以少加或不加石灰、白云石等熔剂。我国有许多铁合金生产企业在锰硅合金生产中都采用了搭配 CaO 和 MgO 含量较高的中低碳锰渣，或者配入一定数量的富含 CaO 和 MgO 的自熔性烧结矿或焙烧矿，在入炉料中少加或不加石灰、白云石等熔剂，获得了较好的技术经济指标。

锰硅合金炉料中的 $\mathrm{Al_2O_3}$ 在冶炼中很难还原，几乎全部进入炉渣。当炉渣中 $\mathrm{Al_2O_3}$ 含量过高时，炉渣熔点升高、黏度增大，排渣困难，有时不得不使用大量助熔渣料以利于排渣，致使渣量增加。通常选用 $\mathrm{Al_2O_3}$ 含量较低的炉料生产锰硅合金，以适当降低生产的渣铁比，或者用低渣比法生产锰硅合金，这样有利于炉况顺行及锰硅合金生产的技术经济指标。

锰矿中最有害的杂质是 $\mathrm{P_2O_5}$，它是锰矿石质量判断的主要控制指标之一。在炉内强烈的还原性气氛下，$\mathrm{P_2O_5}$ 绝大部分还原成磷进入合金中，使产品中磷含量升高，品级下降。

锰矿中还含有一定数量的硫，在矿热炉的高温状态下，硫大部分挥发掉或转入炉渣，仅有约 1% 进入合金。为了避免由于矿石中硫含量过高而导致合金中硫含量超标，应对高硫锰矿进行预处理。

有些锰矿还含有铅、锌、铜、镍等成分，应对碳质炉底进行特殊处理，在充分保护炉底的基础上尽量回收提取其中的重金属。

锰矿粒度一般为 10~80mm，小于 10mm 的粒级比例不能超过 10%。

（2）硅石。要求硅石 $w(\mathrm{SiO_2})>97\%$，$w(\mathrm{P_2O_5})<0.02\%$，粒度为 10~40mm，不带泥土及杂物。有些锰硅合金生产企业利用硅铁生产的副产品——硅铁渣来代替部分硅石，由于硅铁渣中有一定量的 Si 和 SiC，其中的硅可以直接进入合金，起到改善炉内还原气氛、提高产量、降低电耗的作用。硅铁渣的化学成分如表 8-9 所示。

表 8-9　硅铁渣的化学成分　　　　　　　　　　　　（%）

序 号	SiO₂	FeO	Al₂O₃	CaO	MgO	SiC	Si
1	41.59	6.47	16.32	0.79	0.24	30.20	9.43
2	43.26	12.29	10.20	2.13	0.08	7.32	23.56

（3）焦炭。要求焦炭固定碳含量不小于 84%，灰分含量不大于 14%；关于粒度，一般中小型炉使用 5~13mm，大型炉使用 15~30mm；水分含量小于 8%。

（4）白云石。要求白云石 $w(\mathrm{MgO})>19\%$，$w(\mathrm{SiO_2})<2.0\%$；用于生产高硅锰硅合金的白云石，其 $w(\mathrm{Fe_2O_3})<0.4\%$。关于白云石的粒度，中小型炉要求为 10~40mm，大型炉要求为 25~60mm。

有些企业利用中锰渣、低锰渣或碳锰渣代替部分熔剂配入锰硅合金炉料，同样可以起到调整炉渣碱度的作用。同时，由于中锰渣、低锰渣或碳锰渣的锰铁比和锰磷比都很高，配入炉料后混合料的锰铁比和锰磷比也相应获得提高，实现了循环利用，既减少了熔剂和硅石的配入量，又提高了锰硅合金的品级率和锰的综合回收率。

对石灰的要求与冶炼高碳锰铁相同。

8.3.2 锰硅合金的冶炼原理

如前所述，锰的高价氧化物不稳定，受热后容易分解或被 CO 还原成低价氧化物 MnO，而 MnO 较稳定，只能用碳直接还原。由于炉料中 SiO_2 含量较高，MnO 还没来得及还原就与之反应生成低熔点（1250~1345℃）的硅酸锰（富锰渣中的锰硅也是以硅酸盐的形式存在）。因此，从 MnO 中还原锰的反应实际上是在液态熔渣的硅酸盐中进行的，反应为：

$$MnO + SiO_2 \Longrightarrow MnSiO_3$$

$$2MnO + SiO_2 \Longrightarrow Mn_2SiO_4$$

由于锰与碳能生成稳定的化合物 Mn_3C，用碳直接还原 MnO 得到的不是纯锰而是锰的碳化物 Mn_3C，反应为：

$$MnO \cdot SiO_2 + \frac{4}{3}C \Longrightarrow \frac{1}{3}Mn_3C + SiO_2 + CO$$

炉料中的氧化铁比氧化锰容易还原，还原出来的铁与锰形成共熔体 $(Mn, Fe)_3C$，大大改善了 MnO 的还原条件。在有铁存在的条件下，Mn 和 Si 的还原更容易进行。

随着温度的升高，硅也被还原出来，其反应为：

$$SiO_2 + 2C \Longrightarrow Si + 2CO$$

由于硅与锰能够生成比 Mn_3C 更稳定的化合物 MnSi，当还原出来的硅遇到 Mn_3C 时，Mn_3C 中的碳被置换出来，使合金碳含量下降，其反应为：

$$\frac{1}{3}Mn_3C + Si \Longrightarrow MnSi + \frac{1}{3}C$$

被还原出来的硅越多，碳化物被破坏得越彻底，合金碳含量也就越低，这是冶炼低碳锰硅合金的理论依据。随着硅含量的增加，合金中碳含量逐渐减少。

用碳从液态炉渣中还原硅和锰生产锰硅合金的总反应式为：

$$MnO \cdot SiO_2 + 3C \Longrightarrow MnSi + 3CO \quad \Delta G = 3821656.6 - 2435.67T \quad (J/mol) \quad T_开 = 1569K$$

炉料中磷的氧化物在较低温度下即被还原，还原反应按下式进行：

$$\frac{2}{5}P_2O_5 + 2C \Longrightarrow \frac{4}{5}P + 2CO \quad \Delta G = 85100 - 81.32T \quad (J/mol) \quad T_开 = 1046K$$

炉料中的磷约有 75% 进入合金。

液态锰硅合金中溶解的碳是随高温镇静时间的延长而减少的。所以液态锰硅合金在凝固前，通过保温镇静可使溶解于其中的 C 和 SiC 充分上浮，得到碳含量更低的锰硅合金，不同硅含量的锰硅合金镇静后，碳含量均有明显降低。生产锰硅合金时，也可用耙子轻轻推去浮在上面的碳。

在锰硅合金的冶炼过程中，为了改善硅的还原条件，炉料中必须有足够的 SiO_2，以保证冶炼过程始终处在酸性渣条件下进行；但是如果渣中 SiO_2 过量，则会造成排渣困难。通常冶炼锰硅合金的炉渣成分为：$w(SiO_2) = 34\% \sim 42\%$，$\dfrac{w(CaO) + w(MgO)}{w(SiO_2)} = 0.6 \sim$

0.8，$w(Mn) < 8\%$。

8.3.3 锰硅合金冶炼的影响因素

锰硅合金的生产与电炉高碳锰铁一样，都是在矿热炉内进行的，采用有渣法冶炼，操作方法与高碳锰铁相似。渣铁比受入炉锰原料锰含量的影响较大，入炉锰原料的锰含量高，则渣量少；反之，渣量就多。渣铁比波动范围一般为$0.8 \sim 1.5$。

冶炼锰硅合金时，炉膛渣层上面有一被炉渣浸泡和包围的焦炭层，该焦炭层对加速还原反应和均衡电功率分布起着重要作用。随着炉料过剩碳的积累，该焦炭层加厚，也会引起电极上移，所以出铁口排碳是必要和正常的。

8.3.3.1 配碳量对焦炭层和炉况的影响

当炉料中配碳量过大时，炉料电阻减小、导电性增强，使电极上抬，焦炭层增厚，焦炭层部位上移，因而炉膛熔池坩埚缩小，刺火、塌料现象增多，合金硅含量增高，炉口的外观现象与硅铁生产还原剂过多时基本相似。这种现象如果持续下去，则会由于电极插入深度不够而使高温区上移，炉口温度升高，使电极进一步上抬，炉内刺火、塌料严重，进而炉底温度下降，SiO_2不能充分还原，合金中硅含量开始下降，同时除铁排渣不畅；对于密闭炉，则因炉口温度升高导致煤气压力升高且不稳定。当炉况出现上述情况时，即可判定为还原剂过量或粒度过大，此时必须及时调整炉料的配碳量，必要时配入不带焦炭的料批。

当炉料中配碳量不足时，会引起焦炭层减薄，此时电极虽然插得较深，但负荷给不足，炉料消耗慢，炉口翻渣频繁，炉口火焰低而无力；由于还原剂不足，入炉SiO_2的还原率降低，锰的还原率也随之下降，出炉炉渣中MnO和SiO_2的含量升高；合金中锰、硅的含量降低，磷含量升高。这时料批中应增加配碳量，甚至单独配加还原剂。

因此，准确计算配料比，特别是还原剂的用量，直接关系到产量和产品质量及其他各项技术经济指标。焦炭层的部位和厚度不仅取决于配碳量，还取决于混合锰矿的粒度和性质以及炉容、炉型参数、操作制度等因素。在某一特定矿热炉和相同原料条件下，其取决于还原剂粒度和矿热炉操作制度。

配碳量是先通过配料计算，再综合考虑矿热炉生产中的一些实际情况进行具体修正而确定的。如当炉渣碱度较高时，熔渣较稀，出铁后期熔渣带走的生料和还原剂较多，则配碳量应稍增加些；当出铁口使用时间较长、出铁口孔径增大时，出铁带走的焦炭较多，配碳量也需增加一些。

8.3.3.2 炉渣碱度的影响

冶炼锰硅合金的操作虽然与冶炼高碳锰铁相似，但是存在产生低熔点的黏稠炉渣与冶炼过程需要高温的矛盾，所以在操作上比冶炼高碳锰铁要难些，尤其是容易出现炉口翻渣。为了使冶炼正常进行，除应注意入炉料的质量外，还必须特别注意炉渣成分的控制。

为使SiO_2充分还原，需要提高其活度。从SiO_2还原的热力学条件来说，炉渣碱度的选择似乎应该越低越好，但是当碱度小于0.5时，虽然SiO_2的活度大，但其炉渣的黏度也大，使熔渣中SiO_2的传质速度低，熔渣的导电性差，炉底温度不均匀性增加；特别是使炉膛内温度梯度增加，距离电极稍远的区域熔渣温度降低，SiO_2还原困难，硅的回收率低，黏稠熔渣中的一些高熔点物质（如SiC等）在炉内积存，难以排出炉外。具体表现为：渣液黏稠，出炉排渣困难，排渣不彻底，炉口容易翻渣，矿热炉常常加不满负荷，炉底温度偏低，熔池坩埚缩小，吃料速度趋缓，生产效率降低，合金中硅含量低、碳含量高，渣中跑锰损失增大。

向炉料中添加适当的石灰或白云石等碱性物料，有利于增加炉渣的流动性和导电性，从而提高 SiO_2 的还原率，改善炉况，提高锰硅合金生产的技术经济指标。

在规定的限度范围内，提高碱度可以改善炉渣的导电性和流动性，使输入炉内的电能可以在较大的范围内均匀分布，减小炉内反应区的温度梯度，有利于加快 SiO_2 的传质速度，改善 SiO_2 还原的动力学条件，而不会由于碱度的提高使 SiO_2 活度下降而恶化 SiO_2 还原的热力学条件。需要特别注意的是，不能单靠增加碱性物质来实现炉渣碱度的提高，重要的是要提高 SiO_2 的还原率，只有提高炉温及硅的还原率才能提高锰的回收率。倘若只是通过增加炉料中的 CaO、MgO 含量来增加炉渣的碱度，则会降低 SiO_2 在渣中的活度，因而限制了 SiO_2 的还原，同时锰的还原也得不到提高；而且通过增加配料中 $\dfrac{w(\text{CaO}) + w(\text{MgO})}{w(\text{SiO}_2)}$ 的值来提高炉渣碱度，其增加值也是有限的。在这种情况下，由于 SiO_2 的活度随渣碱度的提高而逐渐减小，使 SiO_2 还原的热力学条件变差，导致硅还原速度降低，进而锰的还原率降低，使渣量增加，炉渣跑锰增加。因此在锰硅合金生产时，较高或合适的炉渣碱度是依靠提高硅的还原率来达到的，只有 SiO_2 的还原率得到提高，锰的回收率才能得到真正的提高。

碱度过高，则成渣温度降低，炉内温度提不高，加之 CaO 与 SiO_2 结合成硅酸盐，使 SiO_2 的还原困难，合金硅含量上不去；此外，碱度过高还导致炉渣过稀，出铁时带走的生料多，出铁口容易烧坏，炉眼也不好堵，因此碱度不能太高。

生产中可根据渣量和渣的流动性来判断炉渣碱度。正常冶炼时，每炉的渣量和铁量在一定范围内波动。若出渣过多，出铁较少，则说明碱度高；若渣量少且流动性差，出铁口挂渣，则说明碱度低。炉渣的流动性与碱度直接相关，渣稀，碱度就高；渣稠，碱度就低。

提高合金的硅含量需要有合适的炉渣成分。生产实践指出，当碱度 $w(\text{CaO})/w(\text{SiO}_2) = 0.5 \sim 0.7$ 时，合金硅含量高。此外，炉渣中含有少量的 MgO（5% ~ 7%）能大大改善炉渣的流动性，有利于炉温的提高，促进 SiO_2 的还原。

8.3.3.3 炉温的影响因素

二氧化硅是较难还原的氧化物，它的还原程度与还原剂用量，特别是与炉温有关。要使锰硅合金生产顺利进行，除了还原剂用量要合适外，关键是要提高炉内的温度。

在连续生产中，炉渣的熔点对炉温有很大的影响。在冶炼锰硅合金时，因为炉渣中的 SiO_2 和 MnO 在 1240℃下生成低熔点的硅酸锰，而从 $MnSiO_3$ 中还原得到含硅 20% 的合金溶液的开始还原温度为 1490℃，因此，冶炼硅含量较高的锰硅合金的主要问题也是炉温。

锰矿的品位和粒度对炉温也有一定的影响。锰矿中锰含量增加，则渣量减少，可以相应地延长出炉时间，均匀并提高炉温。锰矿粒度合适、粉末率低，则炉料透气性好，整个炉口均匀冒火，料层均匀下沉，炉料预热好，落入下部反应区时带入较多的热量，生产技术经济指标较好。如果粒度较大，则熔化速度减慢，成渣温度提高，虽然有助于提高炉温，但塌料现象会有所增加。

电极工作端的长度对炉温有着直接影响。9 ~ 12.5MV·A 矿热炉冶炼锰硅合金时，电极的正常插入深度为 1.2 ~ 1.4m，工作电压为 130 ~ 145V；3 ~ 6MV·A 矿热炉冶炼锰硅合金时，电极的正常插入深度为 600 ~ 800mm。

此外，如果骑马炭砖受到侵蚀变薄，炉眼太大，造成出铁时淌料严重，也将影响炉温的提高，从而影响合金中硅含量的提高。

8.3.3.4　锰回收率的影响因素

锰的回收率是生产锰硅合金的一项重要指标，提高锰的回收率就是要减少进入炉渣和随炉气逸出的锰量。炉渣中锰含量与炉渣碱度有关，见表 8-10。碱度越高，渣中锰含量越低。但不能由此得出碱度越高，锰回收率越高的结论。因为随着炉渣碱度的增高，渣量相应增大，虽然渣中锰的百分比下降，但炉渣中的跑锰量并不一定减少。实践经验认为：当碱度由 0.2 增大到 0.7 ~ 0.8 时，锰的回收率随着碱度的增加而提高；当碱度进一步提高时，锰的回收率反而降低。

表 8-10　炉渣中锰含量与炉渣碱度的关系

碱度 $w(CaO)/w(SiO_2)$	0.21 ~ 0.3	0.24 ~ 0.4	0.41 ~ 0.5	0.51 ~ 0.6	0.61 ~ 0.7	0.71 ~ 0.8	0.81 ~ 0.9
炉渣中锰含量/%	10.3	9.6	8.35	8.41	7.25	5.76	4.88

为了减少随炉气逸出的锰量，就要避免高温区过于集中，减少锰的挥发，因此二次电压不能过高。如果电极插得深，则料柱厚，炉气外逸时有比较长的行程，炉料能够吸收部分挥发的锰，可以减少锰的挥发损失。

8.3.4　锰硅合金的冶炼操作

冶炼锰硅合金的炉温要求比高碳锰铁高，对炉况的掌握要比生产高碳锰铁困难些。为此，在操作上要求精心细致，准确判断炉况并及时处理。在操作中特别要重视还原剂的用量和炉渣成分，以确保炉况的顺行。

8.3.4.1　配料与加料操作

锰硅合金生产采用连续操作方法，炉料必须按规定配比准确称量，并按富锰渣、锰矿、硅石、焦炭的次序配料，每次只能上一批料，石灰单上。料中不能混有高磷铁和有害杂质。

加料前首先把热料推向电极周围，然后再加入新料。炉口发现悬料及死料区时，必须用铲子戳穿。当炉料下塌时，必须将炉口的熟料推到塌区后加冷料压火。加料应做到"勤加、少盖、轻加、近加和均匀加"的加料方法，不允许冒白火，以保证闷烧。石灰单独加在电极周围。

电极插入深度为 400 ~ 600mm，冶炼过程中都要保持满负荷运行。每班下放电极一次，下放长度为 150mm 左右，放完电极后送电，二次电压与硅铁 75 矿热炉相同。送电时电流由小到大逐渐升高，10min 后给满负荷。出炉时不得随意下放电极，应随电流下降使电极均匀下插；正常情况下坚持满负荷操作，在保证变压器安全的前提下，可超负荷 15%。

8.3.4.2　炉口操作

冶炼锰硅合金时要求电极深而稳地插在料中，炉口冒火均匀，保持料面呈平顶锥体形状。为保证正常炉况，应按照"低料面、深电极、满负荷"的要求进行冶炼操作，料面以顶端与炉口平齐或略低于炉口为宜，尽量进行大料面的闷火操作。料面应保持一定的锥度，呈馒头形状（不能呈凹陷形料面），使热能得以充分利用。每隔 1 ~ 1.5h 要用钢钎松动烧结的料层,以保持良好的透气性,加速炉内反应。

出炉后下放电极时,传料、收料要及时而快速,尽量缩短辅助时间,以减少热能的损失。

8.3.4.3 出铁与浇注

要按规定出铁时间准时出铁。如遇特殊情况,可由炉长按实际情况临时变动出铁时间,炉况正常后仍需按规定时间出铁。出铁前必须做好一切准备,出铁场所、工具、合金流槽、渣铁分离池、铸铁盆必须烘干,防止爆炸事故发生。

出铁时,出铁口要正开、口径适当(5~6MV·A 矿热炉为 100mm 左右)、里小外大、呈圆形,保证渣铁畅通无阻和堵口操作方便。为使炉内渣铁排尽,出炉时要用钢钎捅出铁口,狠拉渣。

出完铁后堵眼,要选择大小适宜的堵耙和泥球。出铁口小时,泥球要掺入 50% 以上的焦粉;出铁口大时,泥球要掺入 50% 以上的碎电极糊,以确保出铁口寿命,达到好开、好堵的目的。堵眼时,要将泥球堵进出铁口里端与炉墙平齐,以保证出铁口部分的炉墙尽量少地被渣铁侵蚀。

渣铁流入渣铁分离池进行分离,随后再将液体合金注入铸铁盆铸块。合金在渣铁分离池内要镇静适当时间后再浇注,浇注时应采用"低温、慢速、细流"的浇注方法,渣铁分离池内合金要流尽,渣液要避免流入铸铁盆,保证合金不夹渣。

铸铁盆应刷一层均匀的铁水以便于脱模,为了延长铸铁盆寿命,应在盆内垫一些同牌号合金加以保护。

在浇注中期取液体合金样品,供化验分析。合金每炉都必须分析 Mn、Si、P 三种元素,必要时还需分析 C。出炉中期在流槽中取炉渣液体样。正常情况下,每周做一次炉渣分析,分析项目是 MnO、CaO、SiO$_2$、MgO、Al$_2$O$_3$。对合金成分的控制要求是:锰含量比最低标准高 2%,硅含量比最高标准高 1.5%~2%,磷含量比最高允许含量低 0.05%。

浇注完毕,要待合金冷却凝固后才能吊铁,以防止将铁吊漏,造成合金损失和影响合金的外观质量;但也不能凝固时间太长,以免合金碎裂。每炉合金要放在指定的精整盘上,以便精整入库。合金表面的浮渣和析出的碳化物必须扒干净,以保证合金质量。将精整好的块度为 100~150mm 的合金包装入库。

8.3.4.4 炉况判断

炉况正常的标志,对敞口炉是:料面透气性好、冒火均匀,炉料均匀地大面积下沉,不塌料、不刺火、不翻渣,电流稳定,出铁量正常,成分稳定,渣的流动性好;对密闭炉是:炉内压力稳定,其他标志与敞口炉相同。但由于许多因素的影响,在冶炼过程中炉渣碱度会有变化,因而需要及时调整。但必须全面准确判断后才能进行,因为这些变化通常是互相影响的,例如,碳量不足,炉渣碱度就低。

冶炼过程中出现刺火、塌料和翻渣等不正常的炉况,除与炉料质量(成分、粒度及水分含量等)、还原剂用量和炉渣碱度等有关外,操作人员的维护情况也不容忽视。

使用足够的配碳量是冶炼锰硅合金不可缺少的重要条件之一。但是当还原剂过剩时,电极在炉料中的插入深度较浅,料层变薄,电极周围的炉料沿电极漏下,这就可能出现翻渣现象。向漏料的部位补加些炉料能减少翻渣现象。翻渣大多出现在出炉前一段时间或前一炉炉渣未放尽的场合,如果持续翻渣且前一炉出渣量很少,应向炉内补加适量的石灰,使炉渣变稀以利于排出。还原剂用量不足也容易出现翻渣,此时应增加还原剂用量。如果还会出现这种现象，尽管还原剂用量足够，但它被黏稠的炉渣所包围，这种场合就应附加石灰。

密闭炉冶炼锰硅合金时，也有与敞口炉类似的不正常炉况，其处理方法大致相同。对于密闭炉的刺火、塌料、翻渣和露弧现象，可通过炉内压力的波动和装在炉盖不同位置的几个热电偶反映出来。炉内压力（表压）一般控制在 $0 \sim 3Pa$，即所谓的微正压操作。炉盖下面的气体温度通常在 $400 \sim 600℃$ 之间变化，但炉内呈现露弧操作时温度可达 $900 \sim 1000℃$。若原料粒度没有改变，这种情况多是由于投料管堵塞造成的，此时敲击投料管一般可以消除。粉状的潮湿炉料会使块状石灰潮解粉化，很快出现粉状料在炉盖下面堆积和煤气上升管道堵塞的现象，炉内压力显著升高，以致不能维护正常冶炼，采用白云石代替部分石灰能大大改善这种状况。

为避免产生爆鸣现象，通常要求炉气中 O_2 含量小于 3%、H_2 含量小于 8%。炉气中 H_2 含量升高是由炉料过湿、水冷投料管或水冷炉盖漏水引起的，此时应进行检查并予以消除。负压操作会使炉气中 O_2 含量升高。

密闭炉冶炼锰硅合金时，判断炉况除根据原料情况（粒度、成分）、电极位置、炉渣碱度、合金成分、合金数量、渣量（同敞口炉）、供电情况外，还要考虑炉气成分、炉气温度、炉膛各部分温度变化等情况，对冶炼过程进行全面分析、综合判断。例如：

（1）若炉气出口压力波动，炉盖温度局部升高，说明炉膛内有局部翻渣或刺火。

（2）若炉气出口压力增大，炉盖温度未升高，二次电流下降，说明炉内有塌料现象。

（3）若炉气出口压力增大，炉盖温度升高，电极上抬，出炉温度显著下降，说明炉膛内有翻渣现象。

（4）若炉气成分分析中 H_2 含量急剧上升，在原料湿度不变的情况下，说明炉内设备有严重漏水现象，应立即停电处理。如炉气中 O_2 含量增加，说明密封不好。

8.3.4.5 异常炉况的处理

（1）还原剂过剩。还原剂过剩时，电流上升，电极难插，刺火、塌料现象增多，炉内料面温度高；电极消耗慢，下放次数减少；合金中硅含量升高、碳含量降低，渣中 MnO、SiO_2 的含量降低。当出现还原剂过剩时，应及时减少料批中的焦炭量。

（2）还原剂不足。还原剂用量不足时，电流波动并不易送上负荷；电极插入炉内过深，炉内翻渣多；电极下放量增加，电极消耗快；出铁时炉温低，渣量过大，渣铁分离不好，渣中 MnO、SiO_2 的含量高，炉渣碱度降低；合金中硅含量低、碳含量高。当出现还原剂用量不足时，应及时增加料批中焦炭量。

（3）排渣困难。发生排渣困难的主要原因是炉渣碱度低、渣中 Al_2O_3 含量过高，或者由于炉眼内断落的电极块堵塞炉眼，阻碍出渣。发生排渣困难时，应及时调整料比，使炉渣成分控制在要求的范围内。如果是由于电极断头堵塞所致，应将炉眼内电极块捣碎并设法将其排出。

（4）炉内翻渣。炉内翻渣的主要原因是：排渣不良，炉内积存的炉渣过多；还原剂不足，碱度过低，电极插入炉料过深；炉料湿，粉料多，透气性差；电极工作端过短。发生炉内翻渣时应分情况采取措施，如果是由于排渣不良所致，必须强行人工拉渣；如果是用料不准造成翻渣，则必须调整料比；如果是由于电极工作端长度不够，应及时下放电极。

（5）投料管下料不畅。造成投料管下料不畅的原因主要是粉矿多，水分含量高或块度过大，引起投料管堵塞；或者是炉内翻渣严重，引起投料管口结块，阻碍投料管下料。为防止投料管下料不畅，冶炼工应随时注意检查各投料管的下料情况，投料管畅通时可听到料与管壁的摩擦声。发现投料管内卡死时，应立即敲击投料管，帮助通畅。如投料管下料口由于翻渣结块而造成投料管不畅甚至堵塞，应打开炉门将下料口结块敲掉。

（6）炉气成分异常。氧气含量过高，表示炉盖或煤气除尘装置密封不良。氢气含量过高，是由于炉料水分含量过大或设备局部漏水所致；如果氢气含量长时间过高，说明炉内大量漏水或铜瓦被烧坏而漏水。二氧化碳含量高，氮气含量也高，表明炉盖密封不良或负压操作。当 H_2 含量不小于13%且居高不下时，应停电，打开炉盖，检查漏水部位并及时进行检修。当 O_2 含量大于2%时，应立即检查炉盖及烟道各部位密封情况，发现泄漏点时应及时用渣棉或火泥堵漏。

（7）炉内压力异常。炉内压力过高，电极周围冒火，表明烟道不通或除尘系统堵塞；炉内压力过低，说明调压装置失灵。一旦发现炉内压力不正常，就应及时清除烟道积灰或沉灰箱内积灰。

8.3.5　锰硅合金的配料计算

8.3.5.1　原料条件

按品种要求，混合锰矿中 $w(\mathrm{Mn})/w(\mathrm{Fe}) \geqslant 4.5$，$w(\mathrm{P})/w(\mathrm{Mn}) < 0.0025$。原料的化学成分见表8-11。

表8-11　原料的化学成分　（%）

原料名称	Mn	P	FeO	SiO$_2$	CaO	MgO	Al$_2$O$_3$
混合矿	30	0.061	3.0	23.9	9	1.1	4.3
硅 石		0.008	0.5	97			
焦 炭	固定碳	灰 分	挥发分				
	82	15	20				
	灰分组成		6	45	4	1.2	3

注：焦炭水分含量约为10%。

8.3.5.2　计算依据

（1）混合锰矿中元素的分配见表8-12。

表8-12　混合锰矿中元素的分配　（%）

元　素	入合金	入　渣	挥　发
Mn	78	10	12
Fe	95	5	0
Si	40	50	10
P	85	5	10

（2）锰硅合金的化学成分（质量分数）为：Mn 70%，Si 20%，C 1%，Fe 8%，P 0.18%。

（3）出铁口排碳及炉口燃烧碳损失为10%。

（4）以100kg混合锰矿为计算基础，求所需焦炭、硅石量，并计算出炉渣碱度。

8.3.5.3 计算过程

（1）合金量计算。

合金量： $100 \times 30\% \times 78\%/70\% = 33.4kg$

合金中硅量： $33.4 \times 20\% = 6.7kg$

合金中磷含量： $(100 \times 0.061\% \times 85\%/33.4) \times 100\% = 0.155\%$

（2）焦炭用量计算，见表8-13。

表8-13　焦炭用量计算

化 合 物	反 应	用碳量/kg
MnO	$MnO + C = Mn + CO$	$[100 \times 0.3 \times (0.78 + 0.12) \times 12]/55 = 5.9$
SiO_2	$SiO_2 + 2C = Si + 2CO$	$\left[\dfrac{6.7}{0.4} \times (0.4 + 0.1) \times 24\right]\Big/28 = 7.18$
FeO	$FeO + C = Fe + CO$	$100 \times 0.03 \times 0.95 \times 12/72 = 0.48$
锰硅合金	含 碳	$33.4 \times 0.01 = 0.334$
合 计		13.894

考虑出铁口排碳、炉口燃烧碳损失，折合成含水10%的焦炭量为：

$$\frac{13.894}{0.82 \times 0.9 \times 0.9} = 20.9kg$$

（3）硅石用量计算。硅石用量计算如下：

$$\left(\frac{6.7}{0.4} \times \frac{60}{28} - 23.9\right)\Big/0.97 = 12.4kg$$

（4）炉渣碱度计算。锰硅合金炉渣中 SiO_2 含量为38%～42%，取40%计算炉渣量。

炉渣量：$[(12.4 \times 0.97 + 23.9 + 20.9 \times 0.15 \times 0.45) \times 0.5]/0.4 = 18.67/0.4 = 46.7kg$

炉渣碱度：$R = \dfrac{w(CaO) + w(MgO)}{w(SiO_2)}$

$$= \frac{m(CaO) + m(MgO)}{m(SiO_2)}$$

$$= [9 + 1.1 + 20.9 \times 0.15 \times (0.04 + 0.012)]/18.67 = 0.55$$

以上炉渣碱度稍低，可加适量石灰调整，合适的炉渣碱度为0.6～0.7。若采用碱度0.698，则加入石灰（石灰含氧化钙85%）量为：

$$18.67 \times (0.698 - 0.55)/0.85 = 3.3kg$$

综上，料批组成为：混合锰矿100kg，硅石12.4kg，焦炭20.9kg，石灰3.3kg。

8.4 富锰渣

8.4.1 富锰渣的牌号和用途

富锰渣是锰矿石在高炉或矿热炉中经富集而得到的锰含量高、铁含量低、磷含量低的炉渣，其中高炉法生产的富锰渣占总量的90%以上。以下仅介绍矿热炉生产富锰渣的方法。

富锰渣是生产锰系铁合金的中间产品，可以作为商品，也可以企业自用。富锰渣的牌号和化学成分见表 8-14。

表 8-14　富锰渣的牌号和化学成分 （%）

牌　号	化学成分						
	Mn	SiO$_2$		Fe	P	S	
		I	II			I	II
	不小于			不大于			
富锰渣 1	46	22	22	0.40	0.017	0.8	0.50
富锰渣 2-A	44	24	24	0.46	0.017	0.9	0.50
富锰渣 2-B	46	24	24	0.50	0.020	0.9	0.50
富锰渣 2-C	43	24	24	0.30	0.020	0.9	0.50
富锰渣 3-A	43	24	24	0.60	0.020	0.9	0.50
富锰渣 3-B	43	24	24	0.70	0.020	0.9	0.50
富锰渣 4-A	42	25	25	0.60	0.020	1.0	0.50
富锰渣 4-B	40	26	26	0.90	0.020	1.0	0.50

注：富锰渣的 I 组 SiO$_2$、I 组 S 用于冶炼金属锰，富锰渣的 II 组 SiO$_2$、II 组 S 用于冶炼高硅锰硅合金。

富锰渣由于具有锰含量高、铁含量低、磷含量低的特点，是冶炼锰系铁合金的重要原料，广泛用于生产锰系铁合金的各品种。

（1）生产锰硅合金。在矿热炉或高炉中生产锰硅合金时，通过加入富锰渣调整入炉含锰炉料的锰铁比和磷锰比。例如生产 FeMn68Si18 时，锰铁比要求大于 6.5，磷锰比要求在 0.004 以下。一般富锰渣 SiO$_2$ 含量较高，达到 30% 甚至更高，在生产锰硅合金和高硅锰硅合金时可少加甚至不加硅石。在锰硅合金生产中，富锰渣在入炉锰原料的配比中占 30% 左右，在高硅锰硅合金生产中占 70% 以上，有时达 100%。

（2）生产电炉锰铁和中低碳锰铁。在生产电炉锰铁和中低碳锰铁时，如果入炉锰原料的锰铁比或磷锰比达不到生产要求，可选用富锰渣进行调整。生产电炉锰铁和中低碳锰铁的富锰渣中 SiO$_2$ 含量要低，以减少石灰的加入量和渣量。一般富锰渣在生产电炉锰铁和中低碳锰铁时，其在入炉锰原料中的配加量以不超过 30% 为宜。

（3）生产高炉锰铁。生产高炉锰铁时，如果含锰原料的锰铁比或磷锰比达不到要求，可配加一定量的富锰渣使产品达到要求，并要求富锰渣中 SiO$_2$ 含量很低。

（4）生产金属锰。电硅热法生产金属锰的工艺流程如图 8-7 所示。先在矿热炉内用锰矿石冶炼低磷、低铁富锰渣，然后在矿热炉内用富锰渣生产高硅锰硅合金，最后在精炼电炉内，以富锰渣为原料、高硅锰硅合金作还原剂、石灰作熔剂生产金属锰。生产金属锰所用富锰渣的要求是：$w(Mn) \geqslant 40\%$，$w(Fe) \leqslant 0.9\%$，$w(P) \leqslant 0.02\%$，必须全部使用高质量的富锰渣。

8.4.2　富锰渣冶炼的基本原理

在矿热炉中冶炼富锰渣是通过控制用碳量、供热制度和造渣制度，对锰矿石中锰、

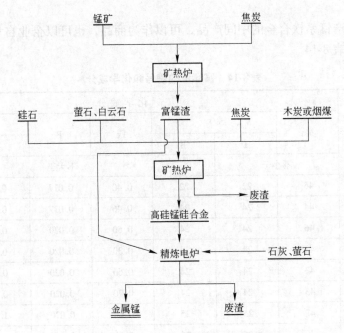

图 8-7　电硅热法生产金属锰的工艺流程

铁、磷等的氧化物进行选择性还原，在确保铁、磷等元素充分还原的基础上，抑制锰元素的还原。也就是说，在矿热炉的还原性气氛下使锰与铁、磷分离，使更易于还原的铁和磷等的氧化物优先还原而沉积在矿热炉熔池内，而较难还原的锰元素则从高价氧化物还原成低价氧化物（即 $MnO_2 \rightarrow Mn_2O_3 \rightarrow Mn_3O_4 \rightarrow MnO$），并以低价氧化锰的形式进入熔渣中而成为低铁、低磷的富锰渣，浮于被还原的金属上面。基于锰与铁、磷等元素的还原温度不同，可利用选择性还原理论使锰矿石中的锰与铁、磷等元素在矿热炉中分离。如果使用不同的用碳量和温度，则产品的成分和品质也不同，见表 8-15。

表 8-15　锰矿石在不同用碳量和温度下进行选择性还原所得到的产品

冶炼温度/℃	用碳量	氧化物	开始还原温度/℃	产品
1300	碳仅够还原 FeO 和 P_2O_5	FeO P_2O_5	约 685 约 763	富锰渣和高锰、高磷生铁
1500	碳完成以上反应，还够还原 MnO	MnO	约 1400	高碳锰铁
1700	碳完成以上反应，还够还原 SiO_2	SiO_2	约 1650	锰硅合金
2000	碳完成以上反应，还够还原 Al_2O_3	Al_2O_3	约 2000	锰硅铝合金

在矿热炉中，上部的 CO 和 H_2 能比较容易地将锰矿中高价氧化物 MnO_2、Mn_2O_3、Mn_3O_4、Fe_2O_3 还原成低价氧化物 MnO 和 FeO。但 MnO 和 FeO 进一步还原成金属则必须用碳直接还原，而且需要消耗一定的热量，尤其是 MnO 还原成金属锰时需要较高的温度，还原反应如下：

$$MnO + C \xrightarrow{1370℃} Mn + CO \qquad \Delta H^\ominus = 279470 \, J/mol$$

$$FeO + C \xrightarrow{685℃} Fe + CO \qquad \Delta H^\ominus = 158800 \, J/mol$$

$$2P_2O_5 + 10C \xrightarrow{763℃} 4P + 10CO \qquad \Delta H^\ominus = 1767250J/mol$$

由上可知，FeO 和 P_2O_5 的还原温度较低，所需要的热量也相对较少，容易还原。因此，通过控制还原剂用量，并且把冶炼温度控制在 1300℃ 以下，使铁、磷优先还原出来，而锰以 MnO 形态富集于熔渣中，其产品称为富锰渣。

8.4.3 矿热炉生产富锰渣

高质量富锰渣（渣中锰含量高、铁和磷的含量都较低、SiO_2 含量较低，渣中不夹杂铁珠）很难在高炉中生产出来，生产金属锰和高硅锰硅合金所需的优质富锰渣必须用矿热炉冶炼。

矿热炉富锰渣的锰含量较高，一般为 44% ~ 46%，铁含量在 1.1% 以下，磷含量在 0.03% 以下，SiO_2 含量小于 24%。

在矿热炉内采用连续法生产富锰渣。矿热炉采用碳质炉衬和自焙电极；料面维持在适当水平位置，随着炉料熔化下沉，应及时补加炉料；出炉按规定时间间隔进行；出炉后，为使炉渣中的铁珠完全沉降，需要在镇静坑或铁水包内镇静一定时间后再放渣浇注。

生产富锰渣使用的原料有锰矿、焦炭、木炭、硅石和萤石。锰矿要求：$w(Mn) \geq 18\%$，$w(Mn) + w(Fe) \geq 38\%$，$w(Mn)/w(Fe) = 0.5 \sim 2.5$，$w(Al_2O_3) \leq 12\%$，$w(SiO_2) + w(Al_2O_3) \leq 35\%$，$w(CaO)/w(SiO_2) \leq 0.3$；粒度为 5 ~ 50mm，小于 5mm 的粉矿比例小于 5%；水分含量小于 8%。用作还原剂的焦炭要求：固定碳含量不小于 75%，灰分含量不大于 14%，粒度为 3 ~ 12mm。用作熔剂的硅石要求 SiO_2 含量不应小于 97%，粒度为 10 ~ 30mm；萤石要求 CaF_2 含量不小于 85%，粒度为 10 ~ 40mm。

冶炼采用厚料层埋弧操作，料面高度不超过炉口 500mm。由于料层厚，炉料透气性差，容易出现局部空烧，导致大塌料、喷料、翻渣事故。为防止这些事故的发生，除了要经常扎眼透气外，还需要人工下料助熔，定时消除棚料，不使局部过热空烧。由于采用厚料层埋弧操作，料面温度不高，电极烧结比较困难，常会由于电极烧结不足而发生漏糊或电极软断事故，必须特别注意维护电极。出炉时，开眼要先小后大。炉眼打开后，渣、铁来势很猛，人员必须散开，防止炉眼喷火、喷料伤人。为了防止事故的发生，应正点出炉。为了保证出炉后的渣、铁较好分离，必须先在镇静坑或铁水包内镇静一段时间，使悬浮在渣中的铁珠完全下沉和尚未熔融的炉料完全上浮，然后再进行铸锭。待锭模内的渣完全冷凝后再脱模精整，精整后的富锰渣按牌号分类堆放。

8.5 冶炼锰硅合金的物料平衡及热平衡计算

8.5.1 炉料计算

本例介绍某厂 6MV·A 矿热炉冶炼锰硅合金所采用的低渣比计算方法。以锰为基准计算时，渣中 Al_2O_3 不稳定，Al_2O_3 含量过高会使炉渣发黏，造成操作困难。如果以原料中的 Al_2O_3 为计算基准，先计算渣量，再计算铁量，在考虑碱度的同时考虑 $\dfrac{w(CaO) + w(MgO)}{w(Al_2O_3)}$，则采用此计算法配料可使渣比降低，指标改善，电耗率从 4650kW·h/t 降低至 4400kW·h/t。

8.5.1.1 炉料计算

（1）适用范围。适于生产 $w(Mn) = 65\% \sim 69\%$、$w(Si) = 20\% \sim 23\%$、$w(C) < 1\%$ 的锰硅合金，也适于生产含硅 $17\% \sim 20\%$ 的各种锰硅合金；但渣中 SiO_2 含量可适当降低，渣碱度提高 0.1 左右。

（2）确定渣型。生产实践表明，采用表 8-16 所示的渣型较为理想。

表 8-16 典型锰硅炉渣的组成 （%）

组 元	MnO	CaO	MgO	SiO₂	Al₂O₃	其余
含 量	12	23	5	37	20	3

CaO 和 MgO 可以互相代替，但要保证 $\dfrac{w(CaO) + 1.4w(MgO)}{w(SiO_2)} = 0.8$，$\dfrac{w(CaO) + 1.4w(MgO)}{w(Al_2O_3)}$ $= 1.5$，$w(MgO)$ 最好能控制在 $5\% \sim 7\%$ 范围内。

（3）原料成分。锰硅合金原料成分分析见表 8-17。

表 8-17 锰硅合金原料成分分析 （%）

名 称	ΣMn	ΣFe	P	CaO	MgO	SiO₂	Al₂O₃	C	H₂O
锰 矿	34	4.5	0.045	7.2	1.0	25	9	—	—
白云石	—	—	0.08	30	20	—	—	—	—
硅 石	—	—	—	—	—	98	—	—	—
焦 炭	—	0.77	0.024	0.7	0.08	6	4	82	10

（4）元素分配。炉料中各元素分配比例见表 8-18。

表 8-18 炉料中各元素分配比例 （%）

名 称	入合金	入渣	挥 发
矿中 Mn	不确定，渣比高，入合金少；		2
原料 ΣSi	渣比低，入合金多		0
原料 ΣFe	98	2	0
原料 ΣCaO	0	100	0
原料 ΣMgO	0	100	0
原料 ΣAl₂O₃	0	100	0
原料 ΣP	90	5	5

8.5.1.2 配比计算

本例计算以 1t 锰矿为一批料。

（1）渣量。焦炭的配入量以 250kg/批计，每批炉料带入的 Al_2O_3 总量为：

$$1000 \times 9\% + 250 \times 4\% = 100kg$$

渣中 Al_2O_3 含量以 20% 计，每批炉料产生的总渣量为：

$$100/20\% = 500kg$$

（2）合金量。合金成分以 Mn 66%、Si 21.5%、C 0.8% 计。

锰矿带入的锰量为： $1000 \times 34\% = 340kg$

进入合金的锰量为：　　　　　$340 \times 98\% - 500 \times 12\% \times (55/71) = 287kg$

合金量为：　　　　　　　　　$287/66\% = 435kg$

渣比为：　　　　　　　　　　$500/435 = 1.15$

（3）白云石（石灰）、硅石配入量。白云石及硅石配入量见表8-19。

表8-19　白云石及硅石配入量　　　　　　　　　　　　　　　　（kg）

名　称	补加量	需要量		锰矿、焦炭带入量	
		渣　中	合　金　中	锰　矿	焦　炭
CaO	41.25	$500 \times 23\% = 115$		$1000 \times 7.2\% = 72$	$250 \times 0.7\% = 1.75$
MgO	14.8	$500 \times 5\% = 25$		$1000 \times 1.0\% = 10$	$250 \times 0.08\% = 0.2$
SiO$_2$	120.4	$500 \times 37\% = 185$	$435 \times 21.5\% \times 60/28 = 200.4$	$1000 \times 25\% = 250$	$250 \times 6\% = 15$

白云石配入量为：

$$(41.25 + 1.4 \times 14.8)/(0.30 + 1.4 \times 0.20) = 106.8kg$$

本例取白云石配入量为105kg。

硅石配入量为：

$$120.4/98\% = 122.86kg$$

本例取硅石配入量为120kg。

若用含CaO85%的石灰代替白云石，则石灰配入量为：

$$(41.25 + 1.4 \times 14.8)/85\% = 72.9kg$$

本例取石灰配入量为75kg。

（4）焦炭用量。焦炭的计算量见表8-20。

表8-20　焦炭的计算量　　　　　　　　　　　　　（kg）

化 学 反 应	被还原元素质量		需碳量
	入 合 金	挥 发	
$MnO + C = Mn + CO$	Mn：287	$1000 \times 34\% \times 2\% = 6.8$	$(287 + 6.8) \times 12/55 = 64.1$
$SiO_2 + 2C = Si + 2CO$	Si：$435 \times 21.5\% = 93.5$		$93.5 \times 24/28 = 80.1$
$FeO + C = Fe + CO$	Fe：$(1000 \times 4.5\% + 250 \times 0.77\%) \times 98\% = 46$		$46 \times 12/56 = 9.9$
$P_2O_5 + 5C = 2P + 5CO$	P：$(1000 \times 0.045\% + 250 \times 0.024\% + 105 \times 0.08\%) \times 90\% = 0.535$	0.03	$0.535 \times 60/62 = 0.5$
合金中碳量	C：$435 \times 0.8\% = 3.5$		3.5
总碳量			158.1

焦炭含碳82%、水分10%，过剩量以16%计，则焦炭配入量为：

$$\frac{158.1}{0.82 \times (1 - 0.10)} \times (1 + 0.16) = 248.5kg$$

本例取焦炭配入量为250kg。

（5）萤石用量。萤石用量视炉渣流动性而定，一般为30kg。

综上，原料配比（kg）为：

锰 矿	1000
白云石	105
硅 石	120
焦 炭	250
萤 石	30

8.5.2 物料平衡计算

按上述配比和原料成分计算的物料平衡及渣铁成分，见表8-21。

表8-21 物料平衡及渣铁成分

项目	收入部分/kg					支出部分					
	锰矿	白云石	硅石	焦炭	合计	渣中/kg	百分比/%	合金中/kg	百分比/%	挥发/kg	合计/kg
∑Mn	340	—	—	—	340	Mn：46.2 MnO：59.64	12	287	65.87	6.8	340
∑Fe	45	—	—	1.9	46.9	Fe：0.9 FeO：1.2	0.24	46	10.55	—	46.9
∑P	0.45	0.084	—	0.06	0.594	0.029	0.0005	0.535	0.123	0.03	0.594
CaO	72	31.5	—	1.75	105.2	105.2	21.23	—	—	—	105.2
MgO	10	20.6	—	0.2	30.8	30.8	6.25	—	—	—	30.8
SiO₂	250	—	117.6	15	382.6	182.2	37	Si：93.5 SiO₂：200.4	21.46	—	382.6
Al₂O₃	90	—	—	10	100	100	20.11	—	—	—	100
其余	19.21	2	2.4	—	23.61	14.9	3.07	8.71	2	—	23.61
配比	1000	105	120	250	1029.7	495.24	100	435.7	100	6.83	1029.7

配比计算难以与生产实际完全相符，为此需要及时调整料批组成。根据生产实践经验总结的调整料批的简易计算方法，见表8-22。

表8-22 调整料批的简易计算法

调整量	调整量/批
渣碱度含量 ±0.1	白云石 ±30kg 或石灰 ±20kg
渣中 SiO₂ 含量 ±1%	硅石 ±5kg
合金中 Si 含量 ±1%	硅石 ±10kg，焦炭 ±5kg
合金中 Mn 含量 ±1%	入炉 Mn 不变，Fe ±6.5kg；入炉 Fe 不变，Mn ±17kg
合金中 P 含量 ±1%	入炉 P ±0.05kg

8.5.3 热平衡计算

8.5.3.1 原始数据

（1）测试数据。6MV·A锰硅矿热炉测试期间生产数据见表8-23。

表8-23 测试期间生产数据

项 目	数 量	项 目	数 量
总冶炼时间/h	72	合金总产量/t	66250
平均电耗/kW·h·t⁻¹	4987	渣铁比	1.605
电极消耗/kg·t⁻¹	38		

（2）原料消耗量及其化学成分。测试期间原料消耗量及其化学成分、合金及炉渣的化学成分，见表8-24。

表8-24 原料、合金、炉渣的化学成分

原 料	数量 /kg·t⁻¹	Mn /%	Fe /%	P /%	SiO$_2$ /%	CaO /%	MgO /%	Al$_2$O$_3$ /%	C /%	灰分 /%	挥发分 /%	H$_2$O /%
高锰渣	1539	34.62	2.64	0.04	34.8	3.77	4.88	3.97				10
烧结矿1	699	29.0	3.50	0.03	25.5	21.55	3.78	3.50				10
烧结矿2	279	27.15	3.96	0.13	41.2	6.61	2.32	5.87				10
自焙矿	279	21.75	15.28	0.06	33.9	5.04	4.72	5.30				10
白云石	168				3.0	30.9	19.9		13			
硅 石	56				96							
硅铁渣	42		48		Si：51.02							
焦 炭	466								81.02	14.25	4.55	
焦炭灰分			5.10		48.5	8.94		24.07				
电极糊	38								72	12	16	
合 金		67.58	13.58	0.146	Si：17.46	18.5	8.9	8.27	1.26			
炉 渣		MnO：12.0	FeO：0.37		40.5							

注：以上原料的化学成分均按干基计算。

（3）物料平衡。物料平衡计算结果见表8-25。

表8-25 物料平衡表 （kg）

收 入		支 出	
物 料	重 量	物 料	重 量
锰 矿	2796	合金	1000
焦 炭	466	炉 渣	1605
白云石	168	气 体	960
硅 石	56	差 值	1
硅铁渣	42		
电极糊	38		
合 计	3566	合 计	3566

8.5.3.2 热量收入

（1）电能带入热。电能带入热计算如下：

$$Q_1 = 4987 \times 3600 = 17953200 \text{kJ}$$

（2）碳氧化放热。测试期间炉气的平均化学成分为：CO 47.3%，CO_2 19.7%，O_2 0.6%，N_2 32.4%，则炉气中 CO 占氧化碳的比为：

$$\eta = \frac{w(CO)}{w(CO) + w(CO_2)} = \frac{47.3\%}{47.3\% + 19.7\%} \approx 0.7$$

而 CO_2 占氧化碳的比为：

$$1 - \eta = 0.3$$

入炉总碳量包括焦炭、电极糊、白云石中的碳，碳的氧化量为入炉总碳量与合金中碳量之差。生成 CO 放热量为 110594J/mol，生成 CO_2 放热量为 393693J/mol，故碳氧化放热为：

$$Q_2 = \left[(466 \times 0.81 + 38 \times 0.72 + 168 \times 0.13 - 1000 \times 0.0126)/12 \right] \times$$
$$(0.7 \times 110594 + 0.3 \times 393693) = 6746545 \text{kJ}$$

（3）焦炭及电极糊中挥发分燃烧放热。挥发分的放热量为 41860kJ/kg，故有：

$$Q_3 = (466 \times 0.0455 + 38 \times 0.16) \times 41860 = 1142066 \text{kJ}$$

（4）其他化学反应放热。

1）生成 $MnSiO_3$ 放热。

$$MnO + SiO_2 === MnSiO_3 \qquad \Delta H^\ominus = -24.77 \text{kJ/mol}$$

渣中氧化锰量为 $1605 \times 0.12 = 192.6$kg，所以：

$$Q_4^1 = 192.6/70.94 \times 1000 \times 24.77 = 67249.8 \text{kJ}$$

2）生成 $CaSiO_3$ 放热。

$$CaO + SiO_2 === CaSiO_3 \qquad \Delta H^\ominus = -89.12 \text{kJ/mol}$$

$$Q_4^2 = 1605 \times 0.185/56.08 \times 1000 \times 89.12 = 471860.8 \text{kJ}$$

3）生成 $MgSiO_3$ 放热。

$$MgO + SiO_2 === MgSiO_3 \qquad \Delta H^\ominus = -37.238 \text{kJ/mol}$$

$$Q_4^3 = 1605 \times 0.089/40.31 \times 1000 \times 37.238 = 131958.9 \text{kJ}$$

所以　　　　$Q_4 = Q_4^1 + Q_4^2 + Q_4^3 = 67249.8 + 471860.8 + 131958.9 = 671069.5 \text{kJ}$

8.5.3.3 热量支出

（1）化学反应吸热。

1）MnO 分解吸热。

$$MnO === Mn + \frac{1}{2}O_2 \qquad \Delta H^\ominus = 384.93 \text{kJ/mol}$$

入炉总锰量为 $1539 \times 0.3462 + 699 \times 0.29 + 279 \times 0.2715 + 279 \times 0.2175 = 871.94$kg，渣中锰量为 $1605 \times 0.12/70.94 \times 54.94 = 149.16$kg，还原锰量为 $871.94 - 149.16 = 722.78$kg。所以 MnO 分解吸热为：

$$q_1 = 722.78/54.94 \times 1000 \times 384.93 = 5064064.5 \text{kJ}$$

2）SiO_2 分解吸热。

$$SiO_2 \Longrightarrow Si + O_2 \qquad \Delta H^\ominus = 859.39 kJ/mol$$

$$q_2 = (1000 \times 0.1746)/28.09 \times 1000 \times 859.39 = 5341740.6 kJ$$

3）白云石分解吸热。

$$CaCO_3 \cdot MgCO_3 \Longrightarrow CaO + MgO + 2CO_2 \qquad \Delta H^\ominus = 697.26 kJ/mol$$

入炉白云石为 168kg，含 CaO 为 $168 \times 0.309 = 51.91kg$，含 MgO 为 $168 \times 0.199 = 33.43kg$，含 CO_2 应为 77.62kg（白云石中有 5.04kgSiO_2 未参加反应，无生成热，故结果为 77.62kg）。分解后生成物总量为 $51.91 + 33.43 + 77.62 = 162.96kg$。

$$q_3 = 162.96/184.41 \times 1000 \times 697.26 = 616157 kJ$$

（2）锰硅合金带走的物理热。测试期间测定合金温度为 1500℃、环境温度为 25℃，查得 1800K 时合金的比焓为 1690.75kJ/kg，则 1000kg 锰硅合金带走的物理热为：

$$q_4 = 1000 \times 1690.75 = 1690750 kJ$$

（3）炉渣带走的物理热。测试期间测定炉渣温度为 1500℃、环境温度为 25℃，查得 1800K 时炉渣的比焓为 2138.44kJ/kg，则 1605kg 炉渣带走物理热为：

$$q_5 = 1605 \times 2138.44 = 3432196.2 kJ$$

（4）炉体表面散热。炉壁含散热片面积为 $116m^2$，平均热流量为 3513.09kJ/（$m^2 \cdot$ h）；炉底面积为 $30.2m^2$，平均热流量为 991.61kJ/（$m^2 \cdot h$）；散热时间为 1.09h，则炉体表面散热为：

$$q_6 = (116 \times 3513.09 + 30.2 \times 991.61) \times 1.09 = 476836.9 kJ$$

（5）炉口热损失。测试期间测定炉口辐射强度为 12351.17kJ/（$m^2 \cdot$ h），辐射面积为 $130m^2$，辐射时间为 1.09h，则炉口热损失为：

$$q_7 = 12351.17 \times 130 \times 1.09 = 1750160.8 kJ$$

（6）烟气带走的物理热。测试期间测定烟气温度为 1180℃、环境温度为 25℃，烟气平均比热容为 1.598kJ/（$m^2 \cdot$ ℃）。进入烟气中的碳量等于氧化的碳量，即 414.15kg。则烟气带走的物理热为：

$$q_8 = 414.15/12 \times 22.4/(0.473 + 0.197) \times 1.598 \times (1180 - 25) = 2129650.8 kJ$$

（7）粉尘带走的物理热。

1）锰的挥发热量。锰的气化热为 235559.2J/mol，则：

$$q_9^1 = (722.78 - 675.8)/54.94 \times 235559.2 = 201430.13 kJ$$

2）粉尘带走热量。测得烟道中烟气含尘量为 25.4kg，粉尘显热为 1711.26kJ/kg，故有：

$$q_9^2 = 1711.26 \times 25.4 = 43466.0 kJ$$

3）水分蒸发及带走热量。由表 8-24 可知，矿石中总水分为 311kg，水的比热容为 4.1868kJ/（kg · ℃），水在 1000℃时的汽化热为 2255.2kJ/kg，则水分蒸发及带走热量为：

$$q_9^3 = [4.1868 \times (100 - 25) + 2255.2] \times 311 = 799024.3 kJ$$

所以：　$q_9 = q_9^1 + q_9^2 + q_9^3 = 201430.13 + 43466.0 + 799024.3 = 1043920.4kJ$

（8）短网和变压器损失。测试中测得短网三相平均电压降为 17.6V、$\cos\varphi = 0.86$，计算得到短网有功损失为 823.9kW·h、变压器损失为 97.7kW·h，则短网和变压器损失为：

$$q_{10} = (823.9 + 97.7) \times 3600 = 3317760kJ$$

8.5.3.4　热平衡

6MV·A 锰硅矿热炉热平衡计算结果见表 8-26。

表 8-26　6MV·A 锰硅矿热炉热平衡计算表

收入			支出		
项　目	热量/kJ	百分比/%	项　目	热量/kJ	百分比/%
电能带入热	17953200	67.71	MnO 分解吸热	5064064.5	19.1
碳氧化放热	6746545	25.45	SiO₂ 分解吸热	5341740.6	20.2
挥发分燃烧放热	1142066	4.31	白云石分解吸热	616157	2.3
其他化学反应放热	671069.5	2.53	锰硅合金带走的物理热	1690750	6.4
			炉渣带走的物理热	3432196.2	12.9
			炉体表面散热	476836.9	1.8
			炉口热损失	1750160.8	6.6
			烟气带走的物理热	2129650.8	8.0
			粉尘带走的物理热	1043920.4	3.9
			短网和变压器损失	3317760	12.5
			其他损失	1649643.8	6.2
合　计	26512881	100.0	合　计	26512881	100.0

根据热平衡计算炉子的热效率为：

$$\eta = \frac{q_1 + q_2 + q_3 + q_4 + q_5}{\Sigma Q} \times 100\% = 60.9\%$$

电效率为：

$$\eta_{电} = \frac{17953200 - 3317760}{17953200} \times 100\% = 81.5\%$$

8.6　小结

（1）锰系铁合金包括锰铁、锰硅合金和金属锰等产品。锰及其化合物的物理化学性质对于冶炼过程都有一定影响。虽然我国锰矿资源较丰富，但大部分是低品位难选矿，需经过焙烧等富集处理，富锰渣就是一种经过冶金方法富集锰而得到的产品。

（2）矿热炉冶炼高碳锰铁，国内普遍采用熔剂法。冶炼时加石灰生成高碱度渣，碳还原 MnO₂ 是逐级转化的，直至还原出锰溶入铁中。冶炼操作的特点是炉温低、渣量大，要求控制炉渣成分以减少锰的损失。

（3）锰硅合金的产量在矿热炉铁合金产品中仅次于硅铁，占据第二位。其原料采用锰矿和富锰渣混合料，锰含量在 30% 以上，搭配少量硅石和石灰。还原锰的反应是在酸性渣下的硅酸盐中进行的，冶炼操作主要围绕配碳量和炉渣碱度调整炉况。

（4）富锰渣是生产锰系铁合金的中间产品。在矿热炉内使锰矿石中的锰与铁、磷等元素分离，锰富集于富锰渣中。

复习思考题

8-1 简述锰铁的牌号及用途、锰及其化合物的主要物理化学性质。

8-2 简述锰矿的种类以及冶炼锰铁合金对锰矿的要求。

8-3 高碳锰铁的生产方法有哪几种，我国普遍采用哪种方法？

8-4 简述矿热炉冶炼高碳锰铁的基本反应和冶炼操作方法。

8-5 锰硅合金有哪些用途，生产锰硅合金的原料有哪些，有哪些要求？

8-6 简述锰硅合金的冶炼原理和影响冶炼的因素。

8-7 简述锰硅合金的冶炼操作方法和要求。

8-8 简述富锰渣的牌号、用途、冶炼原理及生产方法。

8-9 简述高硅锰硅合金的用途、生产方法和操作要点。

参 考 文 献

[1] 李春德. 铁合金冶金学[M]. 北京：冶金工业出版社，1991.

[2] 熊谟远. 电石生产及其深加工产品[M]. 北京：化学工业出版社，1989.

[3] 刘卫，王宏启. 铁合金生产工艺与设备[M]. 北京：冶金工业出版社，2008.

[4] 许传才. 铁合金冶炼工艺学[M]. 北京：冶金工业出版社，2008.

[5] 付晓燕，袁熙志，等. 我国矿热炉电极把持器的现状和发展[J]. 铁合金，2005，(3)：29.

[6] 胡启志，廖继波. 矿热炉无功就地补偿技术[J]. 铁合金，2006，(3)：21.

[7] 申毅，赵俊学，等. 中国铁合金专用焦的发展[J]. 铁合金，2006，(2)：42.

[8] 郭田敏. 浅析降低电石生产能耗的影响因素[J]. 科学之友，2007：145.

[9] 石峻，毛志伟，等. 全密闭电石炉尾气治理及综合利用[J]. 中国环保产业，2007，(2)：51.

[10] 熊明森. 12.5 MV·A 硅铁电炉极心圆参数的探讨[J]. 铁合金，2003，(4)：25.

[11] 李晓龙. 25MV·A 硅铁电炉电极事故的预防及处理[J]. 铁合金，2006，(1)：28.

[12] 曾成华，袁熙志，等. 矿热炉无水冷骨架矮烟罩烟气辐射传热分析[J]. 铁合金，2007，(3)：33.

[13] 刘祖波. 矿热炉参数计算的探讨[J]. 铁合金，2005，(2)：26.

[14] 张明远，胡卫，等. 纯净高硅锰硅合金的生产实践[J]. 铁合金，2007，(2)：13.

[15] 聂立新. 工业硅电炉短网节能设计浅探[J]. 铁合金，2004，(4)：28.

[16] 杨双胜. 矿热炉电气特性分析[J]. 山西电力，2007，(3)：15.

[17] 林金元. 兰炭在电石生产中的应用[J]. 化工技术经济，2004，(12)：23.

冶金工业出版社部分图书推荐

书　名	作　者	定价(元)
物理化学(第4版)(本科国规教材)	王淑兰	45.00
冶金热工基础(本科教材)	朱光俊	36.00
冶金与材料热力学(本科教材)	李文超	65.00
钢铁冶金原理(第4版)(本科教材)	黄希祜	82.00
冶金原燃料及辅助材料(本科教材)	储满生	59.00
耐火材料(第2版)(本科教材)	薛群虎	35.00
钢铁冶金学(炼铁部分)(第3版)(本科教材)	王筱留	60.00
现代冶金工艺学(钢铁冶金卷)(第2版)(本科国规教材)	朱苗勇	75.00
炉外精炼教程(本科教材)	高泽平	39.00
连续铸钢(第2版)(本科教材)	贺道中	38.00
冶金工厂设计基础(本科教材)	姜　澜	45.00
冶金设备(第2版)(本科教材)	朱　云	56.00
冶金设备课程设计(本科教材)	朱　云	19.00
冶金设备及自动化(本科教材)	王立萍	29.00
复合矿与二次资源综合利用(本科教材)	孟繁明	36.00
冶金科技英语口译教程(本科教材)	吴小力	45.00
冶金专业英语(第2版)(高职高专国规教材)	侯向东	36.00
冶金基础知识(高职高专教材)	丁亚茹	36.00
冶金炉热工基础(高职高专教材)	杜效侠	37.00
冶金原理(第2版)(高职高专教材)	卢宇飞	45.00
金属材料及热处理(高职高专教材)	王悦祥	35.00
烧结矿与球团矿生产(高职高专教材)	王悦祥	29.00
炼铁技术(高职高专教材)	卢宇飞	29.00
高炉炼铁设备(高职高专教材)	王宏启	36.00
高炉炼铁生产实训(高职高专教材)	高岗强	35.00
转炉炼钢生产仿真实训(高职高专教材)	陈　炜	21.00
炼铁工艺及设备(高职高专教材)	郑金星	49.00
炼钢工艺及设备(高职高专教材)	郑金星	49.00
铁合金生产工艺与设备(第2版)(高职高专教材)	刘　卫	45.00
稀土冶金技术(第2版)(高职高专教材)	石　富	39.00
稀土永磁材料制备技术(第2版)(高职高专教材)	石　富	42.00
高炉冶炼操作与控制(高职高专教材)	侯向东	49.00
转炉炼钢操作与控制(高职高专教材)	李　荣	39.00
连续铸钢操作与控制(高职高专教材)	冯　捷	39.00
炉外精炼操作与控制(高职高专教材)	高泽平	38.00
特色冶金资源非焦冶炼技术	储满生	70.00